U0887102

普通高等教育教材

环境仪器分析

Environmental Instrumental Analysis

许 贺 主 编
谢学辉 刘 琼 副主编

化学工业出版社
·北京·

内容简介

本书以现代仪器分析的基本原理、仪器功能及环境应用为出发点，系统介绍了原子发射光谱法、原子吸收光谱法、原子荧光光谱法、X射线荧光光谱法、紫外-可见吸收光谱法、红外吸收光谱法、激光拉曼光谱法、分子荧光光谱法、荧光定量PCR法、电位分析法、库仑和电解分析法、气相色谱法、液相色谱法、核磁共振波谱法、质谱法等现代仪器分析技术及其在环境领域中的应用，突出了分析解决问题和应用能力的培养。

本书是在长期教学实践的基础上，参考近年来出版的国内外仪器分析教材并结合部分老师、参编人员的教学实践和科研成果编写而成的，具有较强的系统性和针对性，可作为高等学校环境科学与工程、市政工程、生态工程及相关专业本科生、研究生教材，也可作为从事环境分析及监测等的科研人员和管理人员的参考书。

图书在版编目（CIP）数据

环境仪器分析 / 许贺主编；谢学辉，刘琼副主编. 北京：化学工业出版社，2025. 10. --（普通高等教育教材）. -- ISBN 978-7-122-49198-5

Ⅰ. X830. 2

中国国家版本馆CIP数据核字第202524YY45号

责任编辑：刘　婧　刘兴春　　文字编辑：丁海蓉
责任校对：宋　玮　　装帧设计：刘丽华

出版发行：化学工业出版社
（北京市东城区青年湖南街13号　邮政编码100011）
印　　装：涿州市般润文化传播有限公司
787mm×1092mm　1/16　印张19　彩插2　字数443千字
2025年12月北京第1版第1次印刷

购书咨询：010-64518888　　售后服务：010-64518899
网　　址：http://www.cip.com.cn
凡购买本书，如有缺损质量问题，本社销售中心负责调换。

定　　价：68.00元

版权所有　违者必究

前言

“环境仪器分析”课程是东华大学环境类专业的基础必修课程，曾荣获教育部课程思政示范课程、上海市课程思政示范课程、上海市一流本科课程、上海高校市级重点课程。本书是该课程建设的配套教材，也是东华大学本科教材重点建设项目。本书根据环境类专业本科教学培养方案及编者10多年讲授“环境仪器分析”课程的经验，参考国内外同类教材和专著编写而成。

本书将现代仪器的基础理论及主要技术与在环境污染物分析检测中的应用结合在一起，参考了国家生态环境部等颁布的标准分析方法，并结合上海市松江区环境监测站实际应用案例，力求内容能反映国内外现代仪器分析在环境领域中的检测应用及发展趋势。本书部分章节中引入了“课程思政”的教学思想，将仪器发展史、生态环保、诺贝尔奖获奖者事迹等内容融于专业教学中，体现价值育人的教育理念；将有关编写教师的科研成果、国家生态环境部标准分析方法引入本书，还引入了上海市松江区环境监测站的实际应用案例，深入介绍现代仪器分析的环境应用，体现实践育人的特色。

本书共十五章，其中第一章～第五章由许贺编写；第六章～第十章由刘琼编写；第十一章～第十五章由谢学辉编写；每章中包含的部分分析应用案例由上海市松江区环境监测站提供。另外，参与本书编写的还有吴轶江、陈聪、张丽枫、马丹青、陈启晟、钱锴、陶晓敏、唐晓丽、花灵凤、郁心叶等。书中分析应用案例由刘琼整理，并由上海市松江区环境监测站曹海云、范慧群进行审阅。其他参编人员有上海电力大学的时鹏辉教授，上海理工大学的张禾副教授。全书最后由许贺统稿并定稿。

限于编者水平及编写时间，书中疏漏和不足之处在所难免，敬请专家、读者批评指正。

编者

2025年5月

目录

第十二章　气相色谱法 / 202

第十三章　高效液相色谱法 / 224

第十四章 核磁共振波谱法 / 246

第十五章 质谱法 / 264

第一章

绪论

环境问题是当前全球关注的重大问题之一，国家对环境保护越来越重视，社会对环境监测、管理人才的需求量也逐年增加。环境仪器分析方法是环境分析和监测的重要手段。在国家层面颁布的多种标准方法中，环境仪器分析方法是主要内容。为满足国家生态文明建设战略需求，需要培养具有创新意识的环境专业人才。

环境仪器分析是仪器分析在环境科学研究与工程应用中所抽象出的一门测量物质成分、含量、结构、表面等物理化学特性的基础理论和实验课程。随着工业技术的发展和科技水平的提高，环境问题愈发突出，人们为了控制环境污染以及修复生态环境，必须了解环境质量变化的原因，这就要对环境的各个组成部分，特别是污染物的性质、来源、含量及其分布状态进行全面的分析和检测，传统的化学分析技术已无法满足分析检测的实际需求。应用仪器分析的方法和技术获取物质的化学组成、成分含量及化学结构的分析方法，逐步形成了一门新的分支学科——环境仪器分析。环境仪器分析是环境分析和监测的重要手段，与化学分析法比较，具有重现性好、灵敏度高、分析速度快、自动化程度高、方便快捷等特点，近年来发展迅速，成为环境分析的主导手段。

一、环境仪器分析的发展过程

20世纪40年代之前，化学分析一直占主导地位。随着科学技术的快速发展，电子工业、精密机械加工工业、计算机技术以及新兴的材料科学、环境科学、生命科学等学科大大促进了仪器分析的进步和发展。1901年，Röntgen等首次发现了X射线的存在，获得了诺贝尔奖，对仪器分析的发展起到了促进作用。随后，研究者们发现X射线衍射的存在，各种元素X射线辐射的不同以及X射线在仪器方面的发现与研究，促进了X射线在仪器分析方面的应用。20世纪40～60年代，物理学和电子学的发展使得仪器分析进入了快速发展时期。这一时期有重大的科学发现，如核磁共振波谱法、气相色谱法、电泳及吸附分析法、分配色谱法、极谱法等，这些方法的发展为仪器分析的建立奠定了科学基础。20世纪70年代起，仪器分析迎来了更大的发展，高分辨率电子光谱法、激光光谱学、晶体电子显微镜、扫描隧道显微镜、高分辨率核磁共振方法的发展等，为仪器分析的迅速发展带来更大机遇。20世纪共有20多位与分析仪器发明相关的科学家获得了诺贝尔奖，极大地推动了科技的进步。随后，计算机的出现给仪器分析带来了革命性的变化，计算机作为分析仪器的一部分，实现了分析数据采集、处理、显示的自动化，使分析更连续、快速、实时和准确。计算机也带动了仪器联用技术的发展，如色谱-傅里叶变换红外光谱仪、色谱-质谱联用仪、高维荧光分析仪、二维核磁共振波谱仪等。21世纪以来，仪器分析向生命科学领域发展，2003年诺贝尔医学奖被授予核磁共振成像领域的科学家，2017年诺贝尔化学奖被授予在开发溶液中生物分子高分辨率结构测定的冷冻电镜技术方面有贡献的科学家。近年来，随着传感器技术、芯片技术、集成技术、网络技术的发展，最终实现了分析仪器智能化、网络化和人性化的现代仪器分析技术。人工智能的迅速发展必将推动现代精密仪器的进程，大数据分析为仪器分析的预测能力提供支撑，从而为环境问题的解决提供更强有力的技术和手段。

二、环境仪器分析的分类

环境仪器分析已经发展为一门多学科交叉的综合性应用科学，是主要以物质的物理或物理化学性质为基础的一类分析方法，包括的分析技术和方法很多。根据原理、仪器结构、操作、适用范围不同，环境仪器分析可分为以下几类。

1. 光学分析法

光学分析法是基于电磁辐射能量与待测物质相互作用，由产生的辐射信号来确定物质组成或结构的分析方法。光学分析法一般涉及 3 个过程：能源（光源、辐射源）提供能量；能源与物质之间相互作用；产生信号。光学分析法也包括 3 个基本特点：

① 所有光分析均包含上述 3 个过程；

② 是一种选择性测量方法，不涉及化合物分离；

③ 需要大量光学器件。

光学分析法根据物质与辐射作用的方式不同，分为光谱法和非光谱法。光谱法是基于物质与辐射作用时，原子或分子发生能级跃迁而发生发射、吸收或散射的波长或强度等信号变化进行分析的方法，分别称为原子光谱法和分子光谱法。原子光谱法包括原子发射光谱法、原子吸收光谱法、原子荧光光谱法、X 射线光谱法等；分子光谱法包括紫外-可见吸收光谱法、红外吸收光谱法、分子荧光和磷光法、拉曼光谱法、化学发光法等。非光谱法不涉及能级跃迁，物质与辐射作用时仅改变传播方向等物理参数，如偏振、干涉、旋光等方法。

2. 电化学分析法

电化学分析法是依据物质的电化学性质来测定物质组成及含量的分析方法。根据原理和所测量参数的不同可分为电导分析法、电解分析法、电位分析法、电流分析法、库仑分析法、伏安分析法等。目前电化学传感器、微电极、原位及活体分析都是电化学分析十分活跃的领域，在环境污染物检测和分析方面的应用愈加广泛。

3. 色谱分析法

色谱分析法是一种分离分析技术，是利用混合物中各组分在两相（固定相和流动相）中的吸附能力、分配系数及其他作用力的差异进行分离分析的方法。色谱分析法包括气相色谱法、高效液相色谱法、超临界流体色谱法、高效毛细管电泳、电色谱法等。

4. 其他仪器分析方法

其他仪器分析方法主要包括：a. 利用离子质荷比（m/z）不同进行测定的质谱法；b. 利用原子核自旋进行结构分析的核磁共振法；c. 利用放射性同位素及核辐射对元素进行微量和痕量测定的放射化学分析法；d. 通过指定控温程序控制样品的加热过程，检测加热过程中产生的各种物理、化学变化的热分析法；e. 利用惯性的差异进行离心分离，然后再由光学式检测器进行检测分析的超速离心法等。

三、环境仪器分析的发展趋势

电子信息技术的突飞猛进、核心原理的突破以及相关技术的产生和发展将大大促进仪器分析的发展，另外，材料科学、生命科学、物理学、电子学、计算机科学等现代科学技术的交叉融合，使得仪器分析发展为综合性科学，在环境保护、医学检验、食品分析、生命科学等领域将发挥越来越大的作用。

仪器分析的发展趋势包括以下几个方面：

① 对复杂组分的分析，各种新材料、新技术将进一步在分析仪器中使用，提高分析仪器的灵敏度和选择性。如生命科学研究为多肽、核糖、蛋白质等生物大分子的分离分析提供可能；对环境领域中微量和痕量混合物的分离分析，如红外遥感技术在大气污染、烟尘排放的测定方面有独到之处。

② 仪器进一步集成化和智能化，远程在线分析、网络智能监控、微型化系统、大数据集成系统、机器学习、深度学习将进入现代仪器分析领域，促进分析仪器具有更强大的数据分析能力。

③ 仪器联用技术将发挥更大作用，更具创新性的分析方法联用，使多种仪器的优点得到充分发挥，缺点得到克服，展现仪器分析在各个领域的巨大生命力，使其成为复杂体系分析的重要手段。尤其是现代计算机技术和人工智能与分析仪器的有机融合，机器学习进入仪器分析领域，实现人机对话，使仪器分析联用技术得到更大发展。

第二章

原子发射光谱法

第一节　原子发射光谱法概述

原子发射光谱分析法（AES）是利用原子受电能或热能激发，处于激发态待测原子的外层电子跃迁回到基态时发射的特征谱线来研究物质的组成及含量的方法。

原子光谱学的研究是从 1672 年 Newton 的著名实验开始的，他用玻璃棱镜将太阳光分解成绚丽的彩带，称其为光谱。经过无数前辈们不懈的努力，原子光谱法一直发展到今天。值得一提的是，大家所熟知的“焰色试验”就是人类对光谱分析的早期研究，其原理和 AES 定性分析是一样的，只是由“目视颜色”来判别。公元 6 世纪，我国早在萧梁时期，医药学家陶弘景就使用焰色实验区别真硝石（KNO_3）（钾的灵敏线 K 776.5nm，K 769.9nm 呈深暗红色）与芒硝（$Na_2SO_4 \cdot H_2O$）（钠的灵敏线 Na 589.0nm，Na 589.6nm 呈黄色）。这是史书上最早的记载，说明我们的祖先对光谱分析早就有过贡献。1758 年，德国人 Marggraf 采用焰色来分辨苏打（Na_2CO_3）和锅灰碱（K_2CO_3）。

原子发射光谱法是光学分析法中产生和发展最早的一种方法。早在 19 世纪 Brewster 等就从酒精灯的火焰中观察到了原子发射光谱现象。1814 年，Fraunhofer 等开始详细研究太阳光经色散后产生的暗线，给 500 多条线进行了命名。1859 年，德国学者 G. R. Kirchhoff 和 R. W. Bunsen 在进行燃烧碱金属盐类的实验时发现，发射谱线经色散后的亮线位置与 Fraunhofer 研究的暗线位置重合，制造了第一台用于光谱分析的分光镜，从而使光谱检测法得以实现。1877 年，Gouy 证实了原子发射光谱强度正比于样品量。1928 年，Lundegradh 应用气动喷雾器和空气-乙炔火焰建立了定量分析的线性关系，出现了火焰光度分析法。20 世纪 40 年代，以电火花和电弧为光源的光度直读发射光谱仪的出现，克服了火焰发射光谱法只能用于少数几种元素溶液分析的局限性，使发射光谱法可用于周期表中大多数元素的固体样品的分析。20 世纪 70 年代，等离子体光源的发射光谱仪的出现使原子发射光谱法不但具有多元素同时分析的能力，也适用于液体样品分析，应用范围迅速扩大。随着仪器联用技术的发展，等离子体原子发射光谱仪与质谱联用，不但可以检测物质的含量，也可以对物质的组成及性质深入研究。

原子发射光谱法对科学的发展起了重要的作用，在建立原子结构理论的过程中提供了大量的、最直接的实验数据。科学家们通过观察和分析物质的发射光谱，逐渐认识了组成物质的原子的结构。在元素周期表中，有不少元素是利用原子发射光谱发现或通过光谱法鉴定而被确认的。例如：碱金属中的铷、铯；稀有元素中的镓、铟、铊；惰性气体中的氦、氖、氩、氪、氙及一部分稀土元素等。

在近代各种材料的定性、定量分析中，原子发射光谱法发挥了重要作用。特别是新型光源的研制与电子技术的不断更新和应用，使原子发射光谱法获得了新的发展，成为仪器分析中最重要的方法之一。原子发射光谱法具有以下特点。

① 多元素同时检测能力。不同元素发射不同的特征光谱，可同时测定一个样品中的多种元素的特征光谱，因此可同时测定多种元素。

② 分析速度快。可在几分钟内同时对几十种元素进行定量分析，分析试样不经过化学处理，固体、液体样品都可直接测定。

③ 选择性好。每种元素因其原子结构不同，故发射各自不同的特征光谱。在分析化学上，这种性质上的差异，对于一些化学性质极相似的元素具有特别重要的意义。例如，铌和钽、锆和铪、十几种稀土元素用其他方法分析都很困难，而原子发射光谱分析可以毫无困难地将它们区分开来，并分别加以测定。

④ 检出限低。经典光源可达 0.1～10μg/g（或 μg/mL）。电感耦合等离子体（ICP）光源可达 ng/mL 级。

⑤ 准确度较高。经典光源相对误差为 5%～10%，ICP 相对误差可达 1% 以下。

⑥ 校准曲线线性动态范围经典光源只有 1～2 个数量级，ICP 光源可达 4～6 个数量级。

原子发射光谱分析的缺点是：a. 常见的非金属元素（如氧、硫、氮、卤素等）的谱线在远紫外区，目前一般的光谱仪尚不能检测；b. 还有一些非金属元素（如磷、硒、碲等），由于其激发能高，检测灵敏度较低。

第二节 原子发射光谱法的基本原理

一、原子发射光谱的产生

通常情况下，在无外界能量时原子处于基态，在外加热能或电能等激发光源作用下原子获得足够的能量，外层电子由基态跃迁到较高的能量状态即激发态。处于激发态的原子是不稳定的，在很短的时间（10^{-8}s）内，外层电子就从高能级向较低能级或基态跃迁，以光子的形式释放出多余的能量，就得到由系列谱线组成的发射光谱。原子的各个能级是量子化的，电子的跃迁也是不连续的，这就是原子光谱是线状光谱的根本原因。谱线波长与能量的关系为：

$$\lambda=\frac{hc}{E_2-E_1} \tag{2-1}$$

式中，E_2、E_1 分别为高能级与低能级的能量；λ 为波长；h 为 Planck（普朗克）常量；c 为光速。

原子的外层电子由基态激发到高能级所需要的能量称为激发能，其单位以电子伏特（eV）表示。在激发光源作用下，原子的外层电子获得足够能量后有可能脱离原子发生电离，电离所必需的能量称为电离能。原子失去一个电子称为一次电离，一次电离的原子再失去一个电子称为二次电离，以此类推。使原子电离所需要的能量要比使原子激发的能量大，这种使原子变成离子所需的最低能量称为电离电位。离子也可能被激发，其外层电子跃迁也发射光谱。原子的每条光谱线都有其相应的激发电位。由激发态直接跃迁到基态所辐射的谱线称为共振线。每个元素有多条共振线，由第一激发态向基态跃迁所发射的谱线称为第一共振线。第一共振线具有最小的激发能，因此最容易被激发，就是该元素最强的谱线。离子外层电子跃迁发射的谱线称为离子线。由于离子和原子具有不同的能级，所以离子发射的光谱与原子发射的光谱是不一样的。每一条离子线也都有其激发能，这些离子线激发能的大小与电离能的高低无关，是离子的特征共振线。在原子谱线表中，罗马数字Ⅰ表示中性原子发射的谱线，Ⅱ表示一次电离离子发射的谱线，Ⅲ表示二次电离离子发射的谱线……例如，Mg Ⅰ 285. 21nm 为原子线，Mg Ⅱ 280. 27nm 为一次电离离子线；钠线 Na Ⅰ 589. 59nm 与 Na Ⅰ 588. 99nm 是两条共振线。

二、能级图

原子光谱是由原子的外层电子（或称价电子）在两个能级之间跃迁产生的。把一种元素的各种光谱项及光谱项的能量和可能产生的光谱线用图解的形式表示出来的图称为能级图。图 2-1 为钠原子的能级图。通常用纵坐标表示能量 E，能量的单位是电子伏特（eV）或波数（cm^{-1}），它们之间的换算关系为：$1eV \approx 1.602 \times 10^{-19} J = 8065cm^{-1}$。水平线代表能级或光谱项，它们之间的距离从下至上逐渐减小。理论上，每个原子的能级数目应该是无限多的，但实际上产生的谱线是有限的。发射的谱线为斜线相连。原子由各种不同的高能级跃迁到同一个低能级时发射的一系列谱线称为线系。

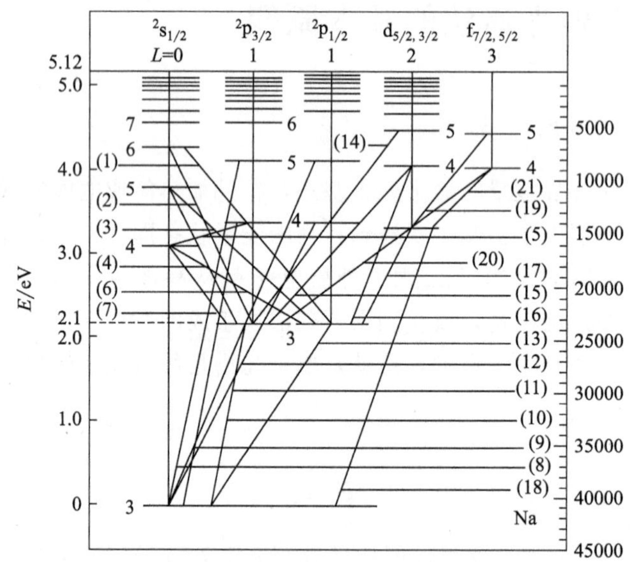

(1) 514.91nm；(2) 515.36nm；(3) 615.42nm；(4) 616.07nm；(5) 220.57nm；
(6) 1138.24nm；(7) 1140.42nm；(8) 285.28nm；(9) 330.23nm；(10) D_2线588.99nm；
(11) 258.30nm；(12) 330.29nm；(13) D_1线589.89nm；(14) 498.29nm；(15) 568.82nm；
(16) 568.27nm；(17) 818.33nm；(18) 342.11nm；(19) 1267.76nm；
(20) 819.48nm；(21) 1845.95nm

图 2-1 钠原子的能级图

三、谱线强度

原子受到外界能量作用，外层电子在符合选择定则的两个能级之间跃迁，若高能级以 i 表示，低能级以 j 表示，i 与 j 两能级间的能量差为：

$$E_i - E_j = h\nu_{ij} \tag{2-2}$$

则 i 与 j 两能级间跃迁产生的谱线强度（I_{ij}）为：

$$I_{ij} = N_i A_{ij} h\nu_{ij} \tag{2-3}$$

式中，N_i 为单位体积内高能级的原子数；A_{ij} 为两能级间的跃迁概率；h 为普朗克常量；ν_{ij} 为发射线的频率。

体系在一定温度下达到热力学平衡时，原子在不同状态的分布也达到平衡。单位体积内处于激发态的原子数目 N_i 与处于基态的原子数目 N_0 应遵循玻尔兹曼（Boltzmann）分布定律：

$$N_i = N_0 \frac{g_i}{g_0} e^{-\frac{E_i}{kT}} \tag{2-4}$$

式中，g_i、g_0 分别为激发态与基态的统计权重；E_i 为激发能；k 为 Boltzmann 玻尔兹曼常量；T 为激发温度。

将式(2-4) 代入式(2-3) 中，得：

$$I_{ij} = \frac{g_i}{g_0} A_{ij} h\nu_{ij} N_0 e^{-\frac{E_i}{kT}} \tag{2-5}$$

由式(2-5) 可见，影响谱线强度的因素如下。

（1）统计权重　谱线强度与激发态和基态的统计权重之比 g_i/g_0 成正比。

（2）跃迁概率　谱线强度与跃迁概率成正比，跃迁概率是一个原子于单位时间内在两个能级间跃迁的概率，可通过实验数据计算出。

（3）激发电位（激发能）　谱线强度与激发能成负指数关系。温度一定时，激发能越高，处于该能量状态的原子数越少，谱线强度就越小。

（4）激发温度　温度升高，谱线强度增大。但温度升高，电离的原子数目也会增多，而相应的原子数会减少，致使原子的谱线强度减弱，离子的谱线强度增大。图 2-2 为某些谱线强度与激发温度的关系图。由图 2-2 可见，不同谱线有其最合适的激发温度，在此温

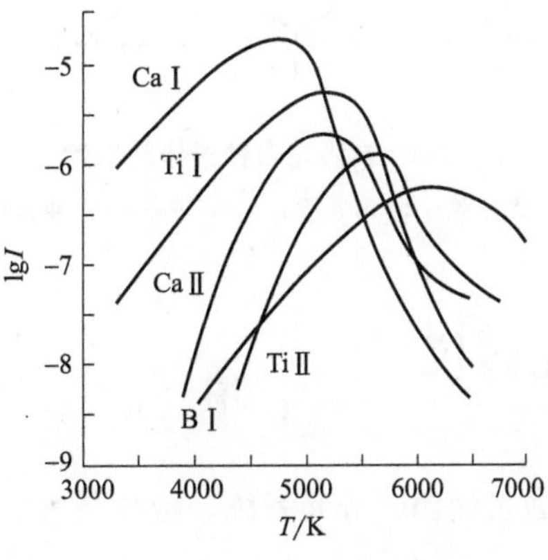

图 2-2　某些谱线强度与激发温度的关系

度下，谱线强度最大，高于该温度，谱线强度反而减小。

(5) 基态原子数　谱线强度与基态原子数成正比。在一定条件下，基态原子数与试样中该元素浓度成正比。因此，在一定的实验条件下，谱线强度与被测元素浓度成正比，这是光谱定量分析的依据。

对某一谱线来说，g_i/g_0、跃迁概率、激发能是恒定值。因此，当温度一定时该谱线的强度 I 与被测元素浓度 C 成正比，即：

$$I = aC \tag{2-6}$$

式中，a 为比例常数。

当考虑到谱线自吸（见下文）时，上式可表达为：

$$I = aC^b \tag{2-7}$$

式中，b 为自吸系数。b 值随被测元素浓度的增加而减小，当元素浓度很小时无自吸，则 b＝1。式(2-7) 是原子发射光谱定量分析的基本关系式。

四、谱线的自吸与自蚀

某元素的原子从中心发射某一波长的电磁辐射，必然要通过边缘到达检测器，这样所发射的电磁辐射就可能被处在边缘的同一元素的基态或较低能级的原子吸收，接收到的谱线强度就减弱了。这种原子在高温发射某一波长的辐射，被处在边缘低温状态的同种原子所吸收的现象称为自吸。自吸对谱线中心处强度的影响大。当元素的含量很小时，不表现自吸；当含量增大时，自吸现象增加；当达到一定含量时，由于自吸严重，谱线中心强度都被吸收了，完全消失，好像两条谱线，这种现象称为自蚀，见图 2-3。基态原子对共振线的自吸最为严重，并常产生自蚀。不同光源类型的自吸情况不同。由于自吸现象影响谱线强度，定量分析时必须注意。

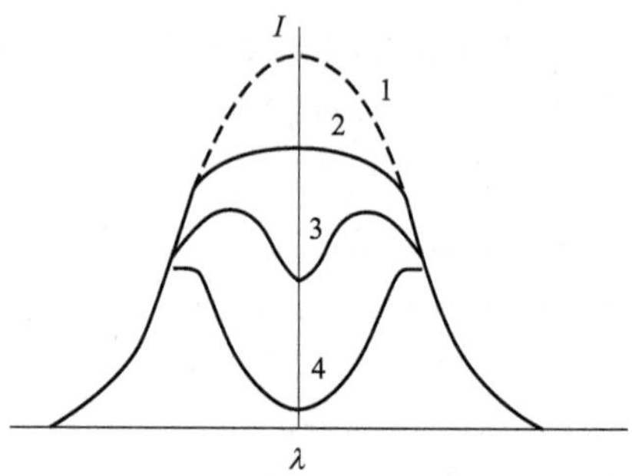

图 2-3　自吸与自蚀谱线轮廓图

1—无自吸；2—有自吸；3—自蚀；4—严重自蚀

第三节　原子发射光谱仪

原子发射光谱仪主要由激发光源、分光系统、进样装置、检测器四部分组成，其中光源起着非常重要的作用。

一、激发光源

激发光源的作用是提供足够的能量使试样蒸发、原子化、激发，产生光谱。激发光源的特性在很大程度上影响着光谱分析的准确度、精密度和检出限。所以在分析具体试样时，应根据分析的元素以及对灵敏度和准确度的要求选择适当的激发光源。原子发射光谱的激发光源种类很多，基本可分为以下两类。

(1) 火焰和等离子体光源　适宜用于液体试样的分析中。

(2) 直流电弧、交流电弧和电火花光源　适宜用于固体样品的直接分析中。

发射光谱分析常用光源的特征见表 2-1。

表 2-1　发射光谱分析常用光源的特征

光源	蒸发温度	激发温度/K	放电稳定性	应用范围
直流	高	4000～7000	稍差	定性分析，矿物、纯物质、难挥发性物质定性及半定量分析
交流	低	4000～7000	较好	试样中低含量组分的定量分析
火花	低	瞬间 10000	好	金属与合金、难激发元素的定量分析
ICP	很高	6000～8000	很好	溶液定量分析

下面介绍适用于环境样品分析的电弧和电感耦合等离子体激发光源。

1. 直流电弧

直流电弧发生器的基本电路见图 2-4。图 2-4 中，E 为直流电源，供电电压为 220～380V，电流为 5～30A。镇流电阻 R 的作用为稳定与调节电流的大小。电感 L 用以减小电流的波动。G 为分析间隙（或放电间隙），上下两个箭头表示电极，电极之间是空气。

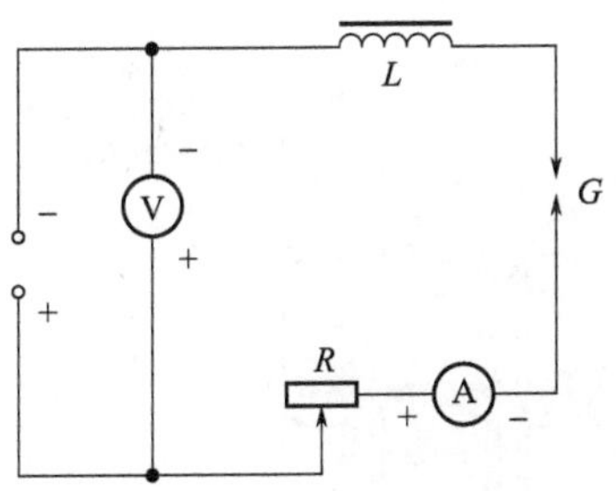

图 2-4　直流电弧发生器的基本电路图

E—直流电流；V—直流电压表；L—电感；R—镇流电阻；
A—直流电流表；G—分析间隙

电弧激发光源通常采用石墨材料做成的电极，两个石墨电极作为阴、阳两极，试样装在一个电极（下电极）的凹孔内。电弧激发源提供能量的原理是：使电极间的空气电离导电，电极间放电流过电流，产生电弧，利用电弧的高温使样品蒸发、激发。

直流电弧引燃可采用两种方法：一种是接通电源后，使上、下电极接触，短路引燃；另一种是高频引燃。引燃后阴极产生热电子发射，在电场作用下电子高速通过分析间隙射向阳极。在分析间隙里，电子又会和分子、原子、离子等碰撞，使气体电离。由于电子与分子、原子、离子在分析间隙相互碰撞，发生能量交换，使试样原子激发，发射出一定波长的谱线。直流电弧的优点是设备简单，且由于持续放电，电极头温度高，蒸发能力强，试样进入放电间隙的量多，绝对灵敏度高，适用于定性、半定量分析。缺点是电弧不稳定、飘移、重现性差、弧层较厚、易产生自吸现象，且由于电极头温度比较高，不适用于定量分析及低熔点元素的分析。

2. 交流电弧

交流电弧分为高压电弧和低压电弧两类。前者工作电压达2000～4000V，可利用高电压把弧隙击穿而燃烧，但由于装置复杂，操作危险，实际上已经很少使用。低压电弧应用较多，工作电压一般为110～220V，设备简单，操作也安全。交流电弧的电流具有脉冲性，电流密度高，并且每交流半周强制点弧，控制放电，因而其放电稳定性比直流电弧好，分析的重现性较好，适用于定量分析。不足之处是电极温度比直流电弧稍低，蒸发能力稍弱，灵敏度较差。

3. 高频电感耦合等离子体

高频电感耦合等离子体（inductively coupled plasma，ICP）光源是20世纪60年代研制的新型光源，由于性能优良，现已成为原子发射光谱分析中最主要、应用最广泛的激发光源。等离子体是指包含分子、原子、离子、电子等各种粒子的电中性的集合体。等离子体中气体处在高度电离状态，其所形成的空间电荷密度大体相等，使得气体整体呈电中性。

ICP光源主要由高频发生器、等离子体炬管、雾化器三部分组成，见图2-5。高频发生器的作用是产生高频磁场供给等离子体能量。高频发生器的频率大多采用工业标准27.13MHz或40.68MHz，功率通常为2.5kW。

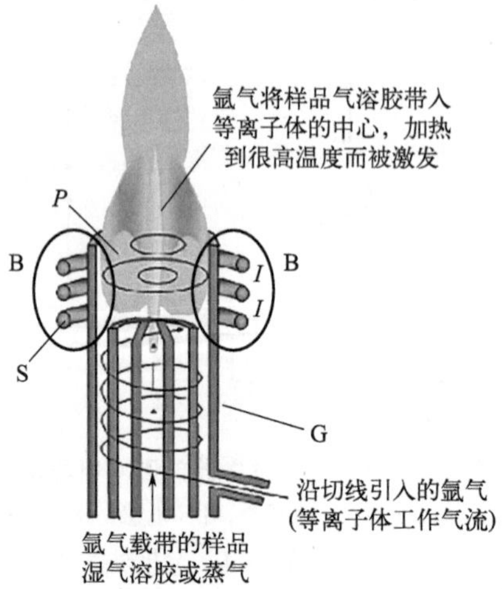

图 2-5 ICP光源

B—交变磁场；I—高频电流；P—涡电流；S—高频感应线圈；G—等离子体炬管

ICP的主体部分是放在高频线圈内的等离子体炬管，见图2-5。炬管（G）是由三层同心的石英管套接而成，感应线圈（S）与高频发生器相连。等离子体炬管分为三层：最外层沿切线方向引入氩气（Ar）作为冷却气，可保护石英管不被烧毁；中层管通入辅助气体氩气，用以点燃等离子体，并把点燃的等离子体火焰稍稍向上托起，防止中心管口因过热而熔融，一旦等离子体中心通道形成，便可不用辅助气；中心层以 Ar 为载气，把经过雾化器的试样溶液以气溶胶形式引入等离子体中。

当高频发生器接通电源后，高频电流（I）通过线圈，即在沿切线引入的气炬管内产生交变磁场 B，当炬管内没有导电离子时，高频电磁场不会形成焰炬。由于电磁感应和高频磁场 B，电场在石英管中随之产生。若用高压火花引燃，使炬管内惰性气体氩气电离产生一些离子和电子，则这些离子和电子在交变磁场下加速，同时和气体分子、原子等碰撞，使更多的气体电离，电子和离子分别在炬管内沿闭合回路流动，形成涡电流（P）。涡电流的电阻很小，电流很大（可达几百安培），释放出大量的热能（约 10000K）。由于强大的涡电流产生的高温使气体加热，在管口形成火炬状的稳定的等离子体焰炬。试液被雾化后由载气将其带入等离子体内，加热到很高的温度，从而被激发。因此，ICP 焰炬外形像火焰，但不是化学燃烧火焰，而是气体放电。采用氩气作工作气体的优点是：氩气为单原子惰性气体，不与试样组分形成难解离的稳定化合物，也不像多原子分子那样因解离而消耗能量，有良好的激发性能，本身光谱也简单。

等离子体火焰可以粗略地分为 3 个区域（见图 2-6）。

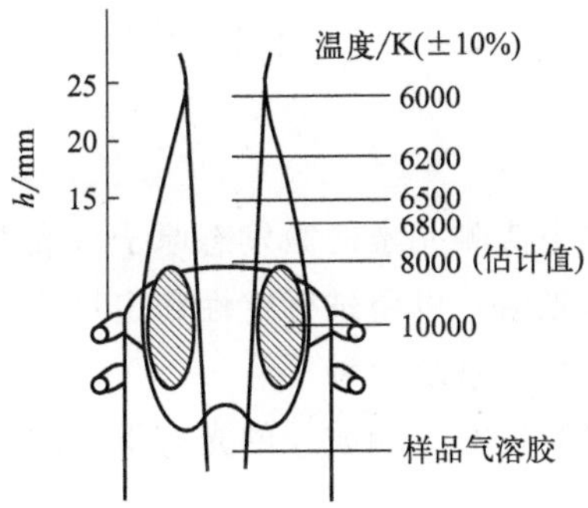

图 2-6　ICP 的温度分布

（1）焰心区　感应线圈区域内，白色不透明的焰心，高频电流形成的涡流区，温度最高达 10000K，电子密度也很高。它发射很强的连续光谱，光谱分析应避开这个区域。试样气溶胶在此区域被预热、蒸发，又称预热区。

（2）内焰区　在感应线圈上 10～20mm 处，淡蓝色半透明的焰炬，温度为 6000～8000K。试样在此原子化、激发，然后发射很强的原子线和离子线。这是光谱分析所利用的区域，称为测光区。

（3）尾焰区　在内焰区上方，无色透明，温度低于 6000K，只能发射激发能较低的谱线。

ICP 光源中环形的中心是一个进样的中心通道，气溶胶能顺利地进入等离子体内，使得等离子体焰炬有很高的稳定性，试样气溶胶可在高温焰心区经历较长时间的加热，在测光区平均停留时间可达 2～3ms，比经典光源停留时间（10^{-3}～10^{-2}ms）长得多。高温与长的平均停留时间使样品充分原子化，并有效地消除了化学干扰。周围是加热区，用热传导与辐射方式间接加热，使组分的改变对 ICP 的影响较小，加之溶液进样量又少，因此基体效应小，试样不会扩散到 ICP 焰炬周围而形成自吸的冷蒸气层。环状结构是 ICP 具有优良性能的根本原因。

综上所述，ICP光源具有以下优点：

① 检出限低。气体温度高，可达7000～8000K，加上样品气溶胶在等离子体中心通道停留时间长，因此各种元素的检出限一般在10^{-5}～10^{-1}μg/mL。可测70多种元素。

② 基体效应小。

③ ICP稳定性好，精密度高。在实用的分析浓度范围内，相对标准差约为1%。

④ 准确度高，相对误差约为1%，干扰少。

⑤ 选择合适的观测高度，光谱背景小。

⑥ 自吸效应小。高频电流具有“趋肤效应”，ICP中高频感应电流绝大部分流经导体外围，越接近导体表面，电流密度越大。涡流主要集中在等离子体的表面层内，形成“环状结构”，造成一个环形加热区。等离子体中有一定的体积，温度与原子浓度在其各部位分布不均匀，中间部位温度低，边缘高，可以有效减小自吸效应。

⑦ 分析校准曲线动态范围宽，可达4～6个数量级，这样也可对高含量元素进行分析。由于发射光谱有对一个试样可同时做多元素分析的优点，ICP采用光电测定，在几分钟内就可测出一个样品从高含量到痕量各种组成元素的含量，快速而又准确，因此，它是一种很有竞争力的分析方法。

ICP的局限性：对非金属测定灵敏度低，仪器价格较贵，维持费用也较高。

二、分光系统

分光系统的作用是对试样中待测元素的激发态原子（或离子）所发射的特征光进行分光后，得到按波长顺序排列的光谱，以便进行定性和定量分析。原子发射光谱的分光系统目前采用棱镜分光系统和光栅分光系统两种。

棱镜分光系统主要是利用棱镜对不同波长的光有不同的折射率，复合光被分解为各种单色光，从而达到分光的目的。

光栅分光系统利用光在光栅上产生的衍射和干涉来实现分光。

光学性能的主要指标有色散率、分辨率与集光本领，因为发射光谱法是靠每条谱线进行定性、定量分析的，因此这3个指标至关重要。

色散率是把不同波长的光分散开的能力。

分辨率是按照瑞利准则能正确分辨出波长相差极小的两条谱线的能力。

色散率与分辨率是两个不同的概念。色散率是仪器将不同波长的光分散开的能力，即将紧邻的两条谱线分散开，至于能否分辨出，要由分辨率来决定。当然，色散率大的仪器，其分辨率也高。

集光本领表示光谱仪光学系统传递辐射的能力。

三、进样装置

对于以电弧、电火花及激光为光源的经典发射光谱仪，主要分析固体试样，分析时将试样放在石墨对电极的下电极凹槽内。以等离子体为光源时，则需要将试样制备成溶液后进样。在分析过程中，试样中组分经过雾化、蒸发、原子化和激发四个阶段。电感耦合等离子体光源中，光源与雾化器连接在一起，如图2-7所示（书后另见彩图）。液体试样被氩气流吸入雾化器后，与气流混合雾化，由石英炬管中心进入等离子体焰炬中。

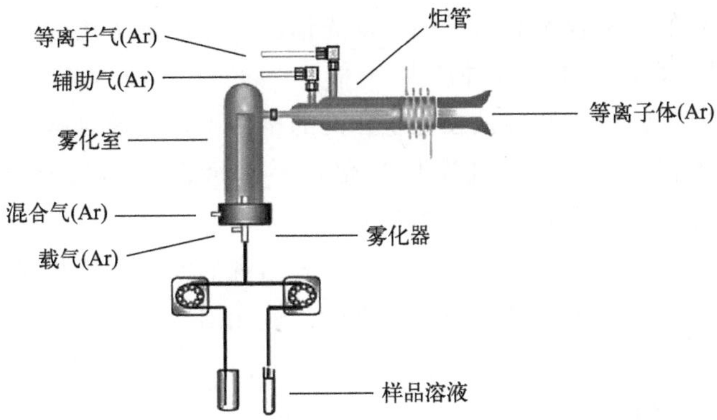

图 2-7 ICP 进样系统

四、检测器

发射光谱仪中采用的检测器主要有光电倍增管和阵列检测器两类。光电倍增管是将光信号转换为电信号来检测谱线强度。这类光谱仪常称为光电指读光谱仪，有单道扫描式、多道固定狭缝式和全谱直读式三种类型。阵列检测器发展迅速，应用越来越普遍，目前主要有光敏二极管阵列检测器、光导摄像管阵列检测器、电荷转移阵列检测器几种类型。电荷转移阵列检测器又可分为电荷耦合阵列检测器（CCD）和电荷注入阵列检测器（CID）。目前，以 ICP 作激发光源，以中阶梯光栅作色谱元件的全谱直读光谱仪，已经成为现代原子发射光谱仪的发展趋势。

第四节 光谱分析方法

由于各种元素的原子结构不同，在光源的激发作用下，试样中每种元素都发射自己的特征光谱。元素的发射光谱具有特征性和唯一性，这是定性分析的依据。但每种元素发射的特征谱线有多有少，多的可达几千条。在进行定性分析时，不需要将所有的谱线全部检出，只需检出几条有代表性的谱线就可以了。分析时所使用的谱线称为分析线。如果只见到某元素的一条谱线，不能断定该元素确实存在于试样中，因为有可能存在其他元素谱线的干扰。判断某元素存在的依据是有两条以上不受干扰的最后线与灵敏线。最后线是指当样品中某元素的含量逐渐减少时，最后仍能观察到的几条谱线。灵敏线是元素激发能低、强度较大的谱线，多是共振线。共振线是指由第一激发态回到基态所产生的谱线，它也是该元素的最灵敏线、最后线。

一、定性分析方法

1. 铁光谱比较法

这是目前最通用的方法，它采用铁的光谱作为波长的标尺，来判断其他元素的谱线。铁光谱作标尺有如下特点：a. 谱线多，在 210～600nm 范围内有几千条谱线；b. 谱线间相距都很近，在上述波长范围内均匀分布；c. 对每一条铁谱线波长，人们都已进行了精确的测量。每一种型号的光谱仪都有自己的标准光谱图。谱图最下边为铁光谱，在铁光谱上方准确地绘出 68 种元素的逐条谱线并放大 20 倍。

进行分析工作时，将试样与纯铁在完全相同的条件下并列并且紧挨着摄谱，摄得的谱片置于映谱仪（放大仪）上；谱片也放大 20 倍，再与标准光谱图进行比较。比较时，首先需将谱片上的铁光谱与标准光谱图上的铁光谱对准，然后检查试样中的元素谱线。若试样中的元素谱线与标准图谱中标明的某一元素谱线出现的波长位置相同，即为该元素的谱线。某一元素是否存在必须根据其灵敏线来判断。铁光谱比较法可同时进行多元素的定性鉴定。

2. 标准试样光谱比较法

将要检出元素的纯物质或纯化合物与试样并列摄谱于同一感光板上，在映谱仪上检查试样光谱与纯物质光谱。若两者谱线出现在同一波长位置上，即可说明某一元素的某条谱线存在。此法多用于分析不经常遇到的元素或谱图上没有的元素。

全谱直读 ICP 光谱仪可快速进行定性分析。单道扫描式 ICP 光电直读光谱仪在定量分析前确定最佳分析条件时可进行定性分析。

二、定量分析方法

（一）光谱半定量分析

光谱半定量分析可以给出试样中某元素的大致含量。若分析任务对准确度要求不高，多采用光谱半定量分析。例如，钢材与合金的分类、矿产品位的大致估计等，特别是分析大批样品时，采用光谱半定量分析尤为简单且快速。

光谱半定量分析常采用摄谱法中比较黑度法，这个方法需配制一个基体与试样组成近似的被测元素的标准系列。在相同条件下，在同一块感光板上标准系列与试样并列摄谱，然后在映谱仪上用目视法直接比较试样与标准系列中被测元素分析线的黑度。黑度若相同，则可作出试样中被测元素的含量与标准样品中某一个被测元素含量近似相等的判断。

（二）光谱定量分析

根据前面的推导，光谱定量分析的关系式见式(2-6) 和式(2-7)：

$$I=aC \tag{2-6}$$

$$I=aC^b \tag{2-7}$$

当元素浓度很低时无自吸，$b=1$。ICP 光源本身自吸效应就很小。

1. 校准曲线法

这是最常用的方法。在确定的分析条件下，用 3 个或 3 个以上含有不同浓度被测元素的标准系列与试样溶液在相同条件下激发光谱，以分析线强度 I 对标准样浓度作图，得到一条校准曲线。根据试样分析线的强度在校准曲线上查出相应的浓度。

2. 标准加入法

当测定低含量元素时，基体干扰较大，找不到合适的基体来配制标准试样，采用标准加入法比较好。方法是取几份相同量的试样，其中一份作为被测定的试样，其他几份分别加入不同浓度（C_1，C_2，C_3，…，C_i）的被测元素的标准溶液。在同一实验条件下激发光谱，然后以分析线强度对标准加入量浓度作图（见图 2-8）。被测定的试样中没有加入标准溶液，所以它对应的强度为 I_x，试样中被测元素浓度为 C_x，将直线 I_x 点外推，与横坐标相交截距的绝对值即为试样中待测元素浓度 C_x。

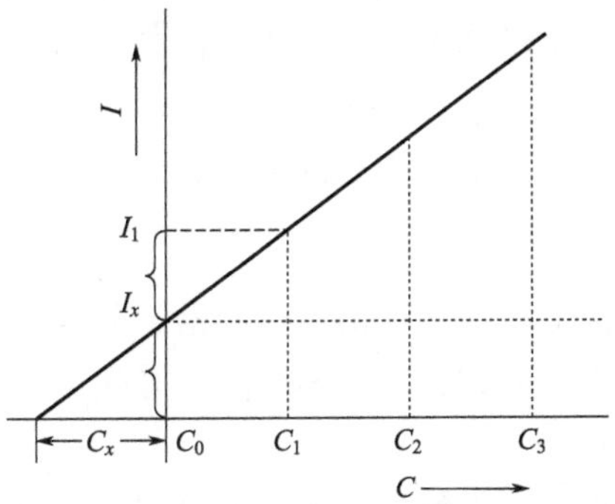

图 2-8　标准加入法曲线

$$\frac{C_x}{I_x}=\frac{C_1}{I_1} \tag{2-8}$$

$$C_x=\frac{C_1 I_x}{I_1} \tag{2-9}$$

3. 内标法

在 20 世纪，使用经典光源进行定量分析时，测定谱线绝对强度进行定量分析是困难的。因为试样的组成与实验条件都会影响谱线强度。1925 年，Gerlach 提出内标法才使得原子发射光谱分析的定量分析得以实现。目前，ICP 光源直读光谱仪仪器性能好，并且稳定、准确度高，一般不使用内标法，但当试样黏度大时也会使得光源不稳定，此时应使用内标法。

（1）基本关系式　内标法是相对强度法，首先要选择分析线对：选择一条被测元素的谱线为分析线，再选择其他元素的一条谱线为内标线，所选内标线的元素为内标元素。内标元素可以是试样的基体元素，也可以是试样中加入的原本不存在的元素。分析线与内标线组成分析线对。

分析线强度为 I，内标线强度为 I_0，被测元素浓度与内标元素浓度分别为 C 与 C_0，分析线与内标线的自吸系数分别为 b 与 b_0。根据式(2-7)，分别有：

$$I_0=a_0 C_0^{b_0} \tag{2-10}$$

分析线强度与内标线强度比为 R，称为相对强度：

$$R=\frac{I}{I_0}=\frac{aC^b}{a_0 C_0^{b_0}} \tag{2-11}$$

式中，内标元素浓度 C_0 为常数。

实验条件一定时，$A=a/(a_0 C_0^{b_0})$ 为常数，ICP 光源中 $b=1$，则:

$$R=\frac{I}{I_0}=AC \tag{2-12}$$

式(2-12) 是内标法光谱定量分析的基本关系式。由式(2-12) 也可看出，相对强度法对试样组成或实验条件的变化都相消了。分析方法是以相对强度 R 对浓度作图，即为校准曲线。

(2) 内标元素与分析线对的选择　内标元素与被测元素在光源作用下应有相近的蒸发性质、激发能与电离能；内标元素若是外加的，必须是试样不含有或含量极少，可以忽略的；分析线对两条线要都是原子线或都是离子线，避免一条是原子线，另一条是离子线。

定量分析法使用直读光谱仪，可将各元素校准曲线事先输入计算机中，测定时可直接得到元素的含量。多道光电直读光谱仪带有内标通道。

（三）背景的扣除

光谱背景是指在线状光谱上，叠加着由连续光谱、分子光谱或其他原因所造成的谱线强度（摄谱法为黑度）的改变。光谱背景若不扣除，必然会使分析结果不准确。在实验过程中应尽量设法降低光谱背景。

在经典光源中，是来自炽热的电极头，或蒸发过程中被带到弧焰中去的固体质点等炽热的固体发射的连续光谱，同时在光源作用下试样与空气作用生成的分子氧化物、氮化物等分子发射的带状光谱。分析线附近有其他元素的强扩散线（即谱线宽度较大），如 Zn、Sb、Pb、Bi、Mg、Al 等含量高时会有很强的扩散线。在 ICP 光源中，电子与离子的复合过程也产生连续辐射。轫致辐射是由电子通过荷电粒子（主要是重粒子）库仑场时加速或减速引起的连续辐射。这两种连续背景都随电子密度的增大而增加，是造成 ICP 光源连续背景辐射的重要原因，火花光源中这种背景也较强。为了消除背景的影响，直流电弧摄谱法定性分析选择谱线时，应避开背景影响较大的谱线。在 ICP 光电直读光谱仪中都带有自动校正背景的装置。

第五节　原子发射光谱法在环境分析中的应用

一、空气和废气颗粒物中的金属元素

（一）方法原理

将采集到合适滤材上的空气和废气颗粒物样品经微波消解或电热板消解后，用电感耦合等离子体发射光谱法（ICP-OES）测定各金属元素的含量。消解后的试样进入等离子体发射光谱仪的雾化器中被雾化，由氩载气带入等离子体火炬中，目标元素在等离子体火炬中被气化、电离、激发并辐射出特征谱线。在一定浓度范围内，其特征谱线强度与元素浓度成正比。

（二）干扰及消除

电感耦合等离子体发射光谱法通常存在的干扰大致可分为两类：一类是光谱干扰；另一类是非光谱干扰。

(1) 光谱干扰　光谱干扰主要包括连续背景和谱线重叠干扰。校正光谱干扰常用的方法是背景扣除法（根据单元素试验确定扣除背景的位置及方式）及干扰系数法。也可以在混合标准溶液中采用基体匹配的方法消除其影响。

(2) 非光谱干扰 非光谱干扰主要包括化学干扰、电离干扰、物理干扰以及去溶剂干扰等，在实际分析过程中各类干扰很难截然分开。是否予以补偿和校正，与样品中干扰元素的浓度有关。此外，物理干扰一般由样品的黏滞程度及表面张力变化导致，尤其是当样品中含有大量可溶盐时，可能会对测定产生干扰。消除此类干扰最简单的方法是将样品稀释。

（三）试剂和材料

除非另有说明，分析时均使用符合国家标准的优级纯或高纯（如微电子级）化学试剂。

硝酸：$\rho(HNO_3)=1.42g/mL$。盐酸：$\rho(HCl)=1.19g/mL$。过氧化氢：$w(H_2O_2)=30\%$。氢氟酸：$\rho(HF)=1.16g/mL$。高氯酸：$\rho(HClO_4)=1.67g/mL$。硝酸-盐酸混合消解液：于约500mL水中加入55.5mL硝酸及167.5mL盐酸，用水稀释并定容至1L。

标准溶液：多元素标准贮备溶液 $\rho=100mg/L$；单元素标准贮备溶液 $\rho=1000mg/L$。

石英滤膜、特氟龙滤膜或聚丙烯等有机滤膜对粒径大于0.3μm的颗粒物的阻留效率不低于99%。

石英滤筒、玻纤滤筒：对粒径>0.3μm的颗粒物的阻留效率不低于99.9%。空白滤筒中目标金属元素含量应小于等于排放标准限值的1/10，若不符合要求则不能使用。

氩气：纯度不低于99.9%。

（四）仪器和设备

(1) 颗粒物采样器 使用的环境空气颗粒物采样器（含切割器）性能和技术指标应符合HJ/T 374—2007和HJ 93—2013的规定。污染源废气颗粒物采样器采样流量为5～80L/min。分析仪器为电感耦合等离子体发射光谱仪。

(2) 微波消解 取适量滤膜或滤筒样品，用陶瓷剪刀剪成小块置于微波消解容器中，加入20.0mL硝酸-盐酸混合消解液，使滤膜（滤筒）碎片浸没其中，加盖，置于消解罐组件中并旋紧，放到微波转盘架上。设定消解温度为200℃，消解持续时间为15min。消解结束后，取出消解罐组件，冷却，以水淋洗微波消解容器内壁，加入约10mL水，静置0.5h进行浸提。将浸提液过滤到100mL容量瓶中，用水定容至100mL刻度，待测。当有机物含量过高时，可在消解时加入适量的过氧化氢以分解有机物。

(3) 实验室样品空白 取与样品相同批号、相同面积的空白滤膜或滤筒，按与试样制备相同的步骤制备实验室空白试样。

（五）分析步骤

1. 仪器参数

点燃等离子体后，按照厂家提供的工作参数进行设定，待仪器预热至各项指标稳定后开始进行测量。

2. 波长选择

在实验室所用仪器厂商推荐的最佳测量条件下，对每个被测元素选择2～3条谱线进行测定，分析比较每条谱线的强度、谱图及干扰情况，在此基础上选择各元素的最佳分析谱线。

3. 分析测定

（1）校准曲线　基于颗粒物样品实际化学组成，依次加入多元素标准储备液配制 3～5 个浓度水平的标准系列。各浓度点用硝酸溶液定容至 50. 0mL。可根据实际样品中待测元素浓度情况调整校准曲线浓度范围。将标准溶液依次导入发射光谱仪进行测量，以浓度为横坐标，以元素响应强度为纵坐标进行线性回归，建立校准曲线。

（2）样品测定　分析样品前，用系统洗涤溶液冲洗系统直到空白强度值降至最低，待分析信号稳定后开始分析样品。样品测量过程中，若样品中待测元素浓度超出校准曲线范围，样品需稀释后重新测定。

（六）分析结果

颗粒物中金属元素的浓度按下列公式计算：

$$\rho=(C-C_0)\times V_s\times\frac{n}{V_{std}} \tag{2-13}$$

式中，ρ 为颗粒物中金属元素的浓度，μg/m^3；C 为试样中金属元素浓度，μg/mL；C_0 为空白试样中金属元素浓度，μg/mL；V_s 为试样或试样消解后定容体积，mL；n 为滤膜切割的份数（即采样滤膜面积与消解时截取的面积之比，对于滤筒 $n=1$）；V_{std} 为标准状态（273K，101. 325kPa）下采样体积，m^3（对污染源废气样品，V_{std} 为标准状态下干烟气的采样体积）。

二、电感耦合等离子体发射光谱法测定水中重金属

1. 污染物特性

重金属在水中主要以颗粒态存在、迁移与转化，其过程复杂多样，几乎包括水体中各种物理、化学和生物学过程。

多数重金属元素有多种价态，有较高活性，能参与各种化学反应，有不同的化学稳定性和毒性，环境条件改变，其形态和毒性也发生变化。

重金属易被生物摄食吸收、浓缩和富集，还可通过食物链逐级放大，达到危害顶级生物的水平。在迁移转化过程中，某些条件下形态转化或物相转移具有一定的可逆性，但重金属是非降解有毒物质，不会因化合物结构破坏而丧失毒性，元素之间存在拮抗作用与协同作用。

2. 试剂

硝酸：$\rho(HNO_3)$ ＝1. 42g/mL，优级纯。

高氯酸：$\rho(HClO_4)$ ＝1. 68g/mL，优级纯。

氩气：纯度不低于 99. 9%。

标准溶液：购买市售有证标准溶液，稀释配制。稀释时补加一定量的硝酸，使标准使用液的硝酸含量达到 1%。

3. 仪器

采用的仪器为等离子体发射光谱仪。ICP 仪器实物见图 2-9。

4. 样品

（1）样品的采集　采样前，用洗涤剂和水依次洗净聚乙烯瓶，置于硝酸溶液中浸泡

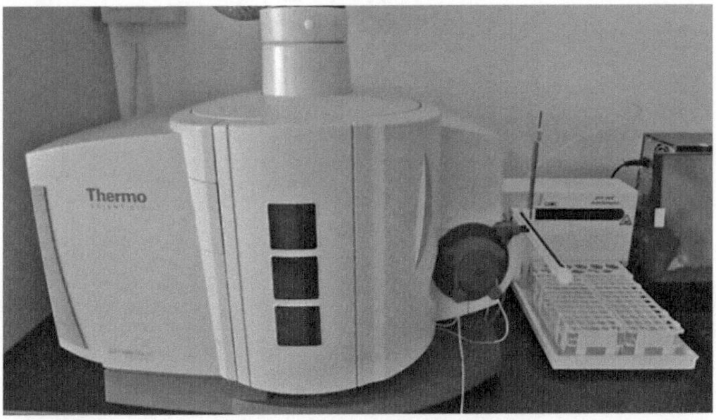

图 2-9 ICP 仪器实物图

24h 以上，用实验用水彻底洗净。若测定可溶性元素，样品采集后立即通过水系微孔滤膜过滤，弃去初始的 50～100mL 滤液，收集所需体积的滤液，加入适量硝酸，使硝酸含量达到 1%。如测定元素总量，样品采集后立即加入适量硝酸，使硝酸含量达到 1%，样品的保存期限为 14d。

（2）样品的处理 按比例在一定体积的均匀样品中加入硝酸溶液，通常 100mL 样品中加入 5.0mL 硝酸。置于电热板上加热消解，在不沸腾的情况下缓慢加热至近干，之后取下冷却，反复进行这一过程，直至试样溶液颜色变浅或稳定不变。冷却后，加入硝酸若干毫升，再加入少量水，置于电热板上继续加热使残渣溶解。冷却后，用实验用水定容至原取样体积，使溶液保持 1%（体积分数）的硝酸酸度。对于某些基体复杂的废水，消解时可加入 2～5mL 高氯酸。若消解液中存在一些不溶物，可静置或在 2000～3000r/min 转速下离心分离 10min 以获得澄清液。

5. 分析步骤

（1）测试条件

① 观察方式：水平、垂直或水平与垂直交替使用。

② 发射功率：1150W。

③ 载气流量：0.7L/min。

④ 辅助气流量：1.0L/min。

⑤ 冷却气流量：12.0L/min。

（2）校准曲线的绘制 取一定量的标准使用液绘制校准曲线。根据地表水及废水等浓度范围分组配制，在各自浓度范围内，至少配制 5 个浓度点。由低浓度到高浓度依次进样，按照仪器参考测试条件测量发射强度。以发射强度值为纵坐标，以目标元素系列质量浓度为横坐标，绘制目标元素的校准曲线。

（3）样品测定 在与建立校准曲线相同的条件下，测定试样的发射强度。由发射强度值在校准曲线上查得目标元素含量。样品测量过程中，若样品中待测元素浓度超过校准曲线范围，样品需稀释后重新测定。

课后习题

一、选择题

1. 原子发射光谱的产生是由于（　　）。

A. 原子次外层电子在不同能级间的跃迁

B. 原子外层电子在不同能级间的跃迁

C. 原子内层电子在不同能级间的跃迁

D. 原子外层电子的振动和转动

2. 对于同一级光谱，当波长变化时，光栅的分辨率（　　）。

A. 不变　　B. 变大　　C. 变小　　D. 无法确定

3. 采用原子发射光谱法对矿石粉末试样进行定性分析时，一般选用（　　）光源为好。

A. 交流电弧　　B. ICP　　C. 直流电火花　　D. 等离子体

4. 与光谱线强度无关的因素是（　　）。

A. 跃迁能级间的能量　　B. 高能级上的原子数

C. 跃迁概率　　D. 蒸发温度

5. ICP 光源的突出特点是（　　）。

A. 检出限低，背景干扰小，灵敏度和稳定性高，线性范围宽，无自吸现象

B. 温度高，背景干扰小，灵敏度和稳定性高，线性范围宽，但自吸严重

C. 温度高，灵敏度和稳定性高，线性范围宽，无自吸现象，但背景干扰大

D. 温度高，背景干扰小，灵敏度和稳定性高，无自吸现象，但线性范围窄

6. ICP 光源中产生“趋肤效应”的主要原因在于（　　）。

A. 焰炬表面的温度低而中心高　　B. 焰炬表面的温度高而中心低

C. 原子化过程主要在焰炬表面进行　　D. 蒸发过程主要在焰炬表面进行

7. ICP 光源高温的产生是由于（　　）。

A. 气体燃烧　　B. 气体放电　　C. 电极放电　　D. 电火花

8. 下列（　　）光源不适合定量分析中使用。

A. 高压电火花　　B. 交流电弧　　C. 直流电弧　　D. ICP

9. 进行谱线检查时，通常采取与标准光谱比较的方法来确定谱线位置，通常作为标准的是（　　）。

A. 铁谱　　B. 铜谱　　C. 碳谱　　D. 氢谱

10. 元素的发射光谱具有特征性和唯一性，这是定性的依据，判断元素是否存在的条件是（　　）。

A. 必须将该元素的所有谱线全部检出

B. 必须检出 5 条以上该元素的谱线

C. 只要检出该元素的一条灵敏线或最后线

D. 只要检出该元素的两条以上的灵敏线或最后线

11. 选择“分析线对”是指（　　）。

A. 选择待测元素两条光谱强度最大的谱线作为分析线对

B. 选择待测元素最后消失的两条谱线作为分析线对

C. 选择待测元素波长差大于 30nm 的两条灵敏线作为分析线对

D. 分别选择待测元素和内标物的一条谱线组成分析线对

12. 内标元素必须符合的条件之一是（　　）。

A. 必须是基本元素中含量最大的

B. 必须与待测元素具有相同的激发电位

C. 必须与待测元素具有相同的电离电位

D. 与待测元素具有相近的蒸发特性

13. 不能采用原子发射光谱分析的物质是（　　）。

A. 碱金属和碱土金属

B. 有机物和大部分的非金属元素

C. 稀土元素

D. 过渡金属

二、填空题

1. 在进行光谱分析时，狭缝宽度宜________，原因是________________；而在定量分析时，狭缝宽度宜________，原因是________________。

2. 在原子发射光谱通常所使用的光源中，蒸发温度最高的是________，激发温度最高的是________，不发生自吸的是________。

3. 位于中心的激发态原子发出的辐射被边缘的同种基态原子吸收，导致谱线中心强度降低的现象称为________。此现象随浓度增加而________，当达到一定值时，谱线中心完全吸收，如同出现两条线，这种现象称为________。

4. 交流电弧具有的特点是________能力强，电弧的________好，分析的重现性高，适用于________分析，与直流电弧相比不足的是蒸发能力稍弱，灵敏度降低。

三、简答题

1. 原子发射光谱是怎么产生的？其特点是什么？

2. 何谓分析线、共振线、灵敏线、最后线？它们有何联系？

3. 简述 ICP 的形成原理及优缺点。

4. 光谱定量分析为什么用内标法？简述其原理。

第三章
原子吸收光谱法

第一节 原子吸收光谱法的基本原理

一、原子吸收光谱法概述

原子吸收现象早在1802年就被人们发现。1814年，Fraunhofer等发现太阳光谱经色散后产生暗线，这些暗线是由太阳外围大气层中的钠等金属元素对太阳内部的光辐射发生吸收而产生的，即首次发现了原子吸收现象。但是将原子吸收作为一种物质含量的分析方法，却比原子发射光谱法发展得晚。1955年，澳大利亚物理学家A. Walsh发表了著名论文《原子吸收光谱法在分析化学中的应用》，才为原子吸收光谱法成为定量分析方法奠定了基础。随着原子吸收光谱商品仪器的出现，20世纪60年代初出现了以火焰为原子化装置的仪器，1970年出现了以石墨炉为原子化装置的商品仪器，原子吸收光谱法得到迅速发展与广泛的应用，成为金属元素分析的一种重要方法。

原子吸收光谱法又称为原子吸收分光光度法，是通过测量气态基态原子对其特征谱线的吸收程度来进行定量分析的方法。待测元素由于受到高温的作用，成为气态基态原子，在一定的电能或热能作用下，待测元素由基态变为激发态，对光源发出的一定能量的特征谱线具有吸收作用。在一定条件下，吸收程度与元素含量有一定的关系，通过测量特征谱线被吸收的强度，可求得待测元素的含量。

1. 原子吸收光谱法的优点

① 检出限低，灵敏度高。火焰原子吸收法检出限可达ng/mL级；石墨炉原子吸收法可达到10^{-14}～10^{-13}g/mL，是痕量分析常用的一种分析方法。

② 选择性好，应用广。每种元素原子结构不同，会吸收不同的特征光谱。可直接测定多种元素，能够测定的元素达70多种。

③ 精密度高。由于温度的变化对测定影响较小，该方法具有良好的稳定性和重现性，精密度好。火焰原子吸收法的相对误差可小于1%，而石墨炉原子吸收法一般为3%～5%。

④ 分析速度快。测定微量、痕量元素的相对误差可达0.1%～0.5%，分析一种元素只需数十秒至数分钟。

⑤ 光谱干扰少。采用的空心阴极灯发射待测元素的特征光谱，产生的谱线少而窄，其他共存元素的光谱干扰小。

2. 原子吸收光谱法的局限性

常用的原子化温度（3000K）用于测定难熔元素，如W、Nb、Ta、Zr、Hf等稀土元素，结果不能令人满意；无法直接测定非金属元素；每测定一种元素需要更换对应的空心阴极灯，大多数仪器不能对多种元素进行同时测定，若要测定不同元素，需改变分析条件以及更换不同的光源灯。虽然可将几种灯放在旋转灯架上自动转换，但仍有不便，需开发多元素同时测定的仪器。

二、原子吸收光谱法的产生

原子的核外电子层具有不同的电子能级，通常情况下，最外层电子处于最低的能级状态，整个原子也处于最低能级状态——基态。当原子收到一定能量时，光的发射和吸收是原子从一个状态向另一个状态转变的过程。处于基态的原子，当它受到入射光照射时，如果入射光的能量恰好等于原子的两个能级间的能量差，以及 $h\nu=\Delta E$ 不同，那么处于基态的原子就会吸收该入射光，从基态被激发到激发态（原子的外层电子从低能级到高能级），导致入射光强度的变化，从而产生原子吸收光谱。

原子的外层电子从基态跃迁到能量最低的激发态（即第一电子激发态）时，要吸收一定频率的光，这时产生的吸收线为第一共振吸收线（主共振线）。原子由基态跃迁到第一激发态所需的能量最低，跃迁最容易，因此大多数元素的主共振线就是该元素的灵敏线。不同元素的原子，由于它们的原子结构不同，能级间的 ΔE 不同，因而它们对光的吸收具有选择性，即不同原子具有不同的特征吸收光谱。例如：基态钠原子可吸收波长为 589. 0nm 的光量子；镁原子可吸收波长为 285. 2nm 的光量子。这种选择性吸收的定量关系服从下式：

$$\Delta E=h\nu=\frac{hc}{\lambda} \tag{3-1}$$

式中，h 为普朗克常量；c 为光速；λ 为波长。

各种元素的原子结构和外层电子结构不同，不同元素的原子从基态激发至第一激发态时，吸收的能量不同，因而各种元素的共振线不同，各有特征性，所以这种共振线是元素的特征谱线。吸收光能后处于激发态的原子，或者以无辐射跃迁形式返回基态，或者以辐射光量子形式返回基态。在原子吸收光谱分析中，大多数原子返回基态是以无辐射形式释放其能量。原子吸收光谱位于光谱的紫外区和可见区。

三、基态原子数与激发态原子数的关系

在通常的原子吸收测定条件下，原子蒸气中基态原子数近似地等于总原子数。在原子（包括被测元素原子）蒸气中，可能基态与激发态共存。根据热力学原理，在一定温度下达到热平衡时，基态与激发态原子数的比例遵循 Boltzmann 分布定律:

$$\frac{N_i}{N_0}=\frac{g_i}{g_0}\exp\left(-\frac{E_i}{KT}\right) \tag{3-2}$$

式中，g_i、g_0 分别为激发态和基态的统计权重；N_i、N_0 分别为激发态与基态的原子数；K 为玻尔兹曼常量，1.38×10^{-23}J/K；T 为热力学温度；E_i 为激发能。

由式(3-2) 可以看出，原子在热力学平衡状态时，处于高能级的原子数目总是少于低能级的原子数目。同时还可以看出，温度升高，基态原子数减少，激发态原子数目增加。对一定波长的谱线，其 g_i/g_0、E_i 的值是已知的，可计算一定温度下的 N_i/N_0。

由表 3-1 可以看出，温度越高，N_i/N_0 越大，10000K 只在 ICP 等光源中存在。在原子吸收光谱法中，原子化温度一般小于 3000K，N_i/N_0 值绝大部分在 10^{-3} 以下，激发态和基态原子数之比小于千分之一。因此，可以认为，基态原子数 N_0 近似地等于总原子数 N。从这里也可看出原子吸收光谱法灵敏度高的原因所在。此外，虽然 N_i 随温度成指数变化，但由于 N_0 很大，温度对 N_0 的影响较小。因此，原子吸收测定的吸光度与吸收介质中原子总数 N 成正比。

表 3-1　某些元素共振线的 N_i/N_0

元素	λ/nm	E_i/eV	g_i/g_0	N_i/N_0			
				2000K	3000K	4000K	10000K
Na	589.0	2.11	2	9.9×10^{-6}	5.9×10^{-4}	4.4×10^{-3}	2.6×10^{-1}
Ca	422.7	2.93	3	1.2×10^{-7}	3.7×10^{-5}	6.0×10^{-4}	1.0×10^{-1}
Zn	213.8	5.80	3	7.3×10^{-15}	5.4×10^{-10}	1.5×10^{-7}	3.6×10^{-3}

四、谱线轮廓和谱线变宽

原子吸收谱线的轮廓原子吸收光谱线并不是严格的几何意义上的线（几何线无宽度），而是有相当窄的频率或波长范围，即有一定的宽度。用吸收系数 K_v（单位长度内光强的衰减率）对频率或波长作图，得到谱线强度随频率（或波长）变化的曲线，称为谱线轮廓（图 3-1）。原子吸收线的轮廓以吸收线的中心频率（或中心波长）和半宽度来表征。中心频率（或中心波长）是指吸收系数最大值 K_0 所对应的频率（或波长），由原子能级决定。半宽度是中心频率（或波长）位于最大吸收系数 1/2 处，谱线轮廓上两点之间频率或波长的距离，以 $\Delta\nu_{1/2}$ 或 $\Delta\lambda_{1/2}$ 表示。原子吸收是窄带吸收，其吸收线的半宽度仅为 10^{-3}nm 数量级。

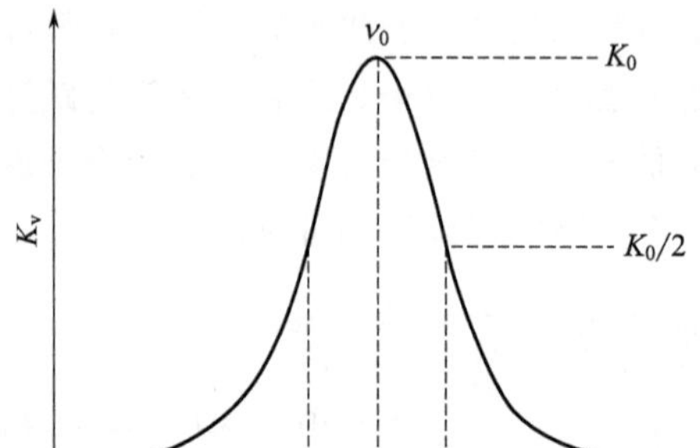

图 3-1　原子吸收谱线轮廓

原子吸收光谱分析法要求发射线半宽度比吸收线半宽度小得多，所以谱线轮廓的研究是原子吸收分析的一个重要问题。半宽度受到很多因素的影响，下面讨论几种影响半宽度度变宽的主要因素。

1. 自然宽度

没有外界影响，谱线仍有一定的宽度，此时的宽度称为自然宽度。自然宽度是谱线所固有的宽度，取决于激发态原子的平均寿命，平均寿命越长，谱线宽度越窄，多数情况下

约为 10^{-5}nm 数量级。不同谱线有不同的自然宽度，在原子吸收光谱分析中的实验条件下，自然宽度与其他原因引起的谱线宽度相比可以忽略。

2. 多普勒变宽

多普勒变宽又称为热变宽，是由原子热运动引起的。从物理学中可知，无规则热运动的发光的原子的运动方向是背离检测器，则检测器接收到的光的频率较静止原子所发的光的频率低。反之，检测器接收到的光的频率较静止原子所发的光的频率高，这就是多普勒效应。通常在原子吸收光谱法测定条件下，多普勒变宽是影响原子吸收光谱线宽度的主要因素。原子吸收光谱法中，气态原子处于无规则的热运动中，使检测器接收到很多频率稍有不同的吸收光，于是谱线变宽。当处于热力学平衡状态时，谱线的多普勒宽度 $\Delta\nu_D$ 可用式(3-3) 表示：

$$\Delta\nu_D=\frac{2\nu_0}{c}\sqrt{\frac{2(\ln 2)RT}{A_r}} \tag{3-3}$$

式中，ν_0 为谱线的中心频率；c 为光速；R 为摩尔气体常数；T 为热力学温度；A_r 为原子量。将有关常数代入，得到:

$$\Delta\nu_D=7.16\times10^{-7}\nu_0\sqrt{\frac{T}{A_r}} \tag{3-4}$$

由式(3-4) 可见，多普勒宽度随温度升高和原子量减小而变宽。多普勒变宽可达 10^{-3}nm 数量级，但它不引起中心频率偏移。

3. 压力变宽

高温、高压下，大量微粒相互碰撞引起的谱线变宽称为压力变宽。相互碰撞的概率与原子吸收区的压力有关。根据与其碰撞的原子不同，又可分为劳伦兹变宽和赫鲁兹马克变宽两种。劳伦兹变宽是指被测元素原子和其他种粒子碰撞引起的变宽，它随原子区内气体压力增大和温度升高而增大，它是压力变宽的主要部分；赫鲁兹马克变宽是指和同种原子碰撞而引起的变宽，也称为共振变宽。劳伦兹变宽与多普勒变宽有相同的数量级，也可达 10^{-3}nm。采用火焰原子化装置时，前者是主要影响因素；采用石墨炉原子化装置时，后者是主要影响因素。碰撞除了使谱线变宽以外，还会使谱线的中心频率发生位移。压力变宽主要影响吸收线轮廓。

4. 自吸变宽

自吸变宽是光源周围温度较低的原子蒸气吸收同种原子的发射线（一般是共振线）而导致的谱线变宽。自吸变宽在空心阴极灯的制造和使用中需要特别注意，灯电流越大，自吸现象越严重。当空心阴极灯的发射线存在自吸变宽时，会使吸光度降低，工作曲线线性关系变差。

5. 场致变宽

由外界电场或带电粒子、离子形成的电场及磁场的作用导致的谱线变宽称为场致变宽，但这些变宽影响都不大。

五、测量原子吸收光谱的方法

1. 积分吸收

在吸收线轮廓内，不同频率下吸收系数的积分称为积分吸收系数，简称为积分吸收，它表示吸收的全部能量。根据经典色散理论，谱线的积分吸收系数与原子蒸气中吸收辐射的原子数成正比，关系式为：

$$\int k_\nu d\nu = \frac{\pi e^2}{mc} N_0 f \tag{3-5}$$

式中，k_ν 为吸收系数，即单位长度内光强的衰减率；e 为元电荷，其值为 1.602×10^{-19}C；m 为电子质量；c 为光速；N_0 为单位体积内基态原子数；f 为振子强度，是被入射辐射激发的原子数与总原子数之比，表示吸收跃迁的概率。

式(3-5) 表明，积分吸收与单位体积原子蒸气中基态原子数成简单的线性关系，这种关系与频率无关，与产生吸收线轮廓的物理方法和条件无关。这是原子吸收法的一个重要理论基础。由式(3-5) 可知，如果能准确测定谱线的积分吸收系数，就能准确计算出 N_0，从而得到样品中元素浓度 C，使原子吸收法成为一种绝对测量方法。但是，测定谱线的积分吸收系数是非常困难的，原子吸收线的半宽度非常小，仅仅为 10^{-3}nm 数量级，需要分辨率非常高的仪器以及相当窄的狭缝，这是难以做到的。这也是 100 多年前就已发现原子吸收现象，却一直未能将其用于分析化学中的原因。

2. 锐线光源

1955 年，澳大利亚物理学家 A. Walsh 提出了以锐线光源作为激发光源，用测量峰值吸收系数代替积分值的方法，使以上难题得到了解决。其中，锐线光源是指发射线的半宽度（$\Delta\nu_e$）远小于原子吸收线的半宽度（$\Delta\nu_a$），并且发射线中心波长与吸收线中心波长相一致的线状光源。当采用这种锐线光源（如空心阴极灯）时，发射线的轮廓可以看作一个狭窄矩形，所测得的吸收系数即可代表峰值吸收系数，峰值吸收的测量如图 3-2 所示。

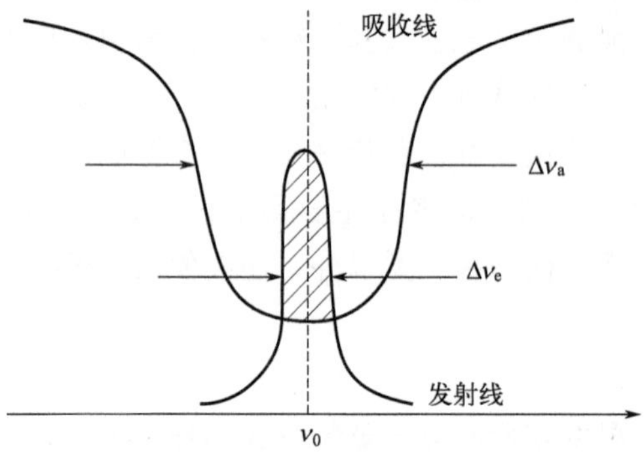

图 3-2　峰值吸收测量示意图

3. 峰值吸收

在温度不太高的稳定火焰条件下，峰值吸收系数与火焰中被测元素的原子浓度成正比。吸收线中心波长处的吸收系数为 K_0，为峰值吸收系数，简称峰值吸收。前面指出，在通常原子吸收测定条件下，原子吸收线轮廓取决于多普勒宽度，吸收系数为：

$$K_0 = \frac{2}{\Delta\nu_D}\sqrt{\frac{\ln 2}{\pi}} \times \frac{\pi e^2}{mc} N_0 f \tag{3-6}$$

可以看出，峰值吸收系数与原子浓度成正比，只要能测出 K_0，就可得到 N_0。

4. 原子吸收光谱分析的基本关系式

在实际分析工作中，既不直接测量峰值吸收 K_0，也不测量原子数，而是通过测量吸光度来求出试样中被测元素的含量。假定频率为 ν、强度为 I_0 的平行光束入射 $l$cm 的原子蒸气，根据吸收定律，有：

$$I=I_0\exp(-K_0 l) \tag{3-7}$$

式中，I_0 与 I 分别为入射光与透射光的强度；K_0 为峰值吸收；l 为原子蒸气吸收层厚度。

根据吸光度的定义，有:

$$A=\lg\frac{I_0}{I}=0.4343K_0 l \tag{3-8}$$

将式(3-6) 代入式(3-8) 中，得：

$$A=0.4343\frac{2}{\Delta\nu_D}\sqrt{\frac{\ln 2}{\pi}}\times\frac{\pi e^2}{mc}flN_0 \tag{3-9}$$

在原子吸收测定条件下，如前所述，原子蒸气中基态原子数 N_0 近似地等于原子总数 N。热力学平衡时，原子蒸气中激发态原子数与待测元素原子总数符合 Boltzmann 分布规律。实验条件一定时，被测元素的浓度 C 与原子蒸气中原子总数保持一定的比例关系，即:

$$N_0=\alpha C \tag{3-10}$$

式中，α 为比例常数。

将式(3-10) 代入式(3-9) 中，则:

$$A=0.4343\frac{2}{\Delta\nu_D}\sqrt{\frac{\ln 2}{\pi}}\times\frac{\pi e^2}{mc}fl\alpha C \tag{3-11}$$

实验条件一定时各有关的参数都是常数，吸光度为：

$$A=KC \tag{3-12}$$

式中，K 为比例常数。

式(3-12) 表明，吸光度与试样中被测元素的含量成正比。这是原子吸收光谱法定量分析的基础。

第二节　原子吸收光谱仪

原子吸收光谱仪由光源、原子化系统（原子化器）、分光系统（单色器）和检测系统（检测器）四部分组成。按照结构原理分为单光束仪器和双光束仪器两种类型。

单光束仪器结构简单，操作方便，但它会因光源不稳定而引起基线漂移。为了消除火焰发射的辐射线干扰，光源（空心阴极灯）可采取脉冲供电方式，或使用机械扇形板斩光器将光束调制成具有固定频率的辐射光通过火焰，使检测器获得交流信号，而火焰发出的直流辐射信号被过滤掉。仪器有足够的稳定性，因此它仍然是发展与市场销售的主要商品仪器。

图 3-3(a) 和 (b) 分别为单光束和双光束型原子吸收光谱仪示意图，光源发出经过调

制的光后被切光器分成两束光，一束通过火焰（原子蒸气），另一束绕过火焰为参比光束，两束光线交替进入单色器。由于两束光来自同一光源，可以通过参比光束的作用，克服光源不稳定造成的漂移的影响，获得稳定的信号。下面具体讨论仪器各部分的构造原理。

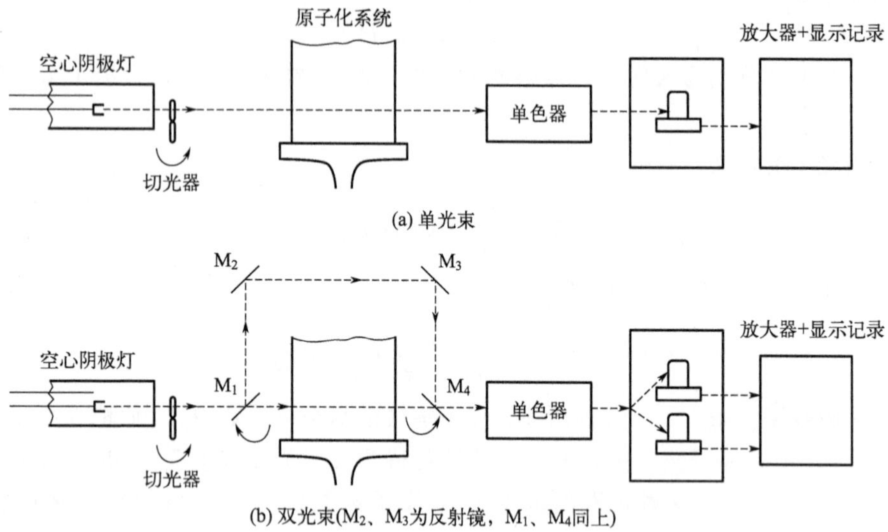

图 3-3 原子吸收光谱仪示意图

一、光源

光源的作用是发射待测元素的特征谱线（一般是共振线）。原子吸收法对光源的要求是：a. 谱线窄，使用锐线光源，有利于提高分析灵敏度和改善标准曲线的线性关系；b. 辐射强度大，背景小，有利于提高信噪比，改善检出极限；c. 谱线强度稳定，有利于提高测量精密度。目前应用最广泛的是空心阴极灯、高频无极放电灯、蒸气放电灯等。下面重点介绍应用最广泛的空心阴极灯光源。

空心阴极灯是一种辐射强度较大、稳定性好的锐线光源。它是一种特殊的辉光放电管，如图 3-4 所示。灯管由硬质玻璃制成，阳极由钛、锆、钽等有吸气性能的金属制成，阴极为一空心金属管，呈圆筒形，在空心圆筒内衬上或熔入被测元素的纯金属、合金或用粉末冶金方法制成的“合金”。它们能发射出被测元素的特征光谱，因此有时也被称为元素灯。管内充有几百帕低压的惰性气体氖或氩，称为载气。单元素灯的阴极是由某一种分

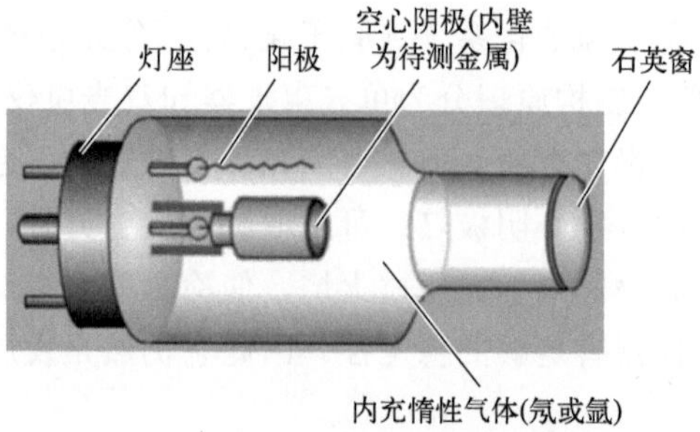

图 3-4 空心阴极灯结构示意图

析元素的金属或合金制成，发射的谱线强度大，干扰少，但只能用于一种元素的测定。多元素灯的阴极由几种分析元素的混合金属或合金制成，能同时发射出几种元素的特征光谱。

在空心阴极灯两极间施加几百伏电压时，电子将从空心阴极灯内壁流向阳极，与充入的惰性气体碰撞使之电离，产生正电荷。正电荷在电场作用下向阴极内壁猛烈轰击，使阴极表面的金属原子溅射出来，便产生“阴极溅射”效应。溅射出来的原子大量聚集在空心阴极内，被测元素原子浓度很高，再与原子、离子、电子等碰撞而被激发发光，整个阴极充满很强的负辉光，产生的辉光中便出现了阴极物质的特征光谱，即是被测元素的特征光谱。反应式表达如下：

$$Ar - e^{-} \longrightarrow Ar^{+} \tag{3-13}$$

$$Ar^{+}\text{撞击金属阴极} \longrightarrow M + Ar^{+} \tag{3-14}$$

$$M^{*} \longrightarrow M + h\nu \tag{3-15}$$

二、原子化器

试样分析前需制成溶液，试样中的待测元素以离子或配合物形式存在。原子化器的功能是提供能量，使试样干燥、蒸发并原子化。原子化器通常分为火焰原子化器和非火焰原子化器两大类。下面重点介绍火焰原子化器和石墨炉原子化器。

（一）火焰原子化器

火焰原子化器是由化学火焰的燃烧热提供能量，使被测元素原子化。其结构见图 3-5，主要包括雾化器和燃烧器。

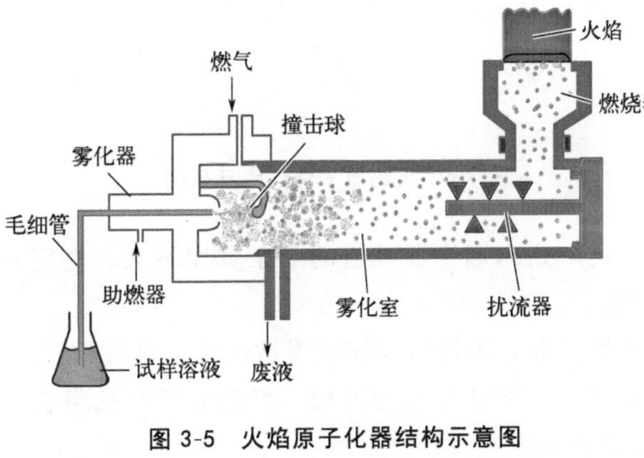

图 3-5　火焰原子化器结构示意图

1. 雾化器

它的作用是将试样的溶液雾化，供给燃烧器细小的雾滴。雾滴越小，火焰中生成的基态原子就越多。对雾化器的要求是：喷雾稳定，雾化效率高，雾滴细小，适用于不同黏度、不同密度的试液。其工作原理如图 3-5 所示，当助燃气（如空气）以一定的压力从喷嘴高速喷出时，在吸液毛细管尖端产生一个负压，试液被吸提上来并被高速气流吹至撞击球上，破碎为细小雾粒。雾化室与雾化器紧密相连，雾化后的雾粒在雾化室内与燃气充分混合后进入燃烧器。

2. 燃烧器

其作用是产生火焰，使进入火焰的试样气溶胶脱溶、蒸发、灰化和原子化。燃烧器是缝型设备，多用不锈钢制成。燃烧器应能旋转一定的角度，高度也能上下调节，以便选择合适的火焰原子法灵敏度；干扰少等。缺点是雾化效率比较低。

3. 火焰

(1) 火焰温度　不同类型的火焰，其温度是不同的，见表 3-2。

表 3-2　几种常用火焰的燃烧特性

燃气	助燃气	最高燃烧速度/(cm/s)	最高火焰温度/℃
乙炔	空气	158	2250
乙炔	氧化亚氮	160	2700
氢气	空气	310	2050
丙烷	空气	82	1920

(2) 火焰中试样的原子化过程　火焰中试样的原子化过程是一个极其复杂的物理化学过程，为了便于讨论，我们可将预混式火焰（由预混式原子化器提供）大致划分为干燥、蒸发、原子化、电离化合 4 个作用区域（图 3-6）。

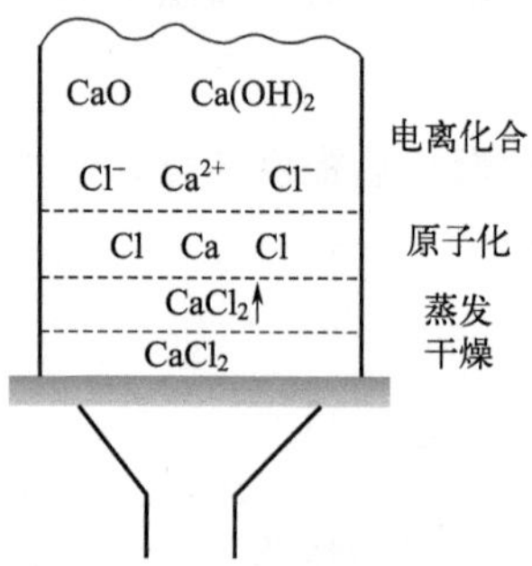

图 3-6　火焰原子化过程示意图

① 干燥区的温度不高，是离燃烧器最近的一条宽度不大、亮度较小的光带，试液在这里去溶剂成为固态颗粒。

② 蒸发区温度比干燥区高，固体颗粒在这里被熔化，蒸发为气态原子。

③ 原子化区是燃烧完全、温度较高的区域，气态分子在这里被高温离解，产生大量的基态原子。原子吸收光谱主要利用这个区域。

④ 电离化合区由于助燃气充足，火焰气态得到充分燃烧，温度很高。但再往外层，由于热扩散加剧，温度下降。因此在这个区域，既有原子的电离，也有原子的化合。

(3) 火焰的燃气与助燃气比例　按两者比例的不同，可将火焰分为化学计量火焰、富燃火焰和贫燃火焰三类。

① 化学计量火焰。由于燃气和助燃气之比与化学反应计量关系相近，又称其为中性火焰。这类火焰温度高、稳定、干扰小、背景低，适用于许多元素的测定。

② 富燃火焰，指燃气大于化学计量的火焰。其特点是燃烧不完全，温度略低于化学计量火焰，具有还原性，适用于易形成难解离氧化物的元素的测定；它的干扰较多，背

景高。

③ 贫燃火焰，指助燃气大于化学计量的火焰。它的温度比较高，有较强的氧化性，有利于测定易解离、易电离的元素，如碱金属。

(4) 火焰的光谱特性 火焰的光谱特性是指没有样品进入时，火焰本身对光源辐射的吸收。火焰的光谱特性取决于火焰的成分，并限制了火焰应用的波长范围。图 3-7 是三种火焰在 190～230nm 波长范围内的吸收曲线。空气-乙炔火焰在短波区有较大的吸收，而氩气-氢气扩散火焰的吸收很小。

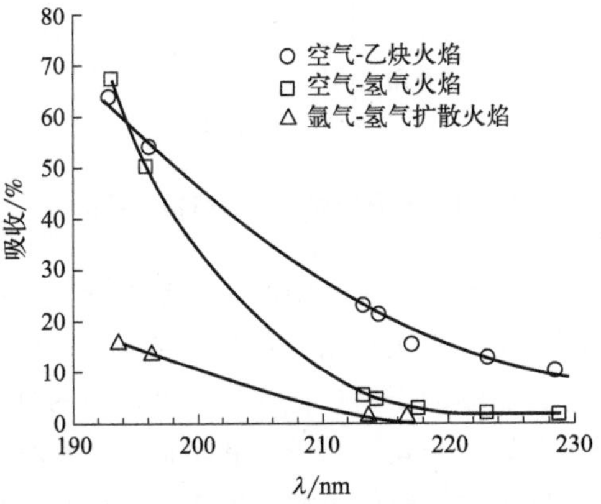

图 3-7 不同火焰的吸收曲线（波长范围 190～230nm）

空气-乙炔火焰是最常用的火焰，它的火焰温度较高，燃烧稳定，噪声小，重现性好。分析线波长大于 230nm，可用于 30 多种元素的测定，如碱金属、碱土金属、贵金属等，对 W、Mo、V 灵敏度低。另一种是乙炔-氧化亚氮火焰，它的温度高，是目前唯一能广泛应用的高温火焰，温度可达 3000℃。它干扰少，而且具有很强的还原性，可以使许多难解离的氧化物分解并原子化，如 Al、B、Ti、V、Zr 及稀土元素等。它可测定 70 多种元素，温度高，易使被测原子电离，同时燃烧产物 CN 易造成分子吸收背景。还有空气-氢气火焰，它是氧化性火焰，温度较低，易回火，对 Cd、Pb、Sn、Zn 灵敏度高。氩气-氢气火焰适用于 Cs、Se 的测定，对 Cd、Pb、Sn、Zn 灵敏度高。

火焰原子化器操作简单，火焰稳定，重现性好，精密度高，应用范围广。但是，火焰原子化法也存在局限性，具体为：样品利用率低，火焰气体的稀释作用与高速燃烧使原子浓度降低，使原子在吸收区停留时间很短；原子化效率低，通常只能液体进样，难以分析那些样品来源或数量很少的样品。

（二）石墨炉原子化器

石墨炉原子化器是通过电加热石墨管产生高热、高温，使样品原子化的装置。这种方法又称为电热原子化法。图 3-8 为石墨炉原子化器结构示意图，由图可见，石墨管装在炉体中。石墨炉由电源、保护气系统、石墨管等组成。电源电压为 10～25V，电流为 250～500A，一般最大功率不超过 5000W。石墨管温度最高可达 3300K。

光源发出的光从石墨管中穿过，管内外都有保护性气体通过，通常采用惰性气体氩气，有时也用氮气。石墨管内外有三层保护气体，管外的气体用于保护石墨管不被氧化、

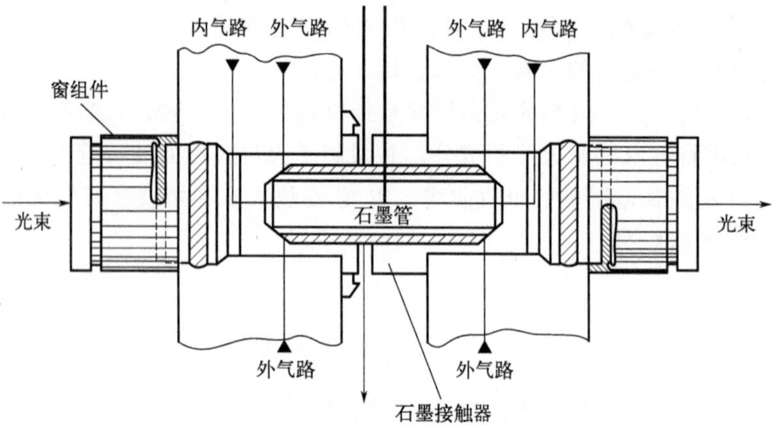

图 3-8 石墨炉原子化器结构示意图

烧蚀；管内的气体用于除去干燥和灰化过程中产生的基体蒸气，同时管内气体的另外一个作用是保护已经原子化的原子不被再次氧化。石墨管接电源，能迅速产生高温。在炉体的夹层中还通有冷却水，使达到高温的石墨炉在完成一个样品的分析后，能迅速回到室温。

石墨炉原子化过程分为干燥、灰化、原子化和净化 4 个阶段，可在不同温度下、不同时间内分步进行。同时其温度可控，时间可控。图 3-9 为石墨炉升温的程序，温度随时间的变化可沿实线或虚线进行。干燥温度一般稍高于溶剂沸点，其目的主要是去除溶剂，以免溶剂的存在导致灰化和原子化过程飞溅。灰化是为了尽可能除掉易挥发的基体和有机物，保留被测元素。原子化过程应使以各种形式存在的分析物挥发并离解成原子。在原子化过程中，应停止氩气通过，可延长原子在石墨炉中的停留时间。净化为一个样品测定结束后，用比原子化阶段稍高的温度加热，以除去样品残渣，净化石墨炉。石墨炉的升温程序是微机处理控制的，进样后原子化过程按程序自动进行。

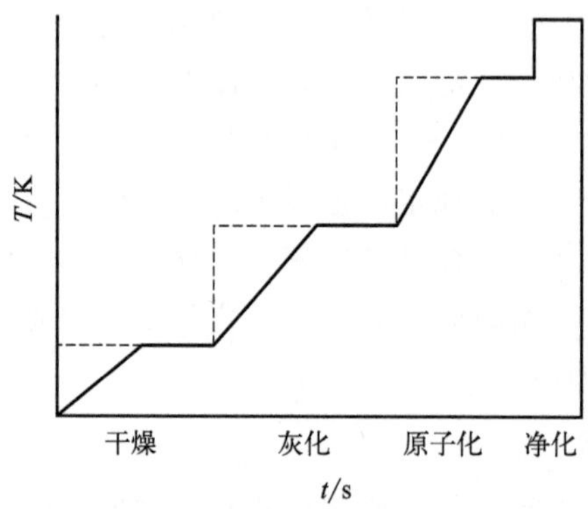

图 3-9 石墨炉升温程序

石墨炉原子化器的优点是：

① 灵敏度高，原子在吸收区域中平均停留时间长，检出限绝对值低，可达 10^{-14}～10^{-12}g，比火焰原子化法低 3 个数量级。

② 原子化是在强还原性介质与惰性气体中进行的，有利于破坏难熔氧化物以及保护已原子化的自由原子不重新被氧化。

③ 可直接以溶液、固体进样，进样量少，通常溶液为5～50μL，固体试样为0.1～10mg。

④ 可在真空紫外区进行原子吸收光谱测定。

⑤ 可分析元素范围广。

⑥ 原子化温度高，可用于较难挥发和原子化的元素分析。

石墨炉原子化器的缺点是：基体效应、化学干扰较多，有较强的背景；精密度较差；仪器装置较为复杂。

三、单色器

单色器由入射和出射狭缝、反射镜及色散元件组成。色散元件一般用的都是平面闪耀光栅。单色器可将被测元素的共振吸收线与邻近谱线分开。单色器置于原子化器后边，防止原子化器内发射谱线的干扰进入检测器，也可避免光电倍增管疲劳。

四、检测器

检测器通常用的光电转换器为光电倍增管（PMT），还有信号处理系统及信号输出系统。目前所见到的多元素同时测定光谱仪，采用多个元素灯组合的复合光为光源。分光系统为中阶梯光栅与棱镜组合的交叉色散系统。检测器是电荷转移器件，如电荷注入检测器（CID）和电荷耦合检测器（CCD）。

第三节　原子吸收光谱的干扰及其消除

原子吸收光谱法的干扰根据干扰产生的性质和产生的原因可分为光谱类干扰和非光谱类干扰。非光谱类干扰可分为物理干扰、化学干扰和电离干扰。

一、物理干扰

物理干扰主要指样品在处理、雾化、蒸发和原子化的过程中，由试样的任何物理特性的变化引起原子吸收信号下降的效应。其物理因素包括溶液的强度、密度、表面张力，溶剂的种类，气体流速，温度和蒸发性质等，这些因素会影响试液的喷入速度、雾化效率、雾滴大小等，因而会导致吸收强度的变化。物理干扰是非选择性的，对试样中各元素的影响是基本相似的。

消除的方法：配制与被测试样组成相近的标准溶液或采用标准加入法。若试样溶液浓度高，还可采用稀释法。

二、化学干扰

化学干扰是指被测元素原子与共存组分发生化学反应生成稳定的化合物，影响被测元素原子化。消除化学干扰的方法有以下几种：

(1) 选择合适的原子化方法　提高原子化温度，化学干扰会减小。使用高温火焰或提高石墨炉原子化温度，可使难解离的化合物分解。如在高温火焰中磷酸根不干扰钙的测定。

(2) 加入释放剂　释放剂的作用是与干扰物质能生成比被测元素更稳定的化合物，使被测元素释放出来。例如，磷酸根干扰钙的测定，可在试液中加入镧、锶盐，镧、锶与磷酸根生成比磷酸钙更稳定的磷酸盐，就相当于把钙释放出来了。释放剂的应用比较广泛。

(3) 加入保护剂　保护剂的作用是它可与被测元素生成易分解的或更稳定的配合物，防止被测元素与干扰组分生成难解离的化合物。保护剂一般是有机配合剂，用得最多的是EDTA（乙二胺四乙酸）与8-羟基喹啉。例如，铝干扰镁的测定，8-羟基喹啉可作保护剂。

(4) 加入基体改进剂　石墨炉原子化法中在试样中加入基体改进剂，使其在干燥或灰化阶段与试样发生化学变化，结果是可能增加基体的挥发性或改变被测元素的挥发性，以消除干扰。例如测定海水中的Cd时，为了使Cd在背景信号出现前原子化，可加入EDTA来降低原子化温度，消除干扰。

当以上方法都不能消除化学干扰时，只能采用化学分离的方法，如溶剂萃取、离子交换、沉淀、吸附等。近年来流动注射技术被引入原子吸收光谱分析中取得了重大的成功。

三、电离干扰

在高温条件下，原子会电离，使基态原子数减少，吸光度值下降，这种干扰称为电离干扰。消除电离干扰最有效的方法是加入过量的消电离剂。消电离剂是比被测元素电离能低的元素，相同条件下消电离剂首先电离，产生大量的电子，抑制被测元素电离。例如，测钙时有电离干扰，可加入过量的KCl溶液来消除干扰。钙的电离能为6.1eV，钾的电离能为4.3eV。

K电离产生大量电子，使Ca^{2+}得到电子而生成原子：

$$K \longrightarrow K^{+} + e^{-} \tag{3-16}$$

$$Ca^{2+} + 2e^{-} \longrightarrow Ca \tag{3-17}$$

四、光谱干扰

光谱干扰有以下几种。

(1) 吸收线重叠　共存元素吸收线与被测元素分析线波长很接近时，两种谱线重叠或部分重叠，会使分析结果偏高。幸运的是这种谱线重叠得不是太多，另选分析线即可克服。

(2) 光谱通带内存在非吸收线　这些非吸收线可能是被测元素的其他共振线与非共振线，也可能是光源中杂质的谱线等。这时可减小狭缝宽度与灯电流，或另选谱线。

五、背景干扰

背景干扰其实也是一种光谱干扰。分子吸收与光散射是形成光谱背景的主要因素。

1. 分子吸收与光散射

分子吸收是指在原子化过程中生成的分子对辐射的吸收。分子吸收是带状光谱，会在一定波长范围内形成干扰。在原子化过程中未解离的或生成的气体分子，如卤化物、氢氧化物、氰化物等，以及热稳定性的气态分子对光源发射的共振辐射进行吸收。它们在较宽的波长范围内形成分子带状光谱，例如，碱金属卤化物在 200～400nm 范围内有分子吸收带。

光散射是指原子化过程中产生的微小的固体颗粒使光发生散射，导致透射光减弱，吸光度增加。背景吸收和原子吸收信号的出现有时有明显的时间差异性，利用这一差异就可以避免背景干扰。如测定 $Fe(NO_3)_3$ 中的 Cd，Cd 先于 $Fe(NO_3)_3$ 挥发，原子吸收信号就能完全分开。通常背景干扰都是使吸光度增加，产生正误差。

石墨炉原子化法背景吸收的干扰比火焰原子化法严重。不管哪种方法，有时不扣除背景就不能进行测定。

2. 背景校正方法

目前在原子吸收仪器中，一般采用氘灯背景扣除法和塞曼效应来消除背景干扰。

第四节　分析方法

一、测量条件的选择

原子吸收光谱法中，测量条件的选择对测定的准确度、灵敏度等都有较大影响，因此必须选择合适的测量条件才能得到满意的分析结果。

1. 分析线

通常选择元素最灵敏的共振线作分析线。测量浓度较高的试样时，可选用灵敏度较低的非共振线作分析线。表 3-3 列出了原子吸收光谱法中常用的各元素的分析线。

表 3-3　原子吸收光谱法中常用的各元素的分析线

元素	λ/nm	元素	λ/nm	元素	λ/nm
Ag	328. 07,339. 29	Hg	253. 65	Ru	349. 89,372. 80
Al	309. 27,308. 22	Ho	410. 38,405. 39	Sb	217. 58,206. 83
As	193. 64,197. 20	In	303. 94,325. 61	Sc	391. 18,402. 04
Au	242. 80,267. 60	Ir	209. 26,208. 88	Se	196. 09,703. 99
B	249. 68,249. 77	K	766. 49,769. 90	Si	3251. 61,250. 69
Ba	553. 55,455. 40	La	550. 13,418,73	Sm	429. 67,520. 06
Be	234. 86	Li	670. 78,323. 26	Sn	224. 61,286. 33
Bi	223. 06,222. 83	Lu	335. 96,328. 17	Sr	460. 73,407. 77
Ca	422. 67,239. 86	Mg	285. 21,279. 55	Ta	271. 47,277. 59
Cd	228. 80,326. 11	Mn	279. 48,403. 68	Tb	432. 65,431. 89
Ce	520. 0,369. 7	Mo	313. 26,317. 04	Te	214. 28,225. 90
Co	240. 71,242. 49	Na	589. 00,330. 30	Th	371. 9,380. 3
Cr	357. 87,359. 35	Nb	334. 37,358. 03	Ti	364. 27,337. 15
Cs	852. 11,455. 54	Nd	463. 42,471. 90	Tl	273. 79,377. 58
Cu	324. 75,327. 40	Ni	323. 00,341. 48	Tm	409. 4

续表

元素	λ/nm	元素	λ/nm	元素	λ/nm
Dy	421.17,404.60	Os	290.91,305.87	U	351.46,358.49
Er	400.80,415.11	Pb	216.70,283.31	V	318.40,385.58
Eu	459.40,462.72	Pd	497.64,244.79	W	255.14,294.74
Fe	248.33,352.29	Pr	495.14,513.34	Y	410.24,412.83
Ga	287.42,294.42	Pt	265.95,306.47	Yb	398.80,346.44
Gd	368.41,407.87	Rb	780.02,794.76	Zn	213.86,307.59
Ge	265.16,275.46	Re	346.05,346.47	Zr	360.12,301.18
Hf	307.29,286.64	Rh	343.49,339.69		

2. 狭缝宽度

狭缝宽度影响光谱通带宽度与检测器接收辐射的能量。原子吸收光谱分析中，谱线重叠的概率较小，因此可以使用较宽的狭缝，以增加光强，降低检出限。通过实验进行选择，调节不同的狭缝宽度，测定吸光度随狭缝宽度的变化。当有干扰线进入光谱通带内时，吸光度值将立即减小。不引起吸光度减小的最大狭缝宽度为应选择的合适的狭缝宽度。

3. 空心阴极灯的灯电流

空心阴极灯的发射特征取决于工作电流。灯电流过小，放电不稳定，光输出的强度小；灯电流过大，发射谱线变宽，导致灵敏度下降，灯寿命缩短。选择灯电流时，应在保证稳定和有合适的光强输出的情况下，尽量选用较低的工作电流。一般商品空心阴极灯都标有允许使用的最大电流与可使用的电流范围，通常选用最大电流的1/2～2/3为工作电流。实际工作中，最合适的工作电流应通过实验确定。空心阴极灯一般需要预热10～30min。

4. 原子化条件

（1）火焰原子化法　火焰的选择与调节是影响原子化效率的主要因素。首先要根据试样的性质选择火焰的类型，然后通过实验确定合适的助燃比。调节燃烧器高度来控制光束的高度，以得到较高的灵敏度。

（2）石墨炉原子化法　此法要合理选择干燥、灰化、原子化及净化等阶段的温度与时间。要通过实验选择最合适的条件。

5. 进样量

进样量过大、过小都会影响测量过程。过小，信号太弱。过大，在火焰原子化法中，对火焰会产生冷却效应；在石墨炉原子化法中，会使除残困难。在实际工作中，可通过实验选择合适的进样量。

二、分析方法

原子吸收光谱法同原子发射光谱法一样，分析方法采用校准曲线法、标准加入法及内标法。

1. 标准曲线法

配制一组标准溶液，由低浓度到高浓度，依次喷入火焰，分别测定其吸光度A。以吸光度对待测元素的含量或浓度 C 作图，绘制 A-C 标准曲线。在相同的实验条件下，喷入待测试样溶液，测定吸光度，由标准曲线查出待测试液的浓度。使用标准曲线时要注意以下几点：

① 配制的标准溶液，应在吸光度与浓度成直线关系的范围内；

② 标准溶液与试样溶液都应用相同的试剂处理；

③ 应该扣除空白值；

④ 在整个分析过程中操作条件保持不变；

⑤ 每次测定应用标准溶液进行检查和校正。

2. 标准加入法

本法可消除基体效应带来的影响，但不能消除背景吸收的影响，因此需要扣除背景，才能得到待测元素的真实含量，否则待测结果偏高。本法适用于实际样品的检测，准确度一般用加标回收率验证。

三、灵敏度

在进行微量或痕量组分分析时，灵敏度是评价原子吸收光谱法与仪器性能的重要指标。

1. 灵敏度

IUPAC（国际纯粹与应用化学联合会）规定，灵敏度 S（sensitivity）的定义是分析标准函数的一次导数。在原子吸收光谱中，灵敏度 S 是指在一定浓度时，测定值（吸光度）的增量（ΔA）与相应的待测元素浓度（或质量）的增量（ΔC 或 Δm）的比值，其表达式为：

$$S_C=\frac{\Delta A}{\Delta C}\text{或者 }S_m=\frac{\Delta A}{\Delta m} \tag{3-18}$$

灵敏度就是分析校准曲线的斜率。S 大，即灵敏度高，它意味着浓度改变很小时测量值变化就很大。

2. 特征浓度和特征质量

在原子吸收光谱法中习惯用 1%吸收灵敏度，它也叫特征灵敏度。其定义是：能产生 1%吸收（即吸光度为 0.0044）信号时所对应的被测元素的浓度或质量。在火焰原子吸收方法中，特征灵敏度以特征浓度 C_0（单位：μg/mL）表示：

$$C_0=\frac{0.0044C_x}{A} \tag{3-19}$$

式中，C_x 为某待测元素的浓度；A 为多次测量吸光度的平均值。

在非火焰原子吸收方法中，特征灵敏度以特征质量（单位：ng 或 pg）表示：

$$m_0=\frac{0.0044m_x}{A} \tag{3-20}$$

式中，m_x 为被测元素的质量。

特征浓度或特征质量与灵敏度的关系为：

$$C_0=\frac{0.0044}{S}\text{或 }m_0=\frac{0.0044}{S} \tag{3-21}$$

式中，S 为校准曲线的斜率，即灵敏度。

由式(3-21) 可以看出，特征浓度或特征质量越小，则方法越灵敏。

3. 特征量的用途

(1) 估算最适宜的测量浓度和取样量　原子吸收的最佳分析范围的吸光度值一般为 0.1～0.5，在该范围内测量的准确度较高。根据特征浓度的定义，当测量溶液的吸光度值为 0.1～0.5（是 1% 吸收的 25～120 倍）时，其质量浓度相应为特征浓度的 25～120 倍。例如：Mg 和 Cr 的特征浓度分别为 0.005μg/mL 和 0.05μg/mL，所以 Mg 和 Cr 的最适宜测量浓度分别为 0.005×(25～120)μg/mL 和 0.05×(25～120)μg/mL。

例：已知 Mg 的特征浓度为 0.005μg/mL，某球墨铸铁中 Mg 的含量约为 0.01%。若用原子吸收法测定 Mg，其最适宜的测量浓度是多少？应称取多少克试样？

最适宜浓度：0.005×(25～120)＝0.125～0.6(μg/mL)

一般情况下，试样制成 25mL 溶液即可。

$$(0.125\sim0.6)\times25\mu g=3.125\sim15\mu g$$

称取试样：$W=(3.125\sim15)\dfrac{\mu g}{10^6\times0.01\%}$

(2) 检验仪器的固有性能　仪器安置调试后，可进行一些元素特征量的测试，若测得的特征量达不到说明书上的指标，可以从燃烧器等部件未调到最佳状态、测量条件选择不当等方面查找原因。

四、检出限

检出限（detection limit，D. L.）的定义为：以特定的分析方法，以适当的置信水平被检出的最低浓度或最小量。只有存在量达到或高于检出限时才能可靠地将有效分析信号与噪声信号区分开，确定试样中被测元素具有统计意义的存在。“未检出”即指被测元素的量低于检出限。

在 IUPAC 的规定中，对各种光学分析方法，可测量的最小分析信号 x_{min} 以下式确定：

$$x_{min}=\overline{x_0}+ks_B \tag{3-22}$$

式中，$\overline{x_0}$ 是用空白溶液（也可为固体、气体）按同样测定分析方法多次（一般为 20 次）测定的平均值；s_B 是空白溶液多次测定的标准差；k 是由置信水平决定的系数，IUPAC 推荐 k＝3，在误差正态分布的条件下，其置信度为 99.7%。

由式(3-22) 可看出，可测量的最小分析信号为空白溶液多次测量平均值与 3 倍空白溶液测量标准差之和，它所对应的被测元素浓度即为检出限。

$$D.L.=\frac{x_{min}-\overline{x_0}}{S}=\frac{ks_B}{S} \tag{3-23}$$

$$D.L.=\frac{3s_B}{S} \tag{3-24}$$

式中，S 为灵敏度，即分析校准曲线的斜率。

第五节　原子吸收光谱法的分析应用

一、火焰原子吸收分光光度法对水中铅的测定

1. 污染物特性

重金属在水中主要以颗粒态存在、迁移与转化，其过程复杂多样，几乎包括水体中各种物理、化学和生物学过程。多数重金属元素有多种价态，有较高活性，能参与各种化学反应，有不同的化学稳定性和毒性，环境条件改变时其形态和毒性也发生变化。

许多化学品在环境中滞留一段时间后可能被降解为无害的最终化合物，但是铅无法再降解，一旦排入环境，很长时间后仍然保持其可用性。由于铅在环境中具有持久性，且对许多生命组织有较强的潜在性毒性，所以铅一直被列为强污染物范围。在很低的浓度下，铅的慢性长期健康效应表现为影响大脑和神经系统。

2. 试剂

硝酸：优级纯。

高氯酸：优级纯。

燃料：乙炔，一般由钢瓶气供给，纯度不低于 99.6%。

标准溶液：一般使用市售有证标准物质配制。

3. 仪器

原子吸收分光光度计；空气压缩机；电热板。空心阴极灯：铅；推荐波长 283.3nm；通带 0.5nm；燃气流量 1.0L/min；燃烧器高度 7.0nm。

4. 样品

(1) 样品的采集　用聚乙烯塑料瓶采集样品。采样瓶先用洗涤剂洗净，再在硝酸溶液（1+1）中浸泡，使用前用水冲洗干净。分析金属总量的样品，采集后立即加硝酸（优级纯）酸化至 pH 1～2，正常情况下，每 1000mL 样品加 2mL 硝酸（优级纯）。分析溶解的金属时，样品采集后立即用 0.45μm 滤膜过滤，得到的滤液同上要求加硝酸（优级纯）酸化。

(2) 样品的处理　测定溶解的金属时，用实验室样品直接测定。测定金属总量时，如果样品不需要消解，用实验室样品直接测定；如果需要消解，混匀后取 100mL 实验室样品置于 200mL 烧杯中，加入 5mL 硝酸（优级纯），在电热板上加热消解，确保不沸腾，蒸至 10mL 左右，加入 5mL 硝酸和 2mL 高氯酸，继续消解，蒸至 1mL 左右，若消解不完全，再加入 5mL 硝酸和 2mL 高氯酸，再蒸至 1mL 左右，取下冷却，加水溶解残渣，通过中速滤纸（预先酸洗）滤入 100mL 容量瓶，用水稀释至标线，摇匀待测。消解中使用的高氯酸有爆炸危险，因此整个消解操作要在通风橱中进行。

5. 分析步骤

用 1%～5% 硝酸配制至少 5 个标准溶液；先后打开仪器和软件，安装所需空心阴极灯并打开预热；建立方法，设置参数，点火后开始运行；吸入标准溶液绘制标准曲线，然后测量实验室样品。

二、冷原子吸收分光光度法测定水中的总汞

1. 方法原理

在加热条件下，用高锰酸钾-过硫酸钾在硫酸-硝酸介质中消解样品；或用溴酸钾-溴化钾混合剂在硫酸介质中消解样品；或在硝酸-盐酸介质中用微波消解仪消解样品。

消解后的样品中所含汞全部转化为二价汞，用盐酸羟胺将过剩的氧化剂还原，再用氯化亚锡将二价汞还原成金属汞。在室温下通入空气或氮气，将金属汞气化，载入冷原子吸收汞分析仪，于 253.7nm 波长处测定响应值，汞的含量与响应值成正比。

2. 干扰及消除

(1) 高锰酸钾-过硫酸钾消解法消解样品　在 0.5mol/L 的盐酸介质中，样品中离子超过下列质量浓度，即 Cu^{2+} 500mg/L、Ni^{2+} 500mg/L、Ag^{+} 1mg/L、Bi^{3+} 0.5mg/L、Sb^{3+} 0.5mg/L、Se^{4+} 0.05mg/L、As^{5+} 0.5mg/L、I^{-} 0.1mg/L 时，对测定产生干扰。可通过用水适当稀释样品来消除这些离子的干扰。

(2) 溴酸钾-溴化钾法消解样品　采用溴酸钾-溴化钾混合剂在硫酸介质中消解样品，消解后的样品中所含汞全部转化为二价汞，用盐酸羟胺将过剩的氧化剂还原，再用氯化亚锡将二价汞还原成金属汞。在室温下通入空气或氮气，将金属汞气化，载入冷原子吸收汞分析仪。

当洗净剂质量浓度大于等于 0.1mg/L 时，汞的回收率小于 67.7%。

3. 试剂和材料

除非另有说明，分析时均使用符合国家标准的分析纯试剂，实验用水为无汞水。一般使用二次重蒸水或去离子水，也可使用加盐酸酸化至 pH=3，然后通过棉纤维管除汞后的普通蒸馏水。

重铬酸钾（$K_2Cr_2O_7$）：优级纯。

浓硫酸：$\rho(H_2SO_4)=1.84$g/mL，优级纯。

浓盐酸：$\rho(HCl)=1.19$g/mL，优级纯。

浓硝酸：$\rho(HNO_3)=1.42$g/mL，优级纯。

硝酸溶液：量取 100mL 浓硝酸，缓慢倒入 100mL 水中。

高锰酸钾溶液：$\rho(KMnO_4)=50$g/L，即称取 50g 高锰酸钾（优级纯）溶于少量水中，然后用水定容至 1000mL。

过硫酸钾溶液：$\rho(K_2S_2O_8)=50$g/L，即称取 50g 过硫酸钾溶于少量水中，然后用水定容至 1000mL。

溴酸钾-溴化钾溶液（简称溴化剂）：$C(KBrO_3)=0.1$mol/L，$\rho(KBr)=10$g/L，即称取 2.784g 溴酸钾（优级纯）溶于少量水中，加入 10g 溴化钾，溶解后用水定容至 1000mL，置于棕色试剂瓶中保存。

将巯基棉纤维置于棕色磨口广口瓶中，依次加入 100mL 硫代乙醇酸（$CH_2SHCOOH$）、60mL 乙酸酐[$(CH_3CO)_2O$]、40mL 36% 乙酸（CH_3COOH）、0.3mL 浓硫酸，充分混匀，冷却至室温后，加入 30g 长纤维脱脂棉，铺平，使之浸泡完全，用水冷却，待反应产生的热散去后，加盖，放入 (40±2)℃烘箱中 2～4d 后取出。用耐酸过滤器抽滤，用水充分洗涤至中性后，摊开，于 30～35℃温度下烘干。成品置于棕色磨口广口瓶中，避光低温保存。

盐酸羟胺溶液：$\rho(NH_2OH \cdot HCl)=200g/L$。称取 200g 盐酸羟胺溶于适量水中，然后用水定容至 1000mL。该溶液常含有汞，应提纯。当汞含量较低时，采用巯基棉纤维管除汞法；当汞含量较高时，先用萃取除汞法除掉大量汞，再用巯基棉纤维管除汞法除尽汞。

巯基棉纤维管除汞法：在内径 6～8mm、长约 100mm、一端拉细的玻璃管中，或 500mL 分液漏斗放液管中，填充 0.1～0.2g 巯基棉纤维，使待净化试剂以 10mL/min 速度流过 1～2 次即可除尽汞。

萃取除汞法：量取 250mL 盐酸羟胺溶液倒入 500mL 分液漏斗中，每次加入 0.1g/L 双硫腙（$C_{13}H_{12}N_4S$）的四氯化碳（CCl_4）溶液 15mL，反复进行萃取，直到含双硫腙的四氯化碳溶液保持绿色不变为止。然后用四氯化碳萃取，以除去多余的双硫腙。

氯化亚锡溶液：$\rho(SnCl_2)=200g/L$。称取 20g 氯化亚锡（$SnCl_2 \cdot 2H_2O$）于干燥的烧杯中，加入 20mL 浓盐酸，微微加热。待完全溶解后，冷却，再用水稀释至 100mL。

重铬酸钾溶液：$\rho(K_2Cr_2O_7)=0.5g/L$。称取 0.5g 重铬酸钾溶于 950mL 水中，再加入 50mL 浓硝酸。

汞标准贮备液：$\rho(Hg)=100mg/L$。称取置于硅胶干燥器中充分干燥的 0.1354g 氯化汞（$HgCl_2$），溶于重铬酸钾溶液后，转移至 1000mL 容量瓶中，再用重铬酸钾溶液稀释至标线，混匀。

汞标准中间液：$\rho(Hg)=10.0mg/L$。量取 10.00mL 汞标准贮备液至 100mL 容量瓶中，用重铬酸钾溶液稀释至标线，混匀。

汞标准使用液Ⅰ：$\rho(Hg)=0.1mg/L$。量取 10.00mL 汞标准中间液至 1000mL 容量瓶中，用重铬酸钾溶液稀释至标线，混匀。

汞标准使用液Ⅱ：$\rho(Hg)=10\mu g/L$。量取 10.00mL 汞标准使用液Ⅰ至 100mL 容量瓶中，用重铬酸钾溶液稀释至标线，混匀。

稀释液：称取 0.2g 重铬酸钾溶于 900mL 水中，再加入 27.8mL 浓硫酸，用水稀释至 1000mL。

仪器洗液：称取 10g 重铬酸钾溶于 9L 水中，加入 1000mL 浓硝酸。

4. 仪器和设备

① 冷原子吸收汞分析仪，具空心阴极灯或无极放电灯。

② 反应装置：总容积为 250mL、500mL，具有磨口、带莲蓬形多孔吹气头的玻璃翻泡瓶，或与仪器相匹配的反应装置。

③ 微波消解仪：具有程序升温功能。

④ 可调温电热板或高温电炉。

⑤ 恒温水浴锅：温控范围为室温～100℃。

⑥ 微波消解罐。

⑦ 样品瓶：500mL、1000mL，硼硅玻璃或高密度聚乙烯材质。

5. 样品

（1）样品的采集和保存　采集水样时，样品应尽量充满样品瓶，以减少器壁吸附。工业废水和生活污水样品采集量应不少于 500mL，地表水和地下水样品采集量应不少于 1000mL。采样后应立即按每升水样中加 10mL 浓盐酸的比例对水样进行固定，固定后水样的 pH 值应小于 1，否则应适当增加浓盐酸的加入量，然后加入 0.5g 重铬酸钾，若橙色消失，应适当补加重铬酸钾，使水样呈持久的淡橙色，密塞，摇匀。在室温阴凉处放置，可保存1个月。

（2）试样的制备　以微波消解法为例。该方法适用于含有机物较多的工业废水和生活污水。样品摇匀后，量取25.0mL样品移入微波消解罐中。若样品中汞含量较高，可减少取样量并稀释至25mL。依次加入2.5mL浓硝酸和2.5mL浓盐酸，摇匀，加塞，室温下静置30min。若反应剧烈则适当延长静置时间。将微波消解罐放入微波消解仪中。消解完毕后，冷却至室温，转移消解液至100mL容量瓶中，用稀释液定容至标线，待测。

6. 校准曲线的绘制

（1）高浓度校准曲线的绘制　分别量取0.00、0.50mL、1.00mL、1.50mL、2.00mL、2.50mL、3.00mL和5.00mL汞标准使用液Ⅰ于100mL容量瓶中，用稀释液定容至标线，总汞质量浓度分别为0.00、0.50μg/L、1.00μg/L、1.50μg/L、2.00μg/L、2.50μg/L、3.00μg/L和5.00μg/L。将此标准系列依次转移至250mL反应装置中，加入2.5mL氯化亚锡溶液，迅速插入吹气头，由低浓度到高浓度测定响应值。以零浓度校正响应值为纵坐标，以对应的总汞质量浓度（μg/L）为横坐标，绘制校准曲线。

注意：高浓度校准曲线适用于工业废水和生活污水的测定。

（2）低浓度校准曲线的绘制　分别量取0.00、0.50mL、1.00mL、2.00mL、3.00mL、4.00mL和5.00mL汞标准使用液Ⅱ于200mL容量瓶中，用稀释液定容至标线，总汞质量浓度分别为0.000、0.025μg/L、0.050μg/L、0.100μg/L、0.150μg/L、0.200μg/L和0.250μg/L。将该标准系列依次转移至500mL反应装置中，加入5mL氯化亚锡溶液，迅速插入吹气头，由低浓度到高浓度测定响应值。以零浓度校正响应值为纵坐标，以对应的总汞质量浓度（μg/L）为横坐标，绘制校准曲线。

注意：低浓度校准曲线适用于地表水和地下水的测定。

7. 分析结果

样品中总汞的质量浓度ρ（μg/L）按照下列公式进行计算：

$$\rho=\frac{(\rho_1-\rho_0)V_0}{V}\times\frac{V_1+V_2}{V_1} \tag{3-25}$$

式中，ρ是样品中总汞的质量浓度，μg/L；ρ_1是根据校准曲线计算出的试样中总汞的质量浓度，μg/L；ρ_0是根据校准曲线计算出的空白试样中总汞的质量浓度，μg/L；V_0代表标准系列的定容体积，mL；V_1为采样体积，mL；V_2为采样时向水样中加入浓盐酸的体积，mL；V为制备试样时分取样品的体积，mL。

课后习题

一、选择题

1. 原子吸收分光光度法中，光源发出的特征谱线被样品蒸汽中待测元素的（　　）吸收。

A. 离子　　B. 激发态原子　　C. 分子　　D. 基态原子

2. 在下列诸多变宽因素中，影响最大的是（　　）。

A. 多普勒变宽　　B. 劳伦兹变宽　　C. 共振变宽　　D. 自然变宽

3. 在火焰原子化过程中，有一系列化学反应，（　　）是不可能发生的。

A. 电离　　B. 化合　　C. 还原　　D. 聚合

4. 用原子吸收分光光度法测定钙时，加入 EDTA 是为了消除（　　）的干扰。

A. 磷酸　　B. 硫酸　　C. 镁　　D. 钾

5. 空心阴极灯中对发射线宽度影响最大的因素是（　　）。

A. 阴极材料　　B. 阳极材料　　C. 灯电流　　D. 填充气体

6. 原子吸收分光光度法中的物理干扰可以用（　　）来消除。

A. 释放剂　　B. 扣除背景　　C. 标准加入法　　D. 保护剂

7. 在原子吸收分光光度法中，原子化器的作用是（　　）。

A. 把待测元素转变为气态激发态原子　　B. 把待测元素转变为气态激发态离子

C. 把待测元素转变为气态基态原子　　D. 把待测元素转变为气态基态离子

8. 在火焰原子吸收分光光度法中，富燃火焰的性质和适用于测定的元素为（　　）。

A. 还原性火焰，适用于易形成难解离氧化物元素的测定

B. 还原性火焰，适用于易形成难解离还原性物质元素的测定

C. 氧化性火焰，适用于易形成难解离氧化物元素的测定

D. 氧化性火焰，适用于易形成难解离还原性物质元素的测定

9. 在火焰原子吸收分光光度法中，对于碱金属元素，可选用（　　）。

A. 化学计量火焰　　B. 贫燃火焰　　C. 电火花　　D. 富燃火焰

10. 在原子吸收光谱法中，目前常用的光源和主要操作参数是（　　）。

A. 氙弧灯，内充气体的压力　　B. 氙弧灯，灯电流

C. 空心阴极灯，内充气体的压力　　D. 空心阴极灯，灯电流

11. 原子吸收光谱中，吸收峰可以用（　　）来表征。

A. 中心频率和谱线半宽度　　B. 峰高和半峰宽

C. 特征频率和峰值吸收系数　　D. 特征频率和谱线宽度

12. 在导出吸光度与待测元素浓度成线性关系时，曾作过一些假设，下列错误的是（　　）。

A. 吸收线的宽度主要取决于多普勒变宽

B. 基态原子数近似等于总原子数

C. 通过吸收层的辐射强度在整个吸收光程内是恒定的

D. 任何吸光度范围内都适合

13. 能引起吸收峰频率发生位移的是（　　）。

A. 多普勒变宽　　B. 劳伦兹变宽　　C. 自然变宽　　D. 温度变宽

14. 在原子吸收光谱分析中，塞曼效应用来消除（　　）。

A. 物理干扰　　B. 背景干扰　　C. 化学干扰　　D. 电离干扰

15. 用原子分光光度法测定铷时，加入 1% 的钠离子溶液，其作用是（　　）。

A. 减小背景干扰　　B. 加速铷离子的原子化

C. 消电离剂　　D. 提高火焰温度

16. 为了提高石墨炉原子吸收光谱法的灵敏度，在测量吸收信号时，气体的流速应（　　）。

A. 增大　　B. 减小　　C. 为零　　D. 不变

17. 用原子吸收分光光度法测定铅时，以 0.1mg/L 铅的标准溶液测得吸光度为 0.24，测定 20 次的标准偏差为 0.012，其检出限为（　　）。

A. 10μg/L　　B. 5μg/L　　C. 15μg/L　　D. 1.5μg/L

二、填空题

1. 在原子吸收光谱法中，谱线变宽的主要原因有：（1）________；（2）________；（3）________。

2. 用石墨炉原子化法测定原子吸收时经历________、________、________和________四个阶段。

三、简答题

1. 原子吸收光谱是如何产生的？
2. 何谓锐线光源？在原子吸收光谱分析中为什么要用锐线光源？
3. 原子吸收光谱分析中存在哪些干扰类型？如何消除干扰？
4. 比较原子吸收光谱法与原子发射光谱法的异同（从原理和仪器两方面）。

第四章
原子荧光光谱法

第一节 原子荧光光谱仪的基本原理

一、原子荧光光谱法概述

原子荧光光谱法（AFS）是通过测定待测原子蒸气吸收辐射被激发后发射的荧光强度进行定量分析的发射光谱分析法，是原子光谱分析法中最年轻的一种分析方法。早在1902年R. W. Wood就开始研究原子荧光，1924年E. L. Nichols和H. L. Howes观察到火焰的荧光，但他们均未报道原子荧光在分析中的应用。1964年，J. D. Wineforder和J. D. Vickers提出原子荧光的分析使用后，原子荧光才发展成为一种光谱分析方法。同年，J. D. Wineforder和R. A. Stabb发表了用原子荧光测定少量的Zn、Cd、Hg的文章后，作为一种分析方法，原子荧光光谱分析的研究与应用愈加成熟。20世纪70年代末，我国科研工作者研制了氢化物-无色散原子荧光光谱仪，并发展为商品仪器，为原子荧光光谱仪的发展注入了新的力量。

1. 原子荧光光谱法的优点

① 谱线简单。光谱干扰少，原子荧光光谱仪器无需高分辨率的分光系统。

② 检出限低。一般来说，分析线波长小于300nm的元素，其AFS有更低的检出限。对波长300～400nm的元素，如Cd可达0.001ng/mL，Zn为0.04ng/mL。

③ 可同时进行多元素分析。原子荧光是同时向各个方向辐射的，便于制造多通道仪器。

④ 校准曲线的线性范围宽，可达4～7个数量级。

2. 原子荧光光谱法的缺点

① 不适用于分析高含量元素。

② 某些情况下，由于存在荧光猝灭效应，荧光量子效率降低，从而降低了测量灵敏度。

③ 由于荧光效率受火焰气体成分影响较大，因此原子荧光分析对火焰的要求比原子吸收分析苛刻。

原子荧光光谱法目前多用于砷、铋、镉、汞、铅、锑、硒、碲、锡和锌等元素的分析。它存在荧光猝灭效应及散射光的干扰等问题。相比之下，该法不如原子发射光谱法和原子吸收光谱法应用广泛。

二、原子荧光的类型

气态自由原子吸收光源的特征辐射后，若光子的能量（hν）恰好等于原子的两个能级之间的能量差（ΔE），原子的外层电子跃迁到较高能级，约在 10^{-8}s 后又跃迁返回基态或较低能级，同时发射出与原激发辐射波长相同或不同的辐射，此即为原子荧光。原子荧光是光致发光，属于二次发光。当激发光源停止后，跃迁停止，荧光立即停止，不同元素的荧光波长不同。

依据激发和发射过程的不同，原子荧光可分为共振荧光、非共振荧光、敏化荧光和多光子荧光四种类型。其中共振荧光和非共振荧光的类型及特点见表 4-1。

表 4-1　共振荧光和非共振荧光的类型及特点

共振荧光	直跃线荧光	阶跃线荧光	反 Stokes 荧光
A:起源于基态	A:起源于基态	A:正常阶跃线荧光	A:起源于亚稳态
B:热助共振荧光	B:起源于亚稳态	B:热助阶跃线荧光	B:起源于基态

1. 共振荧光

气态原子吸收某一波长的光辐射受激后，所发射的荧光波长与原吸收线波长相同的荧光即为共振荧光。

它的特点是激发线与荧光线的高低能级相同，其产生过程见图 4-1(a) 中 A。由于基态原子占原子中的几乎全部或大部分，从基态光致激发到激发态而后回到基态的共振跃迁有较大的跃迁概率，因此基态共振荧光强度通常最大。在原子荧光光谱分析中，共振荧光是最重要的测量信号，应用最为普遍。如锌原子吸收 213. 86nm 的光，它发射荧光的波长也为 213. 86nm。若原子受热激发处于亚稳态，再吸收辐射进一步激发，然后再发射相同波长的共振荧光，此种原子荧光称为热助共振荧光，见图 4-1(a) 中 B。

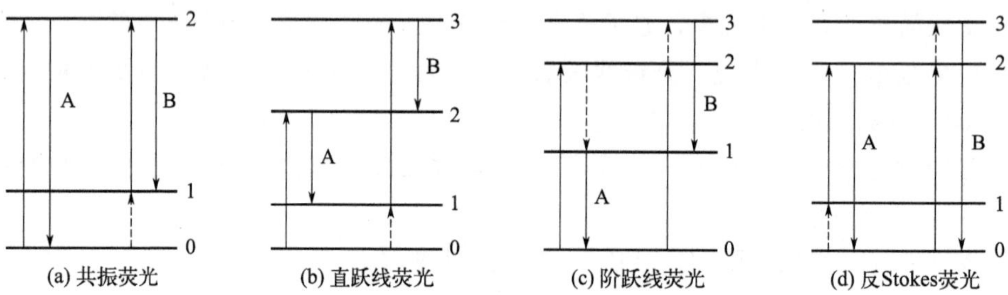

图 4-1　原子荧光产生的过程

2. 非共振荧光

非共振荧光又分为直跃线荧光、阶跃线荧光和反 Stokes 荧光。其特点是荧光与激发光的波长不相同。

（1）直跃线荧光　原子吸收光子从基态激发到高能级后，激发态原子跃迁回至高于基态的亚稳态时所发射的荧光称为直跃线荧光，见图 4-1(b)。它的特点是激发线和荧光线具有相同的高能级，而低能级不同。由于荧光的能级间隔小于激发线的能级间隔，所以荧光的波长大于激发线的波长。如铅原子吸收 283. 31nm 的光，而发射 405. 78nm 的荧光。

(2) 阶跃线荧光　阶跃线荧光有以下两种情况。

① 正常阶跃线荧光　为被光照激发的原子，先以非辐射形式去激发返回到较低能级，再以辐射形式返回基态而发射的荧光。非辐射形式为在原子化器中原子与其他粒子碰撞的去激发过程。很显然，荧光波长大于激发线波长。例如，钠原子吸收 330.30nm 的光，发射出 588.9nm 的荧光。

② 热助阶跃线荧光　为被光照激发的原子，跃迁至中间能级，又发生热激发至高能级，然后返回至低能级发射的荧光。例如，铬原子被 359.35nm 的光激发后会产生很强的 357.87nm 的荧光。

阶跃线荧光的产生见图 4-1(c)。

(3) 反 Stokes 荧光　这种荧光的特点是荧光能大于激发能，荧光波长小于激发线波长。当自由原子跃迁至某一能级时，其获得的能量一部分是由光源激发能供给，另一部分是热能，然后返回低能级时所发射的荧光即为反 Stokes 荧光。例如，铟吸收热能后处于一较低的亚稳能级，再吸收 151.13nm 的光后，发射 410.18nm 的荧光，见图 4-1(d)。

3. 敏化荧光

受光激发的原子与另一个原子碰撞时，把激发能传递给另一个原子使其激发，后者再以辐射形式去激发而发射的荧光称为敏化荧光。例如：

$$Hg + h\nu_1(253.7\text{nm}) \longrightarrow Hg^*$$

$$Hg^* + Tl \longrightarrow Hg + Tl^*$$

$$Tl^* \longrightarrow Tl + h\nu_2(377.6\text{nm})$$

4. 多光子荧光

吸收两种以上不同波长能量的光子跃迁至激发态，返回至基态时发射出荧光。若高能态和低能态均属激发态，由这种过程产生的荧光称为激发态荧光。若激发过程先涉及辐射激发，随后是热激发，由这种过程产生的荧光称为热助荧光。

三、荧光强度

原子荧光定性的依据是荧光的最大激发波长和所发射的共振荧光波长。

原子荧光光谱强度由原子吸收与原子发射过程共同决定。基态原子吸收某一波长的谱线而被激发，对指定频率的共振原子荧光，受激原子发射的荧光强度 I_f 为:

$$I_f = \Phi A I_0 \varepsilon l N_0 \tag{4-1}$$

式中，Φ 为荧光量子效率，它表示发射荧光光量子数与吸收入射（激发）光量子数之比；A 为受光源照射在检测系统中观察到的有效面积；I_0 为原子化器内单位面积上接受的光源强度；ε 为对入射辐射吸收的峰值吸收系数；l 为吸收光程长；N_0 为单位体积内的基态原子数。

由式(4-1) 可知，当仪器与操作条件一定时，除 N_0 外皆为常数，N_0 与试样中被测元素浓度 C 成正比。因此，原子荧光强度与被测元素浓度成正比：

$$I_f = KC \tag{4-2}$$

式中，K 为常数。

式(4-2) 表明，在实验条件一定时，原子荧光强度与待测元素浓度成正比，这是原子荧光光谱法定量分析的基础。

四、量子效率与荧光猝灭

受光激发的原子，在产生荧光的过程中，同时也存在着非辐射去激发的现象，即有可能发射共振荧光，也可能发射非共振荧光，还可能无辐射跃迁至低能级，所以量子效率一般小于 1。量子效率用如下方程表示：

$$\Phi=\frac{\Phi_F}{\Phi_A}\leqslant 1 \tag{4-3}$$

式中，Φ_F 为发射荧光的光量子数；Φ_A 为吸收荧光的光量子数。

受激发的原子和其他粒子碰撞，把一部分能量变成热运动与其他形式的能量，因而发生无辐射的去激发过程，这种现象称为荧光猝灭。荧光猝灭会使荧光的量子效率降低，荧光强度减弱。火焰中主要的荧光猝灭剂为 CO、CO_2、N_2 等，因此原子荧光分析尽量不用燃料气体中含碳的火焰，而用氢-氩或氩稀释的氢-氧火焰。使用烃类火焰时，应使用较强的光源，以弥补荧光猝灭的损失。

第二节　原子荧光光谱仪

一、原子荧光光谱仪的构成部件

原子荧光光谱仪分为非色散型和色散型。这两类仪器的结构基本相似，只是单色器不同。两类仪器的光路图见图 4-2。由图 4-2 可看出，原子荧光光谱仪与原子吸收光谱仪基本相同。

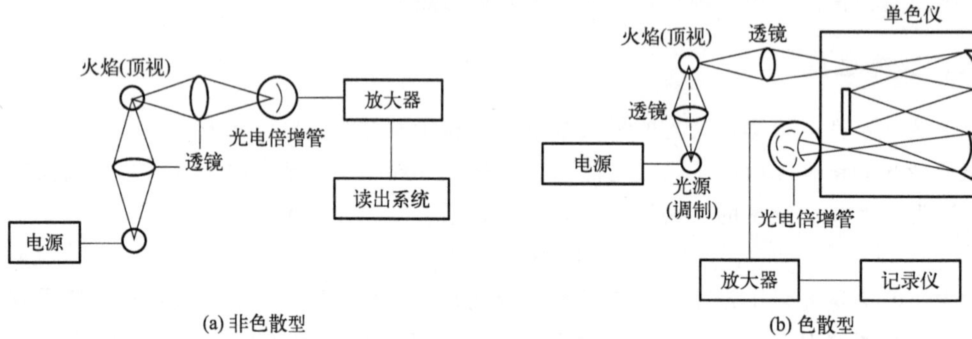

图 4-2　原子荧光光谱仪光路示意图

原子荧光光谱仪中，激发光源与检测器为直角装置，这是为了避免激发光源发射的辐射对原子荧光检测信号的影响。

1. 激发光源

光源的作用是使待测元素的原子激发而发射荧光。对光源的要求是强度大和稳定。最常采用的是线性光源高强度空心阴极灯（HI-HCL）和无极放电灯（EDL）。也可使用连续光源如弧灯、高压氙灯，不必采用高色散的单色器。连续光源稳定，调谐简单，寿命长，可用于多元素同时分析。为消除由待测元素热激发产生的发射光谱的影响，原子荧光光谱仪中光源也要进行调制。

2. 原子化器

原子化器与原子吸收法中基本相同，通常采用四种原子化方式（火焰原子化、石墨炉原子化、氢化物发生原子化、汞冷原子化）。

3. 色散系统

原子荧光的光谱简单，谱线较少，故无需高分辨能力的单色器。色散型光谱仪的色散元件是光栅。非色散型光谱仪用滤光器来分离分析线和邻近谱线，可降低背景。

4. 检测系统

色散型原子荧光光谱仪采用光电倍增管。非色散型的多用日盲光电倍增管，它的光阴极由 Cs-Te 材料制成，对波长 160～280nm 的辐射有很高的灵敏度，但对波长大于 320nm 的辐射不灵敏。

二、多元素原子荧光分析仪

原子荧光可由原子化器周围任何方向的激发光源激发而产生，因此设计了多道、多元素同时分析仪器。它也分为非色散型与色散型。非色散型六道原子荧光光谱仪装置见图 4-3。

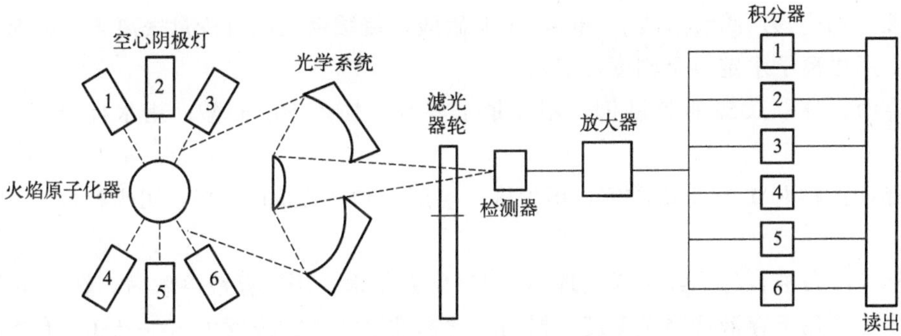

图 4-3　非色散型六道原子荧光光谱仪示意图

每种元素都有各自的激发光源在原子化器的周围，各自用一个滤光器，每种元素都有一个单独的电子通道，共同使用一个火焰原子化器、检测器。激发光源一定不能直接对着光源。实验时逐个元素顺序测量。原子荧光光谱法近年来有了较快的发展，而且有多种类型的商品原子荧光光谱仪。

第三节　原子荧光光谱法的分析应用

一、原子荧光法测定土壤中的总汞

1. 方法原理

采用硝酸-盐酸混合试剂在沸水浴中加热消解土壤试样，再用硼氢化钾（KBH_4）或硼氢化钠（$NaBH_4$）将样品中所含汞还原成原子态汞，由载气（氩气）导入原子化器中，在特制汞空心阴极灯照射下，基态汞原子被激发至高能态，在去活化回到基态时，发射出特征波长的荧光，其荧光强度与汞的含量成正比。与标准系列比较，求得样品中汞的含量。

2. 试剂

本部分所使用的试剂除另有说明外，均为分析纯试剂，试验用水为去离子水。

盐酸（HCl）：ρ=1.19g/mL，优级纯。

硝酸（HNO_3）：ρ=1.42g/mL，优级纯。

硫酸（H_2SO_4）：ρ=1.84g/mL，优级纯。

氢氧化钾（KOH）：优级纯。

硼氢化钾（KBH_4）：优级纯。

重铬酸钾（$K_2Cr_2O_7$）：优级纯。

氯化汞（$HgCl_2$）：优级纯。

硝酸-盐酸混合试剂［(1+1）王水］：取1份硝酸与3份盐酸混合，然后用去离子水稀释一倍。

还原剂［0.01%硼氢化钾（KBH_4）+0.2%氢氧化钾（KOH）溶液］：称取0.2g氢氧化钾放入烧杯中，用少量水溶解，称取0.01g硼氢化钾放入氢氧化钾溶液中，用水稀释至100mL，此溶液现用现配。

载液［(1+19）硝酸溶液］：量取25mL硝酸，缓缓倒入放有少量去离子水的500mL容量瓶中，用去离子水定容至刻度，摇匀。

保存液：称取0.5g重铬酸钾，用少量水溶解，加入50L硝酸，用水稀释至1000mL，摇匀。

稀释液：称取0.2g重铬酸钾，用少量水溶解，加入28mL硫酸，用水稀释至1000mL，摇匀。

汞标准贮备液：称取经干燥处理的0.1354g氯化汞，用保存液溶解后，转移至1000mL容量瓶中，再用保存液稀释至刻度，摇匀。此标准溶液汞的浓度为100μg/mL（有条件的单位可以到国家认可的部门直接购买标准贮备溶液）。

汞标准中间溶液：吸取10.00mL汞标准贮备液注入1000mL容量瓶中，用保存液稀释至刻度，摇匀。此标准溶液汞的浓度为1.00g/mL。

汞标准工作溶液：吸取2.00mL汞标准中间溶液注入100mL容量瓶中，用保存液稀释至刻度，摇匀。此标准溶液汞的浓度为20.0ng/mL（现用现配）。

3. 仪器及设备

氢化物发生原子荧光光度计；汞空心阴极灯；水浴锅。

4. 分析步骤

(1) 试样制备　称取经风干、研磨并过0.149mm孔径筛的土壤样品0.2～1.0g（精确至0.0002g）于50mL具塞比色管中，加少许水润湿样品，加入10mL（1+1）王水，加塞后摇匀，于沸水浴中消解2h，取出冷却，立即加入10mL保存液，用稀释液稀释至刻度，摇匀后放置，取上清液待测。同时做空白试验。

(2) 空白试验　采用相同的试剂和步骤，制备全程序空白溶液。每批样品至少制备2个以上空白溶液。

(3) 校准曲线　分别准确吸取 0.00、0.50mL、1.00mL、2.00mL、3.00mL、5.00mL、10.00mL 汞标准工作液置于 7 个 50mL 容量瓶中，加入 10mL 保存液，用稀释液稀释至刻度，摇匀，即得含汞量分别为 0.00、0.20ng/mL、0.40ng/mL、0.80ng/mL、1.20ng/mL、2.00ng/mL、4.00ng/mL 的标准系列溶液。此标准系列适用于一般样品的测定。

(4) 仪器参考条件　不同型号仪器的最佳参数不同，可根据仪器使用说明书自行选择。表 4-2 列出了本部分通常采用的参数。

表 4-2　仪器参数

项目	数值	项目	数值
负高压/V	280	加热温度/℃	200
A 道灯电流/mA	35	载气流量/(mL/min)	300
B 道灯电流/mA	0	屏蔽气流量/(mL/min)	900
观测高度/mm	8	测量方法	校准曲线
读数方式	峰面积	读数时间/s	10
延迟时间/s	1	测量重复次数/次	2

(5) 测定　将仪器调至最佳工作条件，在还原剂和载液的带动下，测定标准系列各点的荧光强度（校准曲线是减去标准空白后的荧光强度对浓度绘制的校准曲线），然后测定空白样品、试样的荧光强度。

5. 分析结果

土壤样品总汞含量 ω 以质量分数计，数值以毫克每千克（mg/kg）表示，按下列公式计算：

$$\omega=\frac{(C-C_0)V}{m(1-f)\times 1000} \tag{4-4}$$

式中，C 为从校准曲线上查得的汞元素含量，ng/mL；C_0 为试剂空白液测定浓度，ng/mL；V 为样品消解后定容体积，mL；m 为试样质量，g；f 为土壤含水量；1000 为将“ng”换算为“μg”的系数。

重复试验结果以算术平均值表示，保留三位有效数字。

二、原子荧光法对水中砷、汞、硒的测定

1. 适用范围

(1) 砷　砷的污染主要来源于采矿、冶金、化工、农药生产。

(2) 汞　水中汞的来源主要是人们对汞的处理、应用不当或者汞矿、金矿、氯碱化工厂、汞齐法回收贵金属、有色金属冶炼厂、农药厂、电池、日光灯管以及体温计等的生产，含汞污染物主要存在于排污口附近的底泥和悬浮物中。

(3) 硒　含硒废水主要来源于硒矿山开采、冶炼、炼油、精炼铜、制造硫酸及特种玻璃等行业。

2. 试剂

分析时均使用分析纯化学试剂，盐酸、硝酸、高氯酸均为优级纯试剂。

载流液：5% 盐酸。

还原剂：硼氢化钾（钠）（含量≥95%），氢氧化钾（钠）。

硼氢化钾溶液A：0.5g氢氧化钠溶于100mL水中，加入1.0g硼氢化钾，混匀。此溶液用于汞的测定，现用现配，存于塑料瓶中。

硼氢化钾溶液B：0.5g氢氧化钠溶于100mL水中，加入2.0g硼氢化钾，混匀。此溶液用于砷、硒的测定，现用现配，存于塑料瓶中。

硫脲-抗坏血酸溶液：硫脲和抗坏血酸各5.0g，用100mL水溶解，混匀，当日配制。

3. 仪器

双通道原子荧光光度计（型号：AFS-9330），仪器参数如下。

元素灯：双阴极高性能空心阴极灯（砷、汞、硒）。

光电倍增管负高压：270V。

灯电流：砷总电流60mA，辅阴极30mA；硒总电流80mA，辅阴极40mA；汞总电流30mA。

原子化器高度：8mm。

载气流量：400mL/min。

屏蔽气流量：800mL/min。

4. 样品

（1）样品的采集和保存　将采集的样品贮存在聚乙烯瓶或硬质玻璃瓶中，1L水样中加10mL浓盐酸，常温下可保存14d。每次采集样品的量不少于250mL。

（2）测汞废水样品预处理　量取5.0mL混匀后的样品于10mL比色管中，加入1mL盐酸-硝酸溶液（300mL盐酸和100mL硝酸，加入400mL水中），加塞混匀，置于沸水浴中加热消解1h，期间摇动1～2次并开盖放气。冷却，用水定容至标线，混匀，待测。此试样用于汞的测定。

（3）测砷、硒废水样品预处理　量取50.0mL混匀后的样品于150mL锥形瓶中，加入5mL硝酸-高氯酸混合酸（1∶1，现用现配），于电热板上加热至冒白烟，冷却。再加入5mL盐酸溶液（1+1），加热至黄褐色烟冒尽，冷却后移入50mL容量瓶中，加水稀释定容，混匀，待测。

量取5.0mL经消解后的试样于10mL比色管中，加入2mL盐酸溶液（1+1）、2mL硫脲-抗坏血酸溶液（硫脲和抗坏血酸各5.0g，用100mL水溶解，混匀，当日配制），室温下放置30min（室温低于15℃时，置于30℃水浴中保温30min），用水稀释定容，混匀，此试样用于砷的测定。

量取5.0mL经消解后的试样于10mL比色管中，加入2mL盐酸溶液（1+1），用水稀释定容，混匀，此试样用于硒的测定。

5. 分析步骤

将空心阴极灯插入，利用调光板调节好光距；打开主机电源开关和自动进样部分的电源开关；打开高纯氩气的钢瓶开关，并控制分压在0.2～0.3MPa之间；预热30min后，打开软件操作系统，先进行自检，然后设定好各项参数；将试剂管分别接入还原剂、载流液的试剂瓶中，压紧蠕动泵压块，通过两个自动进样泵与每个被测定的样品反应。最后计算荧光强度与物质浓度之间的定量关系，测定待测物质的含量。

课后习题

一、选择题

1. 原子荧光现象属于（　　）。

A. 光致发光　　B. 气体放电　　C. 原子燃烧　　D. 光谱辐射

2. 共振荧光的特点是（　　）。

A. 荧光发射线与激发线波长相同

B. 荧光发射线与激发线波长不相同

C. 荧光发射线比激发线波长长

D. 荧光发射线比激发线波长短

3. 下面哪一种不属于非共振荧光（　　）。

A. 热助共振荧光　　B. 直跃线荧光　　C. 阶跃线荧光　　D. Stokes 荧光

4. 原子荧光光谱仪的组成与哪种分析仪器类似？（　　）

A. 原子发射光谱仪　　B. 等离子体原子发射光谱仪

C. 原子吸收光谱仪　　D. 分子荧光光谱仪

5. 原子荧光光谱仪的光源是（　　）。

A. 连续光源　　B. 线状光源

C. 连续光源和线状光源均可　　D. 等离子体光源

二、简答题

1. 原子荧光产生的类型有哪些？各自的特征是什么？

2. 原子荧光光谱为什么需要采用高强度光源？

3. 敏化荧光的特征是什么？

4. 荧光猝灭和量子效率的含义是什么？

第五章

X射线荧光光谱法

第一节　X 射线和 X 射线光谱

X 射线是 1895 年德国物理学家伦琴（W. C. Röntgen，1845—1923）发现的一种电磁波。1908 年，C. G. Barkla 和 Sadler 发现物质经 X 射线辐照后会发射出和物质中组成元素相关的特征谱线。1912 年，M. Von Laue 发现了晶体对 X 射线的衍射现象。1913 年，W. L. Bragg 和 W. H. Bragg 推导出著名的布拉格公式，精确表达 X 射线照射晶体时的衍射现象，同年，H. G. Moseley 发现元素的 X 射线特征波长的倒数的平方根与原子序数成正比，奠定了 X 射线光谱定性分析的基础。X 射线荧光的波长取决于吸收初级 X 射线的元素的原子结构。因此，根据 X 射线荧光的波长，就可以确定物质所含元素；根据其强度与元素含量的关系，可以进行元素的定量分析。这就是 X 射线荧光光谱法。

X 射线光谱法的特点：分析迅速，几分钟就可以完成测定；样品前处理简单，不需要溶解样品，可以直接测试；可分析元素范围广，原子序数从 4 到 92 的元素都可以测定；工作曲线范围宽；谱线简单，干扰小；分析样品种类多，既可以分析块状物体，也可以分析膜状物体。

一、初级 X 射线

当高能量的粒子（电子、质子等）轰击某物质时，其内层电子将被轰出，产生空穴，高层级的电子填充空穴，以辐射形式释放能量，辐射波长落在 0.01～20nm 之间，产生 X 射线。对于化学分析来说，最感兴趣的 X 射线波段是在 0.01～2.4nm 之间（0.01nm 附近代表超铀元素的 K 系谱线，2.4nm 附近代表最轻元素 Li 的 K 系谱线）。X 射线一般具有难以被轻元素（原子序数小）吸收，容易被重元素（原子序数大）吸收的性质。物质吸收 X 射线的同时，也产生具有物质特性的 X 射线，可以利用此特性建立元素的分析方法，即 X 射线元素分析法。

由 X 射线管产生的射线是初级 X 射线。X 射线管由一个热阴极（钨丝）和金属靶材料（Cu、Fe、Cr、Mo 等重金属）制成的阳极所组成，如图 5-1 所示。管内抽真空到 1.3×10^{-4}Pa。在两极之间加上几万伏的高压，加热阴极产生的电子被加速向阳极靶上撞击，此时电子的运动被突然停止，电子的能量大部分变成热能（金属靶需通入水或油冷却），只有不到 1% 的电功率转变成 X 射线辐射从透射窗射出，即初级 X 射线。

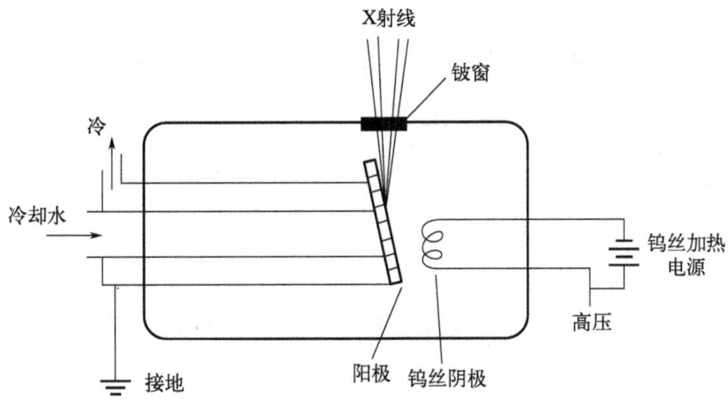

图 5-1　X 射线管结构示意图

二、连续光谱和特征光谱

电子在与原子碰撞时的能量损失是一个随机过程，得到的是具有各种波长的 X 射线光谱。X 射线光谱可以分为连续光谱和特征（标识）光谱两类。

在常规的 X 射线管中，当所加的管电压低时，只有连续光谱产生。在 X 射线管中加速电压的电场位能转为电子动能，电子被加速。电子所获得的总动能 E_e 为：

$$E_e = eU = \frac{1}{2}mv_0^2 \tag{5-1}$$

式中，m 为电子质量；e 为元电荷；U 为加速电压；v_0 为电子到达阳极表面的初速率。

高速电子轰击靶面时受到靶材料原子核的库仑力的作用而突然减速，使电子周围的电磁场发生了急剧的变化。电子的动能部分变成了 X 射线辐射能，产生了具有一定波长的电磁波。由于撞击到阳极上的电子并不都是以同样的方式受到原子核的库仑力作用而被减速的，其中有些电子在一次碰撞中即被制止，从而立刻释放出其所有的能量；另外，大多数电子则需碰撞多次才逐渐丧失其部分能量，直到完全耗尽为止。钨丝上的电子是沿不规则的方向飞出的，各电子与管内残留气体碰撞的机会及消耗的能量也有区别。所以对大量电子来说，其能量损失是一个随机量，从而得到的是具有各种不同能量（波长）的电磁波，组成了连续 X 射线谱。

当 X 射线管压升高到一定的临界值时，高速运动的电子的动能足以激发靶原子的内部壳层的电子，使它跳到能级较高的未被电子填满的外部壳层或离开体系而使原子电离。这时原子中的某个内部壳层即出现了空位，同时体系的能量升高处于不稳定的激发态或电离态；随后（$10^{-15} \sim 10^{-7}$s）即发生外层电子自高能态向低能态的跃迁，使整个原子体系的能量降低到最低而重新回到稳定态。原子在发生电子跃迁的同时，将辐射出带有一定频率或能量的特征谱线。特征 X 射线光谱是具有一定波长且不连续的线状光谱，称为单色 X 射线。因为它来自原子内层电子跃迁，其波长随着元素原子序数的增加有规律地向波长变短方向移动。Moseley 根据谱线移动规律，建立了 X 射线波长与元素原子序数关系的定律，即 Moseley 定律，表示为：

$$\left(\frac{1}{\lambda}\right)^{1/2}=K(Z-S) \tag{5-2}$$

式中，K、S为常数，随不同线系（K、L）而定；Z为原子序数。

三、X射线的吸收、散射和衍射

1. X射线的吸收

设一束波长为λ_0的平行X射线束，沿着x轴方向，垂直入射到一均匀吸收体的表面上时的强度为I_0，即$l\to 0$时，$I_0=I$。当此X射线束在吸收体的路程上改变了dl距离时，其强度将改变dI_0。由物质的吸收和散射所造成的强度衰减dI_0不仅与入射线的强度I_0成正比，而且还取决于吸收体的厚度dl、质量dm或单位截面上所遇到的原子数dn，即存在如下关系：

$$dI_0=-I_0\mu_l dl \tag{5-3}$$

$$dI_0=-I_0\mu_m dm \tag{5-4}$$

$$dI_0=-I_0\mu_a dn \tag{5-5}$$

式中，负号表示X射线束通过物质时强度的衰减；μ_l、μ_m和μ_a分别称为线性衰减系数、质量衰减系数和原子衰减系数，它们的物理意义分别为在单位路程（1cm）、单位质量（1g）和单位截面（$1cm^2$）上遇到1个原子时所发生的X射线束强度的相对变化，其量纲分别为cm^{-1}、cm^2/g和cm^2。

若用X射线照射固体物质后，其强度的衰减率与其穿过的厚度成正比，即也符合光吸收基本定律:

$$\frac{dI}{I}=-\mu_l dl \tag{5-6}$$

将上式积分后，得到:

$$I=I_0\exp(-\mu_l l) \tag{5-7}$$

式中，I_0、I分别为入射和透射X射线强度；l是试样厚度；μ_l是线性衰减系数。

在X射线分析法中，对于固体试样，最方便的是采用质量衰减系数μ_m，而$\mu_m=\mu_l/\rho$（单位：cm^2/g）。式中，ρ是物质的密度，g/cm^3；μ_m的物理意义是一束平行的X射线穿过截面积为$1cm^2$的1g物质时，X射线强度的衰减程度。

2. X射线的散射

对于X射线通过物质时的衰减现象来说，波长较长的X射线和原子序数较大的散射体的散射作用与吸收作用相比，常常可以忽略不计。但是对于轻元素的散射体和波长很短的X射线，散射作用就显著了。X射线射到晶体上时，使晶体原子的电子和核也随X射线电磁波的振动周期而振动。由于原子核的质量比电子大得多，其振动忽略不计，主要考虑电子的振动。根据X光子的能量大小和原子内电子结合能的不同（即原子序数Z的大小)，散射可以分为相干散射和非相干散射。元素的原子序数越小，非相干散射越大，结果在衍射图上形成连续背景。一些超轻元素（如N、C、O等元素）的非相干散射是主要的，这也是轻元素不易分析的一个原因。

3. X射线的衍射

X射线的衍射现象起因于相干散射线的干涉作用。当两个波长相等、相位差固定且振动于同一平面内的相干散射波沿着同一方向传播时，则在不同的相位差条件下，这两种散射波或者相互加强（同相），或者相互减弱（异相）。这种由于大量原子散射波的叠加、互相干涉而产生的最大限度加强的光束叫X射线的衍射线。

第二节 X射线荧光分析

一、X射线荧光的产生

X射线荧光是以X射线为激发手段，当入射X射线使K层电子激发生成光电子后，L层电子跃入K层空穴，以辐射形式释放出能量 $\Delta E=E_K-E_L$，产生Kα射线，这就是X射线荧光。只有当初级X射线的能量稍大于分析物质原子内层电子的能量时，才能击出相应的电子，因此X射线荧光的波长总比相应的初级X射线的波长要长一些。

二、Auger效应和荧光产额

原子中的内层（如K层）电子被电离后出现一个空穴，L层电子向K层跃迁时所释放的能量，也可能被原子内部吸收后激发出较外层的另一电子，这种现象称为Auger效应。后来激发出的较外层的电子，相对于原先从内层激发出的第一个光电子，称为次级光电子或Auger电子，如图5-2所示。各元素的Auger电子能量都有固定值，在此基础上建立了Auger电子能谱法。

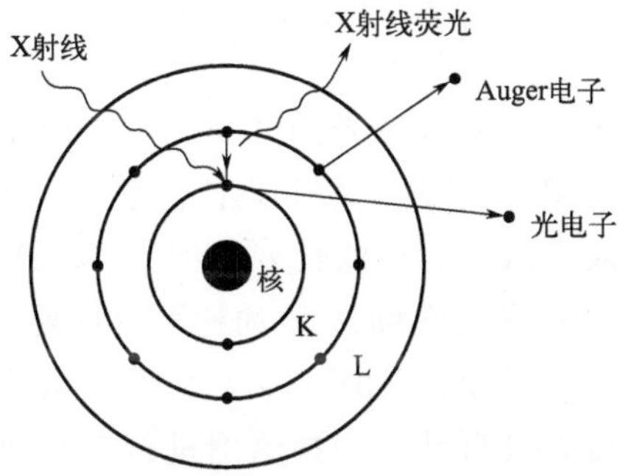

图5-2 X射线激发电子弛豫过程示意图

原子在X射线激发的情况下，所发生的Auger效应和荧光辐射是两种互相竞争的过程。对一个原子来说，激发态原子在弛豫过程中释放的能量只能用于一种发射，或者发射射线荧光，或者发射Auger电子。对于大量原子来说，两种过程就存在一个概率问题，即荧光产额（ω）。例如对K能级来说，以单位时间内发出的K系谱线的全部光子数除以在同一时间内产生K层的空穴的原子数，称其值为K能级的荧光产额。L和M能级的荧光产额定义与此相似，Auger产额则为 $1-\omega$。对于原子序数小于11的元素，激发态原子在弛豫过程中主要是发射Auger电子，而重元素则主要发射射线荧光。Auger电子产生的概率除与元素的原子序数有关外，还随对应的能级差的缩小而增加。一般对于较重的元素，最内层（K层）空穴的填充，以发射X射线荧光为主，Auger效应不显著；当空穴外移时，

Auger效应越来越占优势（图 5-3）。因此，X射线荧光分析法多采用K系和L系荧光，其他系则较少被采用。

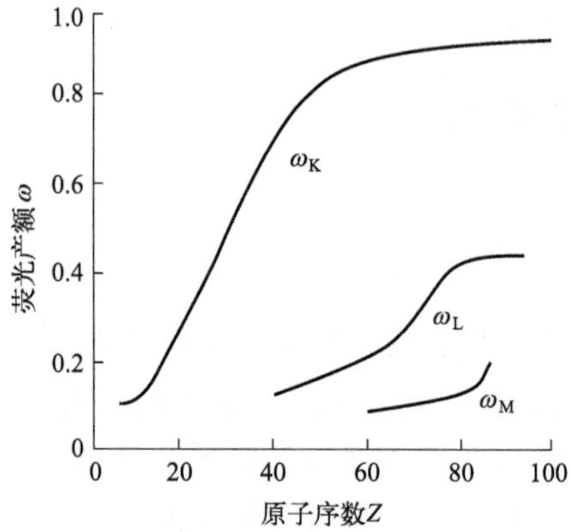

图 5-3 K、L、M能级的荧光产额

三、定性分析和定量分析

1. 定性分析

由 Moseley定律可知，各种元素的特征 X 射线波长 λ 与原子序数 Z 间存在如下关系：

$$\left(\frac{1}{\lambda}\right)^{1/2}=K(Z-S) \tag{5-8}$$

由此可知，分析元素产生的X射线荧光的波长λ与其原子序数Z具有一一对应的关系，这就是X射线荧光定性分析的基础。对于波长色散谱，根据选用的分光晶体（d已知）与实测的 2θ 角，用 Bragg 公式计算出波长λ，然后查 λ-2θ 表或 2θ-λ 表。这里 λ-2θ 表按原子序数的增加排列，2θ-λ 表按波长和 2θ 增加的顺序排列。在能量色散谱中，可从能谱图上直接读出峰的能量，再查阅能量表即可。从 20 世纪 70 年代末开始，已开发出定性分析的计算机软件和专家系统，可自动对扫描谱图进行搜索和匹配，从X射线荧光谱线数据库中进行配对，以确定是何种元素的哪条谱线。

2. 定量分析

当用X射线（一次X射线）作激发源照射试样，使试样产生X射线（荧光X射线）时，若元素和实验条件一定，X射线荧光的强度与物质含量成正比。这是X射线荧光定量分析的基础。

X射线荧光定量分析存在多种影响因素，主要不是来源于仪器，而是来源于样品，主要包括基体效益、粒度效应、谱线干扰等。主要分析如下：

(1) 基体效应　基体效应是指样品的基本化学组成和物理、化学状态的变化，对分析线强度的影响。X射线荧光不仅由样品表面的原子所产生，也可由表面以下的原子所发射。因为无论是入射的初级X射线还是试样发出的X射线荧光，都有一部分要通过一定厚的样品层。这一过程将产生基体对入射X线及X射线荧光的吸收，导致X射线荧光的减弱。反之，基体在入射X线的照射下也可能产生射线荧光，若其波长恰好在分析元素短波长吸收限时，将引起分析元素附加的X射线荧光的发射而使射线荧光的强度增强。因此，基体效应一般表现为吸收和激发效应。基体效应的克服方法有：

① 稀释法　以轻元素为稀释物可减小基体效应。

② 薄膜样品法　将样品做得很薄，则吸收、激发效应可忽略。

③ 内标法　在一定程度上也能消除基体效应。

(2) 粒度效应　X射线荧光强度与颗粒大小有关：大颗粒吸收大，颗粒越细、被照射的总面积越大，荧光越强。另外，表面粗糙不匀也有影响，在分析时常需将样品磨细，粉末样品要压实，块状样品表面要抛光。

(3) 谱线干扰　在K系特征谱线中，Z元素的Kβ线有时与Z＋1、Z＋2、Z＋3元素的Kα线靠近。例如，$_{23}V$的Kβ线与$_{24}Cr$的Kα线重叠，$_{48}Cd$的Kβ线与$_{51}Sb$的Kα线部分重叠，As的Kα线和Pb的Kα线重叠。另外，还有来自不同衍射级次的衍射线之间的干扰。克服谱线干扰的方法有以下几种：

① 选择无干扰的谱线；

② 降低电压至干扰元素激发电压以下，防止产生干扰元素的谱线；

③ 选择适当的分析晶体、计数管、准直器或脉冲高度分析器，提高分辨本领；

④ 在分析晶体与检测器间放置滤光片，滤去干扰谱线等。

3. 定量分析方法

X射线荧光光谱法的定量分析方法有校准曲线法、内标法、增量法和数学分析法等，其中校准曲线法是应用比较广泛的定量分析方法。

(1) 校准曲线法　配制一套基体成分和物理性质与试样相近的标准样品，作出分析线强度与含量关系的校准曲线，再在同样的工作条件下测定试样中待测元素的分析线强度，由校准曲线查出待测元素的含量。校准曲线法的特点是简便，但要求标准样品的主要成分与待测试样的成分一致。但对多元组分试样中主要成分含量的测定，一般要先用稀释法，即用稀释剂使标样和试样稀释比例相同，得到的新样品中稀释剂成为主要成分，分析元素成为杂质，就可以用校准曲线法进行测定。

(2) 内标法　在分析样品和标准样品中分别加入一定量的内标元素，然后测定各样品中分析线与内标线的强度I_L和I_1，以I_L/I_1对分析元素的含量作图，得到内标法校准曲线。由校准曲线求得分析样品中分析元素的含量。

(3) 增量法　先将试样分成若干份，其中一份不加待测元素，其他各份分别加入不同质量分数（1～3倍）的待测元素，然后分别测定分析线强度，以加入的质量分数为横坐标、强度为纵坐标绘制校准曲线。当待测元素含量较小时，校准曲线近似为一直线。将直线外推与横坐标相交，交点坐标的绝对值即为待测元素的质量分数。作图时，应对分析线的强度做背景校正。

(4) 数学分析法　为了提高定量分析的精度，已发展了直接数学计算方法。由于计算机软件的开发，这些复杂的数学处理方法已变得十分迅速且简便了。这类方法主要有经验系数法和基本参数法，此外还有多重回归法及有效波长法等。

第三节　X 射线荧光光谱仪

根据分光原理可将 X 射线荧光光谱仪（XFS）分为：波长色散型和能量色散型两类。两类光谱仪装置各有其特点，见表 5-1。

表 5-1　波长色散型和能量色散型 X 射线荧光光谱仪特点

项目	波长色散型 XFS	能量色散型 XFS
特点	装置小型	装置大型
	廉价	昂贵
	可以同时分析多元素	可以高分辨率和高精度进行分析
	以大气中的分析为主	以真空中的分析为主
	测量时间短	测量时间长

一、波长色散型 X 射线荧光光谱仪

波长色散型 X 射线荧光光谱仪（图 5-4）由 X 光源、分光晶体、检测器和记录系统四个主要部分构成。

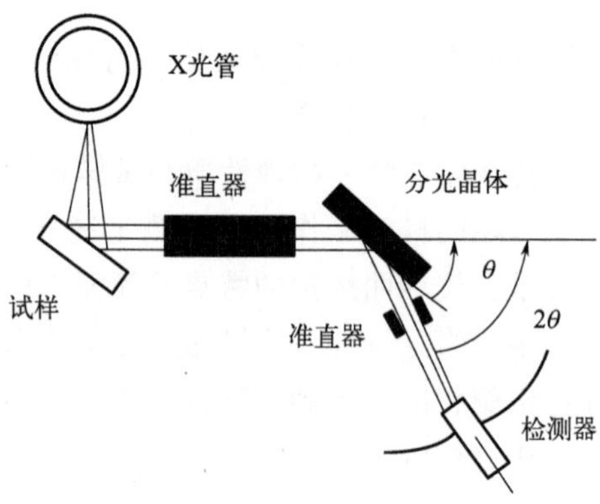

图 5-4　波长色散型 X 射线荧光光谱仪

由 X 光管中射出的 X 射线，照射在试样上，所产生的荧光将向多个方向发射。其中一部分荧光通过准直器之后得到平行光束，再照射到分光晶体（或分析晶体）上。晶体将入射荧光束按 Bragg 方程式进行色散。通常测量的是第一级光谱（$n=1$），因为其强度最大。检测器置于角度为 2θ 位置处，它正好对准入射角为 θ 的光线。将分光晶体与检测器同步转动，以这种方式进行扫描时，可得到以光强与 2θ 表示的荧光光谱。

1. X 射线激发源（X 光源）

X 射线激发源的作用是提供产生次级 X 射线（X 荧光）的能量，产生稳定的一定强度的一次 X 射线作激发源。当在 X 光管阳极与阴极之间施加 50～100kV 高压时，电子以极大速度轰击阳极靶面，由 X 射线管所发生的一次 X 射线的连续光谱和特征光谱是 X 射线荧光分析中常用的激发源。激发源以使用连续光谱为主，X 光管可提供具有不同能量的 X 射

线光量子作为激发源。初级X射线的波长应稍短于受激元素的吸收限，使能量最有效地激发分析元素的特征谱线。一般分析重元素时选钨靶，分析轻元素时选铬靶。靶材的原子序数越大，X光管的管压越高（一般为50～100kV），则连续谱强度越大。

常用的靶材及适合的分析元素范围如表5-2所列。

表5-2　常用的靶材及适合的分析元素范围

靶材	分析元素范围	使用谱线	靶材	分析元素范围	使用谱线
W	<$_{32}$Ge	K	Cr	<$_{23}$V 或$_{22}$Ti	K
	<$_{77}$Ir	L		<$_{58}$Ce	L
Mo	$_{32}$Ge～$_{41}$Nb	K	Rh,Ag	<$_{17}$Cl 或$_{16}$S	K
	$_{76}$Os～$_{92}$U	L			
Pt	同W靶的元素		W-Cr	W>$_{22}$Ti 或 V，或同Cr靶的轻元素	
Au	$_{72}$Hf～$_{77}$Ir	L			

2. 晶体分光器（分光晶体）

晶体分光器的作用是利用晶体的衍射现象将不同波长的X射线荧光分开。X射线和可见光不一样，它的波长短，且穿透能力强，几乎不发生折射，因此不能用棱镜分光；光栅缝太宽，大于X射线波长，不能产生衍射现象，因此也不能够用于X射线的色散。射线的分光主要利用晶体的衍射作用，因为晶体质点之间的距离与X射线波长同属一个数量级，可使不同波长的X射线荧光色散，然后选择被测元素的特征射线荧光进行测定。

3. 检测器

检测器的作用是把X射线光量子的能量转化成电脉冲信号，即将样品产生的X射线荧光强度转化为电信号，作为信号取出。X射线检测器是用来接收X射线，并把它转化为可测量或可观察的量，如可见光、电脉冲或径迹等。然后再通过电子测量装置，对这些量进行测量。检测器连接放大取出信号的放大器和将取出信号分别作为各种能量的荧光X射线信号的脉冲高度分析器进行使用。X射线荧光光谱仪中常用的检测器有正比计数器、闪烁计数器和半导体计数器3种；前2种用于波长色散谱仪，后1种用于能量色散谱仪。

（1）正比计数器　这是一种充气型检测器，利用X射线能使气体电离的作用，使辐射能转变为电能而进行测量，其结构如图5-5所示。

它的外壳为圆柱形金属壁，管内充有工作气体（Ar、Kr等惰性气体）和抑制气体

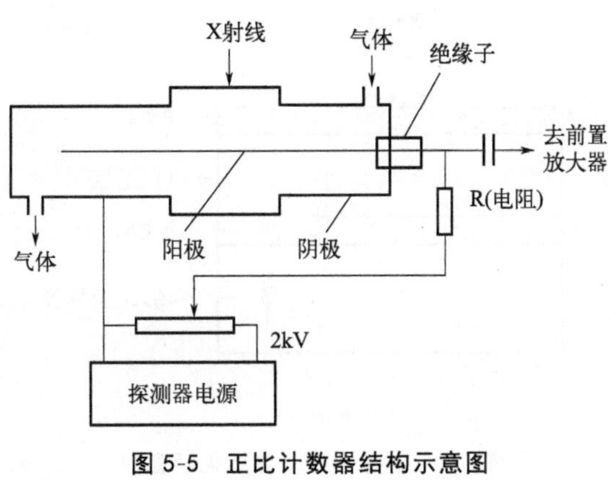

图5-5　正比计数器结构示意图

（甲烷、乙醇等）的混合气体。在一定的电压下，进入检测器的X射线光子轰击工作气体使之电离，产生离子-电子对。一个X光子产生的离子-电子对的数目，与光子的能量成正比，与工作气体的电离能成反比。作为工作气体的氩原子，其电离后，正离子被引向管壳，电子飞向中心阳极。电子在向阳极移动的过程中被高压加速，获得足够的能量，又可使其他氩原子电离。由初级电离的电子引起了多级电离现象，在瞬间发生“雪崩”放大，一个电子可以引发 10^3～10^4 个电子。这种放电过程发生在X射线光子被吸收后0.1～0.2μs的时间内。在这样短的时间内，有大量的雪崩放电冲击中心阳极，使瞬时电流突然增大，高压降低而产生一个脉冲输出。脉冲高度与离子-电子对的数目成正比，与入射光子的能量成正比。自脉冲开始至达到脉冲满幅度的90%所需的时间称为脉冲的上升时间。两次可探测脉冲之间的最小时间间隔称为分辨时间，分辨时间也可粗略地称为死时间。在死时间内进入的光子不能被测出，正比计数器的死时间约为0.2μs。

（2）闪烁计数器　闪烁即为瞬间发光。当X射线照射到闪烁晶体上时，闪烁体能瞬间发出可见光。利用光电倍增管可将这种闪烁光转换为电脉冲，再用电子测量装置把它放大和记录下来。把闪烁晶体和光电倍增管组合起来，就构成了闪烁计数器，其结构见图5-6。

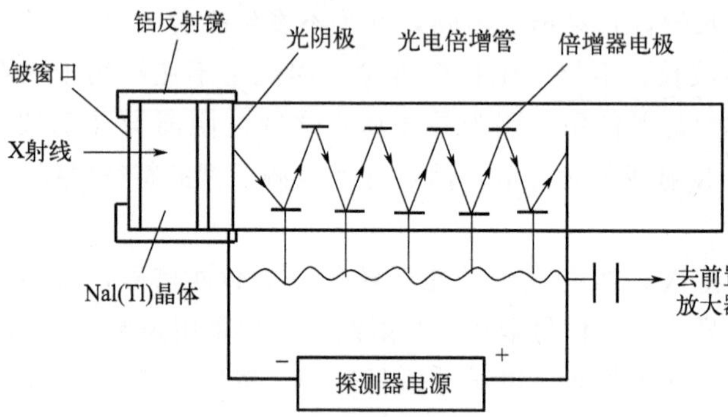

图5-6　闪烁计数器结构示意图

（3）半导体计数器　由掺有锂的硅（或锗）半导体做成，在其两面真空喷镀约20nm厚的金膜构成电极，在N、P区之间有一个Li漂移区，如图5-7所示。因为锂的离子半径小，很容易漂移穿过半导体，而且锂的电离能也较低，当入射的X射线撞击锂漂移区

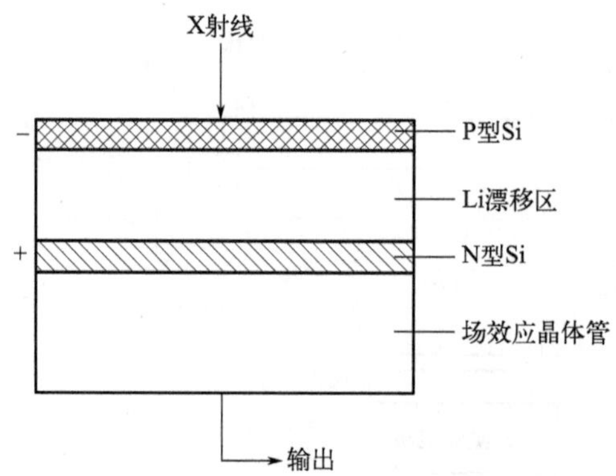

图5-7　半导体计数器结构示意图

（激活区）时，在其运动途径中形成电子-空穴对。电子-空穴对在电场的作用下分别移向N层和P层，形成电脉冲。脉冲高度与X射线能量成正比。

4. 记录系统

记录系统由放大器、脉冲高度分析器、记录和显示装置所组成。其中脉冲高度（即脉冲幅度）分析器的作用是选取一定范围的脉冲幅度，将分析线脉冲从某些干扰线（如某些谱线的高次衍射线、杂质线）和散射线（本底）中分辨出来，以改善分析灵敏度和准确度。在脉冲高度分析器中采用两个可调的甄别器来限制所通过的脉冲高度，从而达到选择性地分别记录各种脉冲高度的目的。

二、能量色散型X射线荧光光谱仪

能量色散型X射线荧光光谱仪利用半导体检测器的高分辨率，配以多道脉冲分析器和多道脉冲高度选择器直接测量试样X射线荧光的能量，仪器的结构趋于小型化、轻便化。20世纪70年代，固体锂漂移硅［Si(Li)］研制成功，分辨率大于165eV，突破了能量色散型仪器的技术瓶颈，成功实现产业化。仪器结构见图5-8，原理见图5-9。

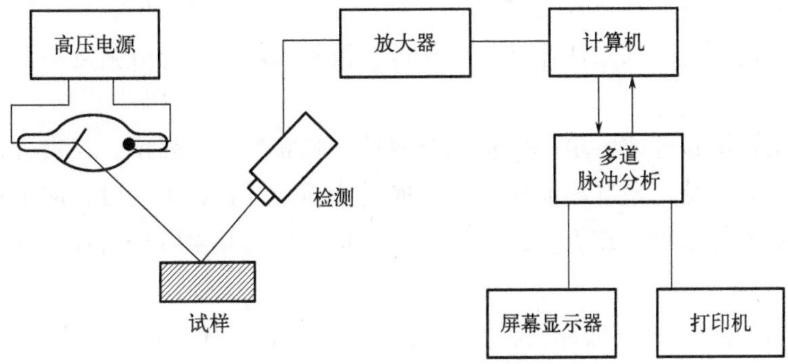

图5-8　能量色散型X射线荧光光谱仪结构示意图

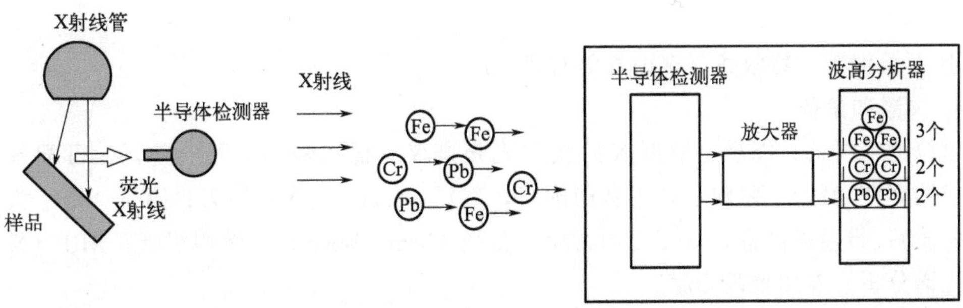

图5-9　能量色散型X射线分析装置（EDX）的原理图

来自试样的X射线荧光依次被半导体检测器检测，得到一系列幅度与光子能量成正比的脉冲，经放大器放大后送到多道脉冲幅度分析器（1000道以上）。按脉冲幅度的大小分别统计脉冲数，脉冲幅度可以用光子的能量来标度，从而得到强度随光子能量分布的曲线，即能谱图。

与波长色散法相比，能量色散法的主要优点是：

① 由于无需分光系统，检测器的位置可紧挨样品，检测灵敏度可提高 2～3 个数量级；

② 不存在高次衍射谱线的干扰；

③ 可以一次同时测定样品中几乎所有的元素；

④ 仪器操作简便，分析速度快，适合现场分析。

第四节　X 射线荧光光谱的分析应用

一、能量色散型 X 射线荧光光谱法测定环境空气颗粒物中的无机元素

1. 方法原理

X 射线管产生的初级 X 射线照射到平整、均匀的颗粒物样品表面上时，被测元素释放出的特征 X 射线荧光直接进入检测器。经电子学系统处理得到不同能量（元素）的 X 射线荧光能谱。采用全谱图拟合或特定峰面积积分的方式获取特征 X 射线荧光强度。颗粒物负载量在一定范围内时采用薄样品分析技术，被测元素特征谱峰强度与其含量成正比。

2. 干扰和消除

通常采用全谱图拟合或特定峰面积积分两种方式获取谱峰强度。元素含量较低且无干扰时，可选择某区间特定谱峰净面积方式获取谱峰强度。存在干扰时，应采用全谱图拟合方法对重叠谱峰进行解析，扣除干扰峰的影响，得到目标元素特征谱峰强度。

3. 试剂和材料

① 负载在聚酯膜或聚碳酸酯核孔膜上的单元素或化合物标准样品，0.5～50g/cm^2，以单元素含量计。

② 金属纯元素或无机化合物样品，纯度大于 99.9%。

③ 负载在聚碳酸酯核孔膜上的混合元素标准样品或模拟 $PM_{2.5}$ 标准样品，有证标准物质。

④ 石英滤膜，特氟龙、聚丙烯等有机滤膜。

4. 仪器和设备

颗粒物采样器；能量色散型 X 射线荧光光谱仪（根据轻元素测定需要，可配备氦气置换或抽真空功能）；颗粒物滤膜裁剪圆刀，直径 47mm，或陶瓷剪刀；镊子（镊子头为非金属材质）；带盖样品盒，聚氯乙烯材质，直径 47mm、90mm；包装用锡纸；XRF（X 射线荧光光谱分析）专用聚丙烯膜。

5. 样品

(1) 样品采集

① 样品负载量　采集在滤膜上的颗粒物负载量原则上不宜超过 100g/cm^2，负载的颗粒物要均匀分布在直径至少为 30mm 的范围。可以通过控制采样时间调控滤膜上颗粒物负载量。颗粒物负载量过多会导致样品基体效应，偏离薄样品假设，影响分析结果的准确性。

② 环境空气颗粒物样品　环境空气采样点的设置应符合 HJ 664—2013 相关要求。采

样过程按照 HJ 194—2017 中颗粒物采样的要求执行。当目标元素含量较低或采集 PM_{10}（$PM_{2.5}$）样品时可适当增加采样体积。采样时应详细记录采样环境条件。

③ 无组织排放颗粒物样品　无组织排放颗粒物样品采集按照 HJ/T 55—2000 中相关要求设置监测点位，其他同环境空气样品采集要求。

(2) 样品保存　采样结束后，用镊子将滤膜取出，放入干燥洁净、已编号的样品盒中，大流量采样器采集的石英滤膜样品可对折后用包装用锡纸包好，并按采样要求做好记录。

样品在干燥、洁净、室温环境下于硅胶干燥器中保存。

(3) 样品处理　小流量采样器采集的颗粒物样品可直接放入样品杯。大、中流量采样器采集的石英滤膜颗粒物样品需用直径 47mm 圆刀裁剪成直径为 47mm 的滤膜圆片，待测。上述操作应避免样品测量面被沾污。

6. 分析步骤

(1) 仪器测量条件　根据仪器操作手册，选择合适的测量条件建立方法。需要优化的主要测量参数有：待测元素的分组；特征谱线及测量时间；滤光片（或二次靶）；X 射线管电压及电流；干扰元素及其干扰系数的测定等。

(2) 标准样品及纯元素样品测量　根据所用仪器操作手册，在仪器软件相关界面上建立标准样品数据表。输入空白薄膜和薄膜标准样品中各元素的标准值。按照优化后的测量条件测量系列标准样品。薄膜标准样品的个数根据实验室条件可在 2～4 个之间选取（不包括空白滤膜），标样含量大致范围为 0.5～2$\mu g/cm^2$、3～8$\mu g/cm^2$、15～25$\mu g/cm^2$、40～60$\mu g/cm^2$。

(3) 样品测量　按照与标准样品相同的条件测量空白滤膜和样品滤膜。通常采用全谱图拟合或特定峰面积积分两种方式获取谱峰强度。元素含量较低且无干扰时，可选择区间谱峰净面积方式获取强度。目标元素存在干扰时，应采用全谱图拟合方法对重叠谱峰进行解析，扣除干扰峰的影响，得到目标元素特征谱峰强度。根据样品滤膜和空白滤膜中目标元素的强度与校准曲线的斜率计算滤膜样品中目标元素含量。

7. 结果计算

颗粒物样品中元素含量按下列公式计算：

$$\rho=\frac{(I-I_0)A}{bV} \tag{5-9}$$

式中，A 为滤膜上负载有颗粒物的面积，cm^2；I 为样品滤膜中目标元素 X 射线荧光强度，cps 或 cps/mA；I_0 为空白滤膜中目标元素 X 射线荧光强度，cps 或 cps/mA；b 为校准曲线斜率，cps/(g/cm^2) 或 (cps/mA)/(g/cm^2)；V 为标准状态（273K，101.325kPa）下采样体积，m^3；ρ 为颗粒物样品中目标元素含量，$\mu g/m^3$。

二、波长色散型 X 射线荧光光谱法测定土壤中的各类金属元素

1. 试剂

① 标准样品：土壤或沉积物，含所需测定元素的市售有证标准物质或标准样品。

② 氩气-甲烷气：P10 气体，90% 氩气＋10% 甲烷。

2. 仪器和设备

① X射线荧光光谱仪（波长色散型，型号：ARL Perform'X），其测定条件参照仪器厂商提供数据库。

② 压片机（型号：ZHY-401B），参数设置为：压力30tf，保压时间30s。

3. 样品

（1）样品的采集和保存　土壤样品采集后可用密封的聚乙烯或玻璃容器在4℃下避光保存，样品要充满容器。金属样品一般可保存半年。

（2）样品前处理　将土样放置于风干盘中，摊成2～3cm的薄层，去除碎石、植物等杂质，待其自然风干。样品研磨后过200目筛，于105℃下烘干备用。

（3）试样的制备　将过筛样品放入塑料环铺满压实，用硼酸垫底压片或直接进行压片。放样过程中尽量不要移动塑料环。

4. 分析步骤

① 启动仪器，建立方法，选择分析元素。

② 按照与试样制备相同的操作步骤，将至少20个不同浓度的标准样品压制成薄片，上机测定分析，计算回归曲线。

③ 放上待测试样，选择方法曲线，进行样品分析。

④ 查看结果。

课后习题

一、选择题

1. X射线荧光光谱分析土壤样品时，元素检出限高低与（　　）无关。

A. 单位含量计数率的大小　　B. 测量时间的长短

C. 样品制备　　D. 背景的计数率

2. 下列选项中，（　　）不是能量色散谱仪与波长色散谱仪相比所具备的优点。

A. 分析速度快　　B. 体积小　　C. 成本低　　D. 分辨率高

3. 原子的K层电子被逐出后，其空穴可以被外层中任一电子所填充，从而可以产生一系列的谱线，称为谱（　　）。

A. L系　　B. M系　　C. K系　　D. N系

4. 波长色散型X射线荧光光谱仪当X射线光管的光电压超过靶材料时，开始出现靶材质的特征光谱（　　）。

A. 临界激发电势　　B. 电压　　C. 电流　　D. 功率

5. X射线荧光光谱中，当试样的有效照射面积缩小时，元素的X射线荧光强度（　　）。

A. 增大　　B. 减小　　C. 不变　　D. 先减小后增大

6. 由X射线管发出的一次X射线激发样品，使样品所含元素辐射出二次X射线，即X射线（　　）。

A. 光子　　B. 荧光　　C. 光谱　　D. 线束

7. X射线光管产生的特征光谱波长由（　　）决定。

A. 管电压　　B. 管电流　　C. 管功率　　D. 靶材元素

8. X射线光谱分析中，X光管产生的X射线波长应（　　）样品中待测元素的X射线波长时才能激发样品。

A. 大于　　B. 等于　　C. 小于　　D. 2倍于

二、简答题

1. 简述X射线荧光光谱分析法的基本原理。
2. 采用X射线荧光光谱法进行土壤样品分析时，采用的制样方法主要有哪几种？
3. 波长色散型X射线荧光光谱仪主要由哪些部分组成？
4. 能量色散型X射线荧光光谱仪与波长色散型X射线荧光光谱仪有哪些不同？

第六章

紫外-可见吸收光谱法

第一节　紫外-可见吸收光谱的基本原理

紫外-可见吸收光谱法是利用紫外-可见分光光度计测量物质对紫外-可见光的吸收程度（吸光度），通过紫外-可见吸收光谱来确定物质的组成、含量，推测物质结构的分析方法。也是利用某些物质分子吸收200～800nm光谱区的辐射来进行分析测定的方法。

一、分子吸收光谱的形成

原子中只有电子的运动，电子在不同运动状态所具有的能量构成电子的能级。而分子光谱内部运动所牵涉的能级变化比较复杂，要比原子光谱复杂得多。这是由于分子能级包括电子能级、振动能级和转动能级。电子能级 ΔE_e 是指分子内的价电子相对于原子核的运动；振动能级 ΔE_v 是指原子核间相对位移引起的振动；转动能级 ΔE_r 是指分子绕其重心的转动。这三种能级都是量子化的，电子能级中电子量子数 $n=1,2,3\cdots$ 振动能级中振动量子数 $v=0,1,2,3\cdots$ 转动能级中转动能级数 $J=0,1,2,3\cdots$ 分子在一定状态下所具有的总能量为电子能量、振动能量和转动能量之和：

$$\Delta E=\Delta E_v+\Delta E_r+\Delta E_e \tag{6-1}$$

图6-1是双原子分子的能级示意图。图中 E_A 和 E_B 表示不同能量的电子能级，在每个电子能级中因振动能量不同而分为若干个 $v=0,1,2,3\cdots$ 的振动能级，在同一电子能级和同一振动能级中，还因转动能量不同而分为若干个 $J=0,1,2,3\cdots$ 的转动能级。

分子中的电子总是处在某一种运动状态中，每一种状态都具有一定的能量，属于一定的能级。电子由于受到光、热、电等的激发，从一个能级转移到另一个能级，称为跃迁。当这些电子吸收了外来辐射的能量后，就从一个能量较低的能级跃迁到另一个能量较高的能级。一个分子吸收外来辐射之后，它的能量变化 ΔE 为电子运动能量、振动能量和转动能量之和。

若分子的较高能级与较低能级能量之差恰好等于电磁波的能量 $h\nu$ 时，有:

$$\Delta E=h\nu=h\,\frac{c}{\lambda} \tag{6-2}$$

式中，ΔE 为两能级之间的能量差；h 为普朗克常量；ν 为频率；c 为光速；λ 为波长。

其中，物质对不同波长的光线具有不同的吸收能力，只能选择性地吸收那些能量相当

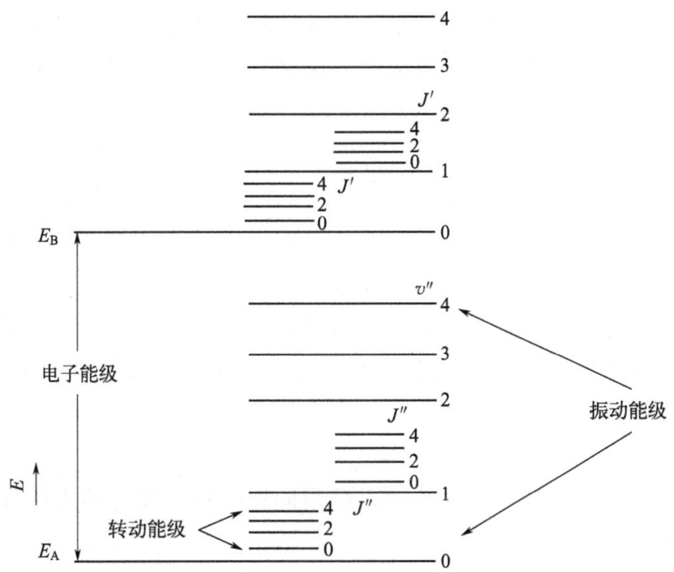

图 6-1　双原子分子中电子能级、振动能级和转动能级示意图

于该分子振动能变化 ΔE_v、转动能变化 ΔE_r 以及电子运动能量变化 ΔE_e 的总和的辐射。由于各种物质分子内部结构不同，分子的能级也是千差万别，各种能级之间的间隔也互不相同，这就决定了它们对不同波长光线的选择性吸收。式(6-1) 中 ΔE_e 最大，一般在 1～20eV 之间，所吸收光的波长为 0.06～12.5μm，主要在真空紫外区到可见区，对应形成的光谱称为电子光谱或紫外可见光谱。

分子的振动能级间隔 ΔE_v 大约为 ΔE_e 的 1/20，一般在 0.05～1eV 之间。如果 ΔE_v 为 0.1eV，即为 5eV 的电子能级间隔的 2%，那么在发生电子能级之间跃迁的同时，必然也要发生振动能级之间的跃迁，得到的是一系列的谱线，这种光谱称为振动-转动光谱，波长范围为 0.76～1.5μm。由于它吸收的能量处于红外区，故又称为红外光谱。

分子的转动能级间隔 ΔE_r 大约为 ΔE_v 的 1/10 或 1/100，一般小于 0.05eV。当发生电子能级和振动能级之间的跃迁时，必然也要发生转动能级之间的跃迁。如此小的间隔使它们连在一起，呈现带状，称为带状光谱。产生此能级的跃迁，需吸收波长 25～250μm 的光，主要分布在远红外区，因此，形成的光谱称为转动光谱或远红外光谱。

由于氧气、氮气、二氧化碳、水等在真空紫外区（60～200nm）均有吸收，因此在测定这一范围的光谱时，必须将光学系统抽成真空，然后充以一些惰性气体，如氦气、氖气、氩气等。鉴于真空紫外吸收光谱的研究需要昂贵的真空紫外分光光度计，故在实际应用中受到一定限制。通常所说的紫外-可见光谱法，实际上指吸收波长范围为 200～800nm 的光谱，这种分子吸收光谱产生于价电子和分子轨道上的电子在电子能级间的跃迁，广泛用于无机和有机物质的定性和定量测定。

在可见光区（400～800nm）有色物质的不同颜色是由于吸收了不同波长的光。将一束白光通过某溶液时，由于溶液对光的选择性吸收，溶液呈现的是被吸收光的互补色。适当颜色的两种光按一定比例混合就能得到白光，这两种颜色的单色光成为互补光。如果该溶液对可见光区各种波长的光均不产生吸收，则该溶液呈无色透明状；如果该溶液对可见光区各种波长的光全部吸收，则该溶液呈黑色；如果该溶液选择性地吸收了可见光区某种波长的光，则该溶液的颜色呈吸收光的互补色。例如硫酸铜溶液因吸收了紫色光而呈现蓝绿色，重铬酸钾溶液因选择性地吸收了蓝色光而呈现黄色。

二、朗伯-比尔定律

朗伯-比尔定律是比色法和光谱定量分析的基础，需要了解以下几个重要的概念。

1. 透光率和吸光度

当一束平行单色光照射到任何均匀、非散射的介质表面时，光的一部分被吸收，一部分透过溶液，一部分被器皿的表面反射。如果入射光强度为 I_0，吸收光强度为 I_a，透过光强度为 I_t，反射光强度为 I_r，则：

$$I_0=I_a+I_t+I_r \tag{6-3}$$

在吸收光谱分析中，试液和参比液都是采用同样材料和厚度的比色皿，因此，反射光的影响可以互相抵消，则：

$$I_0=I_a+I_t \tag{6-4}$$

透射光的强度（I_t）与入射光强度（I_0）之比称为透射比（透光率），用 T 表示，则有：

$$T=\frac{I_t}{I_0} \tag{6-5}$$

溶液的透光率越大，表示它对光的吸收越小；反之，透光率越小，表示它对光的吸收越大。常用吸光度来表示物质对光的吸收程度，其定义为:

$$A=\lg\frac{1}{T}=\lg\frac{I_0}{I_t} \tag{6-6}$$

A 值越大，表明物质对光的吸收越大。透射比和吸光度都是表示物质对光的吸收程度的一种量，透射比常以百分率表示，称为百分透射比，$T\%$。

2. 朗伯-比尔定律的关系式

当入射光波长一定时，溶液的吸光度 A 是待测物质浓度和液层厚度的函数，正比于吸收光的分子数目，而与入射光强度无关。Lambert 和 Beer 分别于 1760 年和 1852 年研究了溶液的吸光度与溶液层厚度和溶液浓度之间的定量关系。当用适当波长的单色光照射厚度一定的均匀溶液时，其吸光度与光透过的液层厚度、溶液浓度成正比，数学表达式为：

$$A=\varepsilon Cl \tag{6-7}$$

式中，C 为溶液浓度，mol/L；l 为液层厚度（即样品的光程长度），cm，当溶液的浓度（C）和液层的厚度（l）均可变时它们都会影响吸光度的数值；ε 为摩尔吸光系数，L/(mol・cm)，表示物质的浓度为 1mol/L、液层厚度为 1cm 时溶液的吸光度，它表示物质对某一特定波长光的吸收能力，ε 值越大，表示该物质对某一波长光的吸收能力越强；ε 是与入射波长、物质的性质和溶液的温度等因素有关的比例常数。同一吸光物质在不同波长下的 ε 值是不同的。在最大吸收波长处的摩尔吸光系数，常以 ε_{max} 表示，表示该物质最大限度的吸光能力。如 ε 为 10^4 数量级时，说明物质的浓度范围可以达到 $10^{-6}\sim10^{-5}$mol/L；当 $\varepsilon<10^3$ 时，其测定范围在 $10^{-4}\sim10^{-3}$mol/L。ε 一般是由较稀溶液的吸光度计算求得，

由于 ε 与入射光波长有关，因此在表示某物质溶液的 ε 时，常用下标注明入射光的波长。

3. 吸收曲线

吸收曲线是定量分析中选择入射光波长的重要依据（图 6-2）。用不同波长的单色光照射某一固定浓度的溶液时，测吸光度，绘制 A-λ 曲线，即吸收曲线。吸收曲线中常有最大吸收波长 λ_{max}。不同浓度的同一种物质，其吸收曲线形状相似，λ_{max} 不变。对于不同物质，它们的吸收曲线形状和 λ_{max} 都不同。因此，λ_{max} 可作为物质定性分析的依据之一。在 λ_{max} 处，C 与 A 成正比，此特性可作为物质定量分析的依据。在 λ_{max} 处，吸收最大，干扰最小。吸收曲线中常有其他的峰形，具体如下：

① 最大吸收峰是吸收曲线上吸光度最大的地方，它对应的波长称为最大吸收波长。

② 波谷是峰与峰之间的最低部位，其对应的波长称为最小吸收波长（λ_{min}）。

③ 肩峰为在一个峰旁边产生的曲折。

④ 末端吸收为在谱图短波端呈现强吸收但不形成峰形的部分。

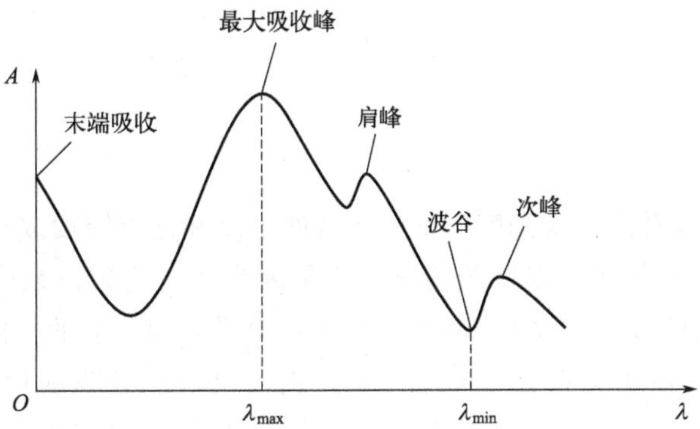

图 6-2　紫外-可见吸收光谱图

⑤ 分子中能吸收紫外线或可见光的结构单元称为生色团，即含有非键轨道和 π 分子轨道的电子体系。最有用的紫外-可见光谱是由 $\pi\rightarrow\pi^*$ 和 $n\rightarrow\pi^*$ 跃迁产生的。这两种跃迁均要求有机物分子中含有不饱和基团。这类含有 π 键的不饱和基团称为生色团。简单的生色团由双键或叁键体系组成，如乙烯基（—C═C—）、羰基（—C═O）、亚硝基（—NO_2）、偶氮基（—N═N—）、乙炔基、腈基（—C≡N）等。

⑥ 有一些含有 n 电子的基团（如—OH、—OR、—NH_2、—NHR、—X 等），它们本身没有生色功能（不能吸收 λ＞200nm 的光），但当它们与生色团相连时，就会发生 $n\rightarrow\pi^*$ 共轭作用，增强生色团的生色能力（吸收波长向长波方向移动，且吸收强度增加），这样的基团称为助色团。

⑦ 有机化合物的吸收谱带上，最大吸收波长 λ_{max} 和吸收强度常常因引入取代基或改变溶剂而发生变化。λ_{max} 向长波方向移动称为红移，向短波方向移动称为蓝移（图 6-3）。吸收强度即摩尔吸光系数 ε 增大或减小的现象分别称为增色效应或减色效应。

三、吸光度的加和性

当溶液中含有多种对光产生吸收的物质，且各组分间不存在相互作用时，例如溶液中

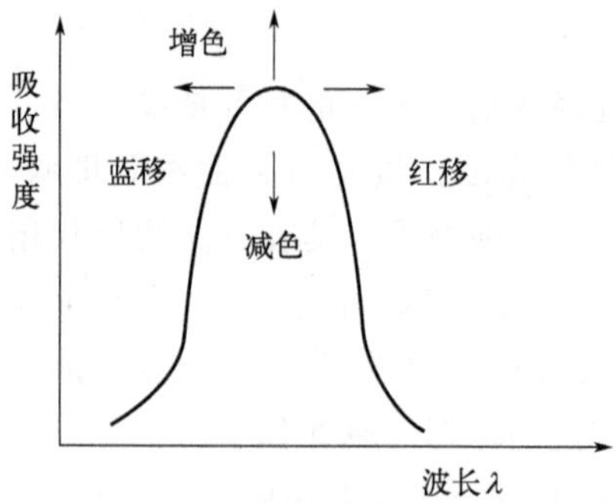

图 6-3　紫外-可见光谱的红移和蓝移

同时存在两种或两种以上吸光物质时，只要共存物质不相互影响，溶液的吸光度将是各组分吸光度的总和，即吸光度具有加和性，可用下式表示：

$$A = A_1 + A_2 + \cdots + A_n = \sum_{i=1}^{n} \varepsilon_i C_i l \tag{6-8}$$

四、偏离朗伯-比尔定律的原因

从式(6-7) 中可以看出，吸光度与试样溶液的浓度和液层厚度成正比关系。但实际工作中，往往出现偏离朗伯-比尔定律的情况。这是因为在一均匀体系中，当物质浓度固定时，吸光度 A 与样品的液层厚度 l 之间的线性关系总是普遍成立的。但在 l 恒定时，吸光度 A 与浓度 C 之间的正比关系有时可能失效，也就是说会偏离朗伯-比尔定律，明显地看到校准曲线向浓度轴或吸光度轴弯曲。引起结果偏离朗伯-比尔定律的因素很多，通常可归纳为两个方面：朗伯-比尔定律本身的局限性；实验条件，包括化学偏离和仪器偏离。

1. 朗伯-比尔定律本身的局限性

严格来说，朗伯-比尔定律只适用于稀溶液，通常只有在浓度小于 0.01mol/L 的稀溶液中朗伯-比尔定律才能成立。在高浓度时，由于吸光质点间的平均距离缩小，邻近质点彼此的电荷分布会产生相互影响，以致改变它们对特定辐射的吸收能力，即吸光系数发生改变，导致结果偏离朗伯-比尔定律。但随着溶液浓度的增大，各组分之间的相互作用是不可避免的。例如，离解、缔合、光化反应、互变异构及配合物配位数变化等作用，会使被测组分的吸收曲线发生明显改变，吸收峰的位置、高度以及光谱精细结构等都会不同，从而破坏了原来的吸光度与浓度的函数关系，偏离朗伯-比尔定律。

2. 仪器有关的因素

严格来讲，朗伯-比尔定律只适用于单色光，但在紫外-可见分光光度法中从光源发出的光经单色器分光，为满足实际测定中需有足够光强的要求，狭缝必须有一定的宽度。因此，由出射狭缝投射到被测溶液中的光，并不是理论上要求的单色光。这种非单色光是所有导致结果偏离朗伯-比尔定律的因素中较为重要的因素之一。

因为实际用于测量的是一小段波长范围的复合光，而且吸光物质对不同波长的光的吸收能力不同，因此就导致了对朗伯-比尔定律的负偏离。在所使用的波长范围内，吸光物质的吸光系数变化越大，这种偏离就越显著。例如，按图 6-4 所示的吸收光谱，谱带Ⅰ的吸光系数变化不大，用谱带Ⅰ进行分析，造成的偏离就比较小。而谱带Ⅱ的吸光系数变化较大，用谱带Ⅱ进行分析就会造成较大的负偏离。所以通常选择吸光物质的最大吸收波长作为分析波长。这样不仅能保证测定有较高的灵敏度，而且此处曲线较为平坦，吸光系数变化不大，对朗伯-比尔定律的偏离程度就比较小。并且在保证一定光强的前提下，应使用尽可能窄的有效带宽，同时应尽量避免采用尖锐的吸收峰进行定量分析。

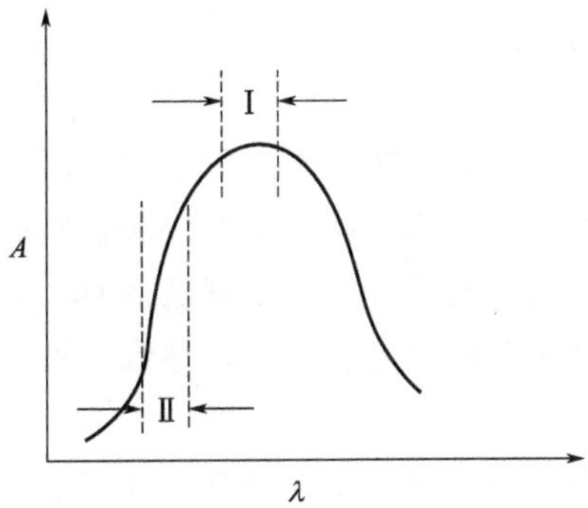

图 6-4　分析谱带的选择

采用示差分光光度法可克服这一缺点。示差分光光度法采用一个比被测试液浓度较低的标准溶液作为参比溶液。设波长为 λ_1、λ_2 的单色光分别通过浓度为 C 的溶液，根据朗伯-比尔定律，得知：

$$A_1=\lg\frac{I_{01}}{I_1}=\varepsilon_1 bC \tag{6-9}$$

$$I_1=I_{01}\times 10^{-\varepsilon_1 bC} \tag{6-10}$$

$$A_2=\lg\frac{I_{02}}{I_2}=\varepsilon_2 bC \tag{6-11}$$

$$I_2=I_{02}\times 10^{\varepsilon_2 bC} \tag{6-12}$$

当 λ_1 和 λ_2 组成的复合光通过溶液时，则有：

$$A_3=\lg\left(\frac{I_{01}+I_{02}}{I_1+I_2}\right) \tag{6-13}$$

$$A_3=\lg\left(\frac{I_{01}+I_{02}}{I_{01}\times 10^{\varepsilon_1 bC}+I_{02}\times 10^{\varepsilon_2 bC}}\right) \tag{6-14}$$

假设 λ_1 和 λ_2 的入射光强度一样，即 $I_{01}=I_{02}$，令 $\varepsilon_2-\varepsilon_1=\Delta\varepsilon$，则有：

$$A_3=\lg\left[\frac{2I_{01}}{I_{01}(10^{-\varepsilon_1 bC}+10^{-\varepsilon_1 bC}\times 10^{-\Delta\varepsilon bC})}\right]=\lg\left[\frac{2I_{01}}{I_1(1+10^{-\Delta\varepsilon bC})}\right] \tag{6-15}$$

$$A_3=A_1+\lg 2-\lg(1+10^{-\Delta\varepsilon bC}) \tag{6-16}$$

当 $\Delta\varepsilon=0$ 时，则有:

$$A_3=A_1=\lg\frac{I_{01}}{I_1}=\varepsilon_1 bC \tag{6-17}$$

这相当于单色光的情况，校准曲线服从朗伯-比尔定律。

若 $\Delta\varepsilon<0$，即 $\varepsilon_2<\varepsilon_1$ 时，随着 C 值的增大，$\lg(1+10^{-\Delta\varepsilon bC})$ 增大，A_3 值逐渐减小，校准曲线向吸光度轴弯曲。

若 $\Delta\varepsilon>0$，当 C 增大时，$\lg(1+10^{-\Delta\varepsilon bC})$ 减小，A_3 值逐渐增大，校准曲线向吸光度轴弯曲。

为了减小复合光导致的朗伯-比尔定律偏离对定量分析的影响，通常选择曲线较为平坦、吸光系数变化不大的吸光物质的最大吸收波长作为分析波长，这样不仅能保证测定有较高的灵敏度，还能提高准确度。

3. 散射光引起的偏离

溶剂对吸收光谱的影响也很重要。在分光光度法中广泛使用各种溶剂，它会对生色团的吸收峰高度、波长位置产生影响。溶剂还会影响待测物质的物理性质和组成，从而影响其光谱特性，包括谱带的电子跃迁类型等。当试样为胶体、乳状液或有悬浮物质存在时，入射光通过溶液后，有一部分光会因散射而损失，导致结果偏离朗伯-比尔定律。

4. 化学因素引起的偏离

物质的溶液中，由于分析物质与溶剂发生缔合、解离以及溶剂化反应，产生的生成物与被分析物质具有不同的吸收光谱，产生化学偏离。例如，未加缓冲剂的重铬酸钾溶液存在下列平衡：

$$Cr_2O_7^{2-}+H_2O \rightleftharpoons 2HCrO_4^- \rightleftharpoons 2H^+ + 2CrO_4^{2-} \tag{6-18}$$

若于 450nm 波长处测量不同含量的 $K_2Cr_2O_7$ 溶液的吸光度，由于 $Cr_2O_7^{2-}$ 在低含量时的离解度大，高含量时的离解度小，而且 $\varepsilon_{Cr_2O_7^{2-}}$ 小得多，故低含量 $Cr_2O_7^{2-}$ 的吸光度降低得较多，因而使校准曲线发生弯曲。

第二节　化合物的紫外-可见光谱

一、有机化合物的紫外-可见光谱

有机化合物的紫外-可见光谱取决于分子的结构以及分子轨道上电子的性质。有机化合物分子对紫外线或可见光的特征吸收，可以用最大吸收处的波长，即吸收峰波长来表示，符号为 λ_{max}。λ_{max} 取决于分子的激发态与基态之间的能量差。从化学键的性质来看，与紫外-可见光谱有关的电子主要有 3 种，即形成单键的 σ 电子、形成双键的 π 电子以及未参与成键的 n 电子（孤对电子）。有 5 种类型的轨道，它们是：σ 成键轨道、σ^* 反键轨道、π 成键轨道、π^* 反键轨道以及 n 非键轨道。根据分子轨道理论，分子中这 5 种电子的能级高低次序是：

$$(\sigma)<(\pi)<(n)<(\pi^*)<(\sigma^*)$$

σ 轨道和 σ^* 轨道是由原来属于原子的 s 电子和 p_x 电子构成的，π 轨道和 π^* 轨道是由原来属于原子的 p_y 和 p_x 电子构成的，n 轨道是由原子中未参与成键的 p 电子构成的。当受到外来辐射的激发时，处在较低能级的电子就跃迁到较高的能级。由于各个分子轨道之间的能量差不同，因此要实现各种不同的跃迁所需要吸收的外来辐射的能量也是各不相同的。有机化合物分子常见的 4 种跃迁类型是：$\sigma\rightarrow\sigma^*$，$\pi\rightarrow\pi^*$，$n\rightarrow\sigma^*$ 和 $n\rightarrow\pi^*$。电子跃迁时吸收能量的大小顺序表示为：

$$\sigma\rightarrow\sigma^* > \pi\rightarrow\pi^* > n\rightarrow\sigma^* > n\rightarrow\pi^*$$

图 6-5 定性地表示了几种分子轨道能量的相对大小及不同类型的电子跃迁所需要吸收能量的大小。

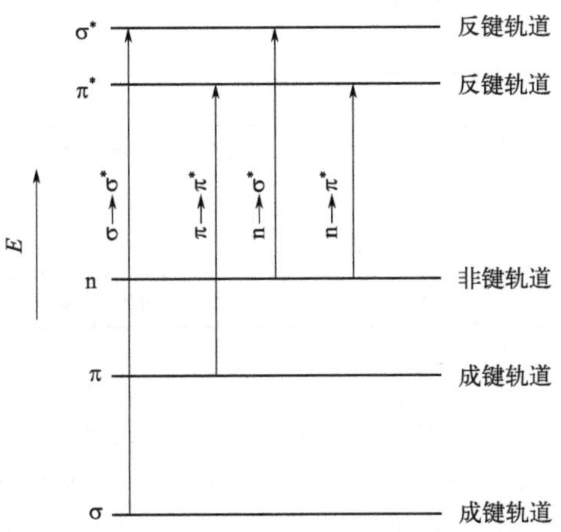

图 6-5　分子的电子能级

1. $\sigma\rightarrow\sigma^*$ 跃迁

所需能量最大，波长最小。σ 电子只有吸收远紫外光的能量才能发生跃迁。例如饱和烃分子 C—C 键和 C—H 键，只能发生 $\sigma\rightarrow\sigma^*$ 跃迁。饱和烷烃的分子吸收光谱出现在远紫外区，吸收波长 $\lambda<200$nm；如甲烷的 λ_{max} 为 125nm，乙烷的 λ_{max} 为 135nm，只能被真空紫外分光光度计检测到，经常作为溶剂使用。

2. $n\rightarrow\sigma^*$ 跃迁

如果饱和烃中的氢原子被氧、氮、卤素等原子或基团所取代，这些原子中含有 n 电子，可以发生 $n\rightarrow\sigma^*$ 跃迁，所需能量较大。其吸收峰有的在 200nm 附近，但大多数仍出现在小于 200nm 的区域内。$n\rightarrow\sigma^*$ 跃迁的摩尔吸光系数 ε 一般在 100～3000L/(mol · cm)。含非键电子的饱和烃衍生物（含 N、O、S 和卤素等杂原子）均呈现 $n\rightarrow\sigma^*$ 跃迁。表 6-1 列出了几种化合物对紫外-可见光谱的影响。

表 6-1　几种化合物对紫外-可见光谱的影响

化合物	λ_{max}/nm	ε_{max}/[L/(mol · cm)]
H_2O	167	1480
CH_3OH	184	150
CH_3Cl	173	200
CH_3I	258	365
CH_3NH_2	215	600

3. $\pi\rightarrow\pi^*$ 跃迁

能量较低，所产生的吸收一般在 200nm 附近区域内。具有共轭双键的化合物，随着共轭体系的延长，$\pi\to\pi^*$跃迁的吸收带将明显向长波方向移动，吸收强度也随之增强。强吸收，ε 一般在 $5\times10^3\sim10^5$L/(mol·cm)。如含 C═C、C≡C 或 C≡N 键的分子会发生 $\pi\to\pi^*$跃迁。但具有共轭双键的化合物，随着共轭体系的延长，$\pi\to\pi^*$跃迁的吸收带将明显向长波方向移动，吸收强度也随之增强（见表 6-2）。

表 6-2　多烯化合物的吸收带

化合物	双键数	λ_{max}/nm{ε/[L/(mol·cm)]}	颜色
乙烯	1	185(10000)	无色
丁二烯	2	217(21000)	无色
1,3,5-己三烯	3	258(35000)	无色
癸五烯	5	335(118000)	淡黄
二氢-β-胡萝卜素	8	415(210000)	橙黄
番茄红素	11	470(185000)	红

4. $n\to\pi^*$跃迁

能量低，可发生在紫外-可见光区，一般发生在大于 200nm 的近紫外区，甚至发生在可见光区。如含—OH、—NH_2、—X、—S 等基团的不饱和有机化合物，除了进行 $\pi\to\pi^*$跃迁外，其杂原子中的孤对电子还可以发生 $n\to\pi^*$跃迁，一般发生在近紫外区，吸收强度弱，ε 为 10～100L/(mol·cm)。

二、紫外-可见光谱的吸收带

1. K 带

非封闭共轭体系中，由 $\pi\to\pi^*$跃迁产生的吸收带。特点：吸收强度很大，$\varepsilon_{max}>1\times10^4$L/(mol·cm)。乙烯 $\pi\to\pi^*$跃迁的 λ_{max} 为 223nm [ε_{max}=22600L/(mol·cm)]，随着共轭长度的延长，λ_{max} 发生红移，吸收强度增加。如：

CH_3—CH=CH—CH=CH_2　[λ_{max}=223nm，ε=22600L/(mol·cm)]

CH_2=CH—CH=CH—CH=CH_2 [λ_{max}=258nm，ε=35000L/(mol·cm)]

另外，随着溶液极性的增加，吸收峰向长波方向移动，$\pi\to\pi^*$（K 带）发生红移（表 6-3）。

表 6-3　取代基对吸收光谱的影响

取代基	—SR	—NR_2	—OR	—Cl	—CH_3
红移距离/nm	45	40	30	5	5

2. R 带

由 $n\to\pi^*$跃迁产生。生色团为 p-共轭系统，如 C═O、—N═N、N═O、N═N 等基团。特点：跃迁所需能量较少，通常为 200～400nm；吸收强度很弱，ε_{max} 一般小于 10^2L/(mol·cm)，λ_{max} 随着溶剂极性增强向短波方向位移。例如：丙酮的 λ_{max} 在环己烷中为 275nm，而在水中为 264.5nm。

3. B 带

芳香（包括杂环芳香）化合物的特征吸收光谱生色团中，如环状共轭体系中，由环状

共轭体系的 $\pi \to \pi^*$ 跃迁产生。苯的 B 吸收带在 230～270nm 之间有一系列吸收峰，称为多重峰或精细结构。苯乙烯可观察到两个吸收带：K 吸收带，$\lambda_{max}=244$nm，$\varepsilon_{max}=12000$L/(mol·cm)；B 吸收带，$\lambda_{max}=282$nm，$\varepsilon_{max}=450$L/(mol·cm)。

4. E 带

在封闭共轭体系（如芳香族和杂芳香族化合物）中 $\pi \to \pi^*$ 跃迁产生 E 带。例如苯：

① E_1 带：苯环内乙烯键上的 π 电子发生 $\pi \to \pi^*$ 跃迁产生的，$\lambda_{max}=180～184$nm，$\varepsilon>10^4$L/(mol·cm)。

② E_2 带：苯环内共轭二烯的 π 电子发生 $\pi \to \pi^*$ 跃迁产生的，$\lambda_{max}=200～204$nm，$\varepsilon>10^3$L/(mol·cm)。

三、无机化合物的紫外-可见光谱

1. 电荷转移光谱

某些同时具有电子给予体部分和电子接受体部分的分子，吸收紫外线或可见光，电子从给予体外层转道向接受体跃迁产生的光谱称为电荷转移光谱。可用下式表示：

$$M^{n+}\text{-}L^{b-} \xrightarrow{h\nu} M^{(n+1)+}\text{-}L^{(b-1)-} \tag{6-19}$$

如：

$$Fe^{3+}\text{-}SCN^{-} \xrightarrow{h\nu} Fe^{2+}\text{-}SCN \tag{6-20}$$

2. 配位体→金属的电荷转移

具有较易还原的金属和较易氧化的配位体分子中，易产生这类电荷转移吸收光谱。如高氧化态的金属阳离子的碘化物（TiI_4、HgI_2、AgI 等），金属与卤素生成的 MX_6^{2-} 型配合物以及 MO_4^{n-} 型化合物。

3. 金属→配位体的电荷转移

金属离子被氧化，而配位体易还原，配位体具有空的反键轨道，可接受从金属离子转移出来的电子。如 Fe(Ⅱ)-(1,10 二氮杂菲)、Cu(Ⅰ)-(2,2′-联吡啶)吸收可见光后，电子从金属的 d 轨道转移到配位体 N 原子的 π^* 轨道上，在可见光谱区产生电荷转移吸收带。

$$Mn^{n+}\text{-}L^{b-} \xrightarrow{h\nu} M^{(n+1)+}\text{-}L^{(b-1)-} \tag{6-21}$$

4. 金属↔金属的电荷转移

配合物中含有两种不同价态的金属时，电子可以在两种不同氧化态金属间转移，其中高氧化态金属起着电子接受体的作用。如普鲁士蓝 $KFe^{Ⅲ}[Fe^{Ⅱ}(CN)_6]$。

$$KFe^{Ⅲ}[Fe^{Ⅱ}(CN)_6] \xrightarrow{h\nu} KFe^{Ⅱ}[Fe^{Ⅲ}(CN)_6] \tag{6-22}$$

电子接受体　电子给予体

第三节 影响紫外-可见光谱的因素

紫外-可见光谱吸收带的位置易受分子中结构因素和测定条件等多种因素的影响，其核心是对分子中电子共轭结构的影响。主要影响因素包括共轭效应、立体化学效应、溶剂效应、体系 pH 值、取代基等。

一、共轭效应

共轭效应的结果是电子离域到多个原子之间，$\pi \rightarrow \pi^*$ 跃迁的能量降低，同时跃迁概率增大，即 λ_{max} 红移，ε_{max} 增大。共轭体系越长，π 和 π^* 轨道的能量差越小，最大吸收波长越易移向长波方向。

二、立体化学效应

立体化学效应是指空间位阻、构象、跨环效应等因素导致吸收光谱的红移或蓝移，并常伴随有增色或减色效应。

空间位阻妨碍分子内共轭的发色基团处于同一平面，使共轭效应减小甚至消失，从而影响吸收带波长的位置。

跨环效应是指两个发色基团虽不共轭，但由于空间的排列，它们的电子云仍能相互影响，使 λ_{max} 和 ε_{max} 改变。

顺反异构和互变异构也会影响分子的共轭情况，从而改变 λ_{max} 和 ε_{max}。如二苯乙烯的顺反异构以及乙酰乙酸乙酯的酮式和烯醇式间的互变异构（图 6-6）。

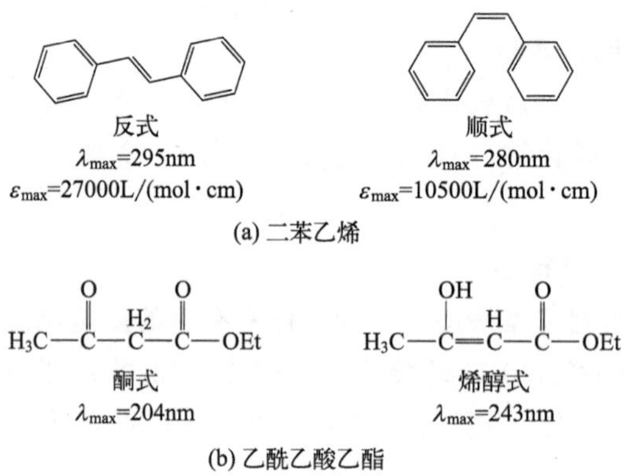

图 6-6 立体化学效应的影响

三、溶剂效应

在溶液中溶质分子是溶剂化的，限制了溶质分子的自由转动，使转动光谱消失。溶剂的极性增大，使溶质分子的振动受限制，由振动引起的光谱精细结构亦消失。当物质溶解在非极性溶剂中时，其光谱与物质气态的光谱较相似，可以呈现孤立分子产生的转动-振动精细结构。

溶剂极性的不同也会引起某些化合物吸收光谱的红移或蓝移，这种作用称为溶剂效应。在 $\pi \rightarrow \pi^*$ 跃迁中，激发态的极性大于基态，当使用极性大的溶剂时，由于溶剂与溶质相互作用，激发态 π^* 比基态 π 的能量下降得更多，因而激发态与基态之间的能量差减小，导致吸收谱带 λ_{max} 红移。而在 $n \rightarrow \pi^*$ 跃迁中，基态 n 电子与极性溶剂形成氢键，降低了基态能量，使激发态与基态之间的能量差变大，导致吸收带 λ_{max} 向短波区移动（蓝移）。

图 6-7 给出了溶剂对 $\pi \rightarrow \pi^*$ 跃迁和 $n \rightarrow \pi^*$ 跃迁的影响。

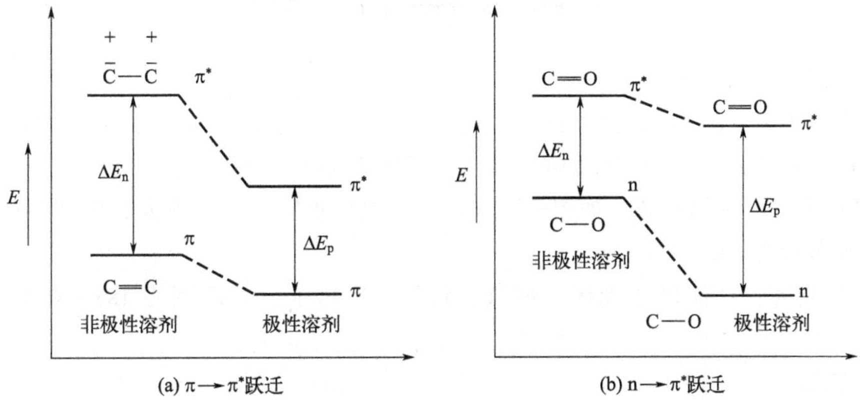

图 6-7　溶剂对 $\pi \rightarrow \pi^*$ 跃迁和 $n \rightarrow \pi^*$ 跃迁的影响

四、体系 pH 值

pH 值对物质吸收光谱的影响，是通过引起物质分子的化学变化或其共轭体系变化，从而引起吸收峰的位置及强度改变来实现的。如果化合物溶液从中性变为碱性，吸收峰发生红移，表明该化合物为酸性物质；如果化合物溶液从中性变为酸性，吸收峰发生蓝移，表明该化合物可能为芳胺。例如：在碱性溶液中，苯酚以苯氧负离子形式存在，电负性增强，助色效应增强，吸收波长红移；而苯胺在酸性溶液中，$—NH_2$ 以$—NH_3^+$ 存在，$p \rightarrow \pi$ 共轭消失，吸收波长蓝移，ε_{max} 变小。

五、取代基

（1）给电子基　带有未共用电子对的原子的基团，如$—NH_2$、—OH 等。未共用电子对的流动性很大，能够和共轭体系中的 p 电子相互作用引起永久性的电荷转移，形成 p-π 共轭，降低能量，λ_{max} 红移。

（2）吸电子基　易吸电子而使电子容易流动的基团，如$—NO_2$、—CO、—CNH 等。在共轭体系中引入吸电子基，也产生 p 电子的永久性转移，λ_{max} 红移，电子流动性增加，吸光度增加。

给电子基与吸电子基同时存在，产生分子内电荷转移吸收，λ_{max} 红移，ε_{max} 变大。

第四节　紫外-可见分光光度计

一、仪器主要组成部件

各种型号的紫外-可见分光光度计，就其结构来说，都由五部分组成（见图 6-8），即光源、单色器、吸收池、检测器和信号显示系统。

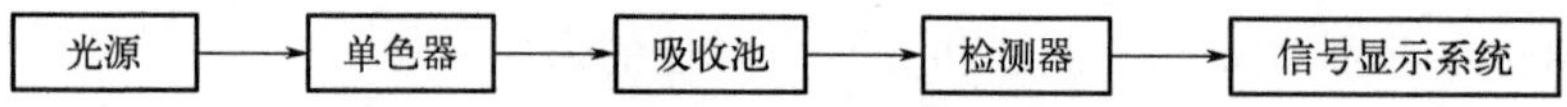

图 6-8　紫外-可见分光光度计的结构示意图

1. 光源

在整个紫外光区或可见光区可以发射连续光谱，具有足够的辐射强度、较好的稳定性、较长的使用寿命。常用的光源有白炽光源和气体放电光源。

① 可见光区：白炽光源，如钨灯、卤钨灯，钨灯辐射波长范围为 320～2500nm，碘钨灯辐射波长范围为 340～1200nm。

② 紫外光区：气体放电光源，如氢、氘灯，适用于波长范围为 185～400nm 的连续光谱。

2. 单色器

常用的单色器有棱镜和光栅。由于玻璃吸收紫外线，玻璃棱镜只能用于 350～3200nm 的波长范围，即只能用于可见光域内；石英棱镜适用的波长范围较宽，为 185～4000nm，即可用于紫外、可见、近红外三个光域。

3. 吸收池

吸收池也称为比色皿，用于盛放试液或参比溶液。吸收池分为玻璃池和石英池两种，紫外光区必须是石英池，可见光区和近红外光区可以是玻璃池或石英池。

4. 检测器

检测器是用于检测单色光通过溶液后透射光的强度，并将这种光信号转变为电信号的装置。对检测器的要求是：a. 在测量的光谱范围内灵敏度高；b. 对辐射能量的响应快；c. 响应的线性关系好；d. 对不同波长的辐射具有相同的响应可靠性；e. 噪声低，稳定性好。目前常见的检测器是光电倍增管和光电二极管阵列检测器。

5. 信号显示系统

由检测器进行光电转换后，信号经适当放大，用记录仪进行记录或数字显示。新型紫外-可见分光光度计信号显示系统采用微型计算机，既可用于仪器自动控制，又可进行数据处理，提高了仪器的精度和便捷度。

二、紫外-可见分光光度计的类型

紫外-可见分光光度计可归纳为 5 种类型，即单光束分光光度计、双光束分光光度计、双波长分光光度计、多通道分光光度计和探头式分光光度计。前 3 种类型的应用较为普遍。

1. 单光束分光光度计

单光束分光光度计的光路示意见图 6-9。经单色器分光后的一束平行光，轮流通过参比溶液和样品溶液进行吸光度的测定。这种简易型分光光度计结构简单，操作方便，维修容易，适用于常规分析。缺点是光源强度的波动和检测系统的不稳定会造成测量误差。

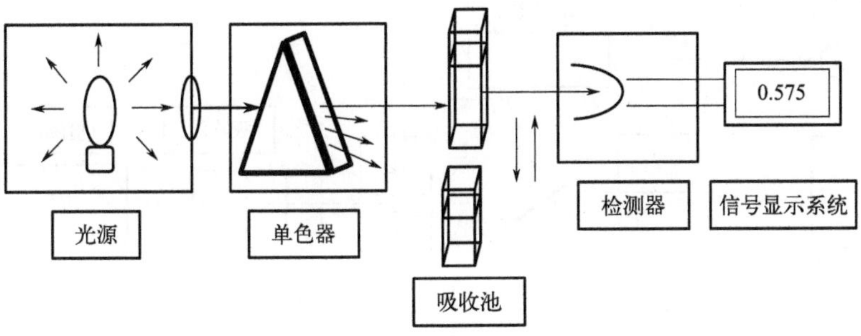

图 6-9　单光束分光光度计的光路示意图

2. 双光束分光光度计

双光束分光光度计的光路示意见图 6-10。经单色器分光后的一束平行光被反射镜（M）分解为强度相等的两束光，一束通过参比池，另一束通过样品池。

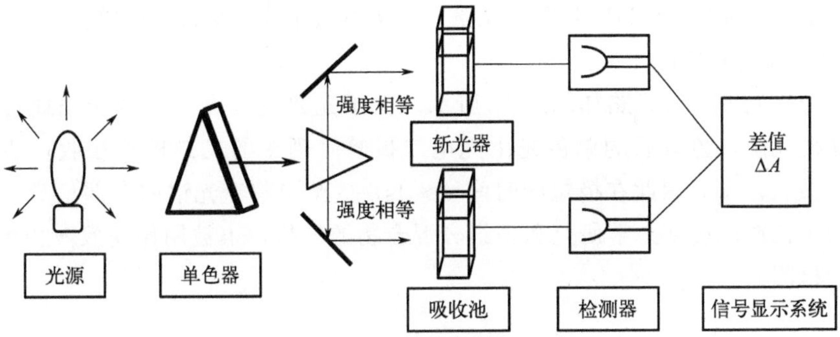

图 6-10　双光束分光光度计的光路示意图

光度计能自动比较两束光的强度，此比值即为试样的透射比，经对数变换将它转换成吸光度并作为波长的函数记录下来。由于两束光同时分别通过参比池和样品池，还能自动消除光源强度变化所引起的误差。

单光束和双光束分光光度计的局限性：都是单波长，不能用于浑浊试样的测定，难以准确测量吸收峰相互重叠的组分或背景很深的试样；由于样品池和参比池位置、性质的差异，样品溶液和参比溶液不一致，影响了测量的精度，使更微量组分的测定受到限制。

3. 双波长分光光度计

双波长分光光度计的基本光路如图 6-11 所示。由同一光源发出的光被分成两束，分别经过两个单色器，得到两束不同波长（λ_1 和 λ_2）的单色光；利用切光器使两束光以一定的频率交替照射同一吸收池，然后经过光电倍增管和电子控制系统，最后由显示器显示出两个波长下的吸光度差值 ΔA（$\Delta A=A_{\lambda_1}-A_{\lambda_2}$）。

从同一光源发出的光被分为两束，两束光在通过试液前的强度是相等的，均为 I_0，通过试液后两束光的强度分别为 I_1 和 I_2。对于波长 λ_1，试样的吸光度 A_{λ_1} 为：

$$A_{\lambda_1}=\lg\frac{I_0}{I_1}=\varepsilon_{\lambda_1}Cb \tag{6-23}$$

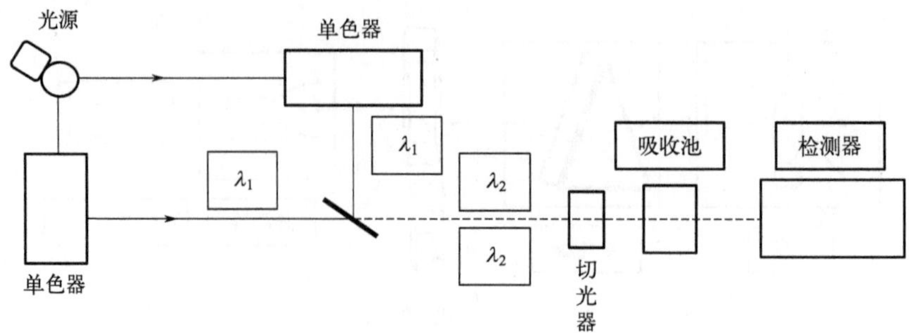

图 6-11　双波长分光光度计的基本光路示意图

对于波长 λ_2，试样的吸光度 A_{λ_2} 为：

$$A_{\lambda_2}=\lg\frac{I_0}{I_2}=\varepsilon_{\lambda_2}Cb \tag{6-24}$$

$$\Delta A=A_{\lambda_2}-A_{\lambda_1}=(\varepsilon_{\lambda_2}-\varepsilon_{\lambda_1})Cb \tag{6-25}$$

式中，A 为吸光度；ε 为摩尔吸光系数；C 为溶液浓度；b 为液层厚度。

4. 多通道分光光度计

多通道分光光度计的光路如图 6-12 所示。由于光源发射出的复合光先通过样品池后再经全息光栅色散，色散后的单色光由光电二极管阵列中的光二极管接收，能同时检测 190～900nm 波长范围，因此在极短的时间（≤1s）内给出整个光谱的全部信息。这种光度计特别适用于快速反应动力学研究和多组分混合物的分析，也被用作高效液相色谱和毛细管电泳仪的检测器。

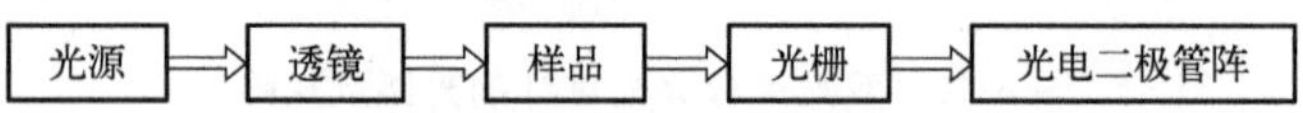

图 6-12　多通道分光光度计的光路图

第五节　紫外-可见光度法分析方法

紫外-可见分光光度法是对物质进行定性分析、结构分析和定量分析的一种手段，而且还能测定某些化合物的物理化学参数，例如摩尔质量、配合物的配合比和稳定常数，以及酸、碱电离常数等。因为大多数有机化合物的紫外-可见吸收光谱谱带数目不多、谱带宽、缺少精细结构，所以不是有机化合物定性分析及结构分析的主要工具。

一、定性分析

对于有机化合物，由于紫外-可见光谱较为简单，特征性不强，该法的应用也存在一定的局限性。因为物质的紫外吸收光谱基本上是分子中生色团及助色团的特性，而不是它的整个分子的特性。根据紫外-可见光谱可以进行某些特征基团的判别，推断有机化合物的分子中是否含有共轭结构体系，如 C═C—C═C、C═C—C═O、苯环等。

如果一个化合物在紫外光区是透明的，则说明分子中不存在共轭体系，不含醛基、羰基、溴和碘，可能是脂肪族烃类化合物、胺、腈、醇等不含双键和环状共轭体系的化合物。如果是在波长范围 210～250nm 有强吸收，表示有 K 带吸收，则可能是含有两个双键的共轭体系，如共轭二烯和 α,β-不饱和酮等。如果在波长范围 260～300nm 有中强吸收［ε=200～1000L/(mol・cm)］，则表示为 B 带吸收，体系中可能有苯环存在。如果苯环上有生色团存在，则 ε 可能大于 10000L/(mol・cm)。如果在波长 250nm 有弱吸收带（R 吸收带），则可能含有简单的非共轭体系并含有 n 电子的生色团，如羰基等。如果化合物呈现许多吸收带，甚至延伸到可见光区，则可能含有一个长链共轭体系或多环芳香性生色团。若化合物具有颜色，则分子中至少含有 4 个共轭生色团或助色团，一般在 5 个以上。

定性分析的方法有以下两种。

（1）与标准物、标准谱图对照　将样品和标准物以同一溶剂配制成相同浓度的溶液，并在同一条件下测定，比较光谱是否一致。如果两者是同一种物质，所得的紫外吸收光谱应完全一致。

如果没有标准样品，可以与标准谱图进行对比，但要求测定的条件与标准谱图完全相同。

（2）吸收波长和摩尔吸光系数　不同化合物具有相同的发色团时，也可能具有相同的紫外吸收波长，但是它们的摩尔吸光系数是不同的。如果样品和标准物质的吸收波长相同，摩尔吸光系数也相同，可以认为样品和标准物质是同一种物质。

二、构型和构象分析

可以应用紫外-可见吸收光谱法来确定一些化合物的构型和构象。

（1）判断顺反异构体　共轭分子中，各原子都处在同一平面内。当共轭分子的平面结构因空间位阻或其他因素而受到破坏时，共轭体系被分割，π 电子云重叠程度减弱，在共轭体系中 π 电子的流动性受到某种程度的阻碍，最大吸收峰向短波方向移动。例如：二苯乙烯，顺式异构体因产生位阻效应而影响平面，使共轭程度降低，因而 λ_{max} 向短波方向移动，并使 ε 降低。

（2）判别互变异构体　一般共轭体系的 λ_{max}、ε_{max} 大于非共轭体系，据此可用紫外-可见吸收光谱对某些同分异构体进行判别。例如乙酰乙酸乙酯有酮式（λ_{max}=204nm）和烯醇式（λ_{max}=243nm）间的互变异构。在极性溶剂中该化合物以酮式存在，吸收峰弱；在非极性溶剂正己烷中以烯醇式为主，出现强的吸收峰。

三、定量分析

紫外-可见吸收光谱法是定量分析最有用的工具之一。定量分析的依据就是朗伯-比尔定律，即在一定波长处被测定物质的吸光度与它的浓度成正比。因此，通过测定溶液对一定波长入射光的吸光度即可求出溶液中物质的浓度和含量。

1. 测量条件的选择

定量分析之前需对测量条件进行选择。

（1）入射波长的选择　入射波长应该选择被测物质的最大吸收波长 λ_{max}，以得到最大灵敏度。

（2）狭缝宽度　狭缝的宽度直接影响测定的灵敏度和标准曲线的线性范围，狭缝宽度增大，入射光的单色性能降低。一般来说，狭缝宽度大约是试样吸收峰半宽度的 1/10。

（3）合适的吸光度范围　若要求浓度测量的相对误差＜5%，则待测溶液的透射比应选在 15%～65% 范围内，吸光度在 0.2～0.8 范围内。

（4）参比溶液的选择　测量吸光度时，利用参比溶液来调节仪器的零点，可以消除由比色皿壁及溶剂对入射光的反射和吸收带来的误差。包括溶剂参比、试样参比、试剂参比等。

① 溶剂参比的适用条件：试样组成简单，共存组分对测定波长无吸收。

② 试样参比的适用条件：试样基底复杂，且对测定波长有吸收；共存组分多，且对测定波长有吸收；反应显色剂量不大，且在测定波长下无吸收。

③ 试剂参比的适用条件：显色反应剂在测定条件下有吸收；其他试剂对测定波长有吸收。

2. 显色反应及显色剂

在可见分光光度法定量分析中，许多物质本身没有颜色或颜色很浅，无法直接进行测定，需要将该物质转变为能对可见光产生较强吸收的有色物质，然后进行吸光度测定。将待测组分转化为有色物质的反应称为显色反应，与待测组分形成有色物质的试剂称为显色剂。

显色反应的条件：

① 反应的生成物必须在紫外光区、可见光区有较强的吸光能力，以及摩尔吸光系数较大，反应有较高的选择性。

② 反应生成物应当组成恒定、稳定性好，显色条件容易控制，保证测量结果具有良好的重现性。

③ 对照性要好，显色剂与有色配合物的 λ_{max} 差别要在 60nm 以上。

显色反应的类型有配位反应、氧化还原反应以及增加生色基团的衍生化反应等，其中配位反应的应用最广，化学反应式如下：

$$\beta_n=\frac{[MR_n]}{[M][R]^n}\text{或者}\frac{[MR_n]}{[M]}=\beta_n[R]^n \tag{6-26}$$

式中，M 为金属离子；R 为显色剂；β_n 为配合物的累积稳定常数。

影响显色反应的因素如下：

① 显色剂用量　对于有些显色反应，显色剂的用量必须严格控制。实际工作中，显色剂的用量通过实验来确定，即在被测组分一定时，测量不同显色剂浓度下溶液的吸光度，在对应于吸光度恒定的显色剂浓度区间确定显色剂的加入量。

$$\underset{\text{浅红}}{Mo(SCN)_3^{2+}}\Leftrightarrow\underset{\text{红色}}{Mo(SCN)_5}\Leftrightarrow\underset{\text{浅红}}{Mo(SCN)_6^-} \tag{6-27}$$

② 溶液的 pH　溶液 pH 影响显色剂的浓度和颜色。不少显色剂是有机弱酸（用 HR_n 表示），其离解和显色方程式如下：

$$M+HR_n \rightleftharpoons MR_n+H^+ \tag{6-28}$$

式中，M 为金属离子；n 为反应电子数；MR_n 为有色化合物。

由此可见，酸度增加对显色反应不利；显色剂的离解常数 K_a 大，有利于显色反应。

表 6-4 是溶液 pH 值对配合物颜色的影响。

表 6-4　溶液 pH 值对配合物颜色的影响

pH 值范围	配合物组成	颜色
＜4	$Fe(C_7H_4O_3)^+$	紫红色(1∶1)
4～7	$Fe(C_7H_4O_3)_2^-$	棕橙色(1∶2)
8～10	$Fe(C_7H_4O_3)_3^-$	黄色(1∶3)

pH 值增大会引起某些金属离子水解，从而形成各种类型的羟基配合物，甚至可能析出沉淀；或者生成的金属氢氧化物破坏了有色配合物，使溶液的颜色完全褪去。例如：

$$Fe(SCN)^{2+} + OH^- \longrightarrow Fe(OH)^{2+} + SCN^- \quad (6\text{-}29)$$

某些逐级配合物的显色反应，酸度不同，配合物的配合比不同，其色调也不同。因此，必须控制显色反应时溶液的酸度。显色反应最适宜的酸度：在不同的酸度下测定同一溶液的吸光度，以 pH 值作横坐标，以吸光度作纵坐标，绘制 A-pH 关系曲线。曲线的平直部分（吸光度恒定）所对应的 pH 值区间就是最适宜的酸度范围。

另外，显色时间、反应温度、溶剂、溶液中共存离子等也会影响待测物质的吸光度。

3. 显色剂

因为生成的配合物不够稳定，灵敏度和选择性也不够高，用于分析的无机显色剂种类并不多。常用的无机显色剂有硫氰酸盐（SCN^-）、钼酸铵［$(NH_4)_2Mo_2O_7$］、过氧化氢（H_2O_2）等。

有机显色剂：许多有机显色剂可与金属离子生成极稳定的螯合物，而且具有有特征的颜色，因此选择性和灵敏度都较高。此外，不少螯合物溶于有机溶剂，可以进行萃取比色，这对进一步提高灵敏度和选择性很有利。有机显色剂大都是含有生色团和助色团的化合物。一些含有不饱和键的基团，它们都能吸收大于 200nm 波长的光。简单的生色团由双键或三键体系组成，如乙烯基、羰基（—C ═O）、亚硝基（—N ═O）、硝基、偶氮基（—N ═N—）、乙炔基、腈基（—C≡N）、硫羰基（—C ═S）等。一些助色团为含有 n 电子的基团（如—OH、$—NH_2$、$—NO_2$、—X、—OR 等）。

有机显色剂的种类繁多，下面简单介绍几种。

① 磺基水杨酸（SSal）　在 pH 8～11 的碱性溶液中，三价铁与磺基水杨酸生成稳定的黄色络合物，最大吸收波长 420nm，颜色强度与铁的含量成正比。Fe^{3+} 在不同的 pH 值下可以与磺基水杨酸形成不同组成和颜色的几种络合物：在 pH 1.8～2.5 的溶液中，形成红紫色的$[Fe(SSal)]^+$；在 pH 4～8 的溶液中，形成褐色的$[Fe(SSal)_2]^-$；在 pH 8～11.5 的氨性溶液中，形成黄色的$[Fe(SSal)_3]^{3-}$；若 pH＞12，则不能形成络合物，而生成氢氧化铁沉淀。

② 丁二酮肟　在氨溶液中，碘存在下，镍与丁二酮肟作用，形成组成比为 1∶4 的酒红色可溶性络合物，于波长 530nm 处进行分光光度测定。

③ 邻二氮菲　在 pH 3～9 的溶液中，邻二氮菲（1,10-邻二氮杂菲）与 Fe^{2+} 能生成一种稳定的橙红色络合物，铁含量在 0.1～6μg/mL 范围内时符合朗伯-比尔定律。由于 Fe^{3+} 也能与邻二氮菲生成淡蓝色络合物，因此在加入显色剂前，应先用盐酸羟胺或抗坏血酸将 Fe^{3+} 全部还原为 Fe^{2+}。

④ 铬天菁　在 pH 5.0～6.5 的溶液中，铝离子（Al^{3+}）与铬天菁生成蓝色三元络合物，最大吸收波长为 610nm。铝含量在 2～10μg/(50mL) 时与吸光度成良好的线性关系，摩尔吸光系数 $\varepsilon=9\times10^{6}$L/(mol·cm)。

4. 单组分含量的分析

（1）校准曲线法　这是实际工作中用得最多的一种方法。具体做法是：配制一系列不同含量的标准溶液，以不含被测组分的空白溶液为参比，在相同条件下测定标准溶液的吸光度，绘制吸光度-浓度曲线。这种曲线即称为校准曲线。在相同条件下测定未知试样的吸光度，从校准曲线上就可以找到与之对应的未知试样的浓度。在建立一个方法时，首先要确定符合朗伯-比尔定律的浓度范围，即线性范围，定量测定一般在线性范围内进行。

（2）标准对比法　在相同条件下测定试样溶液和某浓度的标准溶液的吸光度 A_x 和 A_s，由标准溶液的浓度 C_s，可计算出试样中被测物的浓度 C_x：

$$A_s=\varepsilon C_s \tag{6-30}$$

$$A_x=\varepsilon C_x \tag{6-31}$$

$$C_x=\frac{C_s A_x}{A_s} \tag{6-32}$$

这种方法比较简便，但只有在测定的浓度范围内溶液完全遵守朗伯-比尔定律，并且 C_s 和 C_x 很接近时，才能得到较为准确的结果。

（3）多组分定量方法　根据吸光度具有加和性的特点，在同一试样中可以测定两个以上的组分。假设试样中含有 x、y 两种组分，在一定条件下将它们转化为有色化合物，分别绘制其吸收光谱，会出现 3 种情况，如图 6-13 所示。图 6-13(a) 中两组分互不干扰，可分别在 λ_1 和 λ_2 处测量溶液的吸光度。图 6-13(b) 中组分 x 对组分 y 的光度测定有干扰，但组分 y 对 x 无干扰，这时可以先在 λ_1 处测量溶液的吸光度 A_{λ_1}，并求得 x 组分的浓度，然后再在 λ_2 处测量溶液的吸光度 $A_{\lambda_2}^{x+y}$，以及纯组分 x 和 y 的 $\varepsilon_{\lambda_2}^{x}$ 和 $\varepsilon_{\lambda_2}^{y}$ 值，根据吸光度的加和性原则，可列出下式：

$$A_{\lambda_2}^{x+y}=\varepsilon_{\lambda_2}^{x} lC_x+\varepsilon_{\lambda_2}^{y} lC_y \tag{6-33}$$

由式(6-33) 即能求得组分 y 的浓度 C_y。

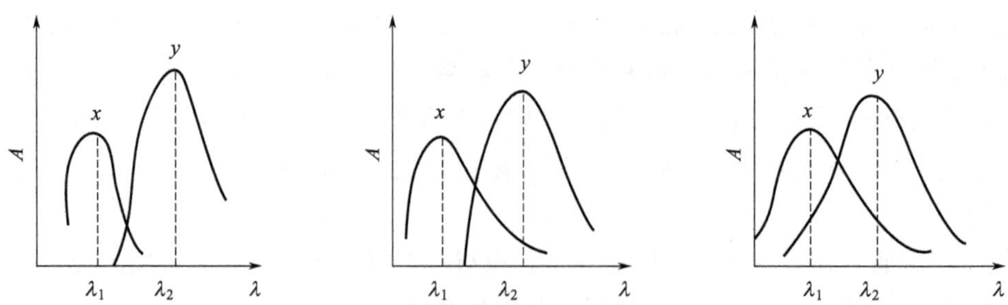

(a) 组分x和y互不干扰　(b) 组分x干扰y(y不干扰x)　(c) 组分x和y相互干扰

图 6-13　多组分的定量分析

图 6-13(c) 表明两组分互相干扰，这时首先在 λ_1 处测定混合物吸光度 $A_{\lambda_1}^{x+y}$，以及纯

组分 x 和 y 的 $\varepsilon_{\lambda_1}^{x}$ 和 $\varepsilon_{\lambda_1}^{y}$，然后再在 λ_2 处测定混合物吸光度 $A_{\lambda_2}^{x+y}$ 以及纯组分的 $\varepsilon_{\lambda_2}^{x}$ 和 $\varepsilon_{\lambda_2}^{y}$。根据吸光度的加和性原则，可列出下式：

$$A_{\lambda_1}^{x+y}=\varepsilon_{\lambda_1}^{x}lC_x+\varepsilon_{\lambda_1}^{y}lC_y \tag{6-34}$$

$$A_{\lambda_2}^{x+y}=\varepsilon_{\lambda_2}^{x}lC_x+\varepsilon_{\lambda_2}^{y}lC_y \tag{6-35}$$

式中，$\varepsilon_{\lambda_1}^{x}$、$\varepsilon_{\lambda_1}^{y}$、$\varepsilon_{\lambda_2}^{x}$ 和 $\varepsilon_{\lambda_2}^{y}$ 均由已知浓度 x 及 y 的纯溶液测得。试液的 $A_{\lambda_1}^{x+y}$ 和 $A_{\lambda_2}^{x+y}$ 由实验测得，C_x 和 C_y 便可通过解联立方程式求得。对于更复杂的多组分体系，可用计算机处理测定的数据。

5. 高含量组分的分析

高含量组分的分析通常采用示差分光光度法。该法是用浓度比试样溶液稍低的标准溶液作参比溶液来调节 $T=100\%$。若参比标准溶液的浓度为 C_s，被测试液浓度为 C_x，则 $C_x>C_s$。

设按一般分光光度法用试剂空白作参比溶液，测得某试液的透光率为 $T_{x1}=5\%$，显然，这时的测量读数误差很大。采用示差法时，如果用按一般分光光度法测得的 $T_{s1}=10\%$ 的标准溶液作参比溶液，即使透光率从标尺上的 $T_{s1}=10\%$ 处调至 $T_{s2}=100\%$ 处，相当于把检流计上的标尺扩展了 10 倍（$T_{s2}/T_{s1}=100/10=10$）。这时，被测溶液的透光率将在标尺上的 $T_{x2}=50\%$ 处，提高了测量的准确度。

高吸光度示差法是采用浓度比试样含量稍低的已知浓度的标准溶液作为参比溶液。如果标准溶液浓度为 C_s，待测试样浓度为 C_x，则 $C_x>C_s$。根据朗伯-比尔定律，则：

$$A=\Delta A=A_x-A_s=\varepsilon l(C_x-C_s)=\varepsilon l\Delta C \tag{6-36}$$

测定时先用比试样浓度稍小的标准溶液，加入各种试剂后作为参比，调节其透射比为 100%，即吸光度为零，然后测量试样溶液的吸光度。这时的吸光度实际上是两者之差 ΔA，它与两者浓度差 ΔC 成正比，且处在正常的读数范围（图 6-14）。

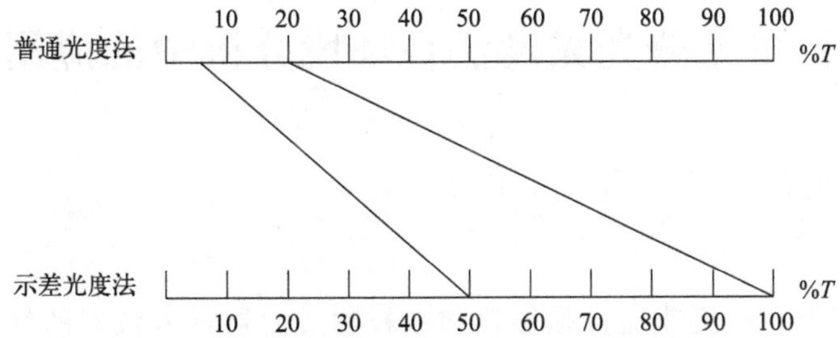

图 6-14　高组分含量分析

以 ΔA 与 ΔC 作校准曲线，根据测得的 ΔA 查得相应的 ΔC，则 $C_x=C_s+\Delta C$。

由于用已知浓度的标准溶液作参比，如果该参比溶液的透射比为 10%，现调至 100%，就意味着将仪器透射比标尺扩展了 10 倍。如待测试液的透射比原是 5%，用示差光度法测量时将是 50%。另外，在示差光度法中即使 ΔC 很小，如果测量误差为 dC，固然 $dC/\Delta C$ 会相当大，但最后测定结果的相对误差是 $\frac{dC}{\Delta C+C_s}$，C_s 较大而且非常准确，所以测定结果的准确度仍然很高。

6. 干扰及消除方法

在光度分析中，体系内存在的干扰物质的影响有以下几种情况：

① 干扰物质本身有颜色或与显色剂形成有色化合物，在测定条件下有吸收；

② 在显色条件下，干扰物质水解，析出沉淀使溶液浑浊；

③ 与待测离子或显色剂形成更稳定的配合物，使显色反应不能进行完全。

可以采用以下几种方法来消除这些干扰作用。

(1) 控制酸度　根据配合物的稳定性不同，可以利用控制酸度的方法提高反应的选择性，以保证主反应进行完全。

(2) 选择适当的掩蔽剂　使用掩蔽剂消除干扰是常用的有效方法。选取的条件是掩蔽剂不与待测离子作用，掩蔽剂以及它与干扰物质形成的配合物的颜色应不干扰待测离子的测定。

(3) 生成惰性配合物　例如钢铁中微量钴的测定，常用钴试剂为显色剂。但钴试剂不仅与 Co^{2+} 有灵敏的反应，而且与 Ni^{2+} 、Zn^{2+} 、Mn^{2+} 、Fe^{2+} 等都有反应。但它与 Co^{2+} 在弱酸性介质中一旦完成反应后，即使再用强酸酸化溶液，该配合物也不会分解。而 Ni^{2+} 、Zn^{2+} 、Mn^{2+} 、Fe^{2+} 等与钴试剂形成的配合物在强酸介质中很快分解，从而消除了上述离子的干扰，提高了反应的选择性。

(4) 选择适当的测量波长　如在 $K_2Cr_2O_7$ 存在下测定 $KMnO_4$ 时，由于 $K_2Cr_2O_7$ 在 $KMnO_4$ 的最大吸收波长 525nm 处也会有吸收，因此，不是选择 $\lambda_{max}=525nm$，而是选择 $K_2Cr_2O_7$ 无吸收的 $\lambda=545nm$ 作为测量波长。这样测定 $KMnO_4$ 溶液的吸光度即可避免 $K_2Cr_2O_7$ 的干扰。

(5) 分离　若上述方法不宜采用时，也可以采用预先分离的方法，如沉淀、萃取、离子交换、蒸发和蒸馏以及色谱分离法（包括柱色谱、纸色谱、薄层色谱等）。

第六节　紫外-可见分光光度法在环境分析中的应用

一、紫外光度法测定环境空气中的臭氧

1. 方法原理

当样品空气以恒定的流速通过除湿器和颗粒物过滤器进入仪器的气路系统时分成两路，一路为样品空气，另一路通过选择性臭氧洗涤器成为零空气，样品空气和零空气在电磁阀的控制下交替进入样品吸收池（或分别进入样品吸收池和参比池），臭氧对 253.7nm 波长的紫外线有特征吸收。设零空气通过吸收池时检测的光强度为 I_0，样品空气通过吸收池时检测的光强度为 I，则 I/I_0 为透光率。根据朗伯-比尔定律，由透光率计算臭氧浓度：

$$\ln(I/I_0)=-aCd \tag{6-37}$$

式中，I/I_0 为臭氧样品的透光率，即样品空气和零空气的光强度之比；C 为采样温度、压力条件下臭氧的质量浓度，$\mu g/m^3$；d 为吸收池的光程，m；a 为臭氧在 253.7nm 处的吸收系数，$a=1.44\times10^{-5}m^2/\mu g$。

2. 干扰与消除

一般环境空气中常见的浓度低于 0.2mg/m^3 的污染物不会干扰臭氧的测定。但当空气中二氧化氮和二氧化硫的浓度分别为 0.94mg/m^3 和 1.3mg/m^3 时，对臭氧的测定分别产生约为 2μg/m^3 和 8μg/m^3 的正干扰。

空气中的颗粒物如果未被去除，可能会在采样管路中累积破坏臭氧，使得测定结果偏低，加颗粒物过滤器可去除。

3. 试剂与材料

(1) 采样管线　采样管线必须采用玻璃、聚四氟乙烯等不与臭氧起化学反应的惰性材料。

(2) 颗粒物过滤器　过滤器由滤膜及其支架组成，其材质应选用聚四氟乙烯等不与臭氧起化学反应的惰性材料。一片滤膜最长使用时间不得超过 14d。当发现在 5～15min 内臭氧浓度递减 5%～10% 时应立即更换滤膜。

(3) 零空气　符合分析校准程序要求的零空气，可以由零气发生装置产生，也可以由零气钢瓶提供。

4. 仪器和设备

典型的紫外光度臭氧测量系统组成见图 6-15。

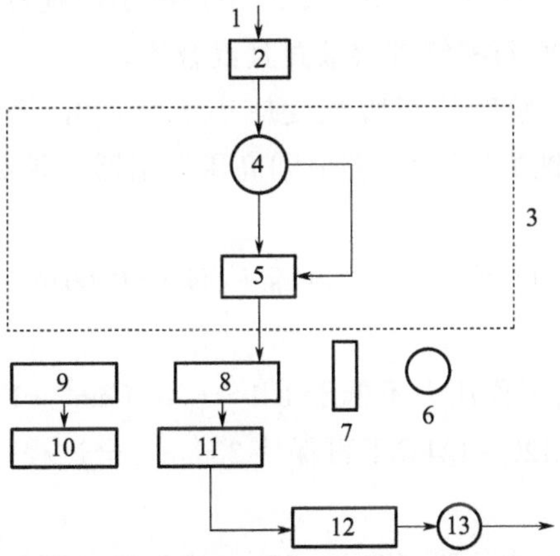

图 6-15　典型的紫外光度臭氧测量系统组成示意图

1—空气输入；2—颗粒物过滤器和除湿器；3—环境臭氧分析仪；4—旁路阀；5—涤气器；6—紫外光源灯；7—光学镜片；8—UV 吸收泡；9—UV 检测器；10—信号处理；11—空气流量计；12—流量控制器；13—泵

5. 环境空气中臭氧的测定

在有温度控制的实验室安装臭氧分析仪，以减少任何温度变化对仪器的影响；按生产厂家的操作说明正确设置各种参数，包括 UV 光源灯的灵敏度、采样流速；激活电子温度和压力补偿功能等；向仪器中导入零空气和样气，检查零点和跨度，用合适的记录装置记录臭氧浓度。

6. 结果计算

大多数臭氧分析仪能够测量吸收池内样品空气的温度和压力，并根据测得的数据，自动将采样状态下臭氧的浓度换算为标准状态下的臭氧浓度。否则，须按下式计算：

$$C_0 = C \times \frac{101.325}{p} \times \frac{T + 273.15}{273.15} \tag{6-38}$$

式中，C_0 为换算的标准状态下的臭氧浓度，mg/m³；C 为仪器读数，即采样温度、压力条件下臭氧的浓度，mg/m³；p 为光度计吸收池压力，kPa；T 为光度计吸收池温度，℃。

二、分光光度法对水中总氮、总磷的测定

1. 使用范围

（1）总氮（TN） 主要来源于微生物分解和工业排放，理论上总氮等于氨氮、有机氮与硝态氮的和。

（2）总磷（TP） 主要来源于大量城市生活污水和工业废水的排放。

2. 试剂

（1）碱性过硫酸钾 称取 40g 过硫酸钾溶于 600mL 水中（可于 50℃水浴中加热至全部溶解）；另称取 15g 氢氧化钠（分析纯），溶于 300mL 水中。待氢氧化钠溶液冷却至室温，混合两种溶液，用水定容至 1000mL。

（2）钼酸盐溶液 溶解 13g 钼酸铵$[(NH_4)_6Mo_7O_{24} \cdot 4H_2O]$于 100mL 水中。溶解 0.35g 酒石酸锑钾（$KSbC_4H_4O_7 \cdot 12H_2O$）于 100mL 水中。在不断搅拌下把钼酸铵溶液徐徐加到 300mL 硫酸（1＋1）中，加酒石酸锑钾溶液并且混合均匀。

（3）总氮试剂 空白试验时校正吸光度应小于 0.030，否则应检查实验用水、试剂（特别是过硫酸钾和氢氧化钠的纯度）、器皿和高压灭菌器是否被污染。

3. 仪器和设备

（1）紫外-可见分光光度计 吸光度准确度±0.002A（1.0Abs）、波长选择范围 190～1100nm。

（2）高压灭菌器 最高工作压力不低于 1.1～1.4kgf/cm²（1kgf＝9.8N，后同）；最高工作温度不低于 124℃，并在 120～124℃下可保持 30min，全过程自动控制。压力表、减压阀应定期检定。

（3）比色皿 10mm 石英比色皿（TN）；30mm 比色皿（TP）。

4. 样品

① 总氮样品的采集 将采集的样品贮存在聚乙烯瓶或硬质玻璃瓶中，用浓硫酸调节 pH 值至 1～2，常温下可保存 7d；贮存在聚乙烯瓶中，－20℃下冷冻，可保存 1 个月。每次采集样品的量不少于 250mL。

② 总磷样品的采集 采集 500mL 水样贮存在聚乙烯瓶或硬质玻璃瓶中，加入适量浓硫酸调节样品的 pH 值，使之低于或等于 1，样品可保存 24h；如果不加任何保存剂可于－20℃下冷冻，可保存 1 个月。含磷量较少的水样，不要用聚乙烯瓶采样，因磷酸盐易吸附在聚乙烯瓶壁上。

③ TN、TP 样品消解过程中，高压灭菌器内部温度不稳定和试剂纯度等问题可能会导致消解不完全；比色管磨口塞子没有完全封闭可能会造成消解过程中氨的挥发以及样品蒸发，导致随后加水至标线，样品体积增大，从而使 TN 测定值偏小，消解中应予以关注。

5. 分析步骤

(1) 总氮样品的测定　取 100mL 样品用氢氧化钠溶液（20g/L）或硫酸溶液（1＋35，即 1 份浓硫酸＋35 份水）调节 pH 值至 5～9；量取 10. 0mL 试样（试样中的含氮量超过 70μg 时，可减少采样量并加入无氨水或新制备的去离子水稀释至 10. 0mL）于 25mL 具塞磨口玻璃比色管中，待消解；向待消解样品中加入 5. 00mL 碱性过硫酸钾，塞紧管塞，用纱布和线绳扎紧管塞，防止弹出。将比色管置于烧杯中放入高压灭菌器中，加热至 120℃开始计时，在 120～124℃的条件下消解 30min。自然冷却，待压力表读数降至零后，取出冷却至室温。分别向消解后的样品中加入 1. 0mL 盐酸（1＋9，即 1 份浓盐酸＋9 份水）溶液，用水稀释至 25mL 标线，盖塞混匀。使用 10mm 石英比色皿，在分光光度计上，以水作参比，分别于波长 220nm 和 275nm 处测定吸光度。

(2) 总磷样品的测定　取 25mL 样品于 50mL 比色管中。取样时应仔细摇匀，以得到溶解部分和悬浮物部分均具有代表性的试样。如样品中含磷浓度较高，试样体积可以减少。向样品中加 4mL 过硫酸钾（50g/L 溶液，分析纯），将具塞刻度管的盖塞紧后，用一小块布和线将玻璃塞扎紧（或用其他方法固定），放在大烧杯中置于高压蒸气灭菌锅中加热，待压力达 1. 1kgf/cm^2、相应温度为 120℃时，保持 30min 后停止加热。待压力表读数降至零后，取出冷却至室温，然后用水稀释至标线。如用硫酸保存水样，当用过硫酸钾消解时，需先将试样调至中性。分别向消解后的样品中加入 1mL 抗坏血酸溶液（100g/L 溶液，分析纯），混匀，30s 后加 2mL 钼酸盐溶液充分混匀。室温下放置 15min 后，使用 30mm 比色皿，在分光光度计上，以水作参比，于波长 700nm 处测定吸光度。

课后习题

一、选择题

1. 紫外-可见分光光度计法合适的检测波长范围是（　　）。

A. 400～800nm　　B. 200～800nm　　C. 200～400nm　　D. 10～1000nm

2. 有色配合物的摩尔吸收系数与下面因素有关系的是（　　）。

A. 吸收池厚度　　B. 有色配合物的浓度

C. 吸收池材料　　D. 入射光波长

3. 下列 4 种因素中，决定吸光物质摩尔吸收系数大小的是（　　）。

A. 吸光物质的性质　　B. 光源的强度

C. 吸光物质的浓度　　D. 检测器的灵敏度

4. 有 A、B 两份不同浓度的有色物质的溶液，A 溶液用 1. 0cm 的吸收池测定，B 溶液用 2. 0cm 的吸收池测定，结果在同一波长下测得的吸光度值相等，它们的浓度关系是（　　）。

A. A 是 B 的 1/2　　B. A 等于 B　　C. B 是 A 的 1. 2 倍　　D. B 是 A 的 1/2

二、判断题

1. 在分光光度法中，根据在测定条件下吸光度与浓度成正比的朗伯-比尔定律的结论，被测定溶液浓度越大，吸光度也越大，测定的结果也越准确。（　　）

2. 因为透射光（或反射光）和吸收光按一定比例混合而成白光，故称这两种光为互补光。（　　）

3. 在实际工作中，应根据光吸收定律，通过改变吸收池厚度或待测溶液浓度，使吸光度的读数处于 0.2～0.7 范围以内，以减小测定的相对误差。（ ）

4. 光吸收定律的物理意义为：当一束平行单色光通过均匀的有色溶液时，溶液的吸光度与吸光物质的浓度和溶液层厚度的乘积成正比。（ ）

三、计算题

1. 以丁二酮肟光度法测定微量镍，若配合物 $NiDx_2$ 的浓度为 1.7×10^{-5}mol/L，用 2.0cm 吸收池在 470nm 波长下测得透射率（$T\%$）为 30%。计算配合物在该波长下的摩尔吸收系数。

2. 摩尔质量为 125g/mol 的某吸光物质的摩尔吸收系数 $\varepsilon=2.5\times10^5$L/(mol·cm)，当稀释 20 倍后，在 1.0cm 的吸收池中测定吸光度 A＝0.60。试计算稀释前每升溶液中含有该物质多少克。

第七章 红外光谱与拉曼光谱法

第一节 概述

红外吸收光谱是根据物质分子对不同波长红外线的吸收特性进行结构分析、定性分析和定量分析的方法。当物质被红外线照射时，物质的分子吸收红外辐射，分子内部原子间的相对振动引起分子的振动和转动能级的跃迁，所产生的分子吸收光谱，称为红外吸收光谱或振动-转动光谱。从物质分子与光的作用关系来看，红外吸收光谱与紫外-可见吸收光谱同属于分子吸收光谱范畴。紫外-可见吸收光谱是电子-振动-转动光谱，主要研究对象是不饱和有机化合物，特别是具有共轭体系的有机化合物；而红外光谱是振动-转动光谱，主要研究在振动中伴随着偶极矩变化的有机物。

一、红外光区及吸收曲线

红外光区在可见光区和微波光区之间，其波长范围为 0.75～1000μm，通常将红外光区划分成 3 个波区（表 7-1）：近红外光区（0.75～2.5μm），波数范围（13333～4000cm^{-1}），主要用于研究分子中的 O—H、N—H、C—H 键的振动倍频与组频；中红外光区（2.5～25μm），波数范围（4000～400cm^{-1}），主要用于研究大部分有机化合物的振动基频；远红外光区（25～1000μm），波数范围（400～10cm^{-1}），主要用于研究分子的振动光谱及晶格振动。其中中红外光区是红外吸收光谱分析应用最广的区域，通常所说的红外光谱也是指中红外光区的红外吸收光谱。

表 7-1　红外吸收光谱的三个波区

区域	$\lambda/\mu m$	σ/cm	能级跃迁类型
近红外光区(泛频区)	0.75～2.5	13333～4000	O—H、N—H 和 C—H 键的倍频吸收区
中红外光区(基本振动区)	2.5～25	4000～400	大部分有机化合物的振动基频
远红外光区(转动区)	25～1000	400～10	研究分子的振动光谱及晶格振动

红外吸收光谱一般用 T-λ 曲线或 T-σ 曲线来表示。横坐标是波长 λ（单位：μm），或波数 σ（单位：cm^{-1}），纵坐标是吸光度（A）或透光率（T%）。记录红外光的百分透射比与波数或波长关系的曲线，就得到红外光谱。

二、红外吸收光谱法的特点

表 7-2 概括了红外吸收光谱法与紫外-可见吸收光谱法的异同点。

表 7-2 红外吸收光谱法与紫外-可见吸收光谱法的异同点

不同点	紫外-可见吸收光谱法	红外吸收光谱法
光源	紫外-可见光	红外线
起源	电子能级跃迁谱带宽	振动、转动能级跃迁谱带较窄
研究范围	不饱和有机化合物共轭双键、芳香族等	几乎所有有机化合物;许多无机化合物
特色	反映发色团、助色团的情况;光谱简单;特征性不强	反映各个基团的振动及转动特性; 光谱复杂;特征性强
表示方法	A-λ	T-波数
用途	定性及定量分析;推测共轭体系;试样破坏性分析	定性鉴别;结构分析;非破坏性分析

另外，红外光谱分析对气体、液体、固体样品都可测定，具有用量少、分析速度快、不破坏试样等特点，因而成为现代分析化学和结构化学中不可缺少的工具。除了单原子分子和同核分子，如 Ne、He、O_2、N_2、Cl_2 等少数分子外，几乎所有化合物均可用红外光谱法进行测定，研究对象和适用范围更加广泛。但对于复杂化合物的结构测定，还需配合紫外光谱、质谱和核磁共振波谱等其他方法才能得到满意的结果。

红外吸收光谱法的缺点：

① 不能用于水溶液及含水物质的分析；

② 难以准确判断复杂化合物；

③ 红外吸收光谱的定量分析灵敏度低，对微量组分无能为力。

第二节 基本原理

一、产生红外吸收的条件

红外光谱是由分子振动能级（同时伴随转动能级）跃迁产生的。物质分子吸收红外辐射应满足以下两个条件：

① 辐射光子具有的能量与发生振动跃迁所需的能量相等。当一束红外线照射分子时，分子中某个振动频率与红外线的某一频率的光相同时（$\nu_{振}=\nu_{红外线}$），分子就吸收此频率的光发生振动能级跃迁，产生红外吸收光谱。

② 分子振动时，伴有瞬间偶极矩的变化。并非所有的振动都会产生红外吸收，只有发生偶极距变化（$\Delta u \neq 0$）的振动才能引起可观测的红外吸收光谱。$\Delta u=0$ 的分子振动不能产生红外振动吸收，称为非红外活性。

红外吸收谱带的强度取决于分子振动时偶极矩的变化，而偶极矩与分子结构的对称性有关。振动的对称性越高，振动中分子偶极矩变化越小，谱带强度也就越弱。因而一般说来，极性较强的基团振动，吸收强度较大；极性较弱的基团振动，吸收较弱。红外光谱的吸收强度一般定性地用很强（vs）、强（s）、中（m）、弱（w）和很弱（vw）等来表示。

二、双原子分子的振动

红外光谱是物质分子振动能级跃迁，同时伴随着转动能级跃迁而产生的。所有的分子都是由化学键连接起来的原子组成的，分子振动是指分子中原子在平衡位置附近做相对运动，可近似地看成分子中的原子以平衡点为中心，以非常小（与原子核之间的距离相比）的振幅做周期性的振动，可近似地看作简谐振动。

这种分子振动的模型，以经典力学的方法把两个质量为 m_1 和 m_2 的原子看作刚体小球，连接两原子的化学键设想成无质量的弹簧，弹簧的长度 l 就是分子化学键的长度（图 7-1）。由经典力学，可导出该体系的基本振动频率（ν）计算公式：

$$\nu=\frac{1}{2\pi}\sqrt{\frac{k}{\mu}} \tag{7-1}$$

$$\sigma=\frac{1}{2\pi c}\sqrt{\frac{k}{\mu}} \tag{7-2}$$

式中，k 为化学键力常数，N/cm，其定义为将两原子由平衡位置伸长单位长度时的恢复力；c 为光速，其值为 2.998×10^{10}cm/s；μ 为折合质量，g。

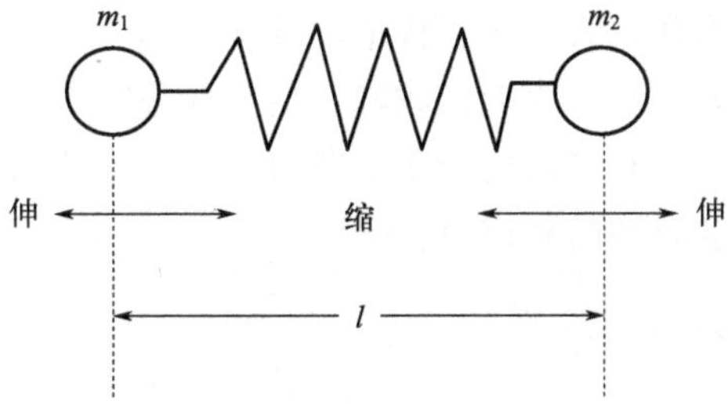

图 7-1　双原子分子振动示意图

μ 的计算式为：

$$\mu=\frac{m_1m_2}{m_1+m_2} \tag{7-3}$$

根据小球的质量和原子量之间的关系，式(7-2) 可写为：

$$\sigma=\frac{Na^{1/2}}{2\pi c}\sqrt{\frac{k}{A_r'}}=1303\sqrt{\frac{k}{A_r'}} \tag{7-4}$$

式中，Na 是 Avogadro 常量（$6.022\times10^{23}\text{mol}^{-1}$）；$A_r'$是折合原子量。

如两原子的原子量分别为 $A_{r(1)}$ 和 $A_{r(2)}$，则：

$$A_r'=\frac{A_{r(1)}A_{r(2)}}{A_{r(1)}+A_{r(2)}} \tag{7-5}$$

式（7-5）为分子振动方程式。对于双原子分子或多原子分子中其他因素影响较小的化学键，用式（7-5）计算所得的波数 $\tilde{v}$ 与实验值是比较接近的。表 7-3 列举了一些化学键的力常数。

表 7-3　化学键的力常数

化学键	C—C	C═C	C≡C	C—H	O—H	N—H	C═O
键长/pm	154	134	120	109	96	100	122
k/(N/cm)	4.5	9.6	15.6	5.1	7.7	6.4	12.1

由此可见，k 越大，折合原子量 A_r'越小，化学键的振动频率越高，吸收峰将出现在高波数区；反之，则出现在低波数区。化学键越强（即键的力常数越大），化学键的振动频率越大，吸收峰将出现在高波数区。

上述处理分子振动的方法是宏观处理方法，是为了得到宏观的图像，便于理解。值得注意的是，在弹簧和小球的体系中，其能量变化是连续的，但真实分子的振动能量变化是量子化的（振动量子数 v 可取 0,1,2…）。如果用量子力学来处理，得到双原子分子吸收光子的频率与经典电磁理论所得结果完全一致，实际上，双原子分子不是理想的谐振子，成键两原子振动位能曲线与谐振子的位能曲线在高能级产生偏差，而且位能越高，偏差越大。其次，非谐性还表现在真实分子振动能级不仅可以在相邻能级间跃迁，而且可以一次跃迁两个或多个能级。常温下，分子几乎处于基态，红外吸收光谱主要讨论从基态跃迁到第一激发态所产生的光谱，对应的吸收峰称为基频峰。除了基频吸收峰外，还有其他类型的吸收峰。能代表某种基团存在并具有较高强度的吸收峰称为特征吸收峰，简称特征峰。基团的特征吸收峰可用于鉴定官能团。一个基团除了特征峰外，还有许多其他形式的吸收峰，它与特征峰既可相互依存，又可相互佐证。分子由基态振动能级跃迁至第二、第三或更高的激发态时所产生的吸收峰，称为倍频峰。倍频峰往往不是基频峰波数的整倍数，而是略小些。在多原子分子中，非谐性使分子的各种振动间相互作用，从而形成组合频峰，其频率等于两个或更多个基频峰的和或差。

三、多原子分子的振动

多原子分子由于组成原子数目增多，组成分子的键或基团和空间结构的不同，其振动光谱比双原子分子要复杂得多。一般其振动形式分成两类：伸缩振动和变形振动。

1. 伸缩振动

原子沿键轴方向伸缩，键长发生变化而键角不变的振动称为伸缩振动，用符号 ν 表示。它又可以分为对称伸缩振动（ν_s）和不对称伸缩振动（ν_{as}）。对同一基团来说，不对称伸缩振动的频率要稍高于对称伸缩振动（图 7-2）。

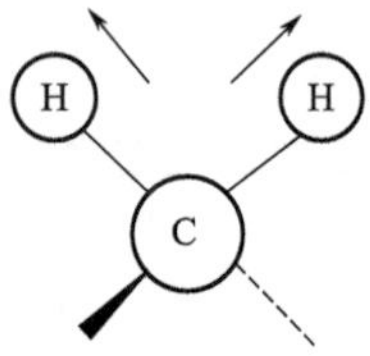

(a) 对称伸缩振动
ν_s：2853cm^{-1}(S)

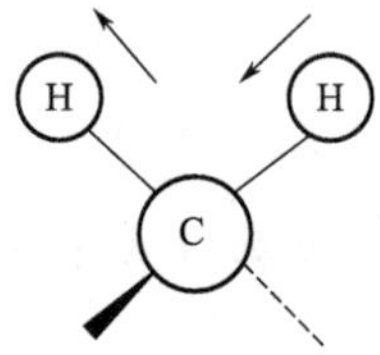

(b) 不对称伸缩振动
ν_{as}：2926cm^{-1}(S)

图 7-2 伸缩振动示意图

S—强吸收

2. 变形振动（又称弯曲振动或变角振动）

基团键角发生周期性变化而键长不变的振动称为变形振动。变形振动分为面内变形振动和面外变形振动（图 7-3）。面内变形振动又分为剪式（以 δ 表示）和平面摇摆振动（ρ），面外变形振动又分为非平面摇摆（ω）和扭曲振动（τ）。

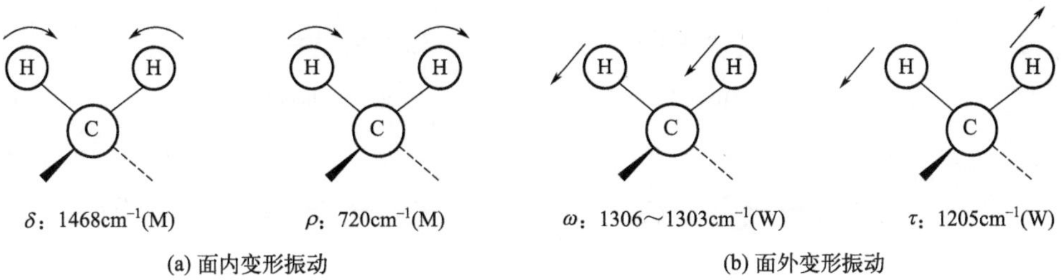

图 7-3　变形振动示意图

M—中等强度吸收；W—弱吸收

四、振动自由度

分子的运动由平动、转动和振动三部分组成，简正振动的数目称为振动自由度。一个多原子分子产生的基频峰的数目等于分子所有振动形式的数目。每个振动自由度相应于红外光谱图上一个基频吸收带。平动为分子的质心在空间的位置变化；转动可视为分子在空间取向的变化；振动可看成分子在其质心和空间取向不变时，分子中原子相对位置的变化。设分子由 n 个原子组成，每个原子在空间都有 3 个自由度，原子在空间的位置可以用直角坐标系中的 3 个坐标 x、y、z 表示，因此 n 个原子组成的分子总共应有 $3n$ 个自由度，也即 $3n$ 种运动状态。总运动自由度 $3n$＝平动＋转动＋振动。但在这 $3n$ 种运动状态中，包括 3 个整个分子的质心沿 x、y、z 方向的平移运动和 3 个整个分子绕 x、y、z 轴的转动运动。这 6 种运动都不是分子的振动，因此振动形式应有（$3n-6$）种。对于直线型分子，若贯穿所有原子的轴在 x 方向，则整个分子只能绕 y、z 轴转动，因此直线型分子的振动形式为（$3n-5$）种。例如水分子是非线型分子，其振动自由度＝$3\times3-6=3$，简正振动形式如图 7-4 所示。

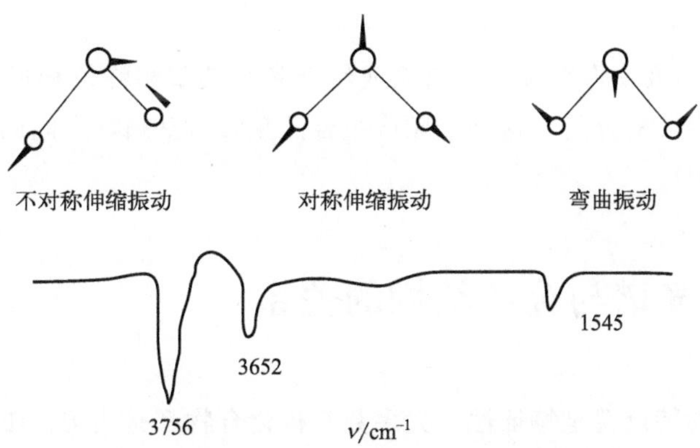

图 7-4　水分子的 3 种简正振动形式和它的红外光谱

CO_2 分子是线型分子，振动自由度＝$3\times3-5=4$，其简正振动形式如图 7-5 所示。CO_2 分子的对称伸缩振动 ν_s 为 $1388cm^{-1}$，该振动 $\Delta\mu=0$，没有偶极矩变化，所以没有红外吸收，CO_2 的红外光谱中没有波数为 $1388cm^{-1}$ 的吸收谱带。

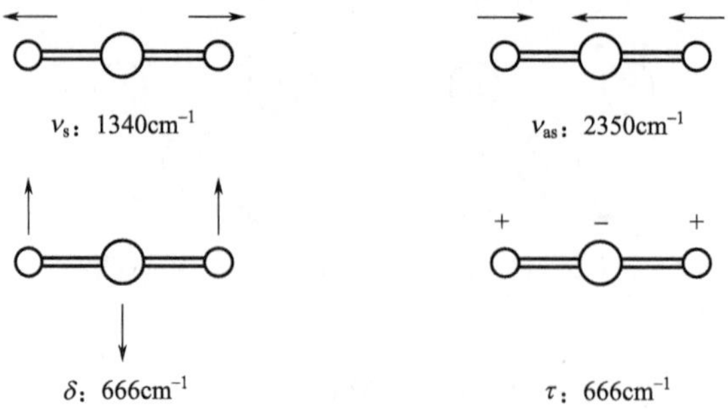

图 7-5 CO_2 分子的简正振动形式

理论上，有机分子有多种简正振动方式，每种简正振动都具有一定的能量，可以在特定的频率发生吸收，产生一种基频峰，因此其红外光谱中基频峰数应等于简正振动数，即应有（3n－6）个或（3n－5）个基频吸收峰。但实际上，红外光谱中吸收谱带的数目并不与公式计算的结果相同，基频谱带的数目常小于振动自由度。其原因有：

① 没有偶极矩变化的振动不产生红外吸收；

② 吸收频率相同，简并为一个吸收峰；

③ 有时频率接近，仪器分辨不出，表现为一个吸收峰；

④ 振动能级对应的吸收波长不在中红外区；

⑤ 有些吸收程度太弱，仪器检测不出；

⑥ 有些吸收频率超出了仪器的检测范围。

但有时候也会出现吸收峰增多的现象，其原因为：

① 产生倍频峰（$v_0 \longrightarrow v_2$、v_3…）和组合频峰（各种振动间相互作用而形成），统称泛频（如苯环的泛频吸收）。

② 振动耦合，相邻的两个基团相互振动耦合使峰数目增多（如酸酐的 C═O 伸缩振动耦合）。

③ 费米共振引起吸收峰增多。当倍频或组合频与某基频峰位相近时，由于相互作用产生强吸收带或发生峰的分裂，这种倍频或组合的频峰与基频峰之间的耦合称为费米共振（如醛类的 O═C—H）。

第三节 红外光谱与分子结构的关系

红外光谱最大的特点就是特征性。大多数有机化合物都是由 C、H、O、N、S、P、卤素等元素构成，而其中最主要的是 C、H、O、N 四种元素，因此可以说大部分有机化合物的红外光谱基本上都是由这四种元素所形成的化学键贡献的。不同分子中同一类型的基团的振动频率非常接近，都在一较窄的频率间出现吸收谱带，称为基团频率。绝大多数有机物的基团振动频率范围在中红外区，该区具有非常丰富的结构信息。因此，红外吸收光谱是进行有机化合物定性分析及结构分析的主要工具之一。

一、基团频率区

对于大多数化合物的红外光谱与其结构的关系，实际上还是通过大量标准样品的测试，从实践中总结得出一定的官能团总对应有一定的特征吸收，不随分子结构的变化而出现较大的改变，这种吸收谱带的频率称为基团频率。基团频率区的范围为 4000～1300cm^{-1}，区内的峰主要是由伸缩振动产生的吸收带，比较稀疏，容易辨认，是最有分析价值的基团频率区，这一区域也称为官能团区或特征区，常用于鉴定官能团。

基团频率区又可以分为以下 3 个区域：

① 4000～2500cm^{-1} 为 X—H 伸缩振动区。X 可以是 O、H、C 或 S 原子。O—H 的伸缩振动出现在 3650～3200cm^{-1} 范围内，它可以作为判断有无醇类、酚类和有机酸类的重要依据。当醇和酚溶于非极性溶剂（如 CCl_4），浓度小于 0.01mol/L 时，在 3650～3580cm^{-1} 处出现游离 O—H 的伸缩振动吸收，峰形尖锐，且没有其他吸收峰干扰，易于识别。当试样浓度增加时，羟基化合物发生缔合现象，O—H 伸缩振动吸收峰向低波数方向位移，在 3400～3200cm^{-1} 出现一个宽而强的吸收峰，如正丁醇的红外吸收光谱（图 7-6）。有机酸中的羟基形成氢键的能力更强，常形成两缔合体。胺和酰胺的 N—H 伸缩振动也出现在 3500～3100cm^{-1}，因此可能会对 O—H 伸缩振动有干扰。

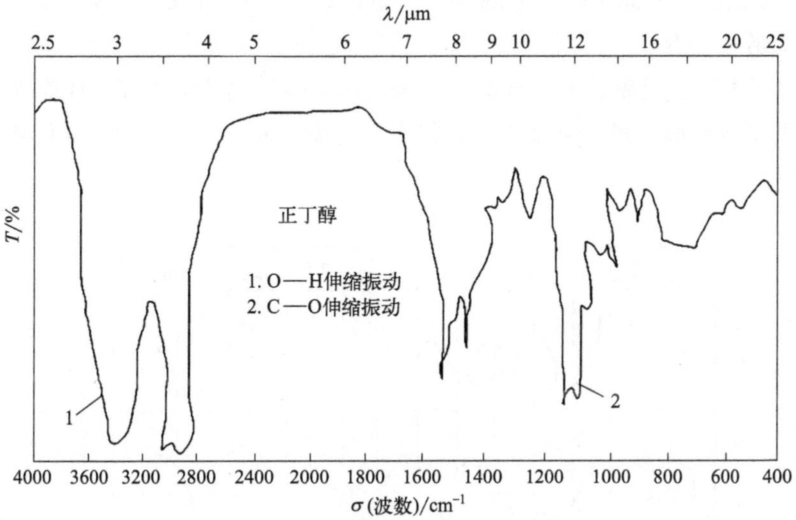

图 7-6　正丁醇的红外吸收光谱图

C—H 的伸缩振动可分为饱和键和不饱和键两种。饱和的 C—H 伸缩振动出现在 3000cm^{-1} 以下，如 3000～2800cm^{-1}，取代基对它们的影响也很小。如—CH_3 的伸缩吸收出现在 2960cm^{-1}（v_{as}）和 2870cm^{-1}（v_s）附近；—CH_2 的吸收出现在 2930cm^{-1}（v_{as}）和 2850cm^{-1}（v_s）附近；—CH 的吸收出现在 2890cm^{-1} 附近，但强度较弱。不饱和的 C—H 伸缩振动出现在 3000cm^{-1} 以上，以此来判别化合物中是否含有不饱和的 C—H 键。苯环的—C—H 伸缩振动出现在 3030cm^{-1} 附近，它的特征是强度比饱和的 C—H 键稍弱，但谱带比较尖锐。不饱和的═C—H 的吸收出现在 3010～3260cm^{-1} 范围内。≡C—H 上的 C—H

伸缩振动出现在更高的区域（3300cm^{-1}）附近。醛类中与羰基的碳原子直接相连的氢原子组成在 2740cm^{-1} 和 2855cm^{-1} 的 v(C—H) 双重峰，虽然强度不太大但具特征性，很有鉴定价值。

② 2500～2000cm^{-1} 为三键和累积双键区。这一区域出现的吸收，主要包括—C≡C、—C≡N 等三键的伸缩振动，以及—C═C═C、—C═C═O 等累积双键的不对称伸缩振动。对于炔类化合物，可以分成 R—C≡CH 和 R′—C≡C—R 两种类型，前者的伸缩振动出现在 2100～2140cm^{-1} 附近，后者出现在 2190～2260cm^{-1} 附近。如果 R′＝R，因为分子是对称的，则是非红外活性的。—C≡N 的伸缩振动在非共轭的情况下出现在 2240～2260cm^{-1} 附近。当与不饱和键或芳香核共轭时，该峰位移到 2220～2230cm^{-1} 附近。若分子中含有 C、H、N 原子，—C≡N 的吸收比较强而尖锐。若分子中含有 O 原子，且 O 原子离—C≡N 越近，—C≡N 的吸收越弱，甚至观察不到。

③ 2000～1300cm^{-1} 为双键伸缩振动区，该区域主要包括以下 3 种伸缩振动：

Ⅰ. C═O 伸缩振动出现在 1900～1650cm^{-1}，是红外光谱中很有特征性且往往是最强的吸收，以此很容易判断酮类、醛类、酸类、酯类以及酸酐等有机化合物。酸酐的羰基吸收谱带由于振动耦合而呈现双峰。

Ⅱ. C═C 伸缩振动。烯烃的 v(C═C) 为 1680～1620cm^{-1}，一般较弱。单核芳烃的 C═C 伸缩振动出现在 1600cm^{-1} 和 1500cm^{-1} 附近，有 2～4 个峰，这是芳环的骨架振动，用于确认有无芳核的存在。

Ⅲ. 苯的衍生物的泛频谱带，出现在 2000～1650cm^{-1} 范围，是 C—H 面外和 C═C 面内变形振动的泛频吸收，虽然强度很弱，但它们的吸收面貌在表征芳核取代类型上是很有用的（见图 7-7）。

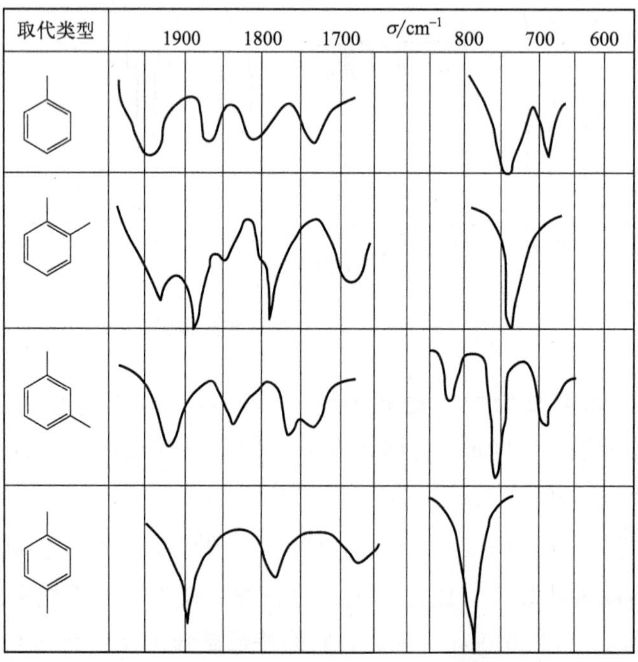

图 7-7 苯系化合物的红外吸收光谱图

二、指纹区

1400～400cm^{-1} 称为指纹区，是指 X—H、X—Y 变形振动区，主要包括：

① 1400～900cm^{-1}：C—O、C—N、C—F、C—P、C—S、P—O、Si—O 等单键的伸缩振动；C═S、S═O、P═O 等双键的伸缩振动吸收。

② 900～400cm^{-1}：可用来确认化合物的顺反结构。

一般来说，4000～1300cm^{-1}，吸收峰较稀疏，容易辨认，可以作为官能团定性的主要依据；1300～400cm^{-1}，吸收峰密集，多变复杂，可以佐证分子的结构特征。利用指纹区可以鉴别有机化合物，研究有机化合物的构型与构象。

三、影响红外吸收基团频率的因素

分子中化学键不是孤立的，会受分子中相邻基团的影响。同一基团在不同的分子结构中受不同基团的影响，其基团频率会有所改变，了解影响基团频率的因素，对解析红外光谱和推断分子结构非常有用。影响基团频率位移的因素大致可分为内部因素和外部因素。内部因素主要包括诱导效应、共轭效应、氢键作用、振动耦合、张力效应和空间效应等。外部因素主要包括物质的状态和溶剂效应等。以下分别做介绍。

1. 诱导效应

基团频率主要由化学键的力常数和折合原子量决定。由于取代基具有不同的电负性，通过静电诱导作用引起分子中电子分布的变化，改变了键力常数，使基团的特征频率发生位移。诱导效应通常指取代基为吸电子基团的情况，它使化学键力常数增强，基团频率向高波数位移。取代基的电负性越大或取代基数目越多，诱导效应越强。

例如，一般电负性大的基团（或原子）吸电子能力强，与烷基酮羰基上的碳原子相连时，由于诱导效应就会发生电子云由氧原子转向双键的中间（表 7-4 中箭头所示），增大了 C═O 键的力常数，使 C═O 的振动频率升高，吸收峰向高波数移动。随着取代原子电负性的增大或取代数目的增加，诱导效应变强，吸收峰向高波数移动的程度也变显著（表 7-4）。

表 7-4　由诱导效应引起的 C═O 伸缩振动频率的变化

$\nu_{C═O}/cm^{-1}$	1715	1800	1828	1928
化合物	R—C(═O)—R′	R—C(═O)—Cl	Cl—C(═O)—Cl	F—C(═O)—F

2. 共轭效应

共轭效应使共轭体系中的电子云密度平均化，键长变长（即电子云密度降低）、力常数减小，使其吸收频率往往向低波数方向移动。例如酮的 C═O，因与苯环共轭，其力常数减小，振动频率降低（表 7-5）。

表 7-5　共轭效应引起的 C═O 伸缩振动频率的变化

化合物	$\nu_{C═O}/cm^{-1}$
R—C(═O)—R	1710～1725

续表

化合物	$\nu_{C=O}/cm^{-1}$
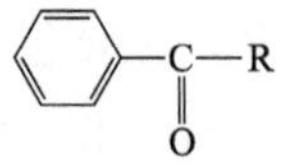	1695～1680
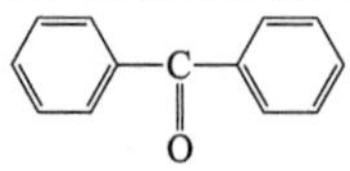	1667～1661
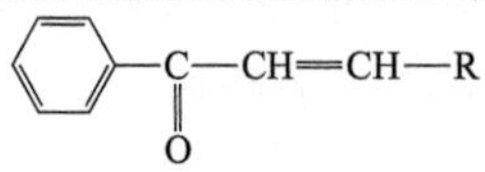	1667～1653

孤对电子与多重键相连产生的n-共轭，结果类似于共轭效应。当诱导与共轭两种效应同时存在时，振动频率的位移和程度取决于它们的净效应。例如：

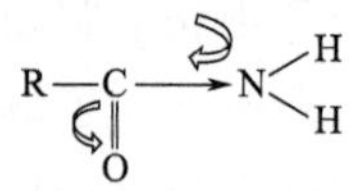

C=O因氮原子的共轭作用，其上的电子云更移向氧原子，C=O双键的电子云密度平均化，导致C=O键的力常数下降，使吸收频率向低波数（$1650cm^{-1}$）位移。

3. 氢键作用

形成氢键使电子云密度平均化（缔合态），使体系能量下降，基团伸缩振动频率降低，其强度增加但峰形变宽。

如羧酸 RCOOH（$\nu_{C=O}=1760cm^{-1}$，$\nu_{O-H}=3550cm^{-1}$）

$(RCOOH)_2$（$\nu_{C=O}=1700cm^{-1}$，$\nu_{O-H}=3250\sim2500cm^{-1}$）

如乙酸 CH_3CH_2OH（$\nu_{O-H}=3640cm^{-1}$）

$(CH_3CH_2OH)_2$（$\nu_{O-H}=3515cm^{-1}$）

$(CH_3CH_2OH)_n$（$\nu_{O-H}=3350cm^{-1}$）

4. 振动耦合

当两个振动频率相同或相近的基团相邻并由同一原子相连时，两个振动相互作用（微扰）产生共振，谱带一分为二（高频和低频）。例如羧酸酐（图7-8），其中2个羰基的振动耦合使v(C=O)吸收峰分裂成2个峰，波数分别为$1820cm^{-1}$（不对称耦合）和$1760cm^{-1}$（对称耦合）。

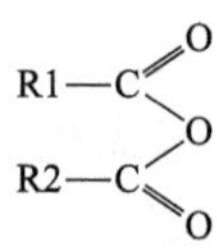

图7-8　羧酸酐分子式

5. 空间效应

由于空间阻隔，分子平面与双键不在同一平面，此时共轭效应下降，红外峰移向高波数（图7-9）。

$\nu_{C=O}=1663cm^{-1}$　　$\nu_{C=O}=1686cm^{-1}$

图 7-9　空间效应引起的 C═O 键振动峰变化

外部因素主要体现在以下几个方面：

（1）物质状态及制样方法　通常，物质由固态向气态变化，其波数将增加，例如丙酮在气态时 C═O 为 $1742cm^{-1}$，液态时 C═O 为 $1718cm^{-1}$。因此，在查阅标准红外图谱时应注意试样状态和制样方法。

（2）溶剂效应　极性基团的伸缩振动频率通常随溶剂极性的增加而降低。如羧酸中的羰基 C═O：

气态时：$\nu(C=O)=1780cm^{-1}$

非极性溶剂：$\nu(C=O)=1760cm^{-1}$

乙醚溶剂：$\nu(C=O)=1735cm^{-1}$

乙醇溶剂：$\nu(C=O)=1720cm^{-1}$

因此红外光谱通常需在非极性溶剂中测量。

（3）温度效应　低温下，吸收带尖锐，随温度升高，带宽增加，强度减小。

第四节　红外光谱仪

目前主要有色散型红外光谱仪和 Fourier 变换红外光谱仪两类红外光谱仪。

一、色散型红外光谱仪

色散型红外光谱仪的组成部件包括光源、吸收池（样品池、参比池）、单色器、检测器、记录系统和信号放大系统，其中，单色器放置在吸收池后面。图 7-10 是色散型双光束红外光谱仪结构示意图。

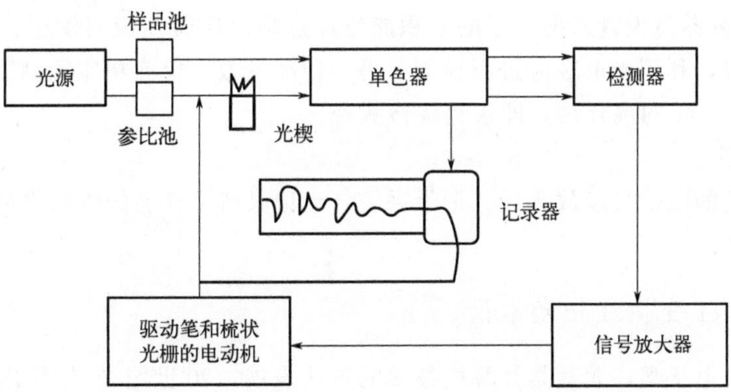

图 7-10　色散型双光束红外光谱仪结构示意图

1. 光源

红外光谱仪中所用的光源通常是一种惰性固体，用电加热使之发射高强度的连续红外辐射。其组成及特点如表 7-6 所列。

表 7-6　红外光谱仪光源的组成及特点

类型	制作材料	工作温度/℃	特点
Nernst 灯	Zr、Th、Y 的氧化物	1700	高波数区（$>1000cm^{-1}$）有更强的发射；稳定性好；机械强度差；价格较高
硅碳棒	SiC	1200～1500	低波数区光强度较大；波数范围更广；坚固、发光面积大

2. 吸收池

因玻璃、石英材料不能透过红外光，红外吸收池要用可透过红外光的 NaCl、KBr、CsI、KRS-5（TlI58%，TlBr42%）等材料制成窗片。用 NaCl、KBr、CsI 等材料制成的窗片需注意防潮。不同的样品状态（固态、液态、气态）使用不同的样品池，固态样品可与晶体混合压片制成。红外光谱仪吸收池的组成及注意事项见表 7-7。

表 7-7　红外光谱仪吸收池的组成及注意事项

材料	透光范围/μm	注意事项
NaCl	0.2～25	易潮解，相对湿度低于 40%
KBr	0.25～40	易潮解，相对湿度低于 35%
CaF_2	0.13～12	不溶于水
CsBr	0.2～55	易潮解
TlBr＋TlI	0.55～40	微溶于水（有毒）

3. 单色器

单色器是红外光谱仪的关键部分，其作用是将通过样品池和参比池后的复合光分解成单色光。它由色散元件、准直镜狭缝组成。红外光谱仪分光系统最常用的色散原件是复制闪耀光栅，常自动更换光栅常数不同的光栅，使测定的波数范围更宽且能得到更高的分辨率。

4. 检测器

常用的红外检测器有热检测器（真空热电偶、热释电检测器）和量子检测器（汞镉碲检测器）。热检测器将大量入射光子的累积能量经过热效应转变成可测值。量子检测器是一种半导体装置，利用光电效应进行检测，是一种高灵敏、快速响应检测器，目前常用的是半导体 HgTe-CdTe 的混合物，即汞镉碲检测器。

5. 记录系统

红外线产生的电信号经放大后，记录系统自动记录所测样品的吸收强度随波数变化的红外吸收光谱图。

二、Fourier 变换红外光谱仪

随着光学、电子学，尤其是计算机技术的迅速发展，20 世纪 70 年代出现了新一代的红外光谱测量技术和仪器，它就是基于干涉调频分光的 Fourier（傅里叶）变换红外光谱仪

(FTIR)，是一种利用光的相干性原理设计的干涉型红外分光光度仪，主要包括光源、干涉仪（迈克尔逊干涉仪）、样品室、检测器、电子计算机和记录系统（图 7-11)。与色散型红外光谱仪的主要区别是：不是利用色散元件获得不同波长的红外单色光后再测量样品对它们的吸收信息，而是利用干涉仪和电子计算机共同获取样品的红外吸收信息，即干涉仪和电子计算机代替了分光元件。

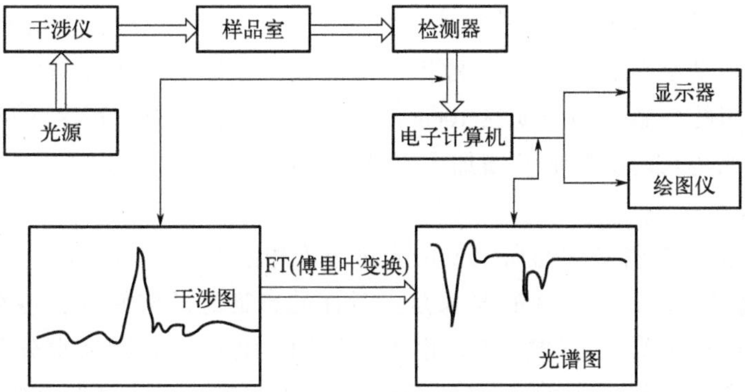

图 7-11　FTIR 工作原理框图

由于傅里叶变换红外光谱仪不需要用狭缝，因而它可在任何测量时间获得辐射源所有频率的全部信息。此外，也消除了狭缝对光谱能量的限制，使光能的利用率大大提高。与色散型红外光谱仪相比，它具有以下优点：

① 消除了狭缝对于通过它的光能的限制；

② 可以同时获得光谱所有频率的全部信息；

③ 扫描速度快，测量时间短，可在 1s 内获得红外光谱，适用于对快速反应过程的追踪，便于和色谱法联用；

④ 灵敏度高，检出限可达 10^{-12}～10^{-9}g；

⑤ 分辨本领高，波数精度可达 0.01cm^{-1}；

⑥ 光谱范围广，可研究整个红外区（10000～10cm^{-1}）的光谱；

⑦ 测定精密度高，重复性可达 0.1%，而杂散光<0.01%。

第五节　试样的处理和制备

一、试样的要求

在红外光谱法中，试样的制备占有重要的地位。能否获得一张满意的红外光谱图，除了仪器性能的因素外，试样的处理和制备也十分重要。一般来说，红外光谱的试样可以是气体、液体或固体，制备试样中应注意以下几点。

① 试样应为“纯物质”（>98%），通常在分析前，样品需要纯化。

② 试样不能含有水，水可产生红外吸收且可侵蚀盐窗，而且水分在红外区有吸收，

使测得的光谱图变形。

③ 试样的浓度和测试厚度应选择恰当，以使光谱图中的大多数吸收峰的透射比处于10%～80%范围内。

二、试样的制备方法

1. 气体试样

使用气体吸收池。气态试样可在玻璃气槽内进行测定，它的两端粘有红外透光的NaCl或KBr窗片。先将气槽抽真空，再将试样注入。气体样品可以直接充入已抽成真空的样品池内，常用的样品池的长度在10cm以上。对于痕量分析，可多次反射使光程折叠，使光束通过样品池全长的次数成倍增加，以满足仪器的检测要求。

2. 液体试样

① 池窗及样品池材料必须与所测量的光谱范围相匹配。

② 应正确选择溶剂。对溶剂的要求是：对样品有良好的溶解性；溶剂的红外吸收不干扰测定。常用的溶剂为CCl_4或CS_2，也可以采用$CHCl_3$等。因为水分子本身有红外吸收，也会侵蚀池窗，因此样品必须干燥。配成的样品溶液浓度一般为10%左右。

③ 液体或溶液试样。

a. 沸点低、易挥发的样品：液体池法。沸点较低，挥发性较大的试样，可注入封闭液体池中，液层厚度一般为0.01～1mm。

b. 高沸点的样品：液膜法（夹于两盐片之间）。沸点较高的试样，直接滴在两块盐片之间，形成液膜。

c. 固体样品可溶于CS_2或CCl_4等无强吸收的溶液中。常用的红外光谱溶剂应在所测光谱区内本身没有强烈吸收，不侵蚀盐窗，对试样没有强烈的溶剂化效应。CS_2是1350～600cm^{-1}区域常用的溶剂，CCl_4用于4000～1350cm^{-1}区域。

3. 固体试样

（1）溶液法　把固体样品溶解在溶剂中，用液体池测定。

（2）压片法　压片法是测定固体样品经常采用的方法。将1～2mg试样与200mg纯KBr或KCl粉末研细混匀，置于模具中，用（5～10）×10^7Pa压力在压片机上压成透明薄片，即可用于测定，粒度<2μm。试样和KBr都应经干燥处理，以免散射光影响。KBr在4000～400cm^{-1}光区不产生吸收，因此可测绘全波段光谱图。

（3）调糊法　也叫石蜡糊法，即将干燥处理后的试样研细，与液体石蜡或全氟代烃混合，调成糊状，夹在盐片中测定。液体石蜡油自身的吸收带简单，但此法不能用来研究饱和烷烃的吸收情况。

（4）薄膜法　主要用于高分子化合物的测定。可将它们直接加热熔融后涂制或压制成膜。也可将试样溶解在低沸点的易挥发溶剂中，涂在盐片上，待溶剂挥发后成膜来测定。

第六节　拉曼光谱法

拉曼散射是一种光的散射现象，是拉曼（C. V. Raman）观察液体时发现的。拉曼在海上航行时观察到海水呈现蓝色，激发了他对海水颜色来源的好奇，因而开展了一系列的理论研究和实验探索。他在实验室中将太阳光透过滤光器照射在苯溶液中，发现阳光经过滤光后，所出现的光束呈现蓝色，而当蓝色的光束进一步照射进含有苯的溶液后，除了原先照射之前的蓝光外，还出现其他颜色的光，尽管很微弱，但观察到是绿色。这种现象被拉曼认为是一种新的分子辐射，是光进入溶液后，与溶液分子作用产生的，这种新发现也就是后来被人们所知的拉曼散射。拉曼在1930年，借助这一发现获得诺贝尔物理学奖，成为亚洲第一位获得此奖项的科学家。由于Raman效应太弱等原因，这种研究分子结构的手段的应用和发展受到严重的影响。直到1960年激光问世并将这种新型光源引入Raman光谱后，它克服了以前的缺点，并配以高质量的单色器及高灵敏度的光电检测系统。从而，激光Raman光谱的研究进展十分迅速，成为分子光谱学中的一个重要分支。

一、激光拉曼光谱的基本原理

1. 光的散射现象

一束单色光通过透明介质，在透射和反射方向以外出现的光称为散射光（图7-12），目前发现的散射光有丁达尔（Tyndall）散射、瑞利（Rayleigh）散射和拉曼（Raman）散射等。丁达尔散射是指当介质中含有大小与光的波长差不多的微粒聚集体时引起的光散射。瑞利散射是指当引起光散射的粒子为分子大小时，散射光频率与入射光频率相同，强度与入射光波长的四次方成反比。拉曼散射是指当引起光散射的粒子为分子大小时，散射光频率与入射光频率不同。拉曼散射光对称地分布于Rayleigh线两侧，其中频率较低的称为Stokes线，频率较高的称为反Stokes线。

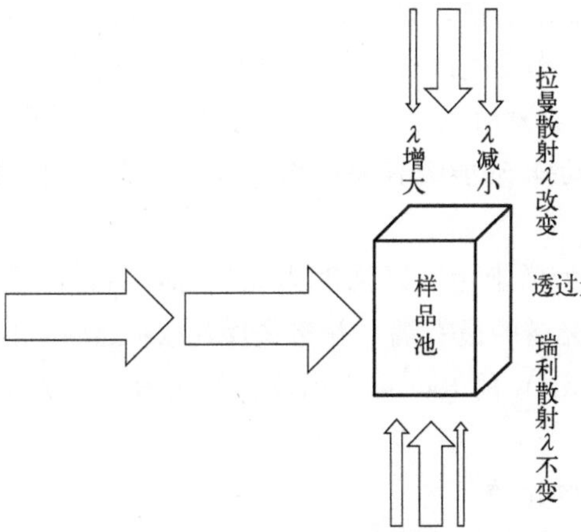

图7-12　光散射现象的示意图

用量子理论定性地解释瑞利（Rayleigh）和拉曼（Raman）散射效应（见图7-13）。图7-13中E_0为基态能级，E_1为振动激发态能级。入射单色光的频率为ν_0，其光子能量为$h\nu_0$。瑞利散射是光子与物质分子间发生弹性碰撞，在碰撞过程中没有能量的交换，光子的频率不变，仅改变方向。处于E_0或E_1的分子，受能量为$h\nu_0$入射光子的激发，分子的能量分别跃迁到$E_1+h\nu_0$或$E_0+h\nu_0$的激发虚态。分子在虚态是不稳定的，将很快返回相应的能级E_2和E_1，把吸收的能量以光子的形式释放出来，即$\nu_d=\nu_0$。

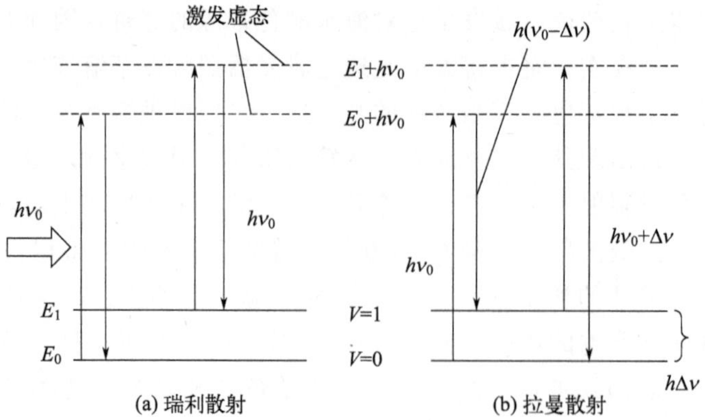

图 7-13 瑞利散射和拉曼散射原理图

拉曼散射是光子与物质分子产生非弹性碰撞时，它们之间发生能量交换。光子不但发生了方向的改变，而且能量会减少或增加。当入射光子（$h\nu_0$）把处于 E_0 能级的分子激发到 $E_0+h\nu_0$ 能级时，因这种能态不稳定而跃回 E_1 能级，其净结果是分子获得了 E_1 与 E_0 的能量差，而光子就损失这部分能量，使散射光频率小于入射光频率，此即 Stokes 线。当入射光子（$h\nu_0$）把处于 E_1 能级的分子激发到 $E_1+h\nu_0$ 能级时，因这种能级不稳定而很快跃回到 E_0 能级。这时分子损失 E_1 与 E_0 的能量差，光子获得了这部分能量。结果是散射光的频率比入射光的频率大，此即反 Stokes 线。Stokes 线或反 Stokes 线的频率与入射光频率之差 $\Delta\nu$，称为拉曼位移。对应的 Stokes 线与反 Stokes 线的拉曼位移相等。按 Boltzmann 统计，室温时处于振动激发态的概率不足 1%，因此 Stokes 线的强度要比反 Stokes 线强得多。

瑞利散射的特点是没有能量交换，光子的频率不变，仅改变方向；拉曼散射的特点是能量会增加或减少，光子的频率发生改变，方向也改变。拉曼位移 $\Delta\nu$ 即散射光频率与激发光频率之差。$\Delta\nu$ 取决于分子振动能级的改变，与分子结构有关，是分子的特征属性；与入射波长无关；与分子振动-转动能级有关；物质分子具有不同的振动-转动能级，因而具有不同的拉曼位移。

以 Raman 位移（波数）为横坐标，以强度为纵坐标，而把激发光的波数作为零（频率位移的标准，即 ν_0）写在光谱的最右端，并略去反 Stokes 谱带，便得到类似于红外光谱的 Raman 光谱图。图 7-14 是 CCl_4 的 Raman 光谱图。利用 Raman 光谱，可对物质分子进行结构分析和定性鉴定。

2. 拉曼活性与红外活性的比较

拉曼光谱与红外光谱都是研究分子的振动，但其产生的机理却截然不同。红外光谱是分子对红外线的吸收，强度由分子偶极矩决定，适用于研究分子的非对称性振动和不同原子间的极性键振动。拉曼光谱产生于分子诱导偶极矩的变化，由分子对激光的散射引起，散射光强度由分子极化率决定，适用于研究分子对称性振动和同原子的非极性键振动。非极性基团或全对称分子，其本身没有偶极矩，当分子中的原子在平衡位置周围振动时，由于入射光子的外电场的作用，分子的电子壳层发生形变，分子的正负电荷中心发生了相对移动，形成了诱导偶极矩，即产生了极化现象。

$$\mu_1=\alpha E \tag{7-6}$$

式中，μ_1 为诱导偶极矩；α 为极化率；E 为入射光子的电场强度。α 与分子内部的振动无关，则为瑞利散射；α 随分子内部的振动而变化，则为拉曼散射。

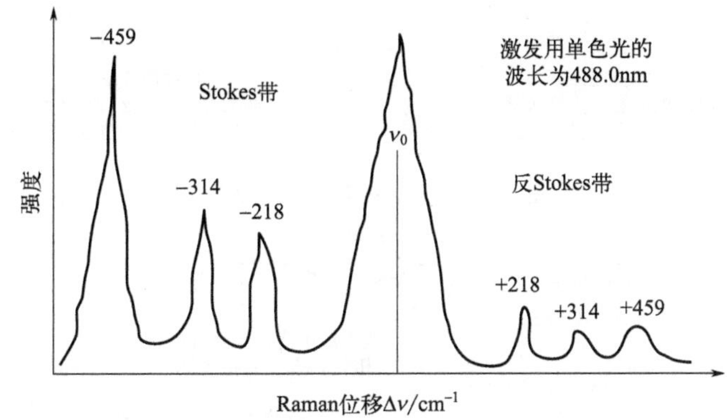

图 7-14　CCl_4 的 Raman 光谱

表 7-8 和表 7-9 是 CO_2 和 H_2O 的基本振动模式。线性 CO_2 有 4 种基本振动模式，简并后有 3 种。非线性的 H_2O 有 3 种基本振动模式。

表 7-8　CO_2 的基本振动模式

振动模式	O═C═O	极化率	Raman	偶极矩	红外
对称伸缩	O→C←O	变化	活性	不变	非活性
非对称伸缩	O→←C←O	不变	非活性	变化	活性
弯曲	简并 O C O（O↓ C↑ O↓）	不变	非活性	变化	活性
	O C O	不变	非活性	变化	活性

表 7-9　H_2O 的基本振动模式

振动模式	H O H	极化率	Raman	偶极矩	红外
对称伸缩	H O H	变化	活性	变化	活性
非对称伸缩	H O H	变化	活性	变化	活性
弯曲	H O H	变化	活性	变化	活性

一般用以下规则来判别分子的拉曼活性或红外活性。

（1）互斥原则　凡具有对称中心的分子，红外活性和拉曼活性是互相排斥的（图 7-15）；若红外吸收是活性的，则拉曼是非活性的，反之亦然（图 7-16）。

（2）互允原则　不具有对称中心的分子，其红外活性和拉曼活性是并存的。在两种谱图中各峰之间的强度比有所不同。例如：H_2O、SO_2 等，其红外活性和 Raman 活性是并存的（图 7-17）。

图 7-15　CO_2 的拉曼活性示意图

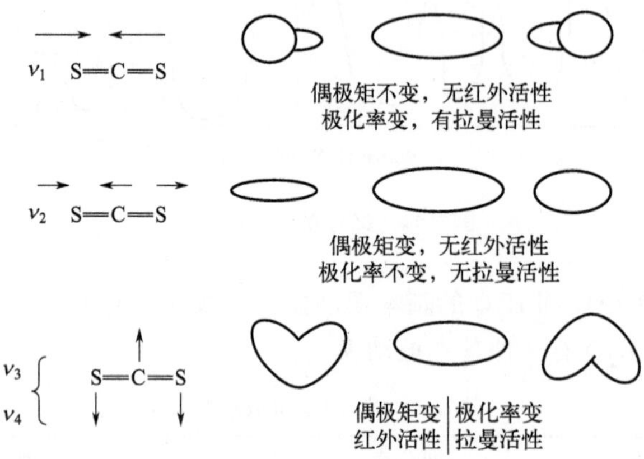

图 7-16　CS_2 的拉曼活性示意图

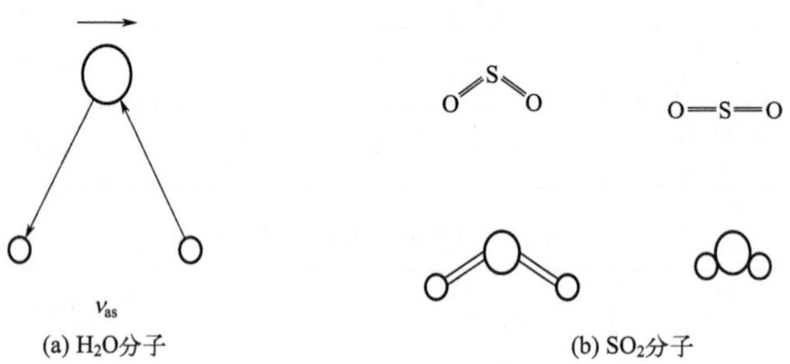

图 7-17　H_2O 和 SO_2 分子结构示意图

（3）互阻原则　少数分子的振动其红外和拉曼都是非活性的。例如：平面对称分子乙烯的扭曲振动，既没有偶极矩的变化，也不产生极化率的改变（图 7-18）。

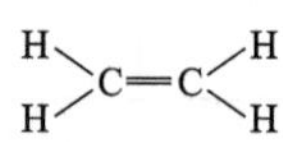

图 7-18　乙烯分子结构图

二、表面增强拉曼光谱

1974 年，Fleischmann 等在研究中首次发现，在使用具有粗糙表面的银作为电极时，观测到较强的拉曼信号，当时作者认为电极的吸附能力致使拉曼信号得到增强。在 1977 年，Jeanmaire 和 Van Duyne 两位教授经过实验研究与理论模拟计算后发现，粗糙银电极具有较强吸附能力时，拉曼信号的增强可能并不是单纯由检测范围内分子数量的增加造成的，这种状况被他们称为表面增强拉曼（SERS）。自此，SERS 技术引起科研工作者的关注，一系列的实验和理论研究得到进一步探索。1997 年，Nie 等制备出单个 Ag 纳米粒子，并成功检测出单分子罗丹明 6G，并且当仪器、待测分子、Ag 纳米粒子三者处于最佳状态时，拉曼增强因子能够达到 14～15 个数量级，这引起了 SERS 技术的研究狂潮。经过几十年的发展，SERS 技术已经实现单分子水平的检测，并广泛应用于疾病诊断、环境检测、传感器等多个领域中，这使得人们认识到 SERS 在微量、痕量污染物检测方面极具发展潜力。

目前，对于 SERS 增强机理的解释，人们普遍认同两种机理，一种是电磁增强机理，另一种是化学增强机理。电磁增强主要是由金属纳米颗粒局部表面等离子体共振（LSPR）引起的，而化学增强的产生是由于待测分子与基底表面的相互作用。大量研究表明，SERS 中这两种机理是并存的，只是对于不同的体系，两种机理做出的贡献是不同的。

（1）电磁增强机理（EM）　电磁增强的因素可以分为局部表面等离子体共振（LSPR）模型、避雷针模型和镜像场模型三类。其中 LSPR 模型是最具有代表性，也是最广泛被人们接受的模型。在 LSPR 模型中，可见光作用于金属纳米颗粒表面，导致纳米颗粒表面的自由电子相对于金属原子核产生集体振动，当自由电子振动的频率与可见光的频率相同时，就引发了共振现象，极大程度上增强了局部电磁场，从而产生了更加强烈的 LSPR 效应。通常富含自由电子的贵金属如金、银、铜等在可见光范围内可形成 LSPR，并且这种增强效应的幅度与纳米颗粒的材料、形貌、粗糙程度、尺寸有关。在 LSPR 形成的局部电磁场中，曲率越高的纳米颗粒，在其附近产生的电磁场增强幅度越大，这种区域一般被称为“热点”。理论研究中，处于两个金属纳米球颗粒之间等离子体共振“热点”处的目标分子，在电磁场中信号增强因子可达 10^4 以上。此外，除了球形颗粒之间能够产生“热点”外，研究表明非球状颗粒，如三棱柱、棒状、扁球体这种带有尖端的形状，也能产生强烈的电磁场，最大场强位于粒子的尖端处。

（2）化学增强机理　在早期的科学研究中，人们发现吸附在金属纳米颗粒表面的吡啶分子形成的 SERS 增强可达 10～10^3 倍，但是有些现象无法用 EM 来解释：改变电极电势（EM 不变），SERS 的增强因子会发生变化；不同的分子作为检测对象，也会影响分子的 Raman 信号。这些现象表明 SERS 效应不是依靠单独的 EM 作用，还存在别的增强机理。化学增强中最主要的机理是电荷转移机理。分子通过化学吸附作用，目标分子被吸附到纳米金属表面，两者之间相互作用，会产生新的电荷转移激发态，当可见激发光的能量与电荷转移能量匹配时，在金属和分子之间会形成电荷转移跃迁共振，使得分子的极化率增大，从而增强 SERS 效应。

三、激光拉曼光谱仪

激光拉曼光谱仪的基本组成有激光光源、样品池、单色器、检测与信号记录系统四部分，并配有微机控制仪器操作和处理数据，其框图如图 7-19 所示。

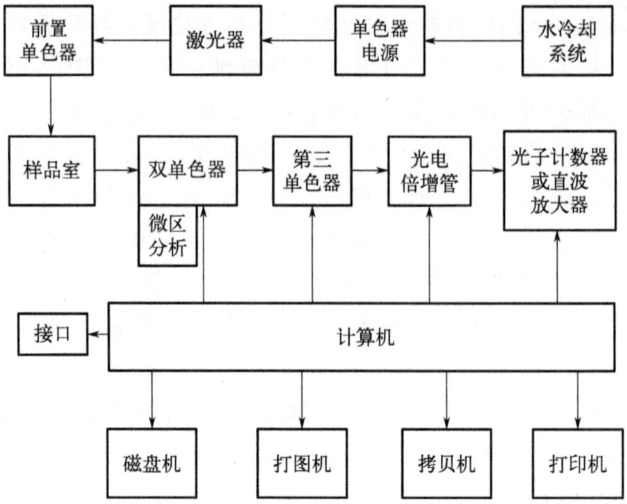

图 7-19　激光拉曼光谱仪框图

(1) 激光光源　多用连续式气体激光器。光源的功能是提供单色性好、功率大并且最好能多波长工作的入射光。如主要波长为 632.8nm 的 He-Ne 激光器以及主要波长为 514.5nm 和 488.0nm 的 Ar 离子激光器。

(2) 样品池　样品池作用是使激光聚焦在样品上，从而对样品进行照射以及收集拉曼散射。样品池常用微量毛细管以及常量的液体池、气体池和压片样品架等。

(3) 单色器　激光拉曼光谱仪的心脏，要求最大限度地降低杂散光且色散性能好。常用光栅分光，并采用双单色器以增强效果。为检测 Raman 位移为很低波数（离激光波数很近）的 Raman 散射，可在双单色器的出射狭缝处安置第三单色器。对于可见光谱区内的 Raman 散射光，可用光电倍增管作为检测器。通常以光子计数进行检测，现代光子计数器的动态范围可达几个数量级。

(4) 检测与信号记录系统　单道探测采用光电倍增管等；多道探测采用硅靶摄像管、二极管阵列、电荷耦合器件（CCD）等。

随着科技的发展，出现了傅里叶拉曼光谱仪，其激光光源采用 1.064μm 波长的 Nd-YAG（钇铝石榴石）激光器代替了可见光激光器。由干涉 FT 系统代替分光扫描系统对散射光进行检测。检测器用高灵敏度的铟镓砷探头，并在液氮冷却下工作，从而大大降低了检测器的噪声；也可用电荷耦合器件进行多道检测。

四、拉曼光谱的特点

近年来，拉曼光谱取得了很大的进展，在有机物结构分析、高分子聚合物研究、生物大分子定量分析等方面得到了极大的应用，其主要优点如下：

① 提供高质量的分子结构信息　拉曼光谱的谱峰清晰尖锐，更适合定量分析、数据库搜索，以及运用差异分析进行定性研究。在化学分析中，独立的拉曼区间的强度可能和功能基团的数量有关。

② 对样品无接触，无损伤　可采用光纤实现原位无损测量，对样品无接触，无损伤。

③ 无须制备样品　常规拉曼光谱无需制备样品，样品可直接通过光纤探头或者玻璃比色皿、石英比色皿和光纤测量。

④ 不受溶剂水的影响　由于水的拉曼散射很微弱，拉曼光谱是研究水溶液中的生物样品和化学化合物的理想工具。

⑤ 用量少　因为激光束的直径在它的聚焦部位通常只有 0.2～2mm，常规拉曼光谱只需要少量的样品就可以得到。而且拉曼显微物镜可将激光束进一步聚焦至 20μm 甚至更小，可分析更小面积的样品。

⑥ 拉曼光谱仪的维护成本低，使用简单。

⑦ 可根据被测物质的性质，选择激发光的波长。拉曼光谱可以一次同时覆盖 50～4000cm^{-1} 的区间，可对有机物和无机物进行分析。相反，要让红外光谱覆盖相同的波谱区间，必须改变光栅、光束分离器、滤波器和检测器。

⑧ 拉曼光谱仪可以在高温、低温、高压条件下测量。激光拉曼光谱在可见光区研究分子振动光谱，大大降低了对吸收池、单色器、检测器等光学元件的要求。

第七节　红外吸收光谱和拉曼光谱在环境分析中的应用

一、燃烧氧化-非分散红外法测定土壤中的有机碳

1. 方法原理

当风干土壤样品在富含氧气的载气中被加热至 680℃以上时，样品中有机碳被氧化为二氧化碳，产生的二氧化碳导入非分散红外检测器，在一定浓度范围内二氧化碳的红外线吸收强度与其浓度成正比，即可计算土壤中的有机碳含量。

2. 干扰和消除

当样品被加热至 200℃以上时，所有碳酸盐均完全分解，产生二氧化碳，对本方法的测定产生正干扰，可通过加入适量磷酸去除。

3. 试剂和材料

① 无二氧化碳水：临用现制，电导率≤0.2mS/m（25℃）。

② 浓磷酸：$\varphi(H_3PO_4)=85\%$，优级纯。

③ 蔗糖（$C_{12}H_{22}O_{12}$）：基准试剂。可用葡萄糖（$C_6H_{12}O_6$）代替蔗糖。

④ 载气：氮气，纯度 99.99%。

⑤ 助燃气：氧气，纯度 99.99%。

⑥ 蔗糖溶液：$\rho(\text{有机碳},C)=10.0g/L$。常温下保存，有效期为两周。

⑦ 磷酸溶液：$\varphi(H_3PO_4)=5\%$。常温下保存，有效期为两周。

4. 仪器和设备

① 总有机碳测定仪：带有固体燃烧装置，可加热至 680℃以上；温度可调节，精度 1℃；具有非分散红外检测器，并附带石英杯。

② 天平：精度为 0.1mg。

③ 土壤筛：2mm（10 目）、0.097mm（160 目），不锈钢材质。

④ 微量注射器：200μL。

5. 样品

（1）样品的采集和保存　土壤样品的采集和保存参照 HJ/T 166—2004 的相关规定执行。

（2）试样的制备　将土壤样品置于风干盘中，平摊成 2～3cm 厚的薄层，先剔除植物、昆虫、石块等残体，用铁锤或瓷质研磨棒压碎土块，每天翻动几次，自然风干。充分混匀风干土壤，采用四分法，取其两份，一份留存，另一份研磨至全部过 2mm（10 目）土壤筛。取 10～20g 过筛后的土壤样品，研磨至全部过 0.097mm（160 目）土壤筛，装入棕色具塞玻璃瓶中，待测。

（3）干物质含量的测定　准确称取过 2mm（10 目）筛后的风干土壤样品。

6. 分析步骤

（1）仪器调试　按照总有机碳测定仪说明书设定条件参数并进行调试。

（2）校准曲线的绘制　用移液管分别准确量取 0.0、0.5mL、1.0mL、2.5mL、5.0mL、10.0mL 蔗糖溶液于 10.0mL 容量瓶中，用水稀释至标线，配制成浓度分别为 0.0、0.5g/L、1.0g/L、2.5g/L、5.0g/L、10.0g/L 的校准系列。用微量注射器取 200μL 校准系列于垫上少量玻璃毛的石英杯中，其对应有机碳含量分别为 0.00、0.10mg、0.20mg、0.50mg、1.0mg 和 2.0mg，将石英杯放入总有机碳测定仪，依次从低浓度到高浓度测定校准系列的响应值，以有机碳含量（mg）为横坐标，以对应的响应值为纵坐标，绘制校准曲线。

（3）测定　称取试样 0.05g，精确到 0.0001g，放入垫上少量玻璃毛的石英杯中，并缓慢滴加磷酸溶液，至试样无气泡冒出。将石英杯放入总有机碳测定仪，测定响应值。

7. 结果计算

土壤中有机碳含量 w_{OC}（以碳计，质量分数，%）按照式（7-7）和式（7-8）进行计算：

$$m_1 = m \times \frac{w_{dm}}{100} \tag{7-7}$$

$$w_{OC} = \frac{A - A_0 - a}{bm_1 \times 1000} \times 100 \tag{7-8}$$

式中，m_1 为试样中干物质的质量，g；m 为试样取样量，g；w_{dm} 为土壤样品的干物质含量（质量分数），%；w_{OC} 为土壤样品中有机碳的含量（以碳计，质量分数），%；A 为试样响应值；A_0 为空白样品响应值；a 为校准曲线的截距；b 为校准曲线的斜率。

二、表面增强拉曼光谱在增速剂方面的分析应用

邻苯二甲酸二（2-乙基己基）酯（DEHP）是使用最广泛的 PAEs（邻苯二甲酸酯类）塑化剂。DEHP 分子通过纯物理键而非化学键与塑料高分子聚合物连接，这导致 DEHP 容易受外界条件影响迁移到环境中。越来越多的证据表明，DEHP 被认为是内分泌干扰物，长期接触 DEHP 会影响生态环境和人体健康。表面增强拉曼散射（SERS）作为一种新兴的痕量分析技术，在识别目标分子方面表现出快速、灵敏和无损等特性。SERS 的显著优势在于其独特的分子“指纹信息”及其对单分子水平的敏感性，这主要取决于 SERS 的电磁增强机制（EM）。EM 与贵金属（主要是 Au 和 Ag）表面局部等离子体共振（LSPR）形成的“热点”有关。只有当目标分子接近“热点”场时，LSPR 激发的局部电磁场更强，

拉曼信号才能得到显著提高。本方法采用银纳米粒子和三维多孔的金属框架有机物（MOFs，Zr-UIO-66）制备复合基底，应用于塑化剂 DEHP 的检测分析。

1. 实验试剂

氯化锆（Ⅳ）（$ZrCl_4$，99%）；对苯二甲酸（PTA，99%）；N,N-二甲基甲酰胺（DMF，95%）；乙酸（AA，99%）；硝酸银（$AgNO_3$，95%）、甲醇（MeOH，95%）和 DEHP 购自国药集团化学试剂公司，均为 AR 级，无须再纯化。

2. SERS 基底的制备

（1）Zr-UIO-66 的合成　将 104.9mg 氯化锆（Ⅳ）和 81.5mg 对苯二甲酸、12mL 乙酸加入 100mL DMF 溶液中。然后转移到反应釜中，在 120℃烘箱中加热 24h。反应产物用甲醇-DMF 混合液在 10000r/min 下离心 3 次，清洗 5min。然后将沉淀物真空干燥 12h，以获得白色 Zr-UIO-66 粉末。

（2）Zr-UIO-66@ Ag NPs 的合成　将不同比例（1∶1、1∶2、1∶3、1∶4）的 Zr-UIO-66 和硝酸银分散在 40mL DMF 中。混合后，装入反应釜中，在 160℃烘箱中加热 3h。结束后，溶液以 10000r/min 离心 5min，并用甲醇-DMF 溶液清洗 3 次。然后将所得材料进行真空干燥。Ag NPs 的合成过程与 Zr-UIO-66@ Ag NPs 的合成过程相同，只是没有加入 Zr-UIO-66。

（3）DEHP 标准溶液的配制　精确量取 39.06mg DEHP 超声溶入 10mL 甲醇溶液中，配制成 10^{-2}mol/L DEHP 标准溶液，接着移取 1mL 10^{-2}mol/L DEHP 溶液加入 9mL 甲醇溶液中，得到 10^{-3}mol/L DEHP 溶液，然后依次配制不同浓度梯度的 DEHP 标准溶液。拉曼检测前，将最佳状态 Zr-UIO-66@ Ag NPs 基底与不同浓度的 DEHP 溶液进行超声混合，最后进行拉曼测试。

3. DEHP 的常规拉曼检测

将不同质量（2.5mg、5mg、10mg、20mg）的 Zr-UIO-66@ Ag NPs 底物与 1mL DEHP 溶液超声混合 20min。然后通过配备物镜和 532nm He-Ne 激光器作为激发源的微共焦拉曼光谱测定 DEHP 的拉曼光谱。

4. 实际样品的处理与加标回收率计算

称取 5g 塑料颗粒用 10mL 甲醇和超声在 50℃下提取 30min。然后提取液通过 0.22μm 膜。对于拉曼检测，将预先准备好的样品溶液与准备好的 Zr-UIO-66@ Ag NPs 基材混合。加标试验同上处理和测定。所有样品测定 3 次，回收率按下式计算：

$$回收率(\%)=\frac{C_2-C_1}{C_3}\times 100\% \qquad (7\text{-}9)$$

式中，C_2 是以 Zr-UIO-66@ Ag NPs 为基底时测得的加标样中 DEHP 浓度，mol/L；C_1 是原始样品中 DEHP 浓度，mol/L；C_3 是样品中加标浓度（$C_3=C_0V_0/V_2$），mol/L，其中 V_2 是加标样品体积（$V_2=V_1+V_0$），V_1 是原始样品体积，C_0 是初始加入的标准 DEHP 的浓度（mol/L），V_0 是初始加入标准 DEHP 的体积。

5. 结果与分析

采用银纳米粒子（Ag NPs）和金属框架材料 Zr-UIO-66 组成的基底对增塑剂 DEHP 进行检测。采用扫描电子显微镜（SEM）对所制备的基底形貌进行表征（图 7-20）。图 7-20(a) 中的 Zr-UIO-66 具有八面体结构，良好的单分散性和均匀的分布有利于 Zr-UIO-66 晶体表面负载银纳米颗粒。图 7-20(b) 表明单独的 Ag NPs 分布不均匀，形态不规则，特别容易团聚成簇。将 Ag NPs 还原到 Zr-UIO-66 表面后，Ag NPs 的团聚现象显著减少，这可能与 Zr-UIO-66 的多孔结构和大比表面积有关。Ag NPs 被嵌入 Zr-UIO-66 的孔隙中，降低了 Ag NPs 的迁移率，并使 Ag NPs 均匀地分散在 Zr-UIO-66 的表面上。当 Zr-UIO-66 与 Ag NPs 的混合比例达到 1∶2 时 [图 7-20(d)]，Ag NPs 的负载量明显增加，均匀分布在 Zr-UIO-66 表面，无明显团聚，这有利于展现出大量 SERS 活性“热点”，产生更多更强的电磁场，有利于 SERS 信号的增强。

图 7-20 不同基底 AgNPs@ Zr-UIO-66 的扫描电镜图

将不同浓度的 DEHP 溶液与 Zr-UIO-66@ Ag NPs 混合并在最佳条件下进行测量。图 7-21(a)（书后另见彩图）表明 $1607cm^{-1}$ 处的拉曼特征峰强度与 DEHP 浓度之间存在一定的相关性。如图 7-21(b)（书后另见彩图）所示，在 10^{-4}～10^{-11}mol/L 范围内，SERS 峰强度与 DEHP 浓度的对数成线性关系，相关系数（R^2）为 0. 9950。经计算，DEHP 的检出限（LOD）为 3×10^{-12}mol/L（5μg/kg）（S/N 值＝3）。LOD 远低于中华人民共和国国家标准

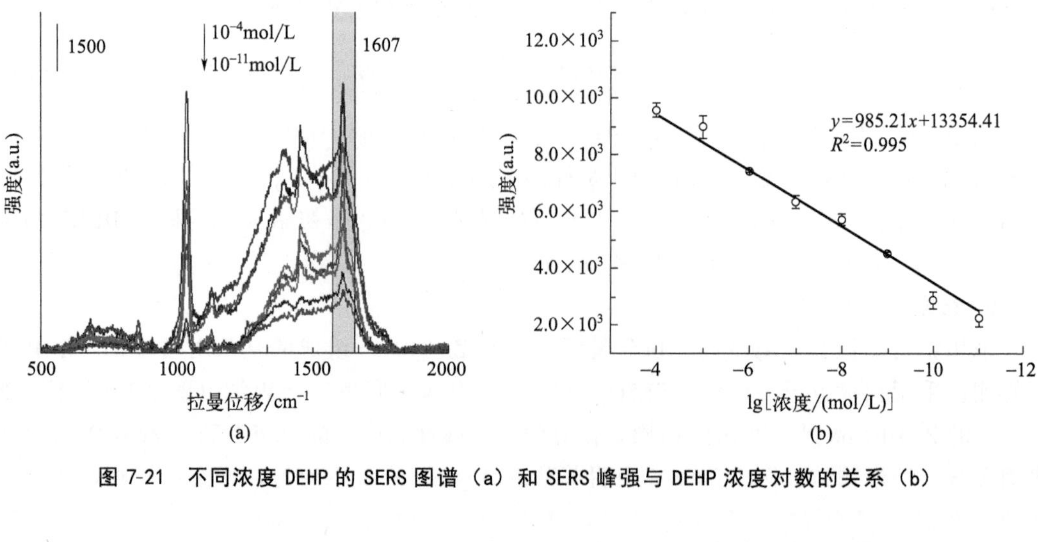

图 7-21 不同浓度 DEHP 的 SERS 图谱（a）和 SERS 峰强与 DEHP 浓度对数的关系（b）

规定的危险废物提取毒性鉴定标准（3mg/kg）和 WHO（世界卫生组织）规定的 DEHP 量［0.025mg/(kg·d)］。

选取 5 种不同类型的塑料颗粒作为测定对象，经过简单处理后测定塑料中的 DEHP 提取浓度。如图 7-22(a)～(e) 所示（书后另见彩图），实际样品中出现的拉曼峰与 DEHP 的一致，因此可以确定这五种塑料颗粒都含有一定浓度的 DEHP。根据 1607cm^{-1} 处的峰强

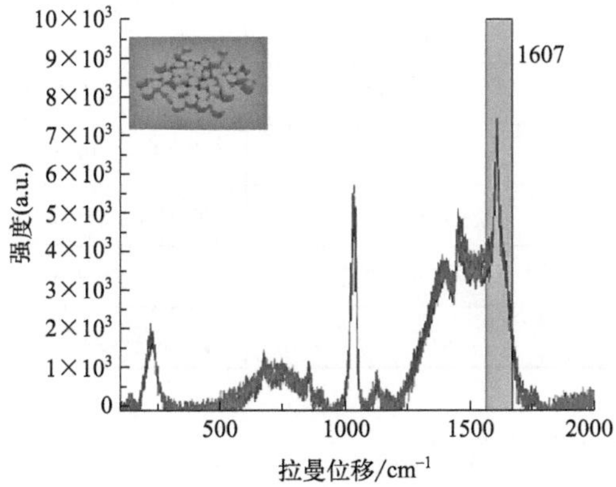

(a) 塑料样品1

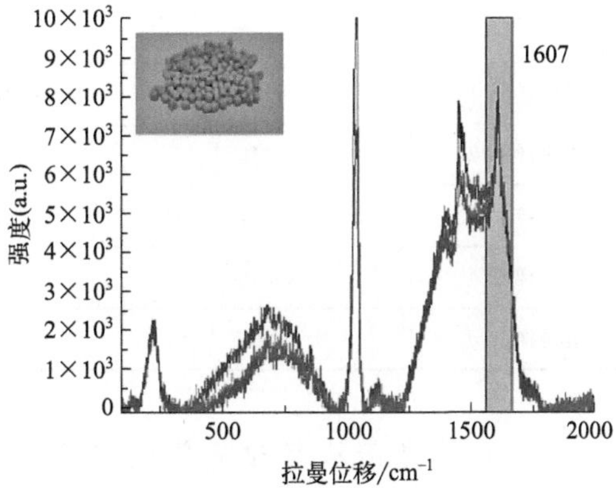

(b) 塑料样品2

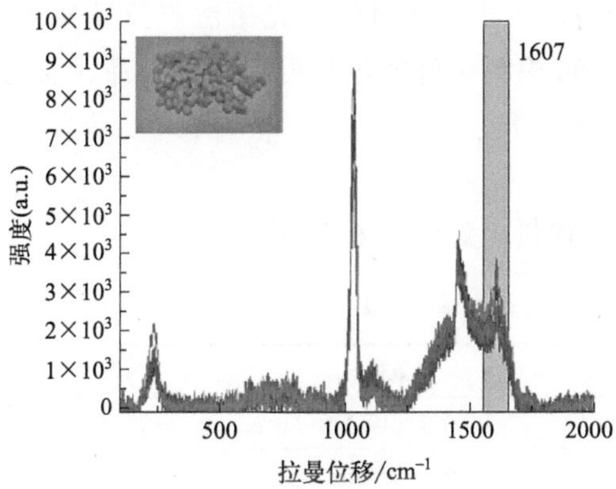

(c) 塑料样品3

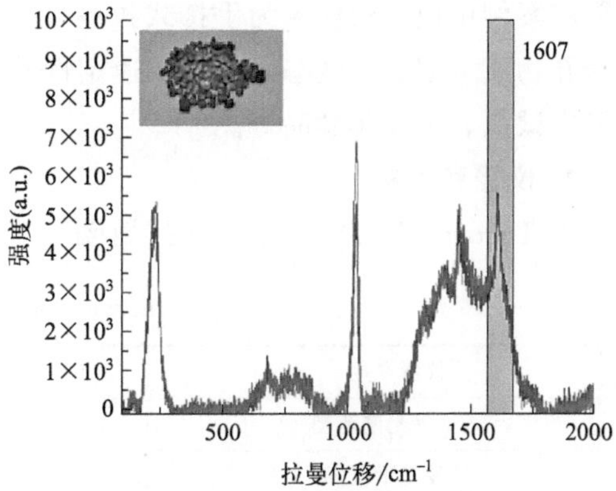

(d) 塑料样品4

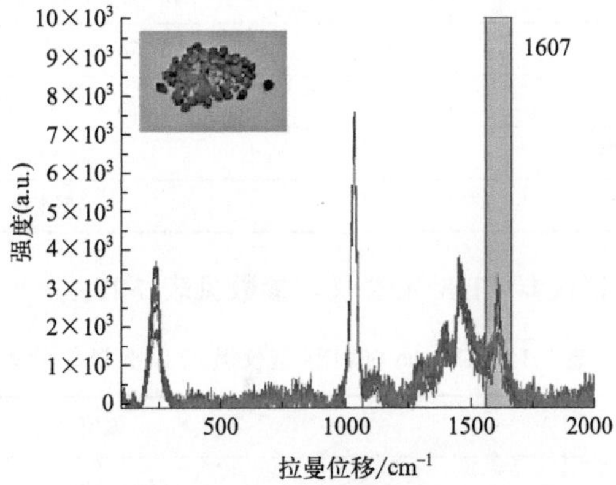

(e) 塑料样品5

图 7-22　5 种实际塑料中 DEHP 的 SERS 图

度计算 DEHP 的浓度和回收率，结果见表 7-10，样品回收率在 81.9%～110.1%之间。检测的回收率和 RSD（相对标准偏差，或变异系数）受到样品性质、来源、提取和过滤过程的影响，可能差异较大，不过这对于 SERS 测试来说通常是可以接受的。总的来说，以上结果表明 Zr-UIO-66@ Ag NPs 基底在塑料中 DEHP 的 SERS 检测中具有可靠的作用。

表 7-10　不同塑料颗粒中 DEHP 的检测结果及回收率分析

样品	空白浓度 /(mol/L)	添加浓度 /(mol/L)	检测浓度 /(mol/L)	回收率 /%
塑料样品 1	3.9×10^{-7}	5×10^{-6}	9.2×10^{-7}	105.4±7.8
塑料样品 2	2.1×10^{-6}	5×10^{-5}	6.2×10^{-6}	81.9±19.3
塑料样品 3	2.3×10^{-10}	5×10^{-9}	7.8×10^{-10}	110.1±14.3
塑料样品 4	1.3×10^{-8}	5×10^{-7}	6.5×10^{-8}	104.5±9.8
塑料样品 5	4.8×10^{-10}	5×10^{-9}	5.4×10^{-10}	97.5±5.3

三、红外光谱法与拉曼光谱法对未知化合物的测定

1. 适用范围

本案例中使用的仪器为手持式拉曼/红外光谱一体机，通过红外光谱法与拉曼光谱法对未知物质（固态、液态）进行快速定性检测，可检测化合物包括但不限于药品、农药、实验室试剂、工业化学品等。

2. 仪器和设备

① Thermo GEMINI 型手持式拉曼/红外光谱一体机，参数见表 7-11。

表 7-11　Thermo GEMINI 型仪器拉曼光谱仪参数

仪器参数	数值
光谱仪光谱范围	781～1014nm
拉曼光谱范围	250～2875cm^{-1}
光谱分辨率	7～10.5cm^{-1}(FWHM)
激光(激励波长)	785nm±0.5nm,2cm^{-1}线宽
激光输出	75mW、125mW、250mW
色散模式	单通光谱仪(在 900nm 下激发为 1200lp/mm)
鼻锥收集光学元件	NA=0.33
鼻锥射束发散性	15°半角

② Thermo GEMINI 型仪器 FTIR 光谱仪，参数见表 7-12。

表 7-12　Thermo GEMINI 型仪器 FTIR 光谱仪参数

仪器参数	数值
光谱范围	650～4000cm^{-1}
光谱分辨率	4cm^{-1}

续表

仪器参数	数值
光学收集	ATR 钻石晶体,单反弹

3. 样品

样品的采样无特殊要求，可直接采集固态（包括固状物体、粉末等）和液态的样品，样品无须经过预处理，可直接上机检测。但不能检测气体、生物材料、辐射或核材料等样品，也不能进行痕量检测。

4. 分析步骤

仪器采用紧凑式和轻量化设计，将一个 785nm Raman 光谱仪和一个 FTIR 光谱仪整合在一个装置中，用于在现场快速识别未知的固体和液体样品。

(1) 拉曼光谱法　拉曼是一种光散射技术，入射光被分子散射时，部分散射光发生非弹性反射，波长频率与入射光不同，对该部分光谱进行分析，定性、定量物质。

(2) 红外光谱法　傅里叶变换红外光谱，由光源发射红外光束，通过迈克尔逊干涉仪，照射气体组分，得到光谱信息，依据傅里叶变换，进行定性和定量分析。

(3) 分析测定

① 拉曼光谱法分析　仪器开机并自检通过后，在主屏幕上选择 Raman 扫描模式，将样品放入样品槽，或使用 Raman 光学探头抵住样品，调节参数，例如扫描延迟、超时和激光功率，然后选择扫描，开始检测。

② 红外光谱法分析　仪器开机并自检通过后，在主屏幕上选择 FTIR 扫描模式，等背景检查通过后，将样品放入 FTIR 样品槽，调节参数，例如扫描延迟、铁砧压力等，然后选择扫描，开始检测。

课后习题

一、选择题

1. 红外吸收光谱是（　　）。

A. 原子光谱　　B. 发射光谱　　C. 电子光谱　　D. 分子光谱

2. 在下列分子中，不能产生红外吸收的是（　　）。

A. CO　　B. H_2O　　C. SO_2　　D. H_2

3. 红外光谱给出分子结构的信息是（　　）。

A. 分子量　　B. 骨架结构　　C. 官能团　　D. 连接方式

4. 在透射法红外光谱中，固体样品一般采用的制样方法是（　　）。

A. 直接研磨压片测定　　B. 与 KBr 混合研磨压片测定

C. 配成有机溶液测定　　D. 配成水溶液测定

二、填空题

1. 在分子振动过程中，化学键或基团的________不发生变化，就不吸收红外线。

2. 一般多原子分子的振动类型分为________振动和________振动。

3. 红外光区位于可见光区和微薄光区之间，习惯上又可将其细分为________、

________和________三个光区。

4. 红外光谱仪可分为________型和________型两种类型。

三、简答题

1. 红外光谱产生的条件有哪些？

2. 试说明什么是红外活性，什么是非红外活性。

3. 试论述色散型红外光谱仪与傅里叶变换红外光谱仪在原理上的区别。

4. 下列化合物在红外光谱的什么区域有不同的特征吸收？

（1）$(C_6H_5)_3CCHO$　　（2）$CH_3C{\equiv}CH$

第八章

分子荧光与实时荧光定量PCR法

第一节　分子荧光光谱法

一、分子荧光光谱的产生

分子荧光是一种分子发光现象。室温下，大多数分子处在基态的最低振动能层。处于基态的分子吸收能量（电能、热能、化学能或光能等）后被激发为激发态。激发态不稳定，将很快衰变到基态。若返回到基态时伴随着光子的辐射，这种现象称为“发光”。由于吸收光能而导致的发光称为光致发光。荧光是指一种光致发光的冷发光现象。当某种常温物质经某种波长的入射光（通常是紫外线）照射，吸收光能后进入激发态，并且立即退激发并发出一定波长的出射光。激发光源停止，发光现象立即停止。由此可见，荧光光谱是物质分子吸收光能后产生的分子发射光谱，由于分子中原子的电子能级跃迁，伴随振动能级的跃迁。以下从分子结构方面解释荧光产生的原理。

每个分子具有一系列严格分立的能级，称为电子能级，而每个电子能级中又包含一系列的振动能层和转动能层（图 8-1）。图 8-1 中基态用 S_0 表示，第一电子激发单重态和第

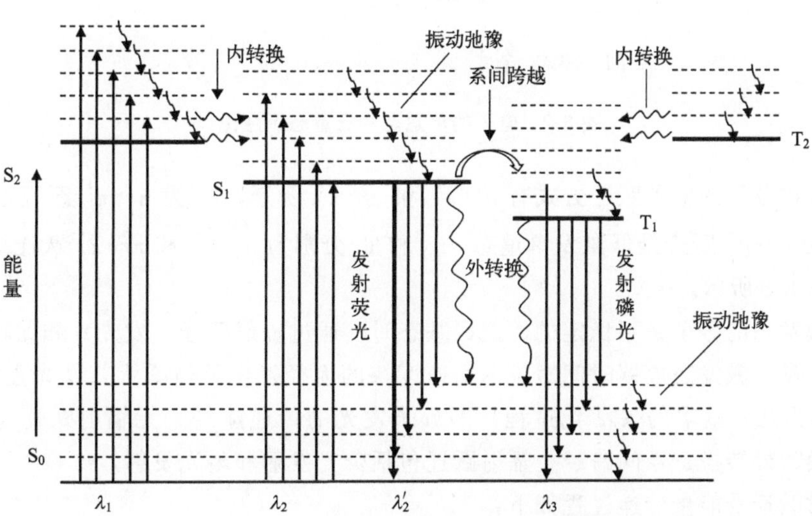

图 8-1　分子发光物理跃迁过程示意图

二电子激发单重态分别用 S_1、S_2 表示，第一电子激发三重态用 T_1 表示，第二电子激发三重态用 T_2 表示。

电子激发态的多重度用 $M=2s+1$ 表示，s 为电子自旋量子数的代数和，其数值为 0 或 1。根据 Pauli 不相容原理，分子中同一轨道所占据的两个电子必须具有相反的自旋方向，即自旋配对。假如分子中全部轨道里的电子都是自旋配对的（↑↓），电子自旋总和是零，光谱项的多重性 $M=2s+1$，$s=(+1/2)+(-1/2)=0$，故 M 是 1，称为基态单重态，以 S 表示。当分子吸收能量后，基态电子激发到某高能级时，将有两种激发态，即受激电子自旋相反（$\downarrow\uparrow_h$）与自旋平行（$\uparrow\uparrow_h$）。自旋平行时光谱项多重性为 $M=2\times1+1=3$，称为激发三重态，用 T 表示。处于分立轨道上的非成对电子，平行自旋要比成对自旋更稳定（Hund 定则），因此三重态能级总是比相应的单态能级略低，如图 8-1 中的 T_1。

大多数有机物分子含有偶数个电子，这些电子成对且自旋方向相反地存在于各个原子或分子轨道上。所以大多数分子在基态时处于单重态。当分子受光照射时，若光子能量恰好等于分子的某两个能级的能量之差，则分子吸收光子并从基态跃迁到第一激发态或更高的激发态中的某个振动能级。但其自旋方向不会立刻改变，分子仍处于单重态。持续一段时间后，激发态电子的自旋可能倒转，生成三重态。激发单重态 S 与激发三重态 T 的不同点（图 8-2）：

① S 态电子自旋相反，T 态电子自旋平行；

② $t_S=10^{-9}\sim10^{-7}$s，$t_T=10^{-4}\sim10$s；

③ 基态单重态到激发单重态的激发为允许跃迁，基态单重态到激发三重态的激发为禁阻跃迁。

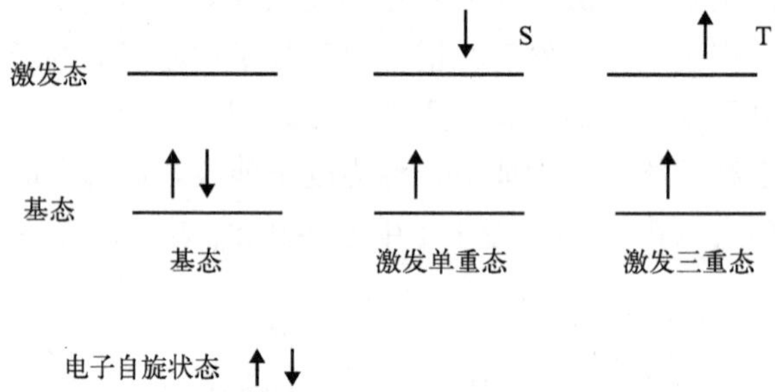

图 8-2　电子的单重态和三重态示意图

若有机物分子的电子跃迁方式有 $n\rightarrow\pi^*$ 和 $\pi\rightarrow\pi^*$ 跃迁，S_1 为 $n\rightarrow\pi^*$ 跃迁最低激发三重态，S_2 为 $\pi\rightarrow\pi^*$ 跃迁最低激发单重态，T_1 和 T_2 分别为 $n\rightarrow\pi^*$ 和 $\pi\rightarrow\pi^*$ 跃迁最低激发三重态，如图 8-3 所示。

处在激发态的分子是不稳定的，返回基态时，通过辐射跃迁（发光）和无辐射跃迁等方式失去能量。激发态停留时间短、返回速度快的途径发生的概率大，发光强度相对大。图 8-4 所示为几种基本的去活化过程，即分子发光的传递途径。无辐射跃迁包括振动弛豫、内转换、外转换、系间跨越；辐射跃迁包括荧光发射和磷光发射。

无辐射跃迁及能量传递过程如下：

(1) 振动弛豫（约 10^{-12}s）　当分子吸收光辐射后可能从基态的最低振动能层（$v=0$）

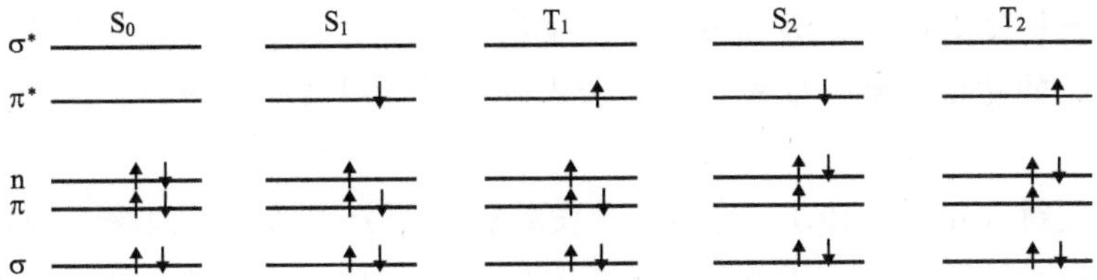

图 8-3　有机物的电子跃迁方式

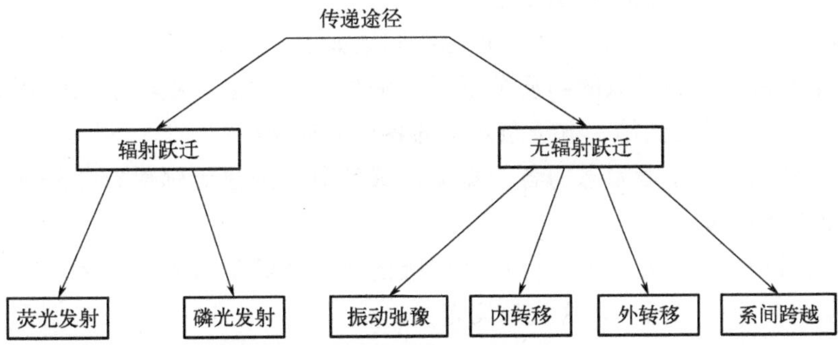

图 8-4　分子发光的传递途径图

跃迁到激发态 S_n 的较高的振动能层上去。然而，在液相或压力足够高的气相中分子间碰撞的概率很大，激发态分子可能将过剩的振动能量以热的形式传递给周围的分子，由于分子间的碰撞，同一电子能级以热能量交换形式由高振动能级返回至低振动能级，这一过程称为振动弛豫。激发态分子常常首先发生振动弛豫。图 8-1 中各振动能层间的小箭头表示振动弛豫的情况。

(2) 内转换（10^{-13}～10^{-11}s）　内转换指的是相同多重度电子能级中，等能级间的无辐射能级交换的过程。当两个电子能级的振动能层间有重叠时，则可能发生电子由高能层以无辐射跃迁方式跃迁到低能层的电子激发态。如图 8-1 中 S_2 态的较低振动能层，与 S_1 中的较高振动能层相重叠，重叠的地方，两激发态间处于过渡性热平衡，低电子激发态通过振动耦合作用得到了累积，它通常要比由高激发态直接发射光子的速度快得多。因此如图 8-1 所示，通过内转换和振动弛豫，高激发单重态的电子跃回第一激发单重态的最低振动能级。

(3) 外转换（10^{-8}s）　外转换是指激发态分子与溶剂或其他溶质相互作用和能量转换而使荧光（或磷光）减弱甚至消失的过程。荧光强度的减弱或消失，称为荧光熄灭或猝灭。由较低的激发单重态及较低的三重态的非辐射跃迁可包含外转换，也可包含内转换。

(4) 系间跨越　系间跨越指的是不同多重度状态间的一种无辐射跃迁过程，它涉及受激电子自旋状态的改变。如 $S_1 \rightarrow T_1$ 使原来两个自旋配对的电子不再配对。这种跃迁是禁阻的，但如果两个电子能态的振动能层有较大的重叠时，如图 8-1 中激发单重态 S_1 的最低振动能层与激发三重态 T_1 的较高振动能层重叠，则可能通过自旋-轨道耦合等作用使 S_1 态转入 T_1 态的某一振动能层。

辐射跃迁及能量传递过程如下：

(1) 荧光发射(10^{-9}～10^{-7}s) 受光激发的分子经振动弛豫、内转换到达第一电子激发单重态的最低振动能级，多为 $S_1 \rightarrow S_0$，以辐射的形式失活回到基态，发出荧光。由于无辐射使分子吸收的能量有部分损失，因此荧光的能量比吸收的能量小，即荧光波长一般比激发光波长长。

(2) 磷光发射(10^{-4}～10s) 若第一激发单重态的分子通过系间跨跃到达第一激发三重态，再通过振动弛豫转至该激发的最低振动能级，然后以辐射的形式回到基态，发出的光线称为磷光。由此可见，磷光的寿命要比荧光长得多。荧光与磷光的根本区别是：荧光是由激发单重态最低振动能层至基态各振动能层的跃迁产生的。而磷光是由激发三重态的最低振动能层至基态各振动能层的跃迁产生的。

根据上述分析，分子发光的产生原理总结归纳如下：

① 处于基态最低振动能级的物质分子受到激发光的照射，吸收了和它所具有的特征频率相一致的光线，跃迁到第一电子激发态的各个振动能级；

② 被激发到第一电子激发态的各个振动能级的分子通过无辐射跃迁降落到第一电子激发态的最低振动能级；

③ 降落到第一电子激发态的最低振动能级的分子继续降落到基态的各个不同振动能级，同时发射出相应的光量子，这就是荧光；

④ 到达基态的各个不同振动能级的分子再通过无辐射跃迁最后回到基态的最低振动能级。

分子荧光产生过程的示意如图 8-5 所示。

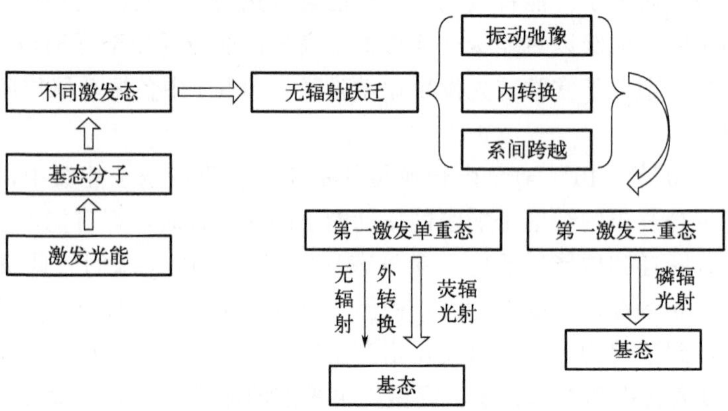

图 8-5 分子荧光产生过程的示意图

二、分子荧光光谱的性质

1. 激发光谱和发射光谱

任何荧光化合物都具有激发光谱和发射光谱两个特征光谱，它们是荧光光谱定性分析和定量分析的基本依据。

(1) 激发光谱 荧光和磷光都是光致发光，因此必须选择合适的激发光波长，这可由它们的激发光谱曲线来确定。绘制激发光谱曲线时，选择荧光的最大发射波长为测量波长，改变激发光的波长，测量荧光强度的变化。以激发光波长为横坐标，以荧光强度为纵坐标作图，即得到荧光化合物的激发光谱。激发光谱的形状与吸收光谱的形状极为相似，经校正后的真实激发光谱与吸收光谱不仅形状相同，而且波长位置也一样。这是因为物质分子吸收能量的过程就是激发过程。

(2) 发射光谱（简称荧光光谱） 如果将激发光波长固定在最大激发波长处，然后扫描发射波长，测定不同发射波长处的荧光强度，即得到荧光发射光谱。图 8-6 为有机分子菲的激发光谱、荧光发射光谱和磷光发射光谱。

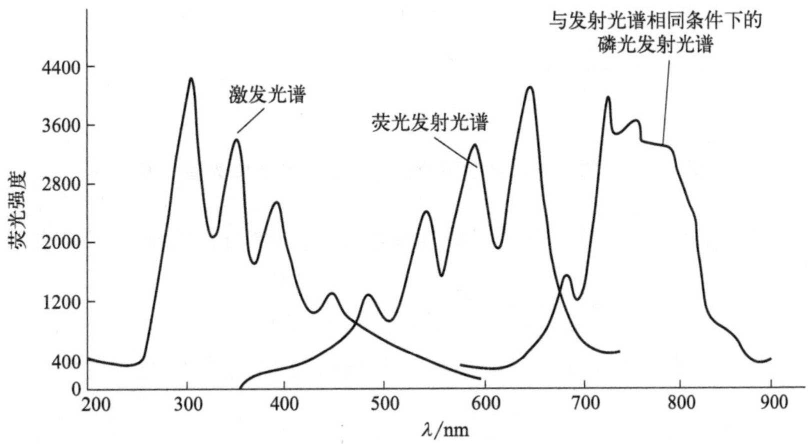

图 8-6　有机分子菲的激发光谱、荧光发射光谱和磷光发射光谱

① Stokes 位移。在溶液中，由于受激分子通过振动弛豫而失去振动能，同时溶液中溶剂分子与受激分子碰撞时也会有能量的损失，激发和发射之间产生了能量损失。分子的荧光发射波长总比其相应的吸收峰（或激发）光谱的波长长，荧光发射这种波长位移的现象称为 Stokes 位移。

② 荧光发射光谱的形状与激发波长无关。一般地，用不同波长的激发光激发荧光分子，可以观察到形状相同的荧光发射光谱。荧光分子无论被激发到哪一个激发态，处于激发态的分子经振动弛豫及内转换等过程最终回到第一激发态的最低振动能级。而分子的荧光发射总是从第一激发态的最低振动能级跃迁到基态的各振动能级上，所以荧光光谱的形状与激发波长无关。

③ 镜像规则。通常荧光发射光谱与它的吸收光谱（与激发光谱形状一样）成镜像对称关系。大多数吸收光谱的形状表明了分子的第一激发态的振动能级结构，而荧光发射光谱则表明了分子基态的振动能级结构。一般情况下，分子的基态和第一激发单重态的振动能级结构相似，因此吸收光谱的形状与荧光发射光谱的形状成镜像对称关系。如图 8-7 所示的蒽的荧光光谱和吸收光谱。

2. 荧光和分子结构的关系

实际上只有很少的有机分子能发射荧光。分子产生荧光必须具备两个条件：

① 分子必须有与所照射的辐射频率相适应的结构才能吸收激发光；

② 分子吸收了与其本身特征频率相同的能量之后，必须具有一定的荧光量子产率。

物质分子发射荧光的能力用荧光量子产率（φ_f）来表示。荧光量子产率也称荧光效率

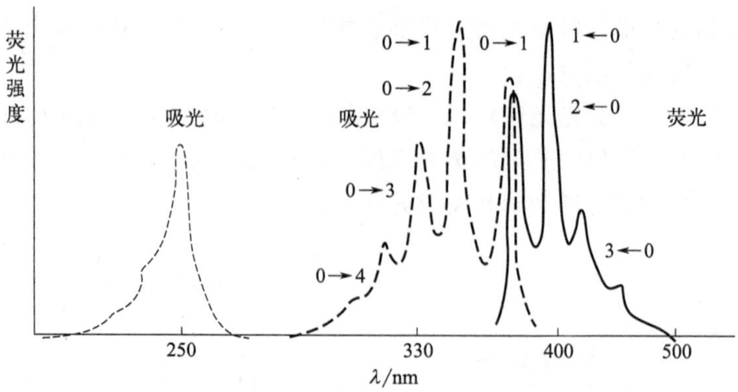

图 8-7 蒽的乙醇溶液的荧光光谱（右）和吸收光谱（左）

或量子效率，其值在 0～1 之间，它表示物质发射荧光的能力，通常用下式表示：

$$\varphi_f=\frac{\text{发射的光量子数}}{\text{吸收的光量子数}}=\frac{\text{荧光强度}(I_f)}{\text{吸收的光强}(I_s)} \tag{8-1}$$

荧光量子产率与荧光发射过程的速率及无辐射过程速率有关，可以用数学式表示如下：

$$\varphi_f=\frac{k_f}{k_f+\sum k_i} \tag{8-2}$$

式中，k_f 为荧光发射过程的速率常数，一般来说，主要取决于化学结构；$\sum k_i$ 为其他有关过程的速率常数的总和，主要取决于化学环境，同时也与荧光物质的分子结构有关。

由式(8-2) 可知，凡是能使 k_f 升高而使其他 k_i 降低的因素，都可增强荧光。

3. 分子荧光光谱的影响因素

实验表明，大多数荧光化合物都是由 $\pi\rightarrow\pi^*$ 或 $n\rightarrow\pi^*$ 跃迁激发，然后经过振动弛豫或其他无辐射跃迁，再发生 $\pi^*\rightarrow\pi$ 或 $\pi^*\rightarrow n$ 跃迁而产生荧光，其中 $\pi^*\rightarrow\pi$ 跃迁的荧光效率较高。影响荧光强度的电子跃迁类型如下：

(1) 共轭效应　含有 $\pi\rightarrow\pi^*$ 跃迁能级的芳香族化合物的荧光最强，系间窜跃至三重态的速率常数较小，有利于荧光的产生。这种体系中的 π 电子共轭程度越大，则 π 电子非定域性越大，越易被激发，荧光也就越易发生，而且荧光光谱将向长波移动。对于有机荧光物质，$\pi\rightarrow\pi^*$ 跃迁 $\varepsilon_{max}\geqslant10^4$L/(mol・cm)，平均寿命 $10^{-9}\sim10^{-7}$s，$k_{S\rightarrow T}$ 小；$n\rightarrow\pi^*$ 跃迁 $\varepsilon_{max}<100$L/(mol・cm)，平均寿命 $10^{-7}\sim10^{-5}$s。$\pi\rightarrow\pi^*$ 跃迁是有机化合物产生荧光的主要跃迁类型。任何有利于提高 π 电子共轭程度的结构改变，都将提高荧光效率，并使荧光波长向长波方向移动。具有较大共轭体系或脂环羰基结构的脂肪族化合物也可能产生荧光。

(2) 刚性平面结构　多数具有刚性平面结构的有机分子具有强烈的荧光，因为刚性结构可以减少分子的振动，使分子与溶剂或其他溶质分子的相互作用减小，也就减少了碰撞去活的可能性，因此荧光发射的概率和荧光强度较大。例如荧光素和酚酞，荧光素在溶液中有很强的荧光，而酚酞却没有荧光。这主要是因为荧光素分子中的氧桥使其具有刚性平面结构（图 8-8）。又例如芴和联苯，芴中的亚甲基使分子的刚性增加（图 8-8），荧光强度增加，导致两者在荧光性质上显著的差别。

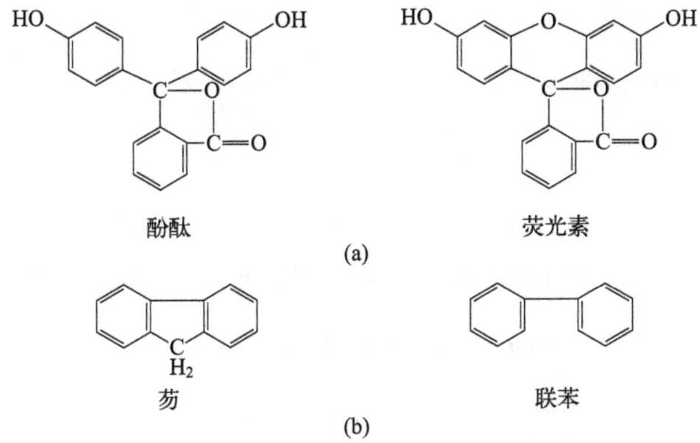

图 8-8 分子刚性平面对荧光的影响

(3) 取代基效应

① 给电子基：芳香族化合物上给电子基会使荧光增强。如—OH、—OR、—NH_2、—CN、—NR_2 等。因为产生了 p-π 共轭，增强了 π 电子共轭程度，故最低激发单重态与基态之间的跃迁概率增大。表 8-1 列出了几种取代基对分子荧光光谱的影响。

表 8-1 几种取代基对分子荧光光谱的影响

化合物	苯	苯酚	苯胺	苯基氰	苯甲醚
λ_{exmax}(最大激发波长)/nm	278～310	285～365	310～405	280～390	285～345
相对荧光强度	10	18	20	20	20

② 吸电子基：如—COOH、—C═O、—NO_2、—NO、卤素离子等，会减弱甚至猝灭荧光。因为这些吸电子基不产生 p→π 共轭，虽然也含有 n 电子，但 n 电子的电子云并不与芳环上的 π 电子云处于同一平面，其 n→π* 跃迁为禁阻跃迁，且 S_1→T_1 的系间跨越的概率增大，因此，会使荧光减弱。如硝基苯为非荧光物质，而苯酚、苯胺的荧光较苯强。二苯甲酮，S_1→T_1 的系间跨越的概率接近 1，导致荧光减弱。

(4) 金属螯合物的荧光　金属离子与螯合剂配位后，增加了刚性平面结构，使得荧光强度增强（图 8-9）。

三、溶液的荧光强度

1. 荧光强度与物质浓度的关系

荧光强度是指荧光物质的吸光强度或辐射荧光的能力。荧光强度正比于吸收的光量 I_a 与荧光量子产率 φ_f。

$$I_f = \varphi_f I_a \tag{8-3}$$

又根据朗伯-比尔定律：

$$I_a = I_0 - I_t = I_0 (1 - 10^{-\varepsilon lC}) \tag{8-4}$$

式中，I_0 和 I_t 分别为入射光强度和透射光强度。

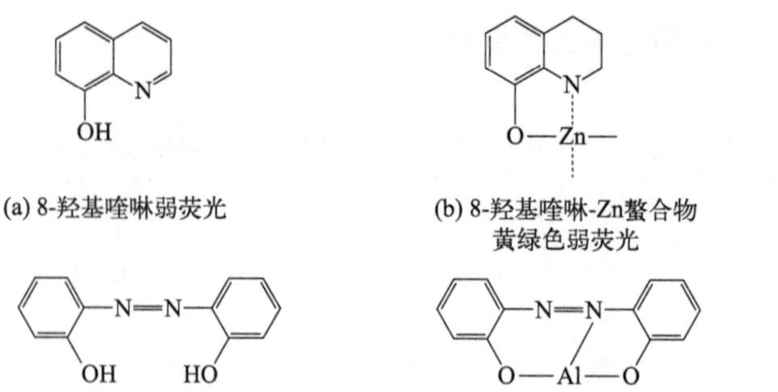

(a) 8-羟基喹啉弱荧光　(b) 8-羟基喹啉-Zn螯合物黄绿色弱荧光

(c) 2-2′-二羟基偶氮苯无荧光　(d) 2-2′-二羟基偶氮苯-Al螯合物强荧光

图 8-9　金属螯合物的分子结构图

将式(8-4) 代入式(8-3) 得：

$$I_f = \varphi_f I_0 (1 - 10^{-\varepsilon lC}) = \varphi_f I_0 (1 - e^{-2.3\varepsilon lC}) \tag{8-5}$$

式中，ε 是摩尔吸光系数；l 是样品池的光程；C 是样品浓度。而式中

$$e^{-2.3\varepsilon lC} = 1 - 2.3\varepsilon lC - \frac{(2.3\varepsilon lC)^2}{2!} - \frac{(-2.3\varepsilon lC)^3}{3!} - \cdots\cdots \tag{8-6}$$

当 $\varepsilon lC \leqslant 0.05$ 时，可省略第二项后各项，得：

$$e^{-2.3\varepsilon lC} = 1 - 2.3\varepsilon lC \tag{8-7}$$

则

$$I_f = 2.3\varphi_f I_0 \varepsilon lC \tag{8-8}$$

当入射光强度 I_0 和 l 一定，上式可简写为：

$$I_f = KC \tag{8-9}$$

即荧光强度与荧光物质的浓度成正比。但这种线性关系只有在极稀的溶液（一般来说，溶液的吸光度不得超过 0.05）中才成立。对于较浓的溶液，由于猝灭现象和自吸收等原因，荧光强度与浓度不成线性关系。

2. 影响荧光强度的因素

(1) 溶剂对荧光强度的影响　溶剂的影响可分为一般溶剂效应和特殊溶剂效应。一般溶剂效应指溶剂的折射率和介电常数的影响，对荧光强度的影响是普遍的。特殊溶剂效应指的是荧光体和溶剂分子间的特殊化学作用，如氢键的生成和化合作用。特殊溶剂效应取决于溶剂和荧光体的化学结构，其所引起荧光光谱的移动值往往大于一般溶剂效应所引起的移动值。同一种荧光物质在不同的溶剂中的荧光光谱可能会有显著的不同，增大溶剂的极性，将使 $n \to \pi^*$ 跃迁的能量增大，$\pi \to \pi^*$ 跃迁的能量减小，从而导致荧光增强，荧光峰红移。8-巯基喹啉在四氯化碳、氯仿、丙酮和乙腈 4 种不同极性溶剂中的情况就是一例（见表 8-2）。但也有相反的情况，例如苯胺萘磺酸类化合物在戊醇、丁醇、丙醇、乙醇和甲醇 5 种醇中，随着醇的极性的增大，荧光强度减小，荧光峰蓝移。因此，荧光光谱的位置和强度与溶剂极性之间的关系，因荧光物质与溶剂的不同而异。

表 8-2　溶剂对荧光效率的影响

溶剂	相对介电常数	荧光峰 λ/nm	荧光效率 φ_f
四氯化碳	2.24	390	0.002
氯仿	5.2	398	0.041
丙酮	21.5	405	0.055
乙腈	38.8	410	0.064

(2) 温度对荧光强度的影响　温度对荧光的影响很大，温度上升使荧光强度减小。温度降低会减小碰撞和非辐射失活的概率，因此会增加荧光强度。例如：荧光素的乙醇溶液在 0℃ 以下温度每降低 10℃，荧光产率增加 3%，当温度降低至 －80℃ 时荧光产率为 100%。

(3) 溶液 pH 值对荧光强度的影响　含有酸性或碱性取代基的芳香化合物的荧光与 pH 值有关。pH 值的变化影响了荧光基团的电荷状态，从而使其荧光发生变化，如表 8-3 所列。

表 8-3　pH 值对荧光强度的影响

化合物	相对荧光强度
C_6H_5OH	18
$C_6H_5O^-$	0
$C_6H_5NH_2$ (pH 7～12)	20
$C_6H_5NH_3^+$ (pH$<$2 或 pH$>$13)	0

金属离子与有机试剂形成的发光螯合物也受到溶液 pH 的影响。pH 一方面会影响螯合物的形成，另一方面还会影响螯合物的组成，因而影响它们的荧光性质。例如：镓离子与 2,2-二羟基偶氮苯在 pH 3～4 的溶液中形成 1∶1 螯合物，能发射荧光；而在 pH 6～7 的溶液中，则形成非荧光性的 1∶2 螯合物。

(4) 内滤光和自吸收现象的影响　溶液中存在着能吸收激发光能或荧光物质发射光能的物质，就会使荧光减弱，这种现象称为内滤光作用。例如：在 1μg/mL 的色氨酸溶液中如有 $K_2Cr_2O_7$ 存在，由于色氨酸的激发和发射峰附近正好是 $K_2Cr_2O_7$ 的两个吸收峰，吸收了色氨酸的激发能和色氨酸发射的荧光，测得的色氨酸的荧光大大降低。内滤光作用的另一种情况是荧光物质的荧光发射光谱的短波长一端与该物质的吸收光谱的长波长一端有重叠。在溶液浓度较大时，一部分荧光发射被自身吸收，产生所谓的自吸收现象，从而降低了溶液的荧光强度。

(5) 散射光的影响　荧光分析中常出现瑞利散射，以及容器表面的散射光及拉曼散射等，对荧光测定有干扰。尤其是波长比入射波长更长的 Raman 光，其覆盖一定波长范围的、较宽的谱带。选择适当的激发光波长，可消除 Raman 光的干扰。

3. 溶液荧光的猝灭

荧光物质分子与溶剂分子或其他溶质分子的相互作用引起荧光强度降低的现象称为荧光猝灭。引起荧光猝灭的物质为荧光猝灭剂，例如卤素离子、重金属离子、氧分子、硝基化合物、羰基化合物等。基于荧光物质所发出的荧光被分析物猝灭，随着被分析物浓度增加，溶液的荧光强度降低，建立了荧光猝灭法。利用荧光猝灭法也可以检测物质，例如溶液中微量的氧就可以用这种方法来检测。

四、荧光光谱仪

测量荧光的仪器主要由激发光源、样品池、双单色器系统、检测器四部分组成（图 8-10）。

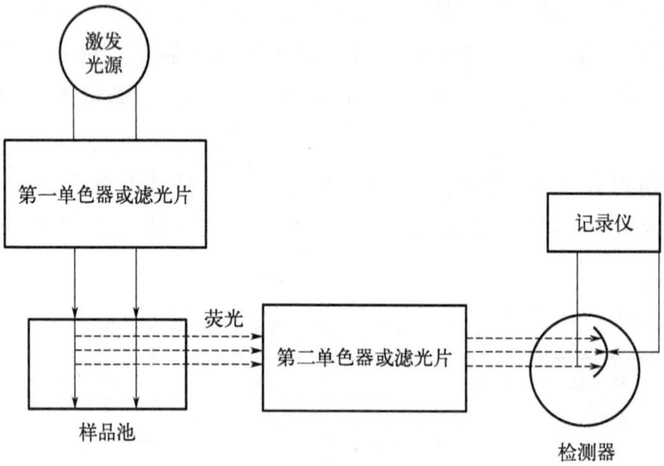

图 8-10　荧光光谱仪基本部件示意图

1. 激发光源

为了便于选择激发光的波长，要求激发光源是能够在很宽的波长范围内发光的连续光源。在紫外-可见光区，荧光光谱仪的光源常用氙弧灯。高压汞灯是线状光源，可以发出 313nm、365nm、405nm、436nm、546nm 的光，是较常用的荧光光源。激光器，特别是可调谐染料激光器是发光分析理想的光源。染料激光器的应用波长范围在 330～1020nm，即从近紫外到近红外范围。

2. 样品池

样品池采用低荧光材料，通常为石英池。样品池的四壁均透明。对于固体样品，通常将样品固定于样品夹的表面。

3. 双单色器系统

单色器一般为光栅和干涉滤光片，需要有两个，一个用于选择激发光波长，另一个用于分离选择荧光发射波长。第一单色器——选择激发光波长 λ_1（>250nm 的紫外线），称为激发单色器。第二单色器——选择（测量）发射光（荧光）波长 λ_2，与激发光入射方向垂直，称为荧光单色器。

4. 检测器

荧光的强度通常比较弱，因此要求检测器有较高的灵敏度。一般为光电管或光电倍增管，二极管阵列检测器、电荷耦合装置以及光子计数器等高功能检测器也已得到应用。为了消除入射光和散射光的影响，荧光检测器与激发光方向成直角。

五、分子荧光光谱法的特点

1. 灵敏度高

荧光分析是由试样溶液所发生的荧光的强度来测定试样溶液中荧光物质的含量。荧光分析的灵敏度不仅与溶液的浓度有关，而且与紫外线照射强度及荧光分光光度计的灵敏度有关，因此荧光分析的灵敏度高于一般的分光光度法，适用于痕量物质的检测。荧光分析比 UV-Vis（紫外-可见）光谱分析高 2～4 个数量级，检测下限为 0.1～1μg/cm^3。荧光分析在合适的条件下可以达到单分子水平。

2. 选择性好

凡是会发生荧光的物质首先必须能吸收一定频率的光，但能吸收光的物质却不一定会产生荧光。荧光法既能根据特征发射来鉴定物质，又能根据特征吸收来鉴定物质。假如某几个物质的发射光谱相似，可以根据激发光谱的差异把它们区分开来；而如果它们的吸收光谱相同，则可用发射光谱来区分，因此具有良好的选择性。

3. 能够引起荧光的化学物质较少，应用范围小

大多数物质本身不会产生荧光，一些物质在加入某种试剂后能够产生荧光。

紫外-可见分光光度法和分子荧光光谱都属于分子光谱，两者的区别如下：

① 光源：紫外-可见分光光度计的光源为氘灯与钨灯；荧光分光光度计的光源为氙灯，强度更大。

② 单色器：紫外-可见分光光度计只有一个单色器；荧光分光光度计包含激发、发射两个单色器。

③ 光路：紫外-可见分光光度计入射光与透射光在同一直线上；荧光分光光度计激发光与发射光相互垂直。

④ 样品池：紫外-可见分光光度计的吸收池两面透光；荧光分光光度计的样品池四面透光。

第二节　实时荧光定量 PCR 法

实时荧光定量 PCR（Real-time qPCR）是一种在 DNA 扩增反应中，以荧光化学物质检测每次聚合酶链式反应（PCR）循环后产物总量的方法。

一、传统定量 PCR 方法简介

1. 传统定量 PCR 方法

(1) 内参照法　在不同的 PCR 反应管中加入已定量的内标和引物，内标用基因工程方法合成。上游引物用荧光标记，下游引物不标记。在模板扩增的同时，内标也被扩增。在 PCR 产物中，由于内标与靶模板的长度不同，二者的扩增产物可用电泳或高效液相法分离开来，分别测定其荧光强度，以内标为对照定量待检测模板。

(2) 竞争法　选择由突变克隆产生的含有一个新内切位点的外源竞争性模板。在同一反应管中，待测样品与竞争模板用同一对引物同时扩增（其中一个引物为荧光标记）。扩增后用内切酶消化 PCR 产物，竞争性模板的产物被酶解为两个片段，而待测模板不被酶解，可通过电泳或高效液相法将两种产物分开，分别测定荧光强度，根据已知模板推测未知模板的起始拷贝数。

（3）PCR-酶联免疫吸附测定法（PCR-ELISA） 利用地高辛或生物素等标记引物，扩增产物被固相板上特异的探针所结合，再加入抗地高辛或生物素的酶标抗体（常用标记酶如辣根过氧化物酶），最终酶使底物显色。常规的 PCR-ELISA 法只是定性实验，若加入内标，作出标准曲线，也可实现定量检测目的基因。

2. 内标在传统定量法中的作用

由于传统定量方法都是终点检测，即 PCR 到达平台期后进行检测，而 PCR 经过对数期扩增到达平台期时，检测重现性极差。同一个模板在 96 孔 PCR 仪上做 96 次重复实验，所得结果有很大差异，因此无法直接由终点产物量推算出起始模板量。加入内标后，可部分消除终产物定量所造成的不准确性。但即便如此，传统的定量方法也都只能算作半定量、粗略定量的方法。

3. 内标对定量 PCR 的影响

若在待测样品中加入已知起始拷贝数的内标，则 PCR 反应变为双重 PCR 反应，双重 PCR 反应中存在两种模板之间的干扰和竞争，尤其当两种模板的起始拷贝数相差比较大时，这种竞争会表现得更为显著。但由于待测样品的起始拷贝数是未知的，所以无法加入合适数量的已知模板作为内标。也正是因为这个原因，传统定量方法虽然加入内标，但仍然只是一种半定量的方法。

4. 实时荧光定量 PCR 无需内标

实时荧光定量 PCR 技术有效地解决了传统定量只能终点检测的局限，实现了每一轮循环均检测一次荧光信号的强度，并记录在电脑软件之中，通过对每个样品 Ct 值（循环阈值）的计算，根据标准曲线获得定量结果。因此，实时荧光定量 PCR 无需内标是建立在两个基础之上的：

① Ct 值的重现性 PCR 循环在到达 Ct 值所在的循环数时，刚刚进入真正的指数扩增期（对数期），此时微小误差尚未放大，因此 Ct 值的重现性极好，即同一模板不同时间扩增或同一时间不同管内扩增，得到的 Ct 值是恒定的。

② Ct 值与起始模板的线性关系 由于 Ct 值与起始模板的对数存在线性关系，可利用标准曲线对未知样品进行定量测定，因此，实时荧光定量 PCR 是一种采用外标准曲线定量的方法。

5. 内标对实时荧光定量 PCR 的影响

美国 Texas 大学的科研人员进行了外标法定量和内标法定量的方法学比较，得出的结论是：内标法作为定量或半定量的手段是不可靠的，而外标准曲线的定量方法是一种准确的、值得信赖的科学方法。Applied Biosystems 公司的 7700 型实时荧光定量 PCR 仪是全球公认的荧光定量 PCR 的金标准，可实现多色荧光同时检测，但定量检测仍然采用外标准曲线的方法，而不用内标进行定量。

综上所述，利用外标准曲线的实时荧光定量 PCR 是迄今为止定量最准确、重现性最好的定量方法，已得到全世界的公认，广泛用于基因表达研究、转基因研究、药物疗效考核、病原体检测等诸多领域。同时，由于其极高的灵敏度、极宽的检测范围，以及精确定量、方便快速、无窗口期等优点，FDA（美国食品药品监督管理局）及我国国家标准已将定量 PCR 仪规定为确诊禽流感等传染病以及奶粉等食品安全检测的必备仪器。Real-time qPCR 的发明实现了荣获诺贝尔化学奖的 PCR 核酸检测、分子诊断的技术飞跃。

二、定量原理

在 Real-time qPCR 反应体系中加入荧光基团，对整个 PCR 反应扩增过程进行实时监测并记录其荧光信号，最后通过标准曲线对未知模板进行定量分析。在 PCR 过程中随着反应的进行，监测到的荧光信号可以绘制成一条曲线，即为扩增曲线（图 8-11）。荧光扩增曲线一般分为基线期、指数（对数）增长期和平台期。

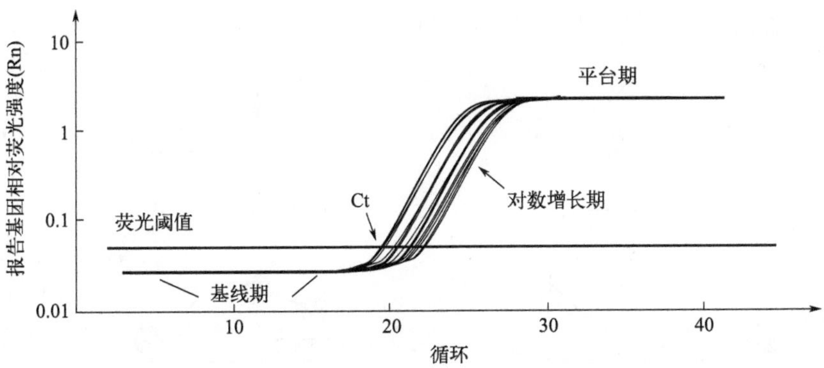

图 8-11　荧光定量 PCR 扩增曲线

在 Real-time qPCR 扩增早期，扩增的荧光信号被荧光背景信号所掩盖，无法判断产物量的变化，此时即为基线期。

PCR 反应过程中产生的 DNA 拷贝数是呈指数形式增加的，随着反应循环数的增加，最终 PCR 反应不再以指数形式生成模板，从而进入平台期。在该时期，扩增产物已不再呈指数级地增加，PCR 的终产物量与起始模板量之间无线性关系，所以根据最终的 PCR 产物量不能计算出初始模板量，此阶段不能进行定量分析。

而只有在荧光信号指数增长期，模板的 Ct 值（循环阈值）和该模板的起始拷贝数存在线性关系，所以选择在这个阶段通过标准曲线对未知模板进行定量分析。

1. 荧光阈值

为了便于对所检测样本进行比较，首先需设定一个荧光信号的阈值，荧光阈值是在扩增曲线上人为设定的一个值，它可以设定在指数扩增阶段任意位置上，一般荧光阈值设置为 3～15 个循环的荧光信号的标准偏差的 10 倍，即：

$$\text{荧光阈值} = 10SD_{\text{cycles } 3\sim15} \tag{8-10}$$

式中，$SD_{\text{cycles } 3\sim15}$ 为 3～15 个循环的荧光信号的标准偏差。

但实际应用时要结合扩增效率、线性回归系数等参数来综合考虑。通常荧光阈值都是 Real-time qPCR 仪器自动设置，如无特殊情况无需更改。

2. Ct 值（循环阈值）

Ct 值（循环阈值）的含义为：每个反应管内的荧光信号到达设定阈值时所经历的循

环数。

每个模板的 Ct 值与该模板起始拷贝数的对数存在线性关系，公式如下：

$$Ct=-1/\lg(1+E_x)\times \lg X_0+\lg N/\lg(1+E_x) \tag{8-11}$$

式中，X_0 为初始模板量；E_x 为扩增效率；N 为荧光扩增信号达到阈值强度时扩增产物的量。

起始拷贝数越多，Ct 值越小。利用已知起始拷贝数的标准品可作出标准曲线，其中横坐标代表起始拷贝数的对数，纵坐标代表 Ct 值。因此，只要获得未知样品的 Ct 值，即可从标准曲线上查出该样品的起始拷贝数。

3. 检测方法

目前根据 Real-time qPCR 所使用的荧光化学物质不同，将其分为荧光染料检测和荧光探针检测两类方法（图 8-12，书后另见彩图）。

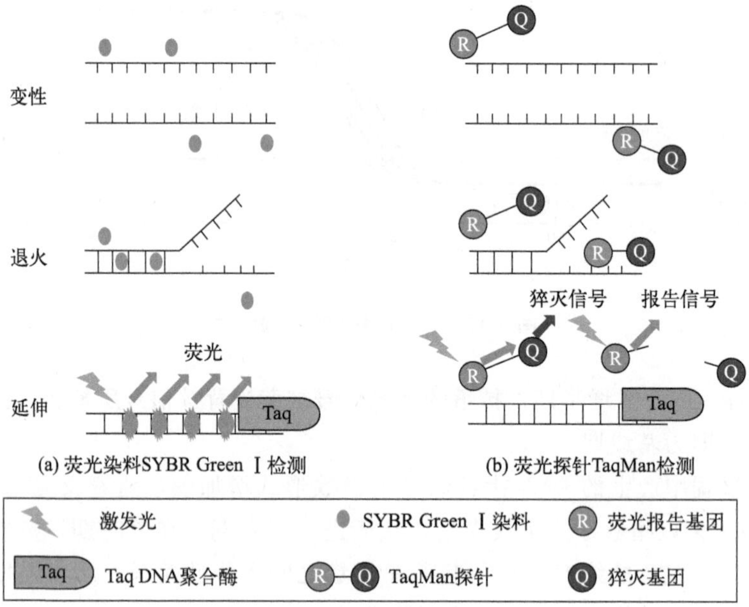

图 8-12　荧光定量 PCR 检测方法

(1) 荧光染料检测法　荧光染料也称 DNA 结合染料，目前主要使用的染料分子是 SYBR Green Ⅰ，SYBR Green Ⅰ能与 DNA 双链的小沟特异性地结合（图 8-13，书后另见彩图），游离的 SYBR Green Ⅰ几乎没有荧光信号，但结合双链 DNA 后，其荧光信号可数百倍地增加。

在 PCR 反应体系中，加入过量 SYBR Green Ⅰ荧光染料，SYBR Green Ⅰ荧光染料特异性地掺入 DNA 双链后，发射荧光信号，而不掺入 DNA 双链中的 SYBR Green Ⅰ染料分子不会发射任何荧光信号。随着 PCR 产物的增加，PCR 产物与染料的结合量也增大，其荧光信号强度代表双链 DNA 分子的数量。

① 荧光染料的优点：使用简便；可以与任何 PCR 产物结合；价格便宜。

② 荧光染料的缺点：不能区分不同的双链 DNA；引物二聚体会影响检测的敏感性；非特异性产物会影响结果的敏感性。

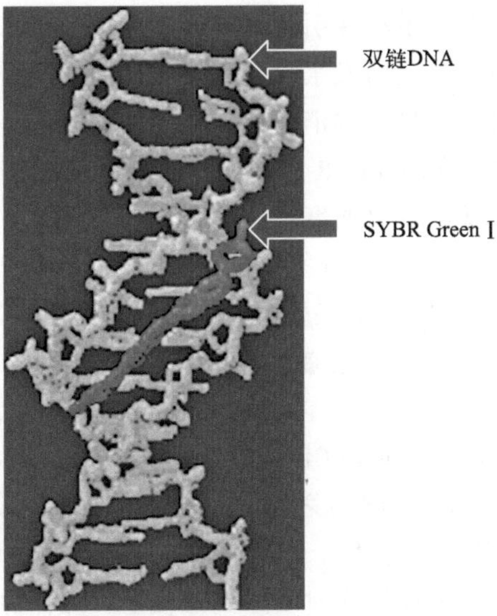

图 8-13　SYBR Green Ⅰ荧光染料与双链 DNA 分子的结合

③ 熔解曲线：引物二聚体和非特异性扩增问题可以通过熔解曲线进行识别，进而通过 PCR 引物的设计和反应条件的优化得以解决。

在 SYBR Green Ⅰ染料法中熔解曲线用于确定 PCR 产物的特异性。当 PCR 反应结束时，从 50℃一直加热到 95℃，在此过程中 PCR 产物按照 T_m（熔解温度）值的大小双链被依次打开，荧光强度也随着双链的打开依次减弱，从而得到熔解曲线，见图 8-14。

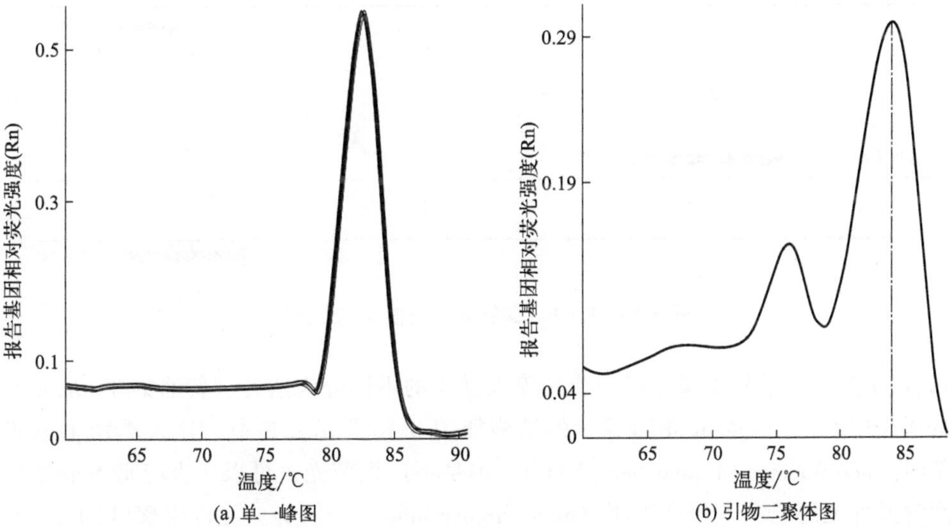

图 8-14　PCR 产物熔解曲线图

在图 8-14(a) 中熔解曲线为单峰，证明 PCR 反应没有出现非特异性产物。通常目的基因 PCR 产物熔解曲线的峰出现在 80～90℃之间，当熔解曲线在 70～80℃范围内出现一个荧光强度较小的峰时，表明 PCR 反应有引物二聚体生成［图 8-14(b)］。此时首先要判断引物二聚体产生的原因，如果在含量高的目的基因拷贝样品中没有出现引物二聚体，而只在含量低的目的基因拷贝样品中存在引物二聚体，此类引物二聚体的出现是由于样品中目的基因含量过低，导致引物过量而发生自我匹配，可以通过增加模板使用量或减少引物使用量的方式消除引物二聚体。另一种消除引物二聚体的方式是提高退火温度，但是并不是一定有效，建议在进行 Real-time qPCR 之前最好通过温度梯度 PCR 的方式检验引物是否会形成二聚体，同时确定合适的退火温度。

总之，SYBR Green Ⅰ荧光染料能与所有的 DNA 双链相结合，对 DNA 模板没有选择性，所以特异性不如 TaqMan 探针。要想用荧光染料法得到比较好的定量结果，对 PCR 引物设计的特异性与 PCR 反应的质量要求就比较高。相比较之下，SYBR Green Ⅰ荧光染料法是一种方便且成本低廉的选择。

（2）荧光探针检测法　Real-time qPCR 中最常用的荧光探针为 TaqMan 探针，其基本原理是依据目的基因设计合成一个能够与之特异性杂交的探针，该探针的 5′端标记荧光基团，3′端标记猝灭基团。正常情况下两个基团的空间距离很近，荧光基团因猝灭而不能发出荧光。PCR 扩增时，引物与该探针同时结合到模板上，探针的结合位置位于上下游引物之间。当扩增延伸到探针结合的位置时，Taq 酶利用 5′外切酶活性，将探针 5′端连接的荧光分子从探针上切割下来，从而使其发出荧光（图 8-15，书后另见彩图）。检测到的荧光分子数与 PCR 产物的数量成正比，因此根据 PCR 反应体系中的荧光强度即可计算出初始 DNA 模板的数量。

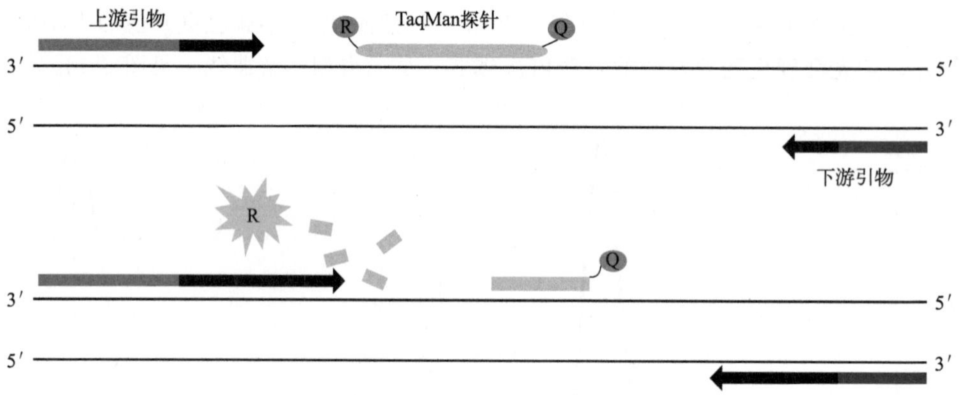

图 8-15　TaqMan 探针的荧光信号产生机制

TaqMan 探针根据其 3′端标记的荧光猝灭基团的不同分为两种：普通的 TaqMan 探针与 TaqMan MGB 探针。TaqMan MGB 探针的结构如图 8-16 所示，其中，猝灭基团采用非荧光猝灭基团（non-fluorescent quencher，NFQ），本身不产生荧光，可以大大降低本底信号的强度；同时探针上还连接有修饰基团（minor groove binder，MGB），可以将探针的 T_m 值提高 10℃左右。因此为了获得同样的 T_m 值，MGB 探针可以比普通 TaqMan 探针设计得更短，既降低了合成成本，也使得探针设计的成功率大为提高。实验证明 TaqMan MGB 探针可将富含 A/T 的模板区分得更为理想。

TaqMan 探针技术解决了荧光染料与非特异性扩增产物结合的问题，反应结束后无需通过熔解曲线检测，缩短了实验时间。

图 8-16　TaqMan MGB 探针

R—报告基团；NFQ—非荧光猝灭基团；MGB—修饰基团

① TaqMan 探针技术的优点：荧光背景低；敏感性高；杂交稳定性高；荧光光谱分辨率高；特异性高。

② TaqMan 探针技术的缺点：成本高；设计难度大；只能用于检测产物长度低于 150bp 的反应。

此外，分子信标技术是在同一探针的两末端分别标记荧光分子与猝灭分子，与 TaqMan 探针不同的是该探针 5′与 3′末端自身可形成一个 8 个碱基左右的发卡结构，此时荧光分子与猝灭分子邻近，不会产生荧光。当溶液中有特异性模板时，该探针与模板杂交，从而破坏了探针的发卡结构，于是溶液便产生荧光，荧光的强度与溶液中模板的量成正比，因此可用于 PCR 定量分析。

4. 实时荧光定量 PCR 方法的优点

① 特异性好　使用特异性探针对定量分子进行识别，具有很高的准确性。同时，靶序列由引物和探针双重控制，假阳性低。

② 灵敏度高　Real-time qPCR 技术是集 PCR 技术、荧光标记技术、激光技术、数码显像技术于一体的技术，因此它的检测灵敏度很高。

③ 准确性高、检测范围宽　由于荧光信号的产生和每次扩增产物的量成线性对应的关系，通过荧光信号的检测可以直接对产物进行定量；定量范围可在 0～10^{10} 拷贝/mL。

④ 操作简单、安全、无污染　扩增和检测可以在同一个管内进行，不需要开盖，不易污染，同时扩增和检测一步完成，不需要后期处理，不再需要担心放射性污染。

⑤ 速度快、通量高　可在 2～3h 内完成 96 个样品的定量分析。

三、实时荧光定量 PCR 仪

实时荧光定量 PCR 仪一般由荧光定量系统和计算机组成，用来监测循环过程的荧光（图 8-17，书后另见彩图）。与实时设备相连的计算机收集荧光数据。数据通过开发的实时分析软件以图、表的形式显示。原始数据被绘制成荧光强度相对于循环数的图、表。原始数据收集后可以开始分析。实时设备的软件能对收集到的数据进行正常化处理以弥补背景荧光的差异。正常化后可以设定域值水平，这就是分析荧光数据的水平。

实时荧光定量 PCR 仪中荧光定量系统一般主要由实时检测单元（包含光电探头）、热循环部件（包括 DNA 热循环仪底座和 96 孔样品模块）组成。一般样品容量为 96 孔×0. 2mL 反应管，样品极限体积为 50μL，荧光激发范围为多个（4～6 个）发光二极管灯（450～684nm），荧光检测范围为多个（4～6 个）光电二极管（515～730nm）。一般升降温速度为 5℃/s，温度梯度范围为 30～100℃，梯度温差为 24℃。

四、实时荧光定量 PCR 的实验设计和体系优化

1. SYBR Green Ⅰ方法引物设计原则

① 引物长度为 17～25 个碱基；

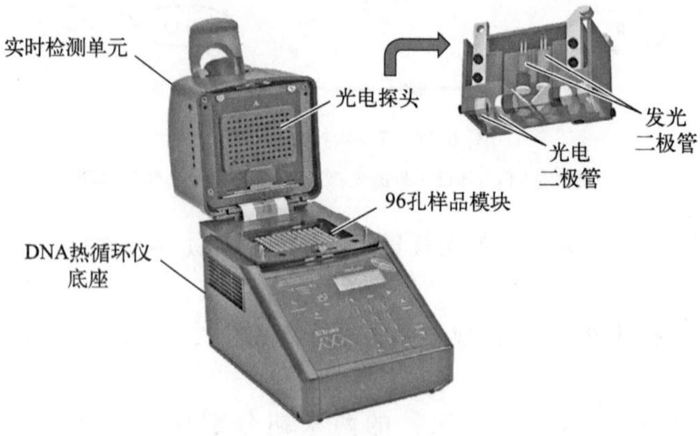

图 8-17 实时荧光定量 PCR 仪构造

② 碱基 G 和碱基 C 含量 40% ～60% ；

③ 一对引物的 T_m 不能相差太大，尽量避免超过 2℃；

④ 避免引物自身或一对引物之间形成 4 个或 4 个以上连续配对；

⑤ 避免引物自身形成环状发卡结构；

⑥ 引物的 3′端碱基最好为 G 或 C，尽量避免 3′端碱基为 T；

⑦ 目的基因和内掺基因所扩增的 PCR 产物长度尽量一致，不大于 300bp，以使两种基因扩增效率相同。

2. TaqMan 方法探针设计原则

① 探针应尽可能靠近扩增引物，但不能与引物重叠；

② 长度一般为 18～40 个碱基；

③ 碱基 G 和碱基 C 含量控制在 40% ～80% ；

④ T_m 值为 70℃左右最为合适；

⑤ 探针的 5′端应避免使用 G 碱基，其会猝灭荧光，导致检测失败；

⑥ 在整条探针中，碱基 C 的含量要明显高于 G 的含量，因为 G 会降低扩增效率；

⑦ PCR 产物长度最好在 150bp 以下；

⑧ 探针的 T_m 要比引物高出 5℃，以保证探针与模板结合的稳定程度大于引物与模板的结合。

3. Real-time qPCR 实验体系

SYBR Green Ⅰ荧光染料反应体系见表 8-4，TaqMan 探针反应体系见表 8-5。

表 8-4 SYBR Green Ⅰ荧光染料反应体系

物质	体积
SYBR Green Ⅰ混合缓冲液(2 倍浓度)	10μL
上游引物(10μmol/L)	0.4～0.8μL
下游引物(10μmol/L)	0.4～0.8μL
模板	1～2μL
RNase-free 水	补充至 20μL

注：表中仅为建议，最佳条件需要各个实验室摸索。

表 8-5　TaqMan 探针反应体系

物质	体积
PCR 反应预混液(5 倍浓度)	5μL
上游引物(10μmol/L)	0.5μL
下游引物(10μmol/L)	0.5μL
TaqMan 探针(10μmol/L)	0.75μL
模板	10μL
RNase-free 水	补充至 25μL

注：表中仅为建议，最佳条件需要各个实验室摸索。

4. 反应体系配制注意事项

① Real-time qPCR 的整个操作要在冰上进行，以防止 PCR 反应提前开始以及模板降解。

② 除了模板外的反应体系统一配制，之后分别加入 8 连管或 96 孔板中对应的反应孔中，配制时需要多配制 3～5 个反应所需体系，以防最后向反应孔中添加时不够。

③ 添加模板时要注意枪头中的液体是否完全推净，并频繁更换枪头，以减少由操作带来的误差。

④ 每个样品中对每个目的基因同时进行 3 次重复的 Real-time qPCR 反应，同时还要进行以无菌水作为模板的阴性对照。

5. 反应程序

① 预变性：95℃，5min。

② 扩增：95℃，30s；55℃，30s；72℃，30s；40 个循环。

③ 熔解曲线：起始温度 60℃，终止温度 95℃，温度变化速率为 0.1℃/s。

第三节　分子荧光光谱法在环境分析中的应用

一、荧光光度法测定水中的石油类

1. 方法原理

水中的石油类物质用正己烷萃取后，经激发光源照射，分子会产生跃迁，当分子从激发态返回基态的振动能级时，以荧光形式释放吸收的能量发出分子荧光。荧光强度在一定浓度范围内与水中石油类的含量成正比。

2. 仪器

① 荧光分光光度计：激发波长 250～700nm；发射波长 250～700nm。

② 比色皿：10mm 石英荧光比色皿。

③ 分液漏斗：配聚四氟乙烯旋塞。

④ 马弗炉。

⑤ 水平振荡器：振荡频率每分钟 0～300 次。

⑥ 离心机。

3. 试剂

① 正己烷［$CH_3(CH_2)_4CH_3$］：色谱纯。

② 无水硫酸钠（Na_2SO_4）：分析纯。

③ 盐酸（HCl）：优级纯，浓度为 1.19g/mL。

④ 无水乙醇：色谱纯。

⑤ 硅酸镁（$MgSiO_3$）：分析纯。

⑥ 石油类标准储备液：国家标准物质（1000mg/L），4℃下密封保存。

⑦ 石油类标准使用液：100mg/L，临用前配制。

4. 分析步骤

（1）水样的采集和保存　用样品瓶单独定容采集水样，不应在实验室内再分样。采样时应连同表层水一并采集，并盛装水样至样品瓶标线。当需要报告一段时间内石油类物质的平均浓度时，应在规定的时间间隔分别采集水样，而后分别进行测定。当只测定水中乳化状态和溶解性油时，采样时应注意避开漂浮在水表面的油膜层，宜在水面以下 20～50cm 处采样。水样采集后应立即加入盐酸溶液酸化，使水样的 pH≤2，并于约 4℃下冷藏保存，24h 内进行测定；也可进行萃取后贮存于带磨口玻璃塞的玻璃瓶中，约 4℃下保存，3d 内进行测定。

（2）试样的制备　将样品全部转移至 1000mL 分液漏斗中，量取 50mL 正己烷洗涤样品瓶后，全部转移至分液漏斗中。充分振摇 2min，期间经常开启旋塞排气，静置分层后，将下层水相全部转移至 1000mL 量筒中，测量水样体积并记录。上层含有石油类的萃取液待脱水。

将上层萃取液转移至已加入 3g 无水硫酸钠的锥形瓶中，迅速盖紧瓶塞并振摇数次，静置。若无水硫酸钠全部结晶成块，需适当补加无水硫酸钠直至不再结块。

向脱水后的萃取液中加入 3g 硅酸镁，置于水平振荡器上，振荡 20min，静置沉淀。在玻璃漏斗底部垫上少量玻璃棉，将上清液过滤，待测。

可采用硅酸镁吸附柱法进行吸附。将脱水后的萃取液过硅酸镁吸附柱，弃去前 2～3mL 滤液，剩余流出液接入 50mL 比色管中，待测。

（3）绘制校准曲线

① 空白试样：量取 10.00mL 正己烷倾入分液漏斗，制备空白试样。

② 试样测定：于一组 6 个 50mL 容量瓶中分别入 0、0.10mL、0.50mL、1.00mL、5.00mL、10.00mL 油标准使用液，用正己烷定容至标线，摇匀待测。此标准系列的浓度分别为 0.0、0.2mg/L、1.0mg/L、2.0mg/L、10.0mg/L、20.0mg/L。以正己烷为参比，测定荧光强度，经空白校正后，以荧光强度为纵坐标，以石油类质量为横坐标，绘制校准曲线。

③ 样品的测定：先测定样品空白液的荧光强度，再依次测定各样品溶液的荧光强度。

5. 计算

水样中石油类的浓度应按下式计算：

$$C=\frac{(A-A_0-a)V_1}{bV} \tag{8-12}$$

式中，C 为所测水样中石油类的含量，mg/L；A 为试样的荧光强度，无量纲；A_0 为空白试样的荧光强度，无量纲；a 为标准曲线的截距，无量纲；V_1 为萃取液的体积，mL；b 为标准曲线的斜率，荧光强度·L/mg；V 为水样体积，mL。

二、实时荧光定量 PCR 测定偶氮还原酶基因

偶氮还原酶能够催化偶氮键的还原裂解进而达到对偶氮染料的脱色降解。对微生物中偶氮还原酶基因进行定量鉴定，可以揭示不同样品中偶氮还原酶基因分布的广谱性。实时荧光定量 PCR 技术是一种新型核酸定量技术，该技术具有高检出率、强特异性、强实时性以及能有效解决 PCR 污染问题等优点。因此，目前该技术已被广泛应用于环境领域。本实验选定了一种偶氮还原酶基因 *azoR3*，利用荧光定量 PCR 技术对不同样品中该基因进行了定量分析。

1. 实验仪器型号

ABI 7500/7300 型荧光定量 PCR 仪，Applied Biosystems，美国。

2. 实验步骤

（1）引物的设计与合成　根据假单胞菌基因组注释为 *azoR3* 的序列（GenBank 号：NP251913. 1）设计引物 azoR3-F（5′-CATCCCGCTGATCGCTTCC-3′）和 azoR3-R（5′-TCCGC-CATCCGCAACTCCTC-3′）。引物由上海美吉生物医药科技有限公司合成。

（2）*azoR3* 基因质粒的制备　对不同样品中的 *azoR3* 基因进行 PCR 扩增，反应体系为：

Taq Plus Master Mix(2 倍浓度)	10μL
azoR3-F(5μmol/L)	0. 8μL
azoR3-R(5μmol/L)	0. 8μL
模板(DNA)	1μL
补充双蒸水	至 20μL

PCR 的反应程序包括：在 95℃下预变性 5min；然后在 95℃下变性 30s，在 60℃下退火 30s，这两个过程循环进行 35 次；最后在 72℃下延伸 1min 并于 4℃下保存。将特异性 PCR 产物（约 100bp）回收进行纯化，之后进行目的片段与克隆载体连接。连接完成后进行质粒 DNA 的转化实验，进行蓝白斑筛选，并对提取的质粒 DNA 进行测序鉴定。将鉴定到的阳性重组质粒用作荧光定量 PCR 的标准品，并保存于－20℃下直至使用。

（3）荧光定量 PCR 检测　以阳性重组质粒为模板进行实时荧光定量 PCR 反应，反应体系（20μL）如下：

ChamQ SYBR Color qPCR Master Mix(2 倍浓度)	16. 5μL
azoR3-F(5μmol/L)	0. 8μL
azoR3-R(5μmol/L)	0. 8μL
模板(DNA)	1μL
补充双蒸水	至 20μL

PCR 的反应程序包括：95℃ 3min；95℃ 5s，60℃ 30s；72℃ 1min，在 72℃单点采集荧光信号。这三个过程循环进行 40 次。根据分光光度计 NanoDrop2000 测定的重组质粒浓度

与纯度以及 copies 计算公式得到 DNA 分子的拷贝数。将重组质粒用 Elution Buffer 溶液按 10 倍梯度稀释，通过预实验分别选取 azoR3 标准品的 10^{-9}～10^{-2} 倍稀释液用于建立标准曲线。

3. 实验结果

（1）azoR3 荧光定量 PCR 标准曲线的建立　选取 azoR3 标准品的 10^{-9}～10^{-2} 倍稀释液用于制备标准曲线，结果如图 8-18 和图 8-19 所示。

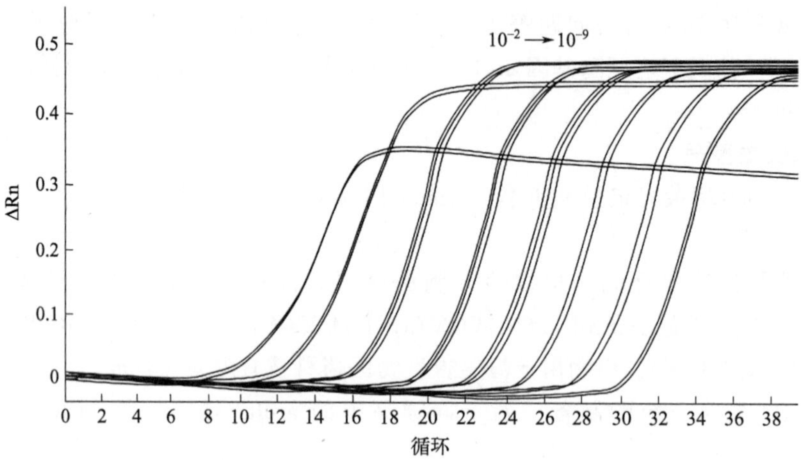

(a)

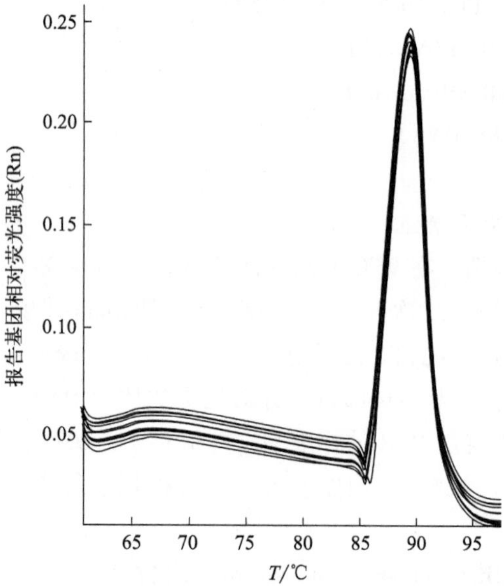

(b)

图 8-18　azoR3 基因引物对不同稀释倍数荧光定量 PCR 标准品的扩增曲线（a）和熔解曲线（b）

由图 8-18(a) 所示的实时荧光定量 PCR 扩增曲线可知，该图中 8 个浓度梯度所呈现的扩增曲线等距性和平行性良好，说明此次 PCR 具有高扩增效率，且两次重复均具有较好的重现性。图 8-18(b) 为实时荧光定量 PCR 的熔解曲线，从该图中可以看出，使用设计的引物进行荧光定量 PCR 检测，8 个浓度梯度下重组质粒标准品均只有一个特征峰，各样

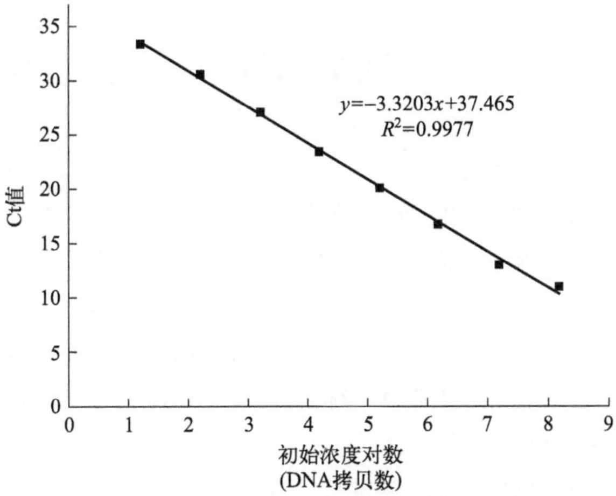

图 8-19　*azoR3* 基因引物荧光定量 PCR 扩增的标准曲线

品熔解点温度相同，说明此次 PCR 扩增产物具有很强的特异性，无引物二聚体及其他非特异性扩增产物。图 8-19 是绘制的 azoR3 标准曲线，拟合方程为 $y=-3.3203x+37.465$，$R^2=0.9977$，扩增效率根据相关文献中的报道计算为 100.07%，说明此次荧光定量 PCR 扩增具有良好的线性关系。

（2）两个功能菌种基因组提取检测及荧光定量 PCR 反应　两个功能菌种分别在基础培养基和果糖培养基中脱色降解 RB5（染料活性黑 5）后，用微量紫外-可见分光光度计测定各样品基因组纯度，结果显示所有样品 OD_{260}/OD_{280} 值在 1.90～1.98 范围内。根据建立的 azoR3 标准曲线，对两个功能菌种反应 48h 后的空白对照组、基础处理组和果糖处理组进行了绝对定量分析，结果如图 8-20 所示。

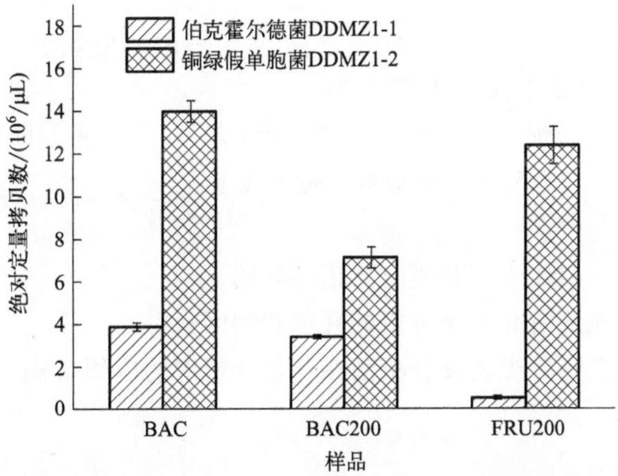

图 8-20　两个功能菌种不同样品中 *azoR3* 基因的绝对定量　[BAC 为基础培养基＋功能菌种；BAC200 为基础培养基＋功能菌种＋RB5（200mg/L）；FRU200 为果糖培养基＋功能菌种＋RB5（200mg/L）]

由图 8-20 可知，功能菌种铜绿假单胞菌 DDMZ1-2 在基础培养基和果糖培养基中的 *azoR3* 定量值均显著高于伯克霍尔德菌 DDMZ1-1，说明这种偶氮还原酶基因在功能菌种铜绿假单胞菌 DDMZ1-2 中占优势。

课后习题

一、选择题

1. 苯环上的吸电子基，如—Cl，使荧光（　　）。

A. 减弱　　B. 增强　　C. 无法判断　　D. 不变

2. 通常情况下，增大溶剂极性，共轭芳香族荧光物质光谱（　　）。

A. 向短波方向移动　　B. 不变　　C. 向长波方向移动　　D. 无法判断

3. 下列关于荧光发射光谱的叙述中正确的是（　　）。

A. 发射光谱的形状与激发波长无关

B. 发射光谱和激光光谱任何情况下都成对称镜像关系

C. 发射光谱位于激光光谱的左侧

D. 发射光谱是分子的吸收光谱

4. 一般要在与入射光垂直的方向上观测荧光强度，这是由于（　　）。

A. 只有在与入射光垂直的方向上才有荧光

B. 荧光是向各个方向发射的，在垂直方向上可减小透射光的影响

C. 荧光强度比透射光强度大

D. 荧光发射波长比透射光波长长

二、填空题

1. 荧光分光光度计的主要部件有如下几个部分：光源，____________，样品室，____________，检测器。

2. 化学发光分析按物态的不同可以分为________化学发光分析和________化学发光分析两大类。

3. 荧光分子与溶剂分子或其他分子之间相互作用，使荧光强度减弱的现象称为________。能引起荧光强度降低的物质称为________。

4. 分子共轭 π 键大，则荧光发射强，荧光峰向________波方向移动；给电子取代基将使荧光强度________；得电子取代基将使荧光强度________。

三、简答题

1. 比较荧光光谱、激发光谱和吸收光谱的异同。

2. 请分别列举荧光分析和磷光分析的环境影响因素。

3. 请列举出几个荧光分光光度分析法在药物分析中的应用实例。

第九章

电位分析法

电分析方法是应用电化学的基本原理和实验技术，依据物质电化学性质来测定物质组成及含量的分析方法。其重要特征是通过直接测定电流、电位、电导、电量等物理量，在溶液中有电流或无电流的情况下来研究、确定参与反应的化学物质的量。根据所测电化学参数不同，电化学分析法可分为以下几类。

① 电位分析法：根据试液的电导值与电解质浓度的关系分析试液中待测组分的分析方法，包括直接电位法和电位滴定法。

② 电导分析法：根据试液的电导值与电解质浓度的关系进行分析的方法称为电导分析法，分为直接电导法和电导滴定法。

③ 伏安分析法：根据电解待测试液所得到的电流-电压曲线对电解质的组成和含量进行分析的方法。若所用工作电极为液态电极如滴汞电极，则称为极谱分析法。这一类方法包括经典极谱法、单扫描极谱法、极谱催化法、溶出伏安法等。

④ 电解分析法：根据电解原理建立的电化学分析方法，包括电重量分析法、控制阴极电位库仑分析法和恒电流库仑滴定分析法。利用外加电源电解试液，根据电极上析出并沉积在电极表面的待测物的质量进行分析的方法，称为电重量分析法；根据电解试液所消耗的电量进行分析的方法称为控制阴极电位库仑分析法；利用电解过程中的电极生成物作为滴定剂，和溶液中的待测组分作用，根据滴定终点消耗的电量确定待测组分含量的方法称为恒电流库仑滴定分析法。本章重点讲解电位分析法。

电分析方法的特点：

① 灵敏度、准确度高，选择性好，被测物质的最低量甚至可以达到 10^{-15}mol/L；

② 电化学仪器装置较为简单，操作方便，直接得到电信号，易传递，尤其适用于化工生产中的自动控制和在线分析；

③ 应用广泛，传统电化学分析应用于无机离子的分析，目前已广泛应用于有机电化学分析、药物分析和活体分析等。

第一节　电分析方法基础

一、电化学电池

化学电池是由若干支电极构成的系统，是实现化学能与电能转换的装置，由电解质溶液、两个电极及外界电路构成。电极是将金属放入对应的溶液中后所组成的系统。根据化学电池中的反应是否能自发进行，电化学分析法中涉及两类化学电池：原电池和电解池。原电池是自发地将化学能转变成电能的装置；电解池是由外电源提供电能，使电流通过电极，在电极上发生电极反应的装置。电池工作时，电流必须在电池内部和外部流过，构成回路。无论原电池还是电解池，在同一个化学电池中，根据电极电动势的大小将两个电极分为正极和负极，电动势大的为正极，电动势小的为负极；根据电极反应的性质分为阳极和阴极，其中发生氧化反应的电极为阳极，发生还原反应的电极为阴极。每个电极发生的化学反应为半电池反应，两个电极的半电池反应为电池的总反应。

如图 9-1(a) 所示的 Cu-Zn 原电池，将 Zn 片插入 $ZnSO_4$ 溶液（0.1mol/L）中，Cu 片插入 $CuSO_4$ 溶液（0.1mol/L）中，两个半电池的电解质溶液间用饱和 KCl 盐桥相连，用导线将两个电极接通，电流计中有电流通过，表明该电池中发生了自发化学反应，化学能转变为电能。在 Zn 级，金属 Zn 失去电子，被氧化为 Zn^{2+}，电子通过外电路流向 Cu 极。在 Cu 极，溶液中的 Cu^{2+} 接受电子，被还原为金属 Cu。电子由 Zn 极流向 Cu 极，因此在该原电池中铜极为正极，锌极为负极。半电池反应为：

$$\text{锌极 } Zn \rightleftharpoons Zn^{2+} + 2e^- \text{（负极、阳极、氧化反应）} \quad (9\text{-}1)$$

$$\text{铜极 } Cu^{2+} + 2e^- \rightleftharpoons Cu \text{（正极、阴极、还原反应）} \quad (9\text{-}2)$$

$$\text{电池总反应为：} Zn + Cu^{2+} \rightleftharpoons Zn^{2+} + Cu \quad (9\text{-}3)$$

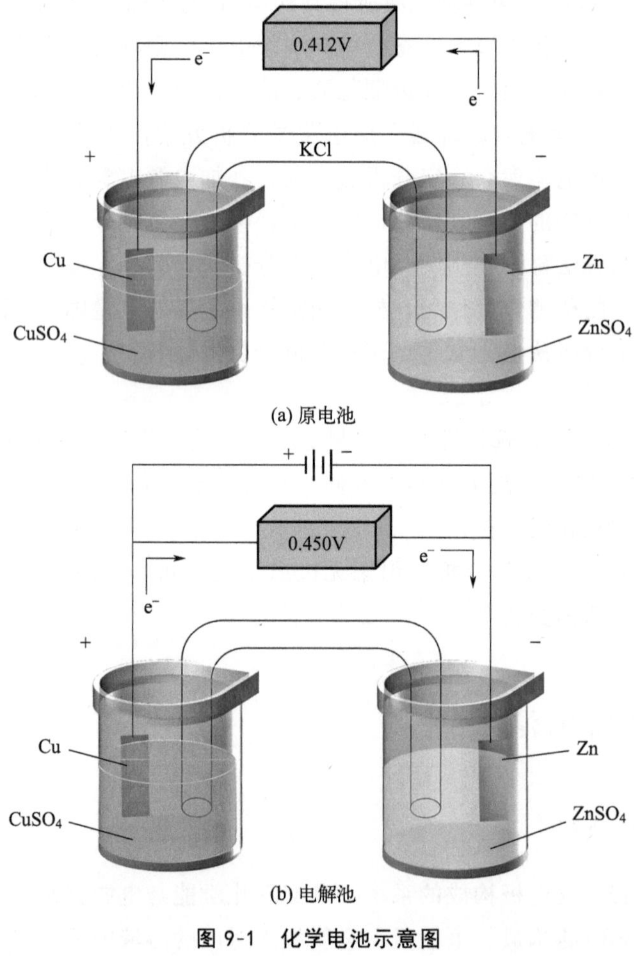

(a) 原电池

(b) 电解池

图 9-1 化学电池示意图

原电池的图解表达式：

$$Zn \mid ZnSO_4(1mol/L) \parallel CuSO_4(1mol/L) \mid Cu \quad (9\text{-}4)$$

左边电极进行氧化反应，右边电极进行还原反应。两相界面，包括不混溶的液液界面，用“|”表示；溶液用盐桥连接，且消除了液接电位，用“‖”表示；同一溶液中的多种组分用逗号“,”隔开，电解质位于电极之间。溶液要标明浓（活）度，气体要标明压力温度。电池电动势：$E_{电池}=\varphi_{右}-\varphi_{左}$。

在 Cu-Zn 原电池上接上一外加电源，电源的负极和 Zn 级相连，电源的正极和 Cu 极相连，当外加电压大于原电池的电动势时，Zn 极发生还原反应，Zn^{2+} 被还原为金属 Zn，Cu 极发生氧化反应，金属 Cu 被氧化为 Cu^{2+}，电能转变为化学能，原电池就变成电解池。半电池反应为：

$$锌极\ Zn^{2+}+2e^{-} = Zn\ （负极、阴极、还原反应） \quad (9\text{-}5)$$

$$铜极\ Cu-2e^{-} = Cu^{2+}\ （正极、阳极、氧化反应） \quad (9\text{-}6)$$

电池总反应：

$$Cu+Zn^{2+} = Cu^{2+}+Zn \quad (9\text{-}7)$$

电解池图解表达式：

$$(+)Cu \mid CuSO_4(0.1mol/L) \parallel ZnSO_4(0.1mol/L) \mid Zn(-) \quad (9\text{-}8)$$

二、电位与测量

1. 液接电位和盐桥

在两种不同离子的溶液或两种不同浓度的溶液接触界面上存在着微小的电位差，称为液接电位。各种离子具有不同的迁移速率，从而引起液接电位。图 9-2 所示为Ⅰ、Ⅱ两种浓度不同的 HCl 溶液相接触，HCl 浓度较大的溶液Ⅱ中的 H^{+} 和 Cl^{-} 将向Ⅰ中扩散。由于 H^{+} 的扩散速率比 Cl^{-} 大，结果 φ(Ⅰ) 较正，φ(Ⅱ) 较负，出现了电位差，产生了液接电位。

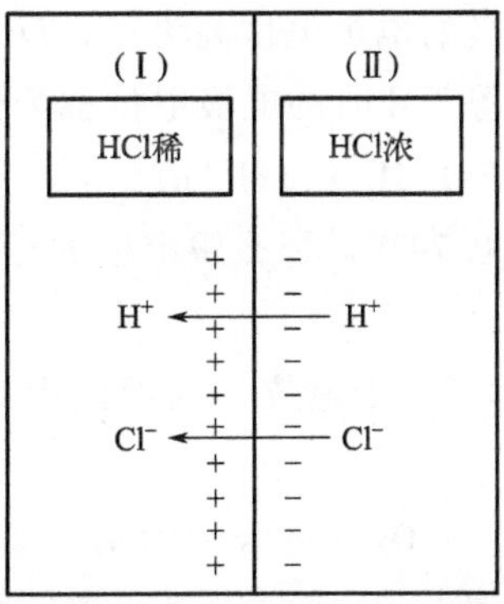

图 9-2　液接电位的形成 [c(Ⅰ)<c(Ⅱ)，φ(Ⅰ)$-\varphi$(Ⅱ)>0]

液接电位会影响电池电动势的测量结果，实际工作中必须设法消除，或尽量降低到最小限度。通常采用的方法是在两个溶液之间设置盐桥。盐桥可以这样制备：在饱和 KCl 溶液中加入约 3% 的琼脂，加热使琼脂溶解，注入 U 形玻璃管中，冷却成凝胶。因为 K^{+}、Cl^{-} 的扩散速度接近，液接电位保持恒定 1～2mV。降低液接电位常用 KCl、KNO_3、NH_4NO_3，以饱和

KCl（约 4mol/L）溶液最佳，但是只能降低液接电位，无法完全消除（图 9-3）。

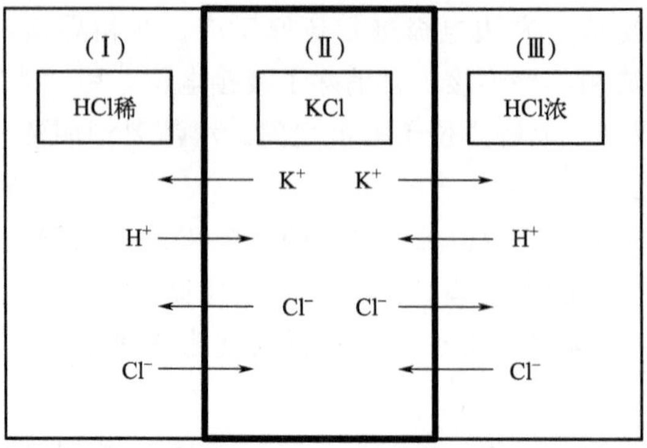

图 9-3　液接电位的消除　[φ（Ⅰ）－φ（Ⅱ）≈0，φ（Ⅲ）－φ（Ⅱ）≈0]

2. 电极电位与测量

电解质溶液由于其中阳离子和阴离子的存在而呈电中性。电极一般都是由金属导体构成，金属晶体中含有自由电子和金属离子。当把金属电极放入含有该金属离子的溶液中时，金属离子进入溶液中，使金属表面带负电，同时由于静电的吸引，金属表面的负电荷与进入溶液中的金属离子的正电荷形成双电子层；另外，溶液中存在的易接受自由电子的金属离子也能在金属表面沉积，使金属表面带正电荷；同样由于静电的吸引，金属表面的正电荷与溶液中过剩的阴离子形成双电子层。这两种情况下形成的双电子层达到动态平衡时，都会产生一个稳定的相界面电位差，也就是金属电极和溶液的相界面电位差，即电极电位。

单个电极的绝对电极电位无法测定，一般采用相对电极电位表示。IUPAC（国际纯粹与应用化学联合会）规定将标准氢电极作为负极，与待测电极组成电池，电位差即为该电极的相对电极电位。比标准氢电极的电极电位高为正，反之为负。在 298. 15K 时，以水为溶剂，当氧化态和还原态的活度等于 1 时的电极电位称为标准电极电位。例如：

$$\mathrm{Pt,H_2(101325Pa)\,\|\,H^+(1mol/dm)\,\|\,Ag^{2+}(1mol/dm)\,|\,Ag} \tag{9-9}$$

银电极与氢电极的电位差为 0. 799V，那么银电极的标准电极电位为 0. 799V。

3. 能斯特方程式

Nernst（能斯特）方程式表示了电极电位 φ 与溶液中对应离子活度之间的关系。对于一个氧化还原体系：

$$\mathrm{Ox} + z\mathrm{e}^- \rightleftharpoons \mathrm{Red} \tag{9-10}$$

式中，Ox 代表氧化剂；z 代表电子个数；Red 代表还原剂。

则有：

$$\varphi = \varphi^{\ominus} + \frac{RT}{zF}\ln\frac{a_O}{a_R} \tag{9-11}$$

式中，φ 是标准电极电位；R 是摩尔气体常数，8. 3145J/(mol・K)；T 是热力学温度；F 是 Faraday（法拉第）常量，96485C/mol；z 是电极反应中转移的电子数；a_O 和 a_R 是氧化态和还原态的活度。

把各常数的数值代入并转换成以10为底的对数，在25℃时方程式(9-11)可写成：

$$\varphi=\varphi^{\ominus}+\frac{0.059}{z}\ln\frac{a_O}{a_R} \tag{9-12}$$

在分析中一般要测定的是物质的浓度，可通过活度系数将Nernst方程式中活度项转化为浓度项。活度 a_i 与浓度 C_i 的关系为：

$$a_i=\gamma_i C_i \tag{9-13}$$

式中，γ_i 为活度系数。离子的活度系数与溶液的离子强度有关。

在工作中，为了方便也可用氧化态、还原态的浓度代替它们的活度。这时Nernst方程式中的标准电极电位 φ 要改用条件电位 φ'。因为溶液中离子的活度会受到离子强度、溶液的pH值、组分的溶剂化、离解、缔合和配合等因素的影响。

对于有 H^+ 参加的电极反应：

$$Ox+ze^-+mH^+=Red \tag{9-14}$$

利用Nernst方程，可求得溶液pH值对该电极反应的电极电位的影响，25℃时为：

$$\varphi^{\ominus}=\varphi^{\ominus}_{O,R}-\frac{0.059}{z}pH \tag{9-15}$$

4. 电极极化和超电位

当较大的电流流过电池时，这时电极电位将偏离可逆平衡电位。如电极电位改变很大而产生的电流变化很小，这种现象称为极化。极化是一个电极的现象。电池的两个电极都可以发生极化。影响极化程度的因素有电极的大小和形状、电解质溶液的组成、搅拌情况、温度、电流密度、电池反应中反应物和生成物的物理状态以及电极的成分等。极化通常可以分成浓差极化和电化学极化两类。

浓差极化是由电极反应过程中电极表面附近溶液的浓度和主体溶液的浓度发生了差别所引起的。如电解时，阴极发生还原反应，电极表面附近离子的浓度会迅速降低，离子扩散速率有限，这时阴极电位比可逆电位更负；阳极发生氧化反应，金属的溶解将使电极表面附近的离子浓度提高，比主体溶液中更大，阳极电位变得更正。这种由浓度差别所引起的极化，称为浓差极化。要减小浓差极化，可采用增大电极面积、减小电流密度、提高溶液温度、加强搅拌等方法。

电化学极化是由某些动力学因素决定的。电极上进行的反应是分步进行的。其中某一步反应速率较慢，它对整个电极反应起着决定性作用。这一步反应需要比较高的活化能才能进行。对阴极反应，必须使阴极电位比可逆电位更负，以克服其活化能的增加，让电极反应进行。阳极则反之，需要更正的电位。

由于极化现象的存在，实际电位与可逆的平衡电位之间产生一个差值。这个差值称为超电位，一般用 η 表示，用 η_c 表示阴极超电位，η_a 表示阳极超电位。阴极上的超电位使阴极电位向负的方向移动，阳极上的超电位使阳极电位向正的方向移动。超电位的大小可以作为电极极化程度的衡量。其特点有：超电位随电流密度的增大而增大；超电位随温度的升高而降低；电极的化学成分不同，超电位也不同；产物是气体的电极过程，超电位一般较大。

5. 电极表面的传质过程及扩散

电极反应时反应物与产物的输送过程称为传质过程，传质过程在电化学动力学中起着重要作用。电极表面发生电化学反应时，电极和溶液界面将发生电荷转移，反应物被消耗，生成物将产生。若要电化学反应继续进行，反应物要从溶液本体向电极表面传递，生成物则从电极表面向溶液方向传递。这种传递称为传质过程。电极表面的传质方式有扩散、电迁移和对流三种方式。

① 电迁移：带电离子或极性分子在电场作用下发生的迁移。它是非专属性的，参与电极反应的离子能发生，溶液中别的离子也能发生。为了消除电迁移引起的迁移电流，通常在溶液中加入浓度为分析物浓度 50～100 倍的惰性电解质。由于加入支持电解质，可降低溶液的电阻和电压降（iR）。

② 对流：溶液的对流（如搅动）或热运动引起的物质运动。测量时溶液静止（不搅拌）可消除对流的影响。

③ 扩散：在浓差的作用下，分子或离子从高浓度向低浓度发生的移动。由扩散产生的电流称为扩散电流。

电极表面的传质和扩散过程会影响电极的反应速率。对于原电池，其电极反应是自发的，一旦电池回路形成，电极反应就立即启动；而对于电解池，电极反应受外加于电解池的两个电极上的电压控制。如在电解池的阴极上发生如下反应

$$M^{x+} + ze^- = M$$

在电极上发生变化的物质的量 n 与通过电解池的电量 Q 成正比，这一基本定律称为 Faraday（法拉第）电解定律，用数学式表示为：

$$n = \frac{Q}{zF} \tag{9-16}$$

式中，F 为 1mol 元电荷的电量，称为 Faraday 常数，96485C/mol；z 为电极反应中的电子数。

电解消耗的电量 Q 可按下式计算：

$$Q = \int_0^t i\,dt \tag{9-17}$$

式中，i 为流过回路的电流。

因此电极反应速率 v(mol/s) 为：

$$v = \frac{dn}{dt} = \frac{i}{zF} \tag{9-18}$$

需要说明的是，不同于溶液中的均相化学反应，电极和溶液界面上进行的是非均相反应。非均相反应的速率尚依赖于电极表面的传质速率和电极面积等。法拉第定律是非常重要的定量分析基础。

第二节　电极电位分析

电位分析是通过在零电流条件下测定两电极间的电位差（电池电动势）所进行的分析测定。

$$\Delta E = E_+ - E_- + E_{液接电位} \tag{9-19}$$

电位分析的理论基础是能斯特方程，电极电位与电极活性物质的活度之间的关系可以用 Nernst 方程式来表示：

$$\varphi=\varphi^{\ominus}+\frac{RT}{zF}\ln a \tag{9-20}$$

利用电极电位与物质活度关系建立的一类通过测量电极电位来测定某物质的含量的方法称为电位分析法。

对于氧化还原体系：

$$Ox+ne^{-}=\!=\!=Red$$

$$E=E^{\ominus}_{Ox/Red}+\frac{RT}{nF}\ln\frac{a_{Ox}}{a_{Red}} \tag{9-21}$$

对于金属电极（还原态为金属，活度定为 1）：

$$E=E^{\ominus}_{M^{n+}/M}+\frac{RT}{nF}\ln a_{M^{n+}} \tag{9-22}$$

电极电位的测量需要构成一个化学电池，包括指示电极、参比电极和电解质溶液。其中指示电极是测量电极电位随被测电活性物质活度变化的电极；参比电极是指另一个与被测物无关的、电位比较稳定的、提供测量电位参考的电极；电解质溶液一般由被测试样及其他组分所组成。当测定时，参比电极的电极电位保持不变，电池电动势随指示电极的电极电位而变，而指示电极的电极电位随溶液中待测离子的活度而变。

电位分析法一般分为直接电位法和电位滴定法。直接电位法是选用适当的指示电极浸入被测试液，测量其相对于一个参比电极的电位。根据测出的电位，直接求出被测物质的浓度；电位滴定法是向试液中滴加能与被测物质发生化学反应的已知浓度的试剂，观察滴定过程中指示电极电位的变化，以确定滴定的终点。根据所需滴定试剂的量，可计算出被测物的含量。

一、离子选择性电极的种类

离子选择性电极和金属基电极是电位分析中常用的电极。离子选择性电极是一种电化学传感器，敏感膜是其主要组成部分。敏感膜是一个能分开两种电解质溶液，并对某类物质有选择性响应的薄膜，它能形成膜电位。本节重点介绍 pH 玻璃膜电极、氟离子选择性电极、液膜电极、气敏电极等。

1. pH 玻璃膜电极

应用最早、最广泛的电位测定法是测定溶液的 pH 值。电位法测定溶液 pH 值，常采用 pH 玻璃膜电极作为 H^+ 活度的指示电极，采用饱和甘汞电极作为参比电极，浸入待测溶液中组成工作电池。pH 玻璃膜电极的构造如图 9-4 所示。电极的主要部分是下端部由特殊成分的玻璃（摩尔分数：Na_2O 0.22，CaO 0.06，SiO_2 0.72）吹制而成的球状敏感膜，其厚度为 0.05～0.1mm。球内装有内参比溶液（含 NaCl 的 pH＝7 缓冲溶液）并插入 Ag-AgCl 电极作为内参比电极，其内参比电极电位恒定，与待测溶液的 pH 值无关。

玻璃电极使用前，必须在水溶液中浸泡，生成三层结构，即中间的干玻璃层和两边的水合硅胶层，如图 9-5 所示。

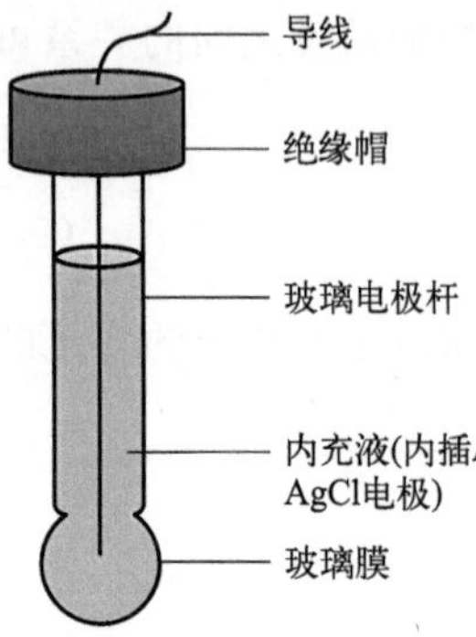

图 9-4 pH 玻璃膜电极的构造图

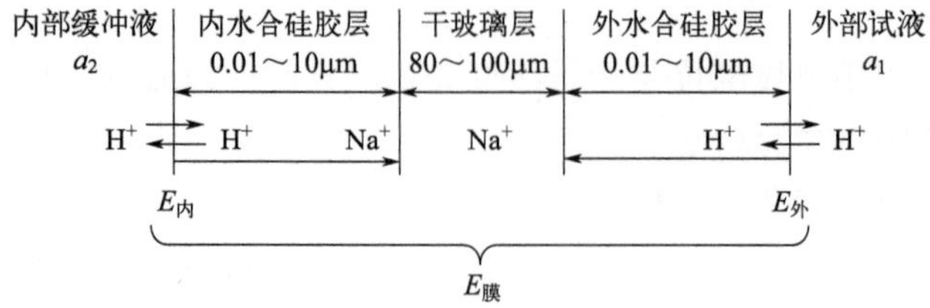

图 9-5 pH 玻璃膜电极的膜组成

水合硅胶层厚度为 0.01～10μm。在水合硅胶层，玻璃上的 Na^+ 与溶液中 H^+ 发生离子交换而产生相界电位。水合硅胶层表面可视作阳离子交换剂。溶液中 H^+ 经水合硅胶层扩散至干玻璃层，干玻璃层的阳离子向外扩散以补偿溶出的离子，离子的相对移动产生扩散电位。两者之和构成膜电位。在膜相内部，膜内外的表面和膜本体的两个界面上尚有扩散电位产生，其大小应该相同。

pH 玻璃电极放入待测溶液，若敏感膜仅对阳离子有选择性响应，当电极浸入含有该离子的溶液中时，在膜内外的两个界面上，均产生相间电位，25℃平衡后：

$$H^+_{溶液} = H^+_{硅胶} \tag{9-23}$$

$$E_{内} = k_1 + 0.0591\lg(a_2/a_2') \tag{9-24}$$

$$E_{外} = k_2 + 0.0591\lg(a_1/a_1') \tag{9-25}$$

式中，a_1、a_2 分别表示外部试液和电极内参比溶液的 H^+ 活度；a_1'、a_2'分别表示玻璃膜外、内水合硅胶层表面的 H^+ 活度；k_1、k_2 则是由玻璃膜外、内表面性质决定的常数。玻璃膜外、内表面的性质基本相同，则 $k_1 = k_2$，$a_1' = a_2'$，那么：

$$E_{膜} = E_{外} - E_{内} = 0.0591(a_1/a_2) \tag{9-26}$$

由于内参比溶液中的 H^+ 活度 a_2 是固定的，则：

$$E_{膜} = K' + 0.059\lg a_1 = K' - 0.059\mathrm{pH}_{试液} \tag{9-27}$$

可见，膜电位与溶液中离子活度之间的关系符合能斯特公式。K'项包括外参比电位、内参比电位、液接电位，还包括由于膜内外两个表面之间不完全相同而引起的不对称电位。如果膜两侧溶液相同，即 $a_1 = a_2$，则 $E_{膜} = 0$，但实际上仍存在一个很小的电位，使得 $E_{膜} \neq 0$，这个电位称为不对称电位。产生不对称电位的原因是玻璃膜内、外表面含钠量、表面张力以及机械和化学损伤存在细微差异。长时间（24h）浸泡后恒定（1～30mV）。

酸度（pH）定义为溶液中氢离子活度的负对数，广泛应用于环境保护、食品安全、医药、健康和化工等领域。pH 基准由 pH 基准测量装置、测量方法和基准缓冲溶液组成。基准装置由银/氯化银电极和标准氢电极组成的无液接界电池、电动势测量装置，高精度和高稳定性恒温水槽及辅助设备组成。基准装置的测量范围为 pH 0～14，0～95℃，不确定度为 0.005pH。

测定溶液 pH 值时，将 pH 玻璃电极与饱和甘汞电极（SCE）和待测溶液组成电池，指示电极为 pH 玻璃膜电极，参比电极为饱和甘汞电极。

$$\underbrace{Ag,AgCl|HCl|玻璃膜|}_{E_{玻璃}}\underbrace{试液溶液\|KCl_{(饱和)}|}_{E_{液接}}\underbrace{Hg_2Cl_{2(固)},Hg}_{E_{甘汞}}$$

电池电动势为：

$$\begin{aligned}E &= E_{甘汞}-E_{玻璃}+E_{液接}\\ &= E_{Hg_2Cl_2/Hg}-(E_{AgCl/Ag}+E_{膜})+E_{液接}\\ &= E_{Hg_2Cl_2/Hg}-E_{AgCl/Ag}-K-\frac{2.303RT}{F}\lg a_{H^+}+E_L\end{aligned} \tag{9-28}$$

所以：

$$E=K'+\frac{2.303RT}{F}pH$$

25℃时：

$$E=K'+0.059pH \tag{9-29}$$

两种溶液，pH 已知的标准缓冲溶液 s 和 pH 待测的试液 x。测定各自的电动势为：

$$E_s=K_s'+\frac{2.303RT}{F}pH_s \tag{9-30}$$

$$E_x=K_x'+\frac{2.303RT}{F}pH_x \tag{9-31}$$

若测定条件完全一致，则 $K_s'=K_x'$，两式相减得：

$$pH_x=pH_s+\frac{E_x-E_s}{2.303RT/F} \tag{9-32}$$

式中，pH_s 已知，实验测出 E_s 和 E_x 后，即可计算出试液的 pH_x。IUPAC 推荐式(9-32) 为 pH 的实用定义。使用时，尽量使温度保持恒定并选用与待测溶液 pH 接近的标准缓冲溶液。

pH 玻璃电极的特点如下：

① 玻璃膜电位与试样溶液中的 pH 值成线性关系。式中 K'是由玻璃膜电极本身性质决定的常数。

② 电极电位应是内参比电极电位和玻璃膜电位之和。

③ 高选择性，膜电位的产生不是电子的得失。其他离子不能进入晶格产生交换。当溶液中 Na 浓度比 H^+ 浓度高 10^{15} 倍时，两者才产生相同的电位。

④ 酸差：测定溶液酸度太大（pH<1）时，电位值偏离线性关系，产生误差。

⑤ “碱差”或“钠差”：pH>12 产生误差，主要是 Na^+ 参与相界面上的交换所致。

⑥ 改变玻璃膜的组成，可制成对其他阳离子响应的玻璃膜电极。

⑦ 优点是不受溶液中氧化剂、还原剂、颜色及沉淀的影响，不易中毒；缺点是电极内阻很高，电阻随温度变化。

2. 氟离子选择性电极

氟离子选择性电极（简称氟电极）是晶体膜电极，其构造如图 9-6 所示。它的敏感膜是由难溶盐氟化镧单晶（定向掺杂 EuF_2）薄片制成，电极管内装有 0.1mol/L NaF 和 0.1mol/L NaCl 组成的内充液，浸入一根 Ag-AgCl 内参比电极。其测定的原理是 LaF_3 的晶格中有空穴，在晶格上的 F^- 可以移入晶格邻近的空穴而导电。对于一定的晶体膜，离子的大小、形状和电荷决定其是否能够进入晶体膜内，故膜电极一般都具有较高的离子选择性。

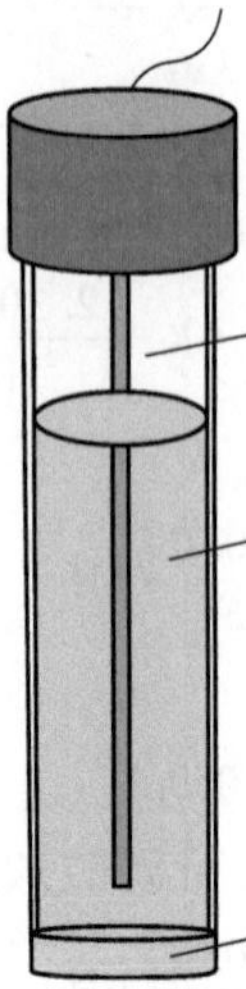

图 9-6　氟离子选择性电极构造

测定时，氟电极、饱和甘汞电极（外参比电极）和含氟试液组成下列电池：氟离子选择电极 | F^- 试液 ‖ 饱和甘汞电极。一般离子计上氟电极接（－），饱和甘汞电极（SCE）接（＋），测得电池的电位差为：

$$E_{电池}=\varphi_{SCE}-\varphi_{膜}-\varphi_{Ag\text{-}AgCl}+\varphi_a+\varphi_j \tag{9-33}$$

在一定的实验条件（如溶液的离子强度、温度等）下，外参比电极电位 φ_{SCE}、活度系数 r、内参比电极电位 $\varphi_{Ag\text{-}AgCl}$、氟电极的不对称电位 φ_a 以及液接电位 φ_j 等都可以作为常数处理。当氟电极插入 F^- 溶液中时，F^- 在晶体膜表面进行交换。25℃时：

$$E_{膜}=K-0.059\lg a_{F^-}=K+0.059pF \tag{9-34}$$

氟离子选择性电极具有较高的选择性，需要在 pH 5～7 之间使用。pH 值高时，溶液中的 OH^- 与氟化镧晶体膜中的 F^- 交换；pH 值较低时，溶液中的 F^- 生成 HF 或 HF_2^-。

3. 流动载体膜电极（液膜电极）

流动载体膜电极的载体是可流动的，但不能离开膜，而离子可以自由穿过膜。流动载体电极由某种有机液体离子交换剂制成敏感膜。它由电活性物质（载体）、溶剂（增塑剂）、基体（微孔支持体）构成。敏感膜将试液与内充液分开，膜中的液体离子交换剂与被测离子结合，并能在膜中迁移。这时溶液中该离子伴随的电荷相反的离子被排斥在膜相之外，结果引起相界面电荷分布不均匀，在界面上形成膜电位。响应离子的迁移数大，电极的选择性就好。电活性物质在有机相和水相中的分配系数决定电极的检测下限，分配系数大，检测下限低（图 9-7）。

（1）钙离子电极　内参比溶液为含 Ca^{2+} 水溶液。内外管之间装的是 0.1mol/L 二癸基磷酸钙（液体离子交换剂）$[(RO)_2PO]_2^-Ca^{2+}(org)$ ═ $2[(RO)_2PO]^-(org)+Ca^{2+}(aq)$ 的苯基磷酸二辛酯溶液。其极易扩散进入微孔膜，但不溶于水，故不能进入试液溶液。二癸基磷酸根可以在液膜-试液两相界面间传递 Ca^{2+}，直至达到平衡。由于 Ca^{2+} 在水相（试液和内参比溶液）中的活度与有机相中的活度差异，在两相之间产生相界电位。液膜两面发生的离子交换反应，钙电极的适宜 pH 值范围是 5～11，可测出 10^{-5}mol/L 的 Ca^{2+}。

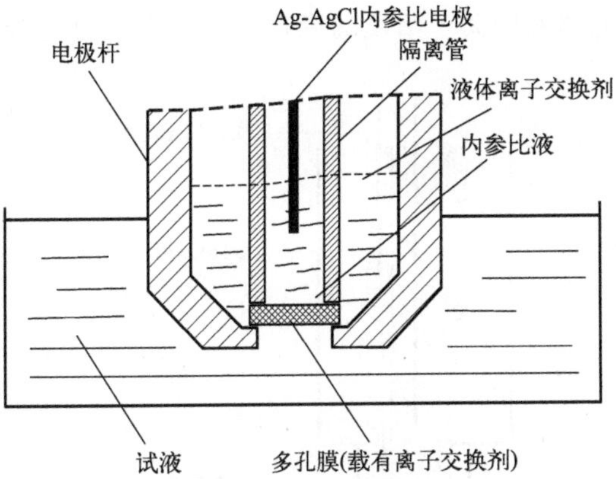

图 9-7　流动载体膜电极构造示意

(2) 硝酸根离子电极　其电活性物质是带正电荷的载体，如季铵类硝酸盐。将它溶于邻硝基苯十二烷醚中。可将此溶液再与含有 5% PVC（聚氯乙烯）的四氢呋喃溶液混合 (1+5)，在平板玻璃上制成薄膜，构成电极，其电极电位为：

$$\varphi = 常数 - \frac{RT}{F}\ln a(NO_3^-) \tag{9-35}$$

(3) 钾离子电极　其利用大环状冠醚化合物，如二甲基二苯基-30-冠醚-10 作中性载体。K^+ 可以被螯合在中间。将它们溶解在邻苯二甲酸二戊酯中，再与含有 PVC 的环己酮混合，铺在玻璃板上制成薄膜，构成中性载体电极。

流动载体膜电极的特点是：

① 流动载体膜电极（液膜电极）的机理与玻璃膜电极相似；

② 离子载体（有机离子交换剂）被限制在有机相内，但可在相内自由移动，与试样中待测离子发生交换产生膜电位；

③ 具有 R—S—CH_2COO—结构的液体离子交换剂，由于含有硫和羧基，可与重金属离子生成五元内环配合物，对 Cu^{2+}、Pd^{2+} 等具有良好的选择性；

④ 采用带有正电荷的有机液体离子交换剂，如邻菲罗啉与二价铁所生成的带正电荷的配合物，可与阴离子 ClO_4^-、NO_3^- 等生成缔合物，可制备对阴离子有选择性的电极；

⑤ 中性载体（有机大分子）液膜电极，中空结构，仅与适当离子配合，具有高选择性，如缬氨霉素（36 个环的环状缩酚酞）对钾离子有很高的选择性，选择性系数 $K_{K,Na} = 3.1 \times 10^{-3}$；

⑥ 冠醚化合物也可作中性载体。

4. 气敏电极

气敏电极是一种气体传感器，常用于分析溶于水的气体和能在水溶液中生成这些气体的离子。它的作用原理是利用待测气体与电解质溶液反应，生成一种能被离子选择电极响应的离子。由于这种离子的活度（浓度）与溶解的气体量成正比，因此，电极的电位响应与试液中气体的活度（浓度）有关。气敏电极的结构如图 9-8 所示，电极端部装有透气膜，气体可通过它进入管内。管内插入 pH 玻璃复合电极，复合电极是将外参比电极

(Ag-AgCl) 绕在电极周围。管中充有电解液，也称中介溶液。试样中的气体通过气体渗透膜进入中介溶液，引起电解液中离子活度的变化，这种变化由复合电极进行检测。

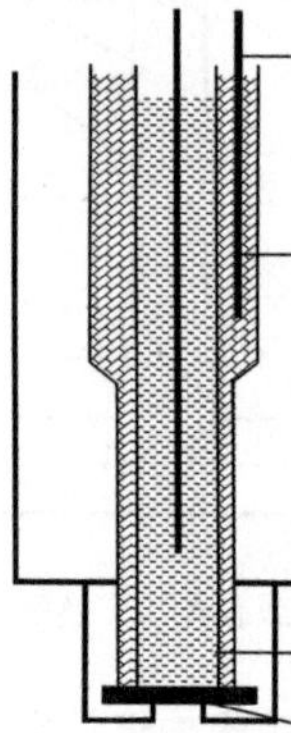

图 9-8 气敏电极

如 CO_2 气敏电极，用 pH 玻璃电极作为指示电极，中介溶液为 0.01mol/L 的 $NaHCO_3$。CO_2 与 H_2O 作用生成 H_2CO_3，从而影响 $NaHCO_3$ 的电离平衡。

$$CO_2 + H_2O \xrightleftharpoons{k_1} H_2CO_3 \tag{9-36}$$

反应的平衡常数：

$$k_1 = \frac{a(H_2CO_3)}{p(CO_2)} \tag{9-37}$$

式中，a 为活度，p 为分压。

则

$$a(H_2CO_3) = k_1 p(CO_2) \tag{9-38}$$

H_2CO_3 与 HCO_3^- 之间的离解平衡为：

$$H_2CO_3 \rightleftharpoons HCO_3^- + H^+ \tag{9-39}$$

$$a(H^+) = \frac{k_2 a(H_2CO_3)}{a(HCO_3^-)} \tag{9-40}$$

将式(9-38) 代入式(9-40)，得：

$$a(H^+) = \frac{k_1 k_2 p(CO_2)}{a(HCO_3^-)} \tag{9-41}$$

式中，k_1、k_2 为平衡常数；HCO_3^- 的浓度较高，故 $a(HCO_3^-)$ 可看成常数。

$$a(H^+) = Kp(CO_2) \tag{9-42}$$

中介溶液中 H^+ 活度与试液中 CO_2 的分压成正比，可以用 pH 玻璃电极来指示氢离子活度，其电位为：

$$\varphi = 常数1 - \frac{RT}{F}\ln a(H^+) = 常数2 - \frac{RT}{F}\ln p(CO_2) \tag{9-43}$$

利用气敏电极能分别对 CO_2、NH_3、NO_2、SO_2、H_2S、HCN、HF、HAc 和 Cl_2 进行测量。气敏电极还可以用于测定试液中的有关离子，如 NH_4^+、CO_3^{2-} 等。此时，借助于改变试液的酸碱性使它们以 NH_3、CO_2 的形式逸出，然后进行测定。

二、离子选择性电极的特性

1. 电极选择性

理想的离子选择性电极只对特定离子有响应，对其他离子不响应。实际上，离子选择性电极对离子的响应并没有绝对的专一性，只有相对的选择性。对于不同的阳离子或阴离子而言，膜电位与离子活度之间存在以下关系式：

$$E_{膜} = K + \frac{RT}{nF}\ln a_{阳离子} \tag{9-44}$$

$$E_{膜} = K - \frac{RT}{nF}\ln a_{阴离子} \tag{9-45}$$

那么，共存的其他离子对膜电位的产生有贡献吗？若测定离子为 i，电荷为 z_i；干扰离子为 j，电荷为 z_j。考虑到共存离子产生的电位，则膜电位的一般式可写成：

$$E_{膜} = K \pm \frac{RT}{nF}\ln\left[a_i + K_{ij}(a_j)^{\frac{z_i}{z_j}}\right] \tag{9-46}$$

对阳离子响应的电极，K 后取正号；对负离子响应的电极，K 后取负号；K_{ij} 称为电极的选择性系数，其意义为在相同的测定条件下，待测离子和干扰离子产生相同电位时待测离子的活度 a_i 与干扰离子活度 a_j 的比值：

$$K_{ij} = a_i / a_j \tag{9-47}$$

通常 $K_{ij} \ll 1$，K_{ij} 值越小，表明电极的选择性越高。例如：$K_{ij} = 0.001$ 时，意味着干扰离子 j 的活度比待测离子 i 的活度大 1000 倍时，两者产生相同的电位。选择性系数严格来说不是一个常数，在不同离子活度条件下测定的选择性系数值各不相同。K_{ij} 仅能用来估计干扰离子存在时产生的测定误差或确定电极的适用范围。

2. 线性范围和检测下限

以离子选择性电极的电位 E（或电池电动势）对响应离子活度的对数 lga 作图，所得曲线称为校准曲线，如图 9-9 所示。*AB* 段对应的检测离子的活度（或浓度）范围为离子选择性电极的线性范围，定量必须在线性范围内进行。当待测离子活度较低时，曲线就逐渐弯曲，如图 9-9 中 *CD* 所示。*AB* 段的斜率为电极的响应斜率，即活度相差一个数量级时，电位改变的数值，用 S 表示。理论上 $S = 2.303RT/(nF)$，即 25℃时，一价离子 $S = 0.0592V$，二价离子 $S = 0.0296V$。离子电荷数越大，级差越小，测定灵敏度也越低，电位法多用于低价离子的测定中。

检测下限是图 9-9 中 *AB* 与 *CD* 延长线的交点 M 所对应的测定离子的活度（或浓度）。离子选择电极一般不用于测定高浓度试液（1.0mol/L），高浓度溶液对敏感膜的腐蚀溶解严重，也不易获得稳定的液接电位。

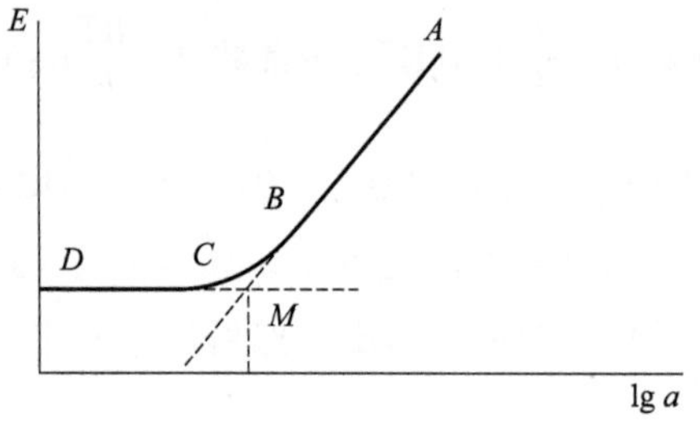

图 9-9 校准曲线

3. 响应时间和温度系数

响应时间按照 IUPAC 推荐，从指示电极和参比电极一起接触试液开始，到电极电位值稳定（数值变化在 1mV 以内）所经过的时间，称为电位型传感器的响应时间。它与膜电位建立的快慢、参比电极的稳定性、液接电位的稳定性和溶液的搅拌速度等有关。随着电极使用时间的延长，由于电极测试敏感膜老化或受到损伤等原因，电极便会出现响应迟缓的现象。

离子选择电极的电极电位受温度影响是显而易见的。将能斯特方程式对温度 t 进行微分可得：

$$\frac{dE}{dt}=\frac{dE^{\ominus}}{dt}+\frac{0.1984}{n}\lg a_i+\frac{0.1984}{n}\times\frac{d\lg a_i}{dt} \tag{9-48}$$

等式右侧第一项：标准电位温度系数。取决于电极膜的性质、测定离子特性、内参电极和内充液等因素。

第二项：能斯特方程中的温度系数项。n=1，温度每改变 1℃，校正曲线的斜率改变 0.1984。离子计中通常设有温度补偿装置，对该项进行校正。

第三项：溶液的温度系数项。温度改变导致溶液中的离子活度系数和离子强度改变。

实验表明：不同温度下所得到的各校正曲线相交于一点，如图 9-10 中 A 点。在 A 点，尽管温度改变，但电位保持相对稳定，即此点的温度系数接近零。A 点称为电极的等电位点。A 点对应的溶液浓度（B 点）称为等电位浓度。试样浓度位于等电位浓度附近时，温度引起的测定误差较小。

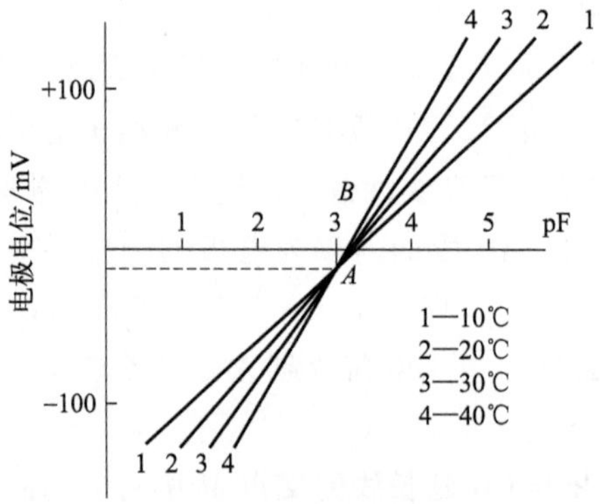

图 9-10 等电位点

第三节　直接电位法和电位滴定法

一、直接电位法

1. 标准曲线法

用测定离子的纯物质配制一系列不同浓度的标准溶液，并用总离子强度调节缓冲溶液保持溶液的离子强度相对稳定，分别测定各溶液的电位值，并绘制 E-lgC 关系曲线。用同样的方法测定试液的 E 值，即可从校正曲线上查出试液中待测离子的浓度。需要注意的是，离子活度系统保持不变时，膜电位才与 lgC 成线性关系。

由于待测试液和标准溶液均加入离子强度调节剂，其各自的总离子强度基本相同，它们的活度系数也基本相同，所以测定时可以用浓度代替活度。待测试液和标准溶液的组成相同，使用同一套电极，液体接触电位和不对称电位的影响可通过校正曲线校正。该法适用于组成较简单的大批样品的分析。

2. 标准加入法

标准加入法又称已知增量法。这种方法通常是在一定体积且含有总离子强度调节缓冲液的试液中，加入已知体积的标准溶液，根据标准溶液加入前后电池电动势的变化计算试液中待测离子的浓度。由于加入前后的溶液除待测离子的浓度不同外，离子强度和其他组分都可看成是相同的。因此减小了复杂基体的影响，使该方法具有较高的准确度。这种方法适用于分析组成复杂的试样。

设某一试液体积为 V_0，其待测离子的浓度为 C_x，测定的工作电池电动势为 E_1，则：

$$E_1 = K + \frac{2.303RT}{nF}\lg(\chi_i \gamma_i C_x) \tag{9-49}$$

式中，χ_i 为游离态待测离子占总浓度的分数；γ_i 为活度系数；C_x 为待测离子的总浓度。

然后，往试液中准确加入用待测离子的纯物质配制的标准溶液，其体积为 V_s（大约为 V_0 的 1/100），浓度为 C_s（约为 C_x 的 100 倍）。由于 $V_0 \gg V_s$，可认为溶液体积基本不变。则浓度增量为：

$$\Delta C = C_s V_s / V_0 \tag{9-50}$$

再次测定工作电池的电动势为 E_2：

$$E_2 = K + \frac{2.303RT}{nF}\lg(\chi_2 \gamma_2 C_x + \chi_2 \gamma_2 \Delta C) \tag{9-51}$$

可以认为 $\gamma_2 \approx \gamma_1$，$\chi_2 \approx \chi_1$，则：

$$\Delta E = E_2 - E_1 = \frac{2.303RT}{nF}\lg\left(1 + \frac{\Delta C}{C_x}\right) \tag{9-52}$$

令：

$$S = \frac{2.303RT}{nF} \tag{9-53}$$

则：

$$\Delta E = S\lg\left(1 + \frac{\Delta C}{C_x}\right) \tag{9-54}$$

$$C_x = \Delta C(10^{\Delta E/S} - 1)^{-1} \tag{9-55}$$

式中，ΔC、ΔE 可由实验测得；C_x 可计算求得。

3. 影响电位测定准确性的因素

(1) 测量温度　温度对测量的影响主要表现在对电极的标准电极电位、直线的斜率和离子活度的影响上，有的仪器可同时对前两项进行校正，但多数仪对斜率进行校正。温度的波动可以使离子活度变化而影响电位测定的准确性。在测量过程中应尽量保持温度恒定。

(2) 线性范围和电位平衡时间　一般线性范围在 $10^{-6} \sim 10^{-1}$mol/L，平衡时间越短越好。测量时可通过搅拌使待测离子快速扩散到电极敏感膜上，以缩短平衡时间。测量不同浓度试液时，应按由低到高的顺序。

(3) 溶液特性　在这里溶液特性主要是指溶液离子强度、pH 值及共存组分等。溶液的总离子强度保持恒定。溶液的 pH 值应满足电极的要求，避免对电极敏感膜造成腐蚀。干扰离子的影响表现在两个方面：一是能使电极产生一定响应；二是干扰离子与待测离子发生络合或沉淀反应。

(4) 电位测量误差　当电位读数误差为 1mV 时，对于一价离子，由此引起结果的相对误差为 3.9%；对于二价离子，相对误差为 7.8%。因此，电位分析多用于测定低价离子。

二、电位滴定法

电位滴定法是利用滴定过程中电池电动势的变化来确定终点的分析方法。电位滴定法可用于无法用指示剂判断终点的浑浊体系或有色溶液的滴定、非水溶液的滴定和指示剂滴定突跃不明显的弱酸、弱碱及低浓度试样的分析，电位滴定法测量准确度高，容易实现自动化、连续化滴定。手动电位滴定装置如图 9-11 所示，自动电位滴定装置如图 9-12 所示。

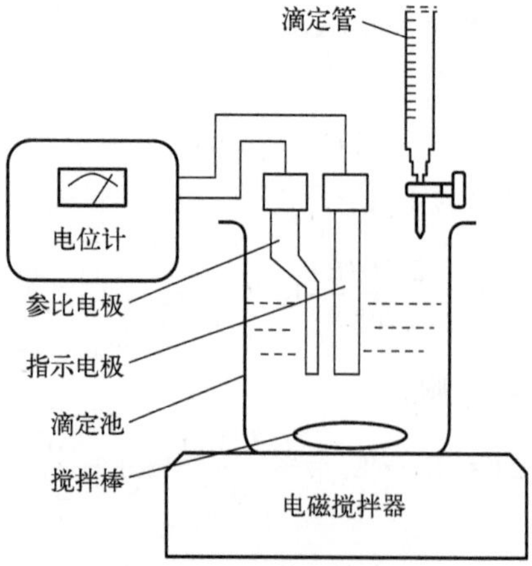

图 9-11　手动电位滴定装置

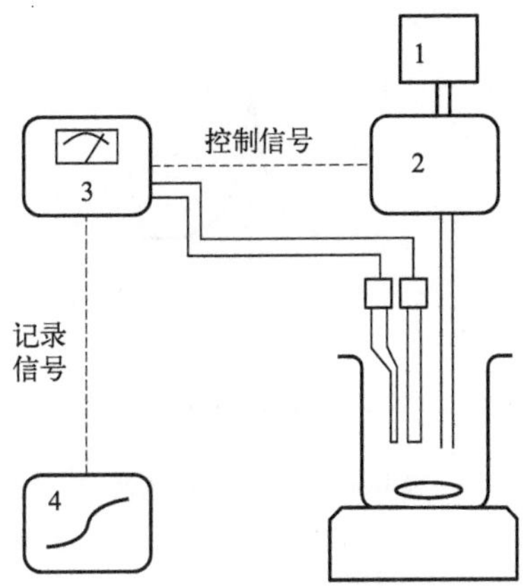

图 9-12　自动电位滴定装置

1—储液器；2—加液控制器；3—电位测量装置；4—记录仪

每滴加 1 次滴定剂，平衡后测量电动势，关键要确定滴定反应的化学计量点时所消耗的滴定剂的体积。快速滴定寻找化学计量点所在的大致范围，突跃范围内每次滴加体积控制在 0.1mL。记录每次滴定时的滴定剂用量（V）和相应的电动势数值（E），作图得到滴定曲线。通常采用以下 3 种方法来确定电位滴定终点。

1. *E-V* 曲线法

以电池电动势（E）为纵坐标，以滴定剂体积（V）为横坐标，作图得到滴定曲线，如图 9-13(a) 所示。曲线上的拐点即为滴定终点，拐点对应的体积即为滴定终点时所消耗的滴定剂的体积。拐点的求法是：作两条与滴定曲线相切的平行切线，在两条切线之间作一条与两切线等距离的平行直线，该平行直线与滴定曲线的交点即为拐点。该法应用简便，但要求滴定突跃非常明显，否则准确度不高。当滴定曲线平坦，滴定突跃不明显时，可用一阶或二阶微商法。

2. $\Delta E/\Delta V$-*V* 曲线法

$\Delta E/\Delta V$-V 曲线法又称一阶微商法。$\Delta E/\Delta V$ 是电动势的增量与滴定剂体积的增量之比，表示在 E-V 曲线上体积改变一微小值引起的电动势的增量。以 $\Delta E/\Delta V$ 对滴定剂 V 作图，得到 $\Delta E/\Delta V$-V 曲线，如图 9-13(b) 所示。该峰形曲线的最高点即为滴定终点。在微分函数中，该点对应的横坐标应与 E-V 曲线拐点对应的横坐标一致，即峰值横坐标为滴定终点消耗的滴定剂的体积。因为极值点较拐点更加容易判断，所以 $\Delta E/\Delta V$-V 曲线法确定终点的准确度很高。但该法中的峰值是通过实验点的边线外推得到的，仍然存在一定的误差。

3. $\Delta^2 E/\Delta V^2$-*V* 曲线法

$\Delta^2 E/\Delta V^2$-V 曲线法又称二阶微商法。$\Delta^2 E/\Delta V^2$ 表示 E-V 曲线的二阶微商。在微分函数中，二阶微商等于零处对应的拐点为一阶微商的极值。以 $\Delta^2 E/\Delta V^2$ 对 V 作图，曲线如图 9-13(c) 所示。该二阶微商图上 $\Delta^2 E/\Delta V^2=0$ 的横坐标即滴定终点的体积，通过内插法计算得到滴定终点的体积。该法比一阶微商法的准确度更高。在滴定终点附近找出一对 $\Delta^2 E/\Delta V^2$ 数值（$\Delta^2 E/\Delta V^2$ 由正到负），通过后点数据减前点数据的方法逐点计算二阶微商。

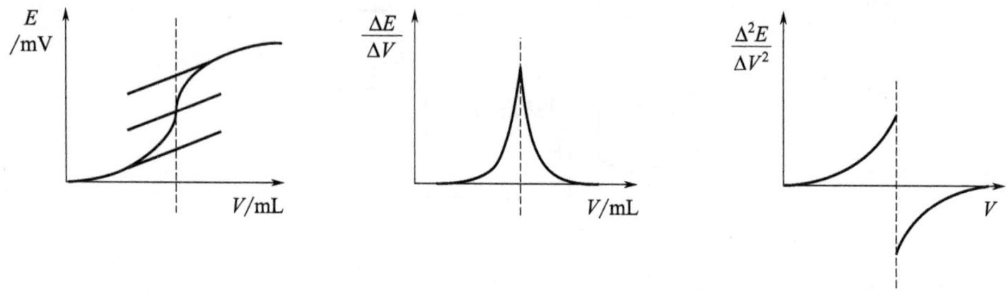

(a) E-V　　(b) $\Delta E/\Delta V$-V　　(c) $\Delta^2E/\Delta V^2$-V

图 9-13　电位滴定曲线

第四节　电位分析法的环境应用

一、电极法测定土壤的电导率

1. 方法原理

当两个电极插入提取液中时，可测出两个电极间的电阻。温度一定时，该电阻值 R 与电导率 K 成反比，即 $R=Q/K$。当已知电导池常数 Q 时，测量提取液的电阻，即可求得电导率。

2. 干扰和消除

当电导率测量值<1mS/m 时，空气中的二氧化碳和氨对电导率的测定影响较大。在封闭的小空间中进行操作，可消除或降低其干扰。

3. 试剂和材料

① 实验用水：25℃时的电导率不高于 0. 2mS/m。

② 氯化钾（KCl）：优级纯，使用前，应于 220℃±10℃下干燥 24h，待用。

③ 氯化钾标准贮备液：C(KCl)=0. 1000mol/L，临用现配，该溶液在 25℃时电导率为 1290mS/m。亦可直接购买市售有证标准溶液。

④ 氯化钾标准溶液：将氯化钾标准贮备液用 20℃水进行稀释，制备成各种浓度的氯化钾标准溶液，临用现配，其浓度和对应电导率（25℃）如表 9-1 所列。

表 9-1　氯化钾标准溶液的浓度和对应的电导率（25℃）

浓度/(mol/L)	电导率/(mS/m)
0. 0005	7. 4
0. 0010	14. 7
0. 0100	141
0. 0200	277

4. 仪器和设备

① 电导率仪：仪器测量误差不超过 1%。

② 分析天平：精度分别为 0. 01g 和 0. 001g。

③ 温度计：精度为 0.1℃。

④ 往复式水平恒温振荡器：20℃±1℃，180r/min，振幅不小于 5cm。

⑤ 振荡瓶：250mL，硼硅玻璃或聚乙烯材质。

⑥ 离心机：0～4000r/min。

⑦ 聚乙烯离心管：100mL。

⑧ 样品筛：2mm，尼龙材质。

5. 样品

（1）样品的采集与保存　将采集好的土壤样品送至实验室，并置于托盘中，于室温条件下风干。

（2）样品的制备　对土壤样品进行风干、缩分、研磨并过 2mm 样品筛。

（3）试样的制备　称取 20.00g 土壤样品于 250mL 振荡瓶中，加入 20℃±1℃的水 100mL，盖上瓶盖，放在往复式水平恒温振荡器上，于 20℃±1℃下振荡 30min。取下振荡瓶静置 30min 后，将上清液经定性滤纸过滤，滤液收集于 100mL 烧杯中，待测。

（4）实验室空白试样的制备　不称取样品，直接在 250mL 振荡瓶中加入 20℃±1℃的 100mL 水，按照与试样制备相同的步骤制备实验室空白试样。

6. 分析步骤

（1）电导池常数的测定　用 0.01mol/L 的氯化钾标准溶液冲洗电导池 3 次，再将电导池插入该标准溶液中，置于 25℃±1℃恒温水浴中 15min，测定该标准溶液的电阻 R_{KCl}。更换标准溶液后再进行测定，重复数次，使电阻 R_{KCl} 稳定在±2%范围内，取 3 次连续重复测定的平均值 $\overline{R_{KCl}}$，按照下列公式计算 0.01mol/L 氯化钾标准溶液在 25℃时的电导池常数 Q。

$$Q=141\overline{R_{KCl}} \tag{9-56}$$

式中，Q 为 0.01mol/L 氯化钾标准溶液在 25℃时的电导池常数；$\overline{R_{KCl}}$ 为 0.01mol/L 氯化钾标准溶液在 25℃时，3 次重复测定电阻的平均值，Ω；141 为 0.01mol/L 氯化钾标准溶液在 25℃时对应的电导率值，mS/m。

（2）试样的测定　用水冲洗电极数次，再用待测的提取液冲洗电极。将电极插入待测提取液中，按照电导率仪的使用说明书要求，将温度校正为 25℃±1℃，测定土壤提取液的电导率。直接从电导率仪上读取电导率值，同时记录提取液的温度。

（3）实验室空白试样的测定　按照与试样测定相同的步骤测定实验室空白试样的电导率。

7. 结果计算与表示

直接从仪器上读数获得提取液的电导率值，以 mS/m 表示。

二、滤膜采样/氟离子选择电极法测定环境空气中的氟化物

1. 方法原理

当已知体积的空气通过磷酸氢二钾浸渍的滤膜时，氟化物被固定或阻留在滤膜上，滤膜上的氟化物用盐酸溶液浸溶后，可选用滤膜采样/氟离子选择电极法测定环境空气中气态和颗粒态氟化物。

2. 试剂和材料

主要试剂有盐酸、氢氧化钠、柠檬酸钠、氯化钠、乙酸、磷酸氢二钾浸渍液、总离子强度调节缓冲溶液、氟标准贮备溶液和氟标准使用液等。材料有乙酸-硝酸纤维微孔滤膜和磷酸氢二钾浸渍滤膜。

3. 仪器和设备

大气采样仪、离子活度计或精密酸度计、氟离子选择电极、参比电极、磁力搅拌器、超声波清洗器、聚乙烯烧杯和带盖聚乙烯瓶。

4. 干扰及消除

测定体系中有 Ca^{2+}、Mg^{2+}、Fe^{3+}、Al^{3+} 存在时，会对结果产生干扰，可采用加入总离子强度调节缓冲溶液的方法来消除，当 Ca^{2+}、Mg^{2+}、Fe^{3+} 的浓度均不超过 50mg/L，Al^{3+} 不超过 2mg/L 时不干扰测定。

5. 样品

(1) 样品的采集和保存　各种采样器均应在采样前进行气密性检查和流量校准。采样后，用干净镊子将样品膜取出，对折放入塑料袋（盒）中，密封好，带回实验室。采集后的样品贮存在实验室干燥器（干燥器内不加干燥剂）中，必须在 40d 内完成分析。

(2) 现场空白　以浸渍后的空白滤膜代替样品，带到现场，与样品在相同的条件下保存、运输，直至送交实验室分析，运输过程中应注意防止沾污。将现场空白和实验室空白滤膜的测量结果相对照，若现场空白与实验室空白相差过大，需查找原因，重新采样。要求每次采样至少做 2 个现场空白。

6. 分析步骤

(1) 标准曲线的绘制　取 6 个 100mL 聚乙烯塑料杯，按表 9-2 配制标准系列，也可根据实际样品浓度配制，不得少于 6 个点。分别取 2.00mL 的 6 种标准使用液，依次加入盐酸溶液 20.00mL、氢氧化钠溶液 5.00mL、TISAB 溶液（总离子强度调节缓冲溶液）10.00mL、水 3.00mL，氟离子含量依次为 5.0μg、10μg、20μg、50μg、100μg、200μg。

表 9-2　标准溶液配制系列

杯号	1	2	3	4	5	6
F^- 标准使用液浓度/(μg/mL)	2.5	5.0	10.0	25.0	50.0	100.0
标准使用液体积/mL	2.00	2.00	2.00	2.00	2.00	2.00
盐酸溶液/mL	20.00	20.00	20.00	20.00	20.00	20.00
氢氧化钠溶液/mL	5.00	5.00	5.00	5.00	5.00	5.00
TISAB 溶液/mL	10.00	10.00	10.00	10.00	10.00	10.00
水/mL	3.00	3.00	3.00	3.00	3.00	3.00
F^- 含量/μg	5.0	10	20	50	100	200

将离子活度计接通，并按要求将清洗好的氟离子选择电极及甘汞电极插入制备好的待测液中。插入电极前不要搅拌溶液，以免电极表面附着气泡，影响测定的准确度。测定从低浓度到高浓度逐个进行。在磁力搅拌器上搅拌数分钟，磁力搅拌时间应一致，并且搅拌速度要适中、稳定。待读数稳定（即每分钟电极电位变化小于 0.2mV）后停止搅拌，静置后读取电位值，同时记录测定时的温度。

以氟含量的对数及其对应的电位值进行回归，要求相关系数 r 的绝对值大于 0.999，斜率符合（54+0.2t）mV；或在半对数坐标纸上，以对数坐标表示氟含量（μg），以等距坐标表示电位值，绘制校准曲线。

（2）试样的制备　将样品膜剪成小碎块（约为 5mm×5mm），放入 100mL 聚乙烯塑料杯中，加盐酸溶液 20.00mL，在超声波清洗器中提取 30min，取出，待溶液温度冷却至室温，再加入氢氧化钠溶液 5.00mL、TISAB 溶液 10.00mL 及水 5.00mL，总体积 40.00mL，然后放置 3h 后测定，放置时间不应超过 5h。

（3）空白试验　空白值的不稳定会直接影响测定结果的准确性，因此每批乙酸-硝酸纤维滤膜都应做空白试验。抽取未经采样的磷酸氢二钾浸渍滤膜 4～5 张，剪成小碎块（约为 5mm×5mm），放入 100mL 聚乙烯塑料杯中，加入 0.50mL 的氟化钠标准溶液（10.0μg/mL），按制备试样的方法（注意水加入量为 4.50mL），读取电位值，根据回归方程计算氟含量或从标准曲线上查得氟含量，空白滤膜氟含量为测定值（μg）减去加入的标准氟含量 5μg，取其平均值为空白滤膜的氟含量（空白滤膜的氟含量每张不应超过 1μg）。

（4）样品测定　处理好的试样的测定方法与绘制校准曲线时相同。读取电位值后，根据回归方程式计算氟含量或从标准曲线上查得氟含量。

样品测定应与校准曲线绘制同时进行，测定样品时的温度与绘制校准曲线时的温度之差不应超过±2℃。

7. 结果表示

试样中氟化物的含量 m(μg) 按下式计算：

$$\lg m=(E-E_c)/S_c \tag{9-57}$$

式中，m 为试样中氟化物的含量，μg；E 为试样的电位值，mV；E_c 为标准曲线的截距，mV；S_c 为标准曲线的斜率，mV。

环境空气样品中氟化物的含量 ρ(μg/m³) 按下式计算：

$$\rho=\frac{(W_1+W_2)-2W_0}{V_0} \tag{9-58}$$

式中，ρ 为空气中氟化物的质量浓度，μg/m³；W_1+W_2 为按测得的两层滤膜样品的氟含量，μg；W_0 为实验室空白滤膜平均氟含量，μg；V_0 为标准状态下的采样体积，m³。

课后习题

一、选择题

1. 不属于电化学分析法的是（　　）。

A. 电位分析法　　B. 极谱分析法　　C. 电子能谱法　　D. 库仑滴定法

2. 测量 pH 时，需要用标准 pH 溶液定位，这是为了（　　）。

A. 避免产生酸差　　B. 避免产生碱差

C. 消除温度的影响　　D. 消除不对称电位和液接电位的影响

3. 通常组成离子选择电极的部分为（　　）。

A. 内参比电极、内参比溶液、功能膜、电极管

B. 内参比电极、饱和 KCl 溶液、功能膜、电极管

C. 内参比电极、pH 缓冲溶液、功能膜、电极管

D. 电极引线、功能膜、电极管

4. 电位滴定法测得的是（　　）。

A. 物质游离离子的量　　B. 物质的总量

C. 物质游离离子的量与物质的总量之和　　D. 物质的活度

二、填空题

1. 参比电极应具备____________、____________、____________等特征。

2. 离子性选择电极的关键部件称为____________，测 pH 所使用的电极的关键部件称为____________。

3. 氟电极需要在 pH 值__________之间使用，pH 值较低时，测定结果__________。

三、简答题

1. 指示电极和参比电极的作用各是什么？如何选择指示电极？

2. 膜电位是如何产生的？膜电极为什么具有较高的选择性？

3. 电位法的主要误差来源有哪些？应该如何消除和避免？

4. 比较电导、电导率、摩尔电导率的含义，并指出这些概念的单位各是什么。

5. 为什么说电导分析法的选择性较差？电导滴定法的原理是什么？如何确定滴定终点？

第十章

电解和库仑分析法

电解分析是将试样溶液电解，使待测成分以金属单质或氧化物在阴极或阳极上析出，与共存组分分离，以称量沉积于电极表面的沉积物的质量为基础的一种电分析方法。电解分析法又称电重量法，它有时也作为一种分离的手段，能方便地除去某些杂质。

库仑分析是以测量电解过程中被测物质直接或间接在电极上发生电化学反应所消耗的电量为基础的分析方法。它和电解分析不同，其被测物不一定在电极上沉积，但要求电流效率必须为 100% 。

第一节 电解分析法

一、基本原理

电解是借外电源的作用，在电解池的两个电极上加上直流电压，电化学反应向着非自发的方向进行，电解池中有电流通过，使电解质在电极上发生氧化还原反应而引起物质分解的过程。例如：电解 0. 1mol/L $CuSO_4$ 溶液，装置如图 10-1 所示。其电极都用铂制成，对溶液进行搅拌；阴极采用网状结构，优点是表面积较大。电解池的内阻约为 0. 5Ω。

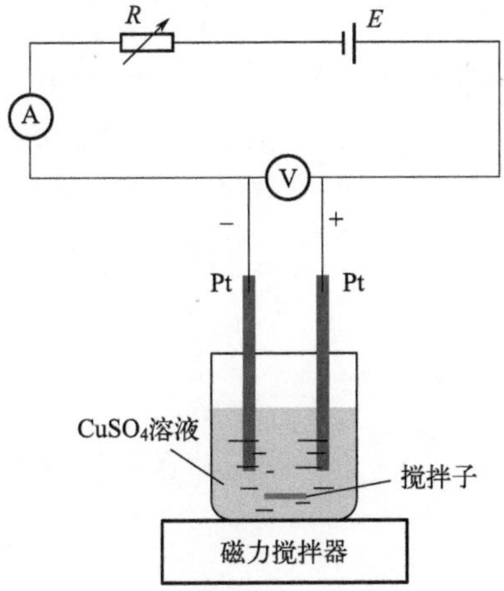

图 10-1 电解 $CuSO_4$ 溶液的装置

将两个铂电极浸入溶液中，当接上外电源，外加电压远离分解电压时，只有微小的残余电流通过电解池。当外加电压增加到接近分解电压时，只有极少量的 Cu 和 O_2 分别在阴极和阳极上析出，但这时已构成由 Cu 电极和 O_2 电极组成的自发电池。该电池产生的电动势将阻止电解过程的进行，称为反电动势。只有外加电压能克服此反电动势时，电解才能继续进行，电流才能显著上升。通常将两电极上产生迅速的、连续不断的电极反应所需的最小外加电压 U_d 称为分解电压。逐渐增加电压，达到一定值后，电解池内与电源“－”极相连的阴极上开始有 Cu 沉积，同时在与电源“＋”极相连的阳极上有气体放出，电解池中发生了如下反应：

阴极反应： $Cu^{2+} + 2e^- \longrightarrow Cu$

阳极反应： $2H_2O \longrightarrow O_2 + 4H^+ + 4e^-$

电池反应： $2Cu^{2+} + 2H_2O \longrightarrow 2Cu + O_2 + 4H^+$

当 Cu 和 O_2 构成电解池时，Cu 为阴极，O_2 为阳极：

$Pt|O_2$ (101325Pa)，H^+ (0.2mol/L)，Cu^+ (0.2mol/L) | Cu

两电极间的电动势计算如下：

$$E(Cu/Cu^{2+}) = 0.337 + \frac{0.059}{2}\lg[Cu^{2+}] = 0.337(V) \tag{10-1}$$

$$E(O_2/H_2O) = 1.229 + \frac{0.059}{4}\lg\frac{[O_2][H^+]}{[H_2O]} = 1.229(V) \tag{10-2}$$

电池电动势：

$$E = 0.337 - 1.229 = -0.892(V) \tag{10-3}$$

电解时，理论分解电压的值是它的反电动势 0.892V。

根据能斯特方程计算，使反应进行需要提供的最小外加电压 U_d 为理论分解电压。实际开始发生电解反应时的电压，其数值大于理论分解电压（如图 10-2 中曲线 1）。产生差别的原因是存在超电位 η 和电解回路的电压降（iR）。由图 10-2 可知，实际所需的分解电压比理论分解电压大，超出的部分是由电极极化作用引起的。极化结果将使阴极电位更负，阳极电位更正。电解池回路的电压降也应是电解所加的电压的一部分，这时电解池的实际分解电压为：

$$U_d = (\varphi_a + \eta_a) - (\varphi_c + \eta_c) + iR \tag{10-4}$$

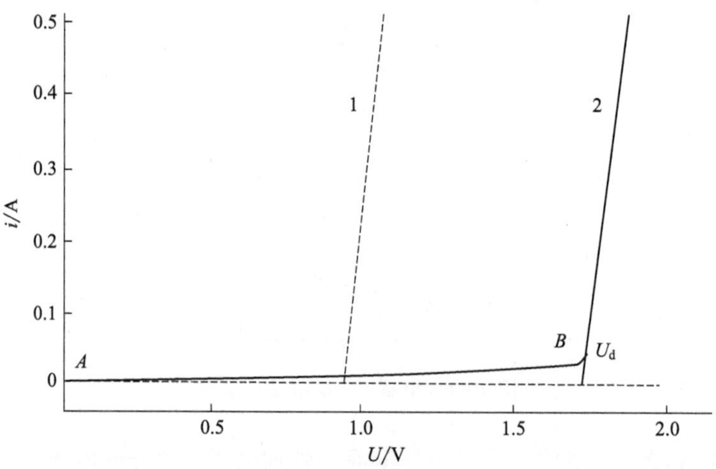

图 10-2 电解铜（Cu）溶液时的电流-电压曲线

式中，U_d 为实际分解电压；φ_a 为阳极电位；η_a 为阳极超电势；φ_c 为阴极电位；η_c 为阴极超电势；iR 为电压降。

若电解时，铝电极面积为 100cm^2，电流为 0.1A，即电流密度是 0.001A/cm^2 时，O_2 在铂电极上的超电位是＋0.72V，Cu 的超电位在加强搅拌的情况下可以忽略。

二、控制电位电解分析法

当试样中存在两种以上的金属离子时，由于各种离子的析出电位不同，当阴极电位控制为一定的和适当的数值进行电解时，随着外加电压的增大，第二种离子可能被还原。通过控制电位，可以选择性地使某一种离子在阴极上定量地析出，而其他共存离子不析出，从而对析出的元素进行定量测定。

例如：以 Pt 为电极，电解液为 0.1mol/L 的硫酸溶液，含有 0.01mol/L Ag^+ 和 1.0mol/L Cu^{2+}。

Cu 开始析出的电位为：

$$\varphi=\varphi^{\ominus}(Cu^+,Cu)+\frac{0.059}{2}\lg[Cu^+]=0.337+\frac{0.059}{2}\lg[1.0]=0.337(V) \tag{10-5}$$

Ag 开始析出的电位为：

$$\varphi=\varphi^{\ominus}(Ag^+,Ag)+\frac{0.059}{2}\lg[Ag^+]=0.799+0.059\lg[0.01]=0.681(V) \tag{10-6}$$

由于 Ag 的析出电位较 Cu 的析出电位正，所以 Ag^+ 先在阴极上析出。当其浓度降至 10^{-6}mol/L 时，一般可以认为 Ag^+ 已电解完全。此时 Ag 的电极电位为：

$$\varphi=0.799+0.059\lg[10^{-6}]=0.445(V) \tag{10-7}$$

阳极发生的是水的氧化反应，析出氧气，电极电位为：

$$\varphi=1.189+0.72=1.909(V) \tag{10-8}$$

而电解池的外加电压值为：

$$U=\varphi_a-\varphi_c=1.909-0.681=1.228(V) \tag{10-9}$$

这时 Ag 开始析出，到：

$$U=\varphi_a-\varphi_c=1.909-0.445=1.464(V) \tag{10-10}$$

即 1.464V 时，Ag 电解完全。而 Cu 开始析出的电压值为：

$$U=\varphi_a-\varphi_c=1.909-0.337=1.572(V) \tag{10-11}$$

故 1.464V 时，Cu 还没有开始析出。

在实际电解过程中，阴极电位不断发生变化，阳极电位也并不是完全恒定的。由于离子浓度随着电解的延续而逐渐下降，电池的电流也逐渐减小，应用控制外加电压的方式往往达不到好的分离效果。较好的方法是控制阴极电位。

要实现对阴极电位的控制，需要在电解池中插入一个参比电极，它通过运算放大器的输出很好地控制阴极电位和参比电极电位差为恒定值。

电解测定 Cu 时，Cu^{2+} 浓度从 1.0mol/L 降到 10^{-6}mol/L 时，阴极电位从＋0.337V［vs. SHE（标准氢电极）］降到＋0.16V。只要不在该范围内析出的金属离子都能与 Cu^{2+} 分离。还原电位比＋0.337V 更正的离子可以通过电解分离，比＋0.16V 更负的离子可以留在溶液中。

控制阴极电位电解，开始时被测物质析出速度较快，随着电解的进行，浓度越来越小，电极反应的速率也逐渐变慢，因此电流也越来越小。当电流趋于零时电解完成。

控制电位电解分析法的特点如下：

① 选择性好。可以在多组分溶液中对一种离子进行分离测定，也可以对数种离子进行分别测定。但是这些离子必须有较大的析出电位差（一价离子相差 0.35V 以上，二价离子应相差 0.20V 以上）。

② 在电位允许范围内，开始可以采用较大的电流（较大的外加电压）进行电解，以加快分析速度。

③ 为了控制阴极电位为固定数值，需要不断调节外加电压并采用自动控制方式。

三、恒电流电解分析法

恒电流电解分析法是在恒定的电流下进行电解，采用直流电源作为电解电源，使待测金属元素在电极上析出，然后直接称量电极上析出物的质量来进行分析的方法。这时外加电压较高，电解反应的速率较快，但选择性不如控制电位电解法好。往往一种金属离子还未沉淀完全时，第二种金属离子就在电极上析出。

为了防止干扰，可使用去极剂维持电位不变。如在 Cu^{2+} 和 Pb^{2+} 的混合液中，为防止 Pb 在分离沉积 Cu 时沉淀，可以加入硝酸银作为阴极去极剂。硝酸根在阴极上还原生成铵离子，即：

$$NO_3^- + 10H^+ + 8e^- \rightleftharpoons NH_4^+ + 3H_2O \tag{10-12}$$

它的电位比 Pb^{2+} 更正，而且量比较大，在 Cu^{2+} 电解完成前可以防止 Pb^{2+} 在阴极上的还原沉积。

类似的情况也可以用于阳极，加入的去极剂比干扰物质先在阳极上氧化，可以维持阳极电位不变，这种去极剂称为阳极去极剂。加入的阳极去极剂起还原剂作用。盐酸肼和盐酸羟胺是常用的阳极去极剂。

肼在阳极氧化为 N_2：

$$N_2H_5^+ \xrightarrow{\text{酸性或中性}} N_2 + 5H^+ + 4e^- \quad E = -0.17V \tag{10-13}$$

盐酸羟胺的反应为：

$$2NH_2OH \xrightarrow{\text{酸性}} N_2O\uparrow + 4H^+ + H_2O + 4e^- \tag{10-14}$$

恒电流电解分析法的特点如下：

① 装置简单，操作方便。

② 准确度高，但选择性不高。

③ 电解效率高，分析速度快。

④ 在酸性溶液中，恒电流电解分析法可以测定金属活动顺序中氢以后的金属，如铜、汞、银等，另外铅、锡、镍等在中性或碱性溶液中析出也可以用此法测定。若在酸性溶液中，氢前的金属不能析出，可在镍存在时电解铜。

第二节　库仑分析法

库仑分析是采用电解过程中消耗的电量来定量分析的方法。库仑分析的基本要求是电极反应必须单纯，用于测定的电极反应必须具有 100% 的电流效率，电量全部消耗在被测物质上。库仑分析反应了电极反应-电量-物质量相互关系。

库仑分析的理论基础是 Faraday（法拉第）电解定律。若在电解过程中物质在电极上的反应是唯一的电极反应，Faraday 定律表示物质在电解过程中参与电极反应的质量 m 与通过电解池的电量 Q 成正比，用数学式表示为：

$$m=\frac{M}{zF}Q \tag{10-15}$$

式中，F 为 1mol 元电荷的电量，称为 Faraday 常数（96485C/mol）；M 为物质的摩尔质量；z 为电极反应中的电子数。

电解消耗的电量 Q 按下式计算：

$$Q=it \tag{10-16}$$

式中，i 为电流；t 为时间。

法拉第定律是比较严谨的科学定律之一，它不受湿度、温度、大气压、溶液浓度以及电解池材料、形状、溶剂等外界条件的影响。库仑分析可以分成恒电位库仑分析和恒电流库仑分析两种。

一、恒电位库仑分析法

恒电位库仑分析是在控制电极电位的情况下，使被测物质以 100% 的电流效率进行电解。测量电解所需消耗的总电量。根据 Faraday 定律，得出待测物质的量。

恒电位库仑分析必须注意两个问题：一是在所控制的电极电位下完成对待测物质的电解；二是电解的电流效率必须是 100%，即消耗的电量都用于待测物质的电解，无副反应。以上两个问题相互关联，只有电极电位控制适当才能保证在此电位下待测物质在电极上完全电解，非待测物质不发生电解，电流效率为 100%。

根据电解原理，外加电压必须大于分解电压，电解池才能发生电解。但在实际电解过程中，电解开始时的电流较大，随着电解反应的进行，由于待电解离子浓度不断下降以及极化现象，阴极和阳极的电位不断发生变化，电解电流也逐渐降低。为使电极电位恒定，保证电解电流效率为 100%，工作中一般不采用控制外加电压的方式，而是控制工作电极的电位。

为了使工作电极的电位保持恒定，电解过程中，必须不断减小外加电压，从而使电流不断减小。当待电解物质电流（残余电流量）趋于零时停止电解。电解时，在电路上串联一个库仑计或电子积分仪，可指示出通过电解池的电量。测定结果准确性的关键是电量的测量。

图 10-3 是控制电位库仑测定装置示意图。图中盐桥电极为参比电极，工作时通过调整辅助电压可控制阴极电位使其处于被测物质适合的析出电位。加入一定量的试液于电解池中，开关倒向 B，接入库仑计，记录流过的电量，进行电解，直至电解完全，由库仑计记录的电量计算被测物质的含量。

实际工作中，需要先预电解，消除电活性杂质。一般采用通 N_2 除氧的方法。预电解达到背景电流，不接通库仑计。然后，将一定体积的试样溶液加入电解池中，接通库仑计电解。当电解电流降低到背景电流时停止。由库仑计记录的电量计算待测物质的含量。

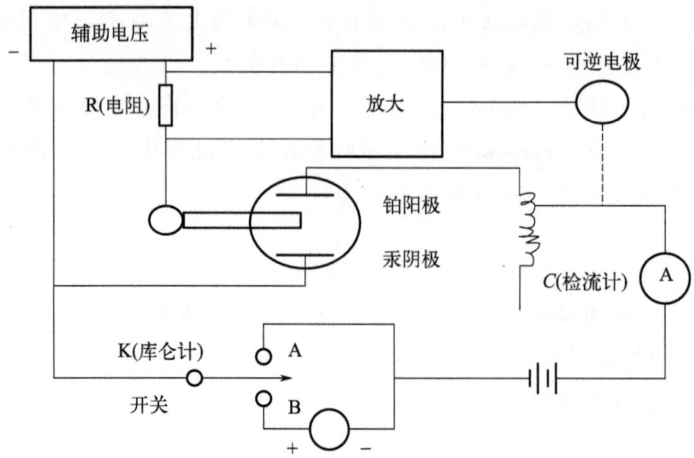

图 10-3　控制电位库仑测定装置示意图

库仑分析中，需要电量的测定，电解电量 $Q=it$。恒阴极电位库仑分析中电流随时间变化（图 10-4），一般采用作图法求电量。如图 10-5 所示，以 $\lg i_t$ 对 t 作图，斜率 k，截距 $\lg i_0$。

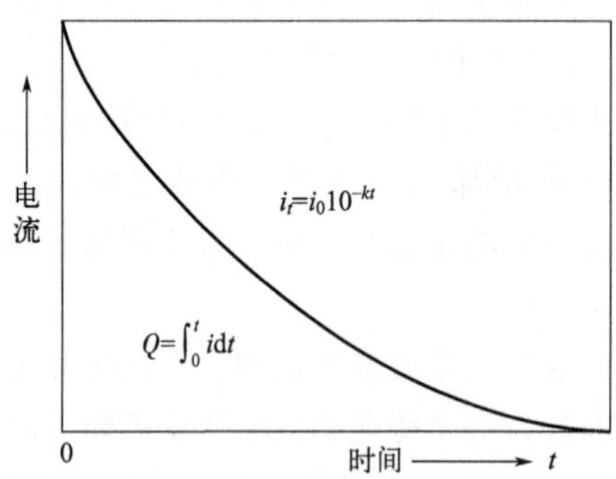

图 10-4　电流随时间的变化图

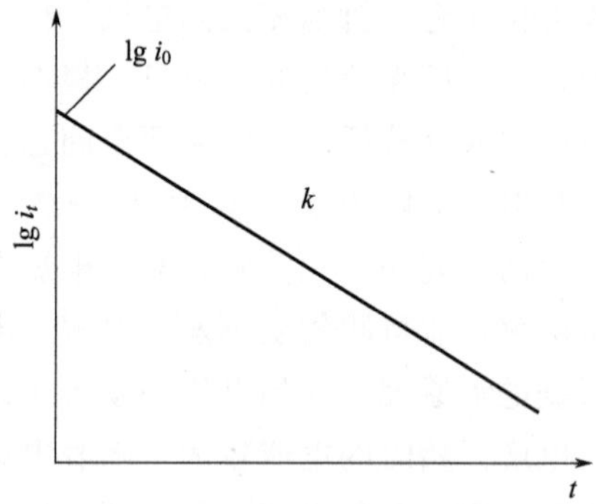

图 10-5　$\lg i_t$-t 图

$$Q=\int_0^{\infty} i\mathrm{d}t=\int_0^{t} i_0 10^{kt}\mathrm{d}t=\frac{i_0}{2.303k}(1-10^{-kt}) \tag{10-17}$$

当 t 相当大时，10^{-kt} 可忽略，则：

$$Q=\frac{i_0'}{2.303k} \tag{10-18}$$

氢氧库仑计是一种气体库仑计，其装置如图 10-3 所示。采用 0.5mol/L K_2SO_4 或 Na_2SO_4 电解液，当电流通过时，Pt 阳极上析出 O_2，Hg 阴极上析出 H_2。电解前后刻度管中液面之差为 H_2 和 O_2 的总体积。在标准状态下，每库仑电量相当于析出 0.1741mL H_2 和 O_2 混合气体。若得到的气体体积为 V(mL)，电解消耗的电量为：

$$Q=\frac{V}{0.1741} \tag{10-19}$$

$$m=\frac{VM}{0.1741Fz} \tag{10-20}$$

二、恒电流库仑分析法

恒电流库仑分析法也称为库仑滴定法。在特定的电解液中，以电极反应产物作为滴定剂（电生滴定剂，相当于化学滴定中的标准溶液）与待测物质定量作用，借助电流法、电位法或指示剂来指示滴定终点，根据到达终点时产生滴定剂所耗的电量计算待测物质的含量。要保证有较高的准确度，关键在于在恒电流下电解，并确保电流效率为 100% 以及指示终点准确。

库仑滴定装置如图 10-6 所示，它包括电位指示系统和电解发生系统两部分。前者的作用是提供要求的恒电流，产生滴定剂，并准确记录时间等。后者的作用是准确判断滴定终点。

库仑滴定法的特点如下：

① 不必配制标准溶液，简便，简化了操作过程；

② 滴定剂来自电解时的电极产物，产生后立即与溶液中待测物质反应；

③ 库仑滴定中的电量较易控制以及准确测量，可达 0.2%；

④ 方法的灵敏度、准确度较高，检出限达 10^{-9}～10^{-5}g/mL，可用于基准物测定；

⑤ 可实现自动滴定，易自动化。

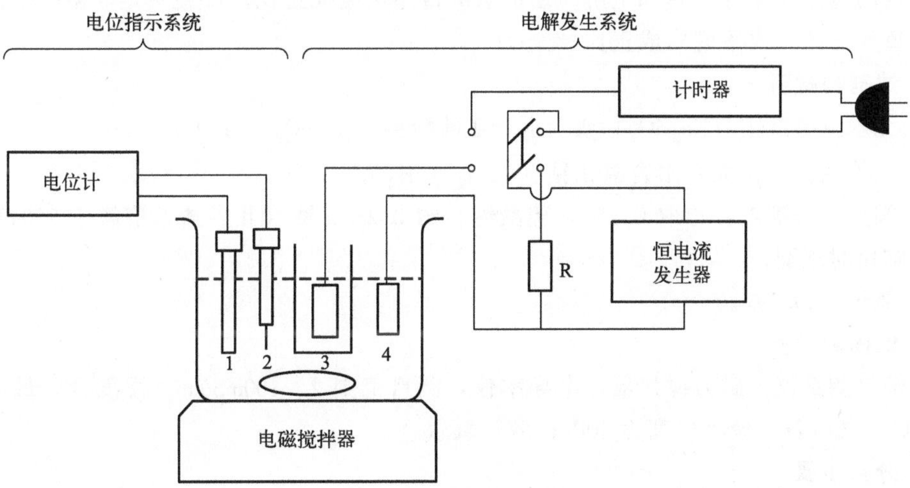

图 10-6　库仑滴定装置示意图

第三节　电解和库仑分析法在环境分析中的应用

一、库仑分析法对化学需氧量（COD）的测定

化学需氧量（COD）是评价水质污染程度的重要指标。它是指 1dm^3 水中可被氧化的

物质（主要是有机化合物）氧化所需的氧量。COD是环境监测中的一个重要项目。

基于库仑滴定法测定COD的原理：用一定量的$KMnO_4$标准溶液与水样加热反应后，剩余的$KMnO_4$的量用电解产生的Fe^{2+}进行库仑滴定，反应为：

$$5Fe^{2+}+MnO_4^-+8H^+ = Mn^{2+}+5Fe^{3+}+4H_2O$$

根据产生Fe^{2+}所消耗的电量，可确定溶液中剩余高锰酸钾量，计算出水样的COD。计算公式为：

$$COD=\frac{i(t_1-t_2)}{96487V}\times\frac{32}{4}\times10^{-3} \tag{10-21}$$

式中，i为恒电流，mA；t_1为电解产生Fe^{2+}标定$KMnO_4$浓度所需的电解时间，s；t_2为测定与水样作用后剩余的$KMnO_4$所需的电解时间，s；V为待测水样的体积，mL。

二、电化学探头法测定水中的溶解氧

1. 方法原理

电化学探头法可测定地表水、地下水、生活污水、工业废水和盐水中的溶解氧含量。溶解氧电化学探头是一个用选择性薄膜封闭的小室，室内有两个金属电极并充有电解质。氧和一定数量的其他气体及亲液物质可透过这层薄膜，但水和可溶性物质的离子几乎不能透过这层膜。将探头浸入水中进行溶解氧的测定时，由于电池作用或外加电压在两个电极间产生电位差，金属离子在阳极进入溶液，同时氧气通过薄膜扩散到阴极获得电子被还原，产生的电流与穿过薄膜和电解质层的氧的传递速度成正比，即在一定的温度下该电流与水中氧的分压（或浓度）成正比。

2. 试剂和材料

① 无水亚硫酸钠（Na_2SO_3）或七水合亚硫酸钠（$Na_2SO_3 \cdot 7H_2O$）。

② 二价钴盐，例如六水合氯化钴（$CoCl_2 \cdot 6H_2O$）。

③ 零点检查溶液：称取0.25g亚硫酸钠和约0.25mg钴（Ⅱ）盐，溶解于250mL蒸馏水中，临用时现配。

④ 氮气：99.9%。

3. 仪器和设备

溶解氧测量仪；磁力搅拌器；电导率仪，测量范围2～100mS/cm；温度计，最小分度为0.5℃；气压表，最小分度为10Pa；溶解氧瓶。

4. 分析步骤

（1）校准

① 零点检查和调整：当测量的溶解氧浓度低于1mg/L（或10%饱和度）时，或者当更换溶解氧膜罩或内部的填充电解液时，需要进行零点检查和调整。若仪器具有零点补偿功能，则不必调整零点。

② 接近饱和值的校准：在一定的温度下，向蒸馏水中曝气，使水中氧的含量达到饱和或接近饱和。

（2）测定　将探头浸入样品中，不能有空气泡截留在膜上，停留足够的时间，待探头温度与水温达到平衡，且数字显示稳定时读数。必要时，根据所用仪器的型号及对测量结果的要求，检验水温、气压或含盐量，并对测量结果进行校正。

探头的膜接触样品时，样品要保持一定的流速，防止与膜接触的瞬间将该部位样品中的溶解氧耗尽，使读数发生波动。

对于流动样品（例如河水），应检查水样是否有足够的流速（不得小于 0.3m/s），若流速低于 0.3m/s，需在水样中往复移动探头，或者取分散样品进行测定。

对于分散样品，容器应能密封以隔绝空气，并带有搅拌器。将样品充满容器至溢出，密闭后进行测量。调整搅拌速度，使读数达到平衡后保持稳定，且不得夹带空气。

5. 结果表示

溶解氧的质量浓度以每升水中氧的质量（毫克）表示。

三、定电位电解法测定固定污染源废气中的二氧化硫

1. 方法原理

当二氧化硫通过渗透膜扩散到敏感电极表面时，在敏感电极上发生氧化反应：

$$SO_2 + 2H_2O \longrightarrow SO_4^{2-} + 4H^+ + 2e^-$$

由此产生极限扩散电流（i）。在规定工作条件下，电子转移数（z）、法拉第常数（F）、气体扩散面积（S）、扩散系数（D）和扩散层厚度（δ）均为常数，极限扩散电流（i）的大小与二氧化硫浓度（C）成正比，所以可由极限扩散电流（i）来测定二氧化硫浓度（C）。

$$i = \frac{zFSD}{\delta} \times C \tag{10-22}$$

2. 干扰及消除

待测气体中的颗粒物、水分和三氧化硫等易在传感器渗透膜表面凝结并造成传感器损坏，影响测定，应采用滤尘装置、除湿装置、滤雾器等进行滤除，消除影响。氨、硫化氢、氯化氢、氟化氢、二氧化氮等对样品测定会产生一定干扰，可采用磷酸吸收、乙酸铅棉吸附、气体过滤器滤除等措施减小干扰。

一氧化碳干扰显著，测定样品时需同时测定一氧化碳浓度。一氧化碳浓度不超过 50μmol/mol 时，可按照 HJ 57—2017 相关说明测定样品。一氧化碳浓度超过 50μmol/mol 时，二氧化硫测定仪初次使用前，应开展一氧化碳干扰试验；在干扰试验确定的二氧化硫浓度最高值和一氧化碳浓度最高值范围内，可按照 HJ 57—2017 相关说明测定样品。

3. 试剂和材料

市售有证二氧化硫标准气体，不确定度≤2%；纯度≥99.99% 的氮气或不干扰测定的清洁空气。

4. 仪器和设备

定电位电解法二氧化硫测定仪；标准气体钢瓶；集气袋；废气参数测试仪；一氧化碳测定装置。

5. 样品测定

依据相关标准测定废气中一氧化碳浓度，根据测定结果判断是否可使用本标准测定废气中二氧化硫。样品测定过程中，应同步测定和记录废气中一氧化碳浓度分钟数据。

将测定仪采样管前端置于排气筒中采样点上，堵严采样孔，使之不漏气。

启动抽气泵，以测定仪规定的采样流量取样测定，待测定仪稳定后按分钟保存测定数

据，取连续5～15min测定数据的平均值，作为一次测量值。取得测量结果后，用零气清洗测定仪。待其示值回到零点附近后，关机断电，结束测定。

6. 结果表示

① 排气流量的计算　计算标准状态（273K，101.325kPa）下干排气流量 Q_{sn}（m^3/h）。

② 二氧化硫浓度的计算　二氧化硫的浓度结果，应以标准状态下干烟气中的质量浓度表示。

如果仪器示值以体积比浓度（V/V）表示，应按下式进行换算：

$$\rho = 2.86\omega \tag{10-23}$$

式中，ρ 为标准状态下干烟气中二氧化硫的质量浓度，mg/m^3；ω 为被测气体中二氧化硫的体积比浓度，$\mu mol/mol$；2.86为二氧化硫体积比浓度换算为标准状态下烟气中质量浓度的系数，g/L。

③ 二氧化硫排放速率的计算：

$$G = \rho Q_{sn} \times 10^{-6} \tag{10-24}$$

式中，G 为二氧化硫排放速率，kg/h；ρ 为标准状态下干烟气中二氧化硫的质量浓度，mg/m^3；Q_{sn} 为标准状态下干排气流量，m^3/h。

课后习题

一、选择题

1. 在控制电位电解中，为了保持工作电极电位恒定，应（　　）。

A. 保持外加电压不变　　B. 保持辅助电极电位不变

C. 不断增大外加电压　　D. 不断减小外加电压

2. 对一定体积的溶液来说，电解完全的程度与（　　）有关。

A. 起始浓度　　B. 有效扩散层厚度

C. 电极面积　　D. 电解时间

3. 以测量电解过程中待测物质在电极上发生电极反应所消耗的电量为基础的电化学分析法是（　　）。

A. 电位分析法　　B. 极谱分析法　　C. 电解分析法　　D. 库仑分析法

4. 库仑分析法的基本原理是（　　）。

A. 法拉第电解定律　　B. 欧姆定律

C. 朗伯-比尔定律　　D. 罗马金-赛柏公式

二、填空题

1. 以测量沉积于电极表面的沉积物的质量为基础的方法称为________________。

2. 库仑分析法是通过对试液进行电解，测量电解反应所消耗的____________，再根据____________计算待测物质量的一种方法。

3. 库仑分析法的基本依据是________________________________。

4. 库仑分析的电流效率要求达到100%，以使电解时所消耗的电量全部用于____________的电极反应，因此必须避免在工作电极上有______________发生。

三、简答题

1. 电解分析法的基本要求是什么？

2. 什么是极化现象？为什么阳极超电位使阳极电位更正，阴极超电位使阴极电位更负？

3. 为什么理论分解电压和实际分解电压之间有差别？

4. 控制电位库仑分析法与库仑滴定法在分析原理上有什么不同？

第十一章
色谱法基本理论

第一节　色谱法概述

一、色谱法简介

色谱法作为一种分离技术与方法，发展至今已有100多年的历史，它的发展历程大致如下。1901年，俄国植物学家S. Tweet Mikhail首次用石油醚分离植物色素，创立了经典色谱。1925年，瑞典科学家Tiselius采用电泳技术分离血清中的蛋白质，获得了1948年的诺贝尔奖。1930～1940年，出现了柱分配色谱和纸色谱，在此基础上1940～1950年出现了薄层色谱法和气相色谱法。1941年，英国科学家Martin（马丁）和Synge（辛格）发现了液-液（分配）色谱法，阐述了气-固吸附色谱原理，提出气-液色谱法设想，1952年获得诺贝尔化学奖。1952年，Martin成功研究了气-液色谱法，解决了脂肪酸、脂肪胺的分析，并对其理论和实践作出论述，他与Synge发表了第一篇气相色谱论文，提出了可分离和分析复杂多组分混合物质的气相色谱（GC）方法，为气相色谱法奠定了基础。1956年，荷兰学者范蒂姆特在总结前人经验的基础上，提出了范蒂姆特方程，建立了初步的色谱速率理论。1979年，气相色谱法发展成毛细管气相色谱法，在很大程度上取代了传统的填充柱气相色谱。20世纪60年代发展了高效液相色谱法，对于挥发性小或无挥发性、热稳定性差、极性强的物质都能进行很好的分离和分析。20世纪70年代，为仪器提供自动化控制的计算机技术迅速发展，使气相色谱法、高效液相色谱法、超临界流体色谱法等色谱技术迅速发展。随着生物技术的兴起，20世纪80年代后期毛细管电泳在全世界范围内迅速发展起来，它是新型的液相分离分析技术，是经典电泳和微柱分离的结合，被认为是该时期在色谱领域中最有影响的分支学科之一。但是色谱法的鉴别能力相对弱，因此色谱分离法与其他方法的联用技术的应用，如气相色谱-质谱（GC-MS）、气相色谱-Fourier（傅里叶）红外光谱（GC-FTIR）、液相色谱-质谱（LC-MS）、液相色谱-核磁共振波谱（LC-NMR）等联用方法，使得色谱法在分离分析中如虎添翼。目前，色谱技术无论是在科学研究上还是在国民经济发展领域及广大人民的生活中都发挥着极其重要的作用。

色谱法就是将性质相似的化合物进行分离再进行分析的一种方法。它的分离原理是，使混合物中各组分在两相间进行分配，其中一相是不动的，称为固定相；另一相是携带混合物流经此固定相的流体，称为流动相。该法是将混合物各组分在互不相溶的两相（固定相和流动相）中吸附能力、分配系数或其他亲和作用性能的差异作为分离依据进行分离分析的方法。当流动相携带的混合物流经固定相时，其与固定相发生相互作用。由于混合物中各组分在性质和结构上的差异，与固定相之间的作用力大小、强弱不同，随着流动相的移动，混合物在两相间经过反复多次的分配平衡，使得各组分被固定相保留的时间不同，从而按一定次序由固定相流出进行分离分析。

二、色谱法的分类

1. 按两相状态分类

气体为流动相的色谱称为气相色谱，液体为流动相的色谱称为液相色谱。气相色谱又分为气固色谱和气液色谱。其中，固定相是固体吸附剂的色谱称为气固色谱，固定相是固定液的色谱称为气液色谱。同理，液相色谱亦可分为液固色谱和液液色谱。随着色谱工作的发展，通过化学反应将固定液键合到载体表面，这种化学键合固定相的色谱又称化学键合相色谱。以超临界流体为流动相的色谱称为超临界流体色谱。在超临界流体色谱中，流动相一般比气体大得多，而与液体相似，又称高密度气相色谱法或高压气相色谱法，至今研究较多的是 CO 超临界流体色谱。

2. 按分离机理分类

① 吸附色谱法　利用组分在吸附剂（固定相）上的吸附能力强弱不同实现分离的方法。

② 分配色谱法　利用组分在固定液（固定相）中溶解度不同实现分离的方法。

③ 离子交换色谱法　利用组分在离子交换剂（固定相）上的亲和力大小不同实现分离的方法。

④ 尺寸排阻色谱或凝胶色谱法　利用大小不同的分子在多孔固定相中的选择渗透实现分离的方法。

⑤ 亲和色谱法　利用不同组分与固定相（固定化分子）的高专属性亲和力进行分离的技术，常用于蛋白质的分离。

3. 按固定相的外形分类

固定相装于柱内的色谱法称为柱色谱。固定相呈平板状的色谱法称为平面色谱，又可分为薄层色谱和纸色谱。

根据以上所述，将色谱法的分类总结于图 11-1 中。

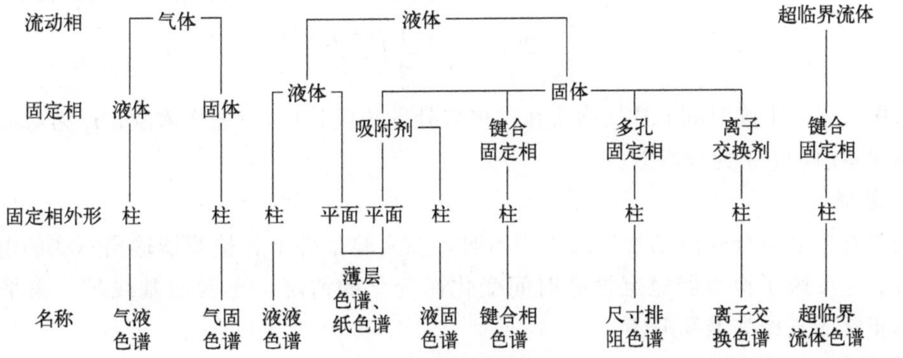

图 11-1　色谱法分类

三、色谱分析法的特点

色谱分析法主要具有以下特点：

（1）应用范围广　色谱分析法几乎可以用于所有化合物的分离和检测，例如气相色谱法可以用于低沸点有机化合物的分析；液相色谱法可对 80% 的有机化合物进行分析；离子色谱法可用于检测各种离子型化合物。

（2）分离效能高　由于色谱柱具有很高的塔板数，且随着新型高效固定相填料的开发和使用，色谱柱的效能进一步提高，填充柱约为 1000 块/m，毛细管柱可高达 $10^5 \sim 10^6$ 块/m，因此，色谱分析法可分离性质十分近似的物质。分离多组分复杂混合物时，可以高效地分离出各个组分的单一色谱峰。

（3）选择性高　色谱分析法可用于性质极为相似的手性化合物的分析，如同位素、同系物、烃类异构体等，有很好的分离效果。例如，邻位、间位、对位二甲苯的分离分析。

（4）灵敏度高　色谱分析的检测器大多具有较高的灵敏度，例如紫外检测器最小检出量可达 10^{-9}g，而荧光检测器可以检测含量在 10^{-12}g 以下的物质。因此，色谱分析法可用于饮用水中痕量物质的检测，大气污染物中痕量污染物的检测，粮食、蔬菜、水果中农药残留物的检测。

（5）分析速度快　色谱分析法在几分钟到几十分钟的时间内就能完成一次复杂物质的分离操作。超高效液相色谱的柱效可达 20 万块/m 理论塔板数，常规高效液相色谱需要 30min 分离时间的样品，在超高效液相色谱中可以缩短为 5min。

第二节　色谱分析的基本术语

一、色谱流出曲线及有关术语

当组分进样经固定相分离后，经过色谱柱到达检测器所产生的响应信号对时间或载气流出体积作图所得曲线称为色谱流出曲线，亦称色谱峰或色谱图（如图 11-2 所示）。色谱图的横坐标是时间或流动相流出体积，纵坐标表示组分在检测器中所产生的电流信号或电压信号。如果进样量很小，浓度很低，在吸附等温线（气固吸附色谱）或分配等温线（气液分配色谱）的线性范围内，则色谱峰是对称的，可以用 Gauss（高斯）正态分布函数表示：

$$C=\frac{C_0}{\sigma\sqrt{2\pi}}\exp\left[-\frac{1}{2}\left(\frac{t-t_r}{\sigma}\right)^2\right] \tag{11-1}$$

式中，C 为不同时间 t 时某物质在柱出口处的浓度；C_0 为进样浓度；t_r 为对应于浓度峰值的保留时间；σ 为标准差。

1. 基线

当没有被测组分随流动相进入检测器时，在实验条件下，检测器输出不变的电压或电流信号。它反映了检测器稳定性随时间变化而变化的情况。正常的基线是一条平滑的直线；不正常的基线如漂移/噪声。

2. 峰高和峰面积

色谱峰顶点与基线之间的垂直距离，以 h 表示，如图 11-2 中的 AB' 段。

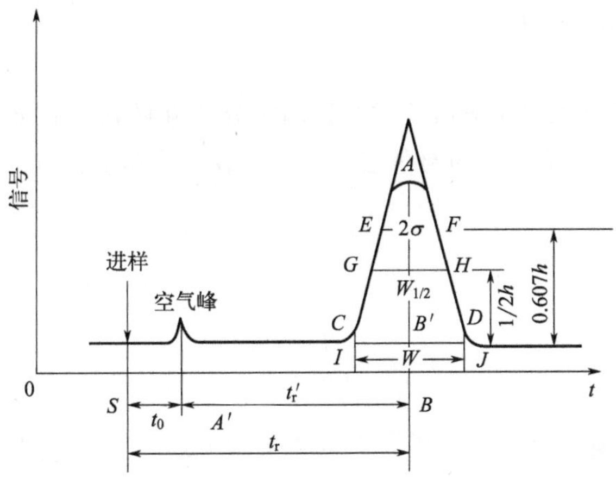

图 11-2　色谱流出曲线

3. 区域宽度

色谱峰的区域宽度是色谱流出曲线的重要参数之一，用于衡量柱效率以及反映色谱操作条件的动力学因素。色谱峰区域宽度通常有以下 3 种表示方法。

（1）标准偏差 σ

即 0.607 倍峰高处色谱峰宽的 1/2，如图 11-2 中 EF 距离的 1/2。

（2）半峰宽 $W_{1/2}$

$$W_{1/2}=2.354\sigma \tag{11-2}$$

（3）峰底宽度 W

即色谱峰两侧拐点上的切线在基线上的截距，如图 11-2 中 IJ 距离，它与标准偏差的关系如下所示：

$$W=4\sigma \tag{11-3}$$

标准偏差、半峰宽、峰底宽度都可用来表示色谱峰的宽度。

4. 保留值

（1）时间

① 死时间 t_0　不被固定相吸附或溶解的气体，从进样到柱后出现峰极大值需要的时间即死时间。它正比于色谱柱的空隙体积，如图 11-2 中 SA′。因为这种物质不被固定相吸附或溶解，故其流动速率将与流动相流动速率相近。测定流动相平均线速 $\overline{u}$ 时，可用柱长 L 与 t_0 的比值计算，即：

$$\overline{u}=\frac{L}{t_0} \tag{11-4}$$

② 保留时间 t_r　试样从进样到柱后出现峰极大值时所经过的时间称为保留时间，如图 11-2 中 SB。

③ 调整保留时间 t_r'　某组分的保留时间扣除死时间后的保留时间称为该组分的调整保留时间，即：

$$t_r'=t_r-t_0 \tag{11-5}$$

t_r 实际上是组分在固定相中停留的总时间，t_0 是死时间。t_r'表示该组分因吸附或溶解于固定相后，比非保留组分在柱内多滞留的时间。反映了不同的物质与固定相相互作用不同，从而导致它们的出峰时间不同。

(2) 体积

① 死体积 V_0　死体积是不被吸附或溶解的组分从进样到柱后出现浓度极大点时所通过的载气体积。死体积可由死时间与色谱柱出口的载气流速 F_{c0}（mL/min）计算，即：

$$V_0 = t_0 F_{c0} \tag{11-6}$$

式中，F_{c0} 为扣除饱和水蒸气压并经温度校正后的流速，可用下式表示：

$$F_{c0} = F_0 \frac{T_c}{T_t} \times \frac{p_0 - p_w}{p_0} \tag{11-7}$$

式中，F_0 为用皂膜流量计在检测器出口实测的流速；T_t 为室温，K；T_c 为色谱柱的温度，K；p_0 为大气压；p_w 为室温下水的蒸气压。

式(11-6) 和式(11-7) 仅适用于气相色谱，不适用于液相色谱。

② 保留体积 V_r　从进样开始到被测组分在柱后出现浓度极大点时所通过的流动相的体积即保留体积。保留时间与保留体积的关系为：

$$V_r = t_r F_{c0} \tag{11-8}$$

③ 调整保留体积 V_r'　某组分的保留体积扣除死体积后，为该组分的调整保留体积：

$$V_r' = V_r - V_0 = t_r' F_{c0} \tag{11-9}$$

(3) 相对保留值 r_{21}

某组分 2 的调整保留值与组分 1 的调整保留值之比称为相对保留值，即：

$$a_{2,1} = \frac{t_{r2}'}{t_{r1}'} = r \tag{11-10}$$

相对保留值只与柱温及固定相性质有关，与柱长、柱径、填充情况及流动相速无关。表明了固定相与组分的选择性。

在定性分析中，通常固定一个色谱峰作为标准（s），然后再求其他峰（i）对这个峰的相对保留值，此时可用以下公式表示，即：

$$\alpha = \frac{t_r'(i)}{t_r'(s)} \tag{11-11}$$

式中，$t_r'(i)$ 为后出峰的调整保留时间，所以 α（选择因子）总是大于 1 的。

相对保留值往往可作为衡量固定相选择性的指标，又称选择因子。

保留时间、保留体积和相对保留值常用作色谱法定性分析的依据。

从色谱流出曲线中，可获得许多重要信息：

① 根据色谱峰的个数，可以判断样品中所含组分的最少个数；

② 根据色谱峰的保留值，可以进行定性分析；

③ 根据色谱峰的面积或峰高，可以进行定量分析；

④ 色谱峰的保留值及其区域宽度，是评价色谱柱分离效能的依据；

⑤ 色谱峰两峰间的距离，是评价固定相（或流动相）选择是否合适的依据。

5. 分配系数 *K* 和分配比 *k*

(1) 分配系数 K　分配系数用于描述分离过程中样品分子在两相间的分配平衡，它是指在一定温度和压力下，组分在固定相和流动相之间分配达平衡时的浓度之比值，即：

$$K=\frac{\text{溶质在固定相中的浓度}}{\text{溶质在流动相中的浓度}}=\frac{C_s}{C_m} \tag{11-12}$$

式中，C_s 为溶质在固定相中的浓度；C_m 为溶质在流动相中的浓度。

分配系数是由组分和两相的热力学性质决定的。在一定温度下，分配系数 K 小的组分在流动相中浓度大，先流出色谱柱；反之，则后流出色谱柱。K 随温度变化，而与柱中固定相和流动相的体积无关。

(2) 分配比 k　分配比又称容量因子，它是指在一定温度和压力下，组分在两相间分配达平衡时，分配在固定相和流动相中的质量比，即：

$$k=\frac{\text{组分在固定相中的质量}}{\text{组分在流动相中的质量}}=\frac{m_s}{m_m} \tag{11-13}$$

式中，m_s 为组分在固定相中的质量；m_m 为组分在流动相中的质量。

k 与组分和固定相的热力学性质有关，还与流动相及固定相的体积有关，随柱温、柱压变化而变化，它是衡量色谱柱对被分离组分保留能力的重要参数。k 越大，说明组分在固定相中的量越多，相当于柱的容量越大，因此又称为分配容量比或容量因子。

$$k=\frac{m_s}{m_m}=\frac{C_sV_s}{C_mV_m} \tag{11-14}$$

式中，C_s、C_m 分别为组分在固定相和流动相中的浓度；V_m 为柱中流动相的体积，近似等于死体积；V_s 为柱中固定相的体积，对不同类型的色谱有不同的含义，如在分配色谱中 V_s 表示固定液的体积，吸附色谱中表示吸附剂表面容量等。

(3) 分配系数 K 与分配比 k 的关系

$$K=\frac{C_s}{C_m}=\frac{m_s/V_s}{m_m/V_m}=k\,\frac{V_m}{V_s}=k\beta \tag{11-15}$$

式中，β 称为相比率，它是反映各种色谱柱柱型特点的又一个参数，也揭示了分配系数 K 与分配比 k 的关系。例如，对填充柱，其 β 值一般为 6～35；对毛细管柱，其 β 值为 60～600。

(4) 分配比与保留时间、保留体积的关系　分配比 k 值可直接从色谱图中测得。设流动相在柱内的线速度为 u，组分在柱内的线速度为 u_s，由于固定相对组分有保留作用，所以 $u_s<u$，此两速率之比称为滞留因子 R_s。

$$R_s=\frac{u_s}{u} \tag{11-16}$$

若用质量分数表示，即：

$$R_s=\frac{m_m}{m_m+m_s}=\frac{1}{1+\frac{m_s}{m_m}}=\frac{1}{1+k} \tag{11-17}$$

对组分和波动相通过为 L 的色谱柱，其所需时间分别为：

$$t_r = \frac{L}{u_s} \tag{11-18}$$

$$t_0 = \frac{L}{u} \tag{11-19}$$

整理式(11-16)～式(11-19)，可得：

$$t_r = t_0(1+k) \tag{11-20}$$

$$k = \frac{t_r - t_0}{t_0} = \frac{t_r'}{t_0} = \frac{V_r'}{V_0} \tag{11-21}$$

(5) 分配系数 K 及分配比与选择因子 α 的关系　根据式(11-11)、式(11-20) 和式(11-21)，A、B 两组分的选择因子用下式表示：

$$\alpha = \frac{t_r'(B)}{t_r'(A)} = \frac{k(B)}{k(A)} = \frac{K(B)}{K(A)} \tag{11-22}$$

选择因子也称为相对保留值，相对保留值只与柱温及固定相性质有关，与柱长、柱径、填充情况及流动相速度无关，是定性分析的依据，表明了固定相与组分的选择性。$\alpha > 1$ 才满足分析要求，故称为选择因子。

二、色谱流出曲线的数学描述

色谱峰为正态分布时（图 11-3），色谱流出曲线上的浓度与时间的关系可用正态分布函数来描述。用下式表示：

$$C = \frac{C_0}{\sigma\sqrt{2\pi}} e^{-\frac{(t-t_r)^2}{2\sigma^2}} \tag{11-23}$$

式中，C 为不同时间 t 时某物质在柱出口处的浓度；C_0 为进样浓度；t_r 为对应于浓度峰值的保留时间；σ 为标准差，反映谱带展宽的情况，σ 越小，谱带展宽的程度越小。

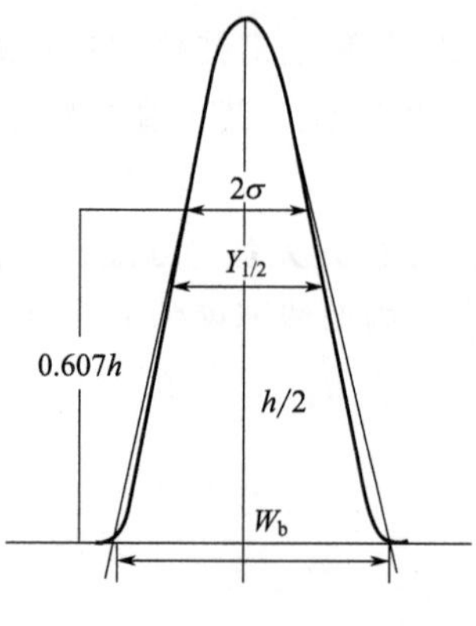

图 11-3　色谱流出正态分布图

在恒定温度下，将 C_s 对 C_m 作图，所得关系曲线称为分布等温线，对吸附色谱称为吸附等温线。分布等温线有三种类型，即线性、凸形和凹形，所对应的色谱峰形为对称峰、拖尾峰和伸舌头峰（图 11-4）。

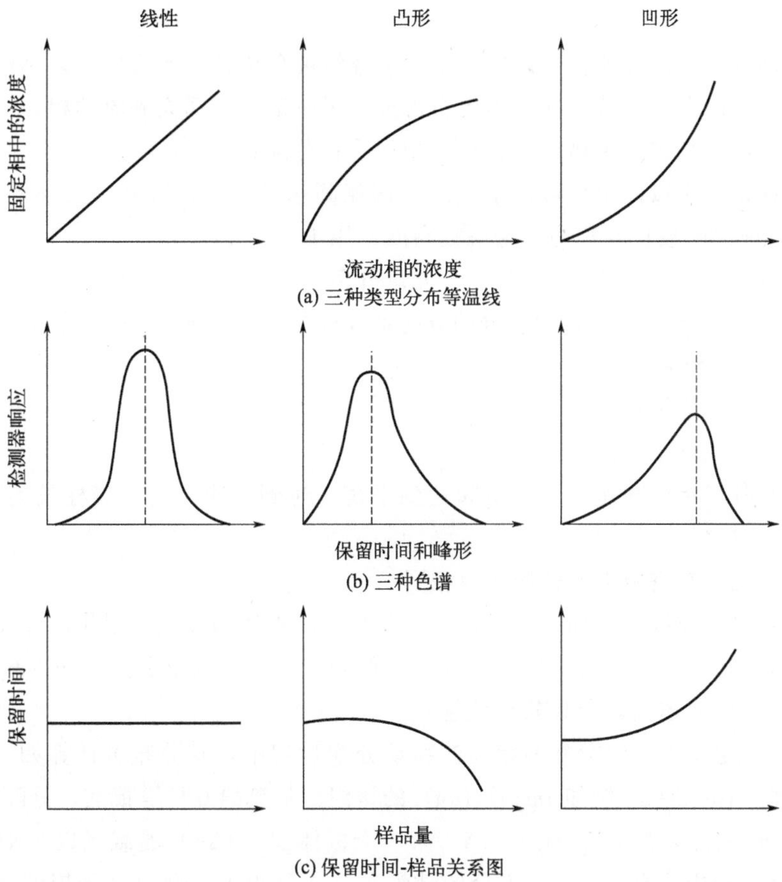

图 11-4　分布等温线的三种类型、相应的三种色谱以及相应的保留时间-样品关系图

第三节　色谱基本理论

色谱分析的目的是将样品中各组分彼此分离，组分要达到完全分离，两峰间的距离必须足够远。两峰间的距离是由组分在两相间的分配系数决定的，即与色谱过程的热力学性质有关。分离是分析的前提。色谱峰不能太宽，否则两色谱峰还是容易重叠。这些峰的宽或窄是由组分在色谱柱中传质和扩散行为决定的，即与色谱过程中的动力学性质有关。因此，要从热力学和动力学两方面来研究色谱行为。

一、塔板理论

塔板理论是一种半经验理论，最早在 1941 年由 Martin 和 Synge 提出。塔板理论是将一根色谱柱看作一个精馏塔，用精馏塔中的塔板的概念来描述组分在两相间的分配行为。将色谱分离过程比拟作蒸馏过程，将连续的色谱分离过程分割成多次的平衡过程的重复，类似于蒸馏塔塔板上的平衡过程。同时引入理论塔板数作为衡量柱效率的指标，能成功地解释色谱流出曲线是正态分布。1952 年 Martin 和 Synge 荣获诺贝尔化学奖。塔板理论的基本假设有以下几点：

① 塔板理论将色谱柱比作蒸馏塔，把一根连续的色谱柱设想成由许多小段组成；

② 在每小段内，一部分空间为固定相占据，另一部分空间充满流动相；

③ 组分随流动相进入色谱柱后，在两相间进行分配；

④ 假定在每一小段内组分可以很快地在两相间达到平衡，这样一个小段称为一个理论塔板，一个理论塔板长度称为理论塔板高度，用 H 表示；

⑤ 经过多次平衡，分配系数小的组分先离开色谱柱，分配系数大的后离开色谱柱，由于色谱柱内的塔板数相当多，即使组分的分配系数只有微小差别，仍可获得很好的分离。

以上假设可解释为：

① 塔板之间不连续；

② 塔板之间无分子扩散；

③ 组分在各塔板内两相间分配瞬间达到平衡，达到一次平衡所需柱长为理论塔板高度 H；

④ 某组分在所有塔板上的分配系数相同；

⑤ 流动相以不连续方式加入，即以一个一个的塔板体积加入，视作由许多小段组成。

组分进入色谱柱后，在每块塔板上进行两相分配，塔板数越多，组分在两相间的分配平衡次数越多，柱效越高，分离效果就越好。

根据以上假定条件，组分在两相间的移动分配过程中，其分布可计算如下：开始时，若有单位质量，即 $m=1$（例如 1mg 或 1μg）的该组分加到第 0 号塔板上，分配平衡后，由于 $k=1$，即 $m_s=m_m$，故 $m_s=m_m=1.5$。当一个板体积（1ΔV）的载气以脉动形式进入 0 号板时，就将气相中含有 m_m 部分组分的载气顶到 1 号板上，此时 0 号板液相（或固相）中 m_s 部分组分及 1 号板气相中的 m_m 部分组分，将各自在两相间重新分配。故 0 号板上所含组分总量为 0.5，其中气、液（或气、固）两相各为 0.25；而 1 号板上所含总量同样为 0.5，气、液（或气、固）两相亦各为 0.25。以后每当一个新的板体积载气以脉动式进色谱柱时，上述过程就重复一次（表 11-1）。

表 11-1　塔板理论流出数量关系

塔板号 r		0	1	2	3
进样	$\frac{m_m}{m_s}$	$\frac{0.5}{0.5}$			
进气 1ΔV	$\frac{m_m}{m_s}$	$\frac{0.25}{0.25}$	$\frac{0.25}{0.25}$		
进气 2ΔV	$\frac{m_m}{m_s}$	$\frac{0.125}{0.125}$	$\frac{0.125+0.125}{0.125+0.125}$	$\frac{0.125}{0.125}$	
进气 3ΔV	$\frac{m_m}{m_s}$	$\frac{0.063}{0.063}$	$\frac{0.063+0.125}{0.125+0.063}$	$\frac{0.125+0.063}{0.063+0.125}$	$\frac{0.063}{0.063}$

按上述分配过程，对于 n（塔板级数）$=5$、$k=1$、$m=1$ 的体系，随着脉动进入柱中板体积载气的增加，组分分布在柱内任一板上的总量（气、液两相中的总质量）见表 11-2。经 N 次转移后，在各塔板上组分含量的分布符合 $(m_s+m_m)^N$ 的二项式展开式。如 $N=4$、$k=1$ 时，展开式为：

$$m_s^4 + 4m_s^3 m_m + 6m_s^2 m_m^2 + 4m_s m_m^3 + m_m^4 \tag{11-24}$$

对于各塔板上组分分布计算得到：0.063，0.25，0.375，0.25，0.063。由二项式展开的值与表 11-2 相一致。

表 11-2 组分在 $n=5$、$k=1$、$m=1$ 柱内任一板上分配表

载气板体积数 N	塔板号					
	0	1	2	3	4	柱出口
0	1	0	0	0	0	0
1	0.5	0.5	0	0	0	0
2	0.25	0.5	0.25	0	0	0
3	0.125	0.375	0.375	0.125	0	0
4	0.063	0.25	0.375	0.25	0.063	0
5	0.032	0.157	0.313	0.313	0.157	0.032
6	0.016	0.095	0.235	0.313	0.235	0.079
7	0.008	0.056	0.165	0.274	0.274	0.118
8	0.004	0.032	0.111	0.22	0.274	0.138
9	0.002	0.018	0.072	0.166	0.247	0.138
10	0.001	0.01	0.045	0.094	0.207	0.124
11	0	0.005	0.028	0.07	0.151	0.104
12	0	0.002	0.016	0.049	0.11	0.076
13	0	0.001	0.01	0.033	0.08	0.056
14	0	0	0.005	0.022	0.057	0.04
15	0	0	0.002	0.014	0.04	0.028
16	0	0	0.001	0.008	0.027	0.02

由表 11-2 的数据可见，对于 5 个塔板组成的柱子，在 $N=5$ 时，即 5 个板体积载气进入柱子后，组分就开始在柱出口出现，进入检测器产生信号，见图 11-5（图中纵坐标 x 为组分在柱出口出现的分数）。

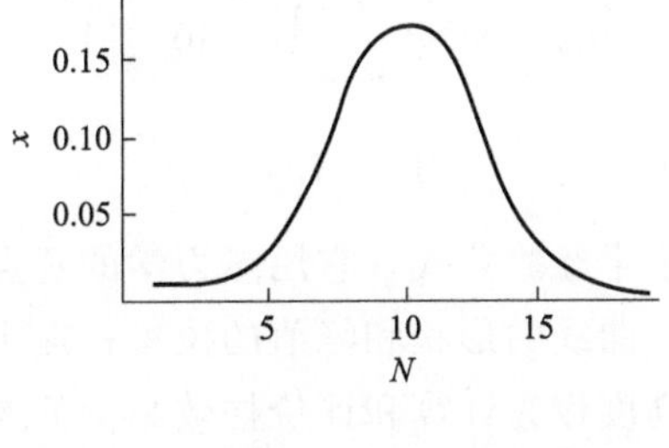

图 11-5 组分从 $N=5$ 柱中的流出曲线

假设塔板上流动相中的组分数为 q，固定相中的组分数为 p，由表 11-2 可以看出，经 N 次转移后，组分在各级塔板上的两相符合二项式分布，即：

$$(p+q)^N \tag{11-25}$$

p 和 q 可以根据组分的分配比来计算确定。当 N=4 时，组分分布在 5 级塔板上：

$$(p+q)^4=p^4+4qp^3+6q^2p^2+4q^3p+q^4 \tag{11-26}$$

任一级塔板上的分量为 $(p+q)^N$ 展开式对应的一项，可用一个通式表示：

$$f_{N,r}=\frac{N!}{r!\ (N-r)!}q^r p^{N-r} \tag{11-27}$$

$$f_{N,r}=\frac{N!}{r!\ (N-r)!}\left(\frac{1}{1+k}\right)^r\left(\frac{k}{1+k}\right)^{N-r} \tag{11-28}$$

当求最后一级塔板的组分的量时，r=n，以 $f_{N,n}$-N 作图，即得色谱流出曲线。由于所获得的流出曲线在 N 很大时呈正态分布，因此可将流出曲线方程转为正态分布方程形式：

$$C=\frac{C_0}{\sigma\sqrt{2\pi}}e^{-\frac{(t-t_r)^2}{2\sigma^2}} \tag{11-29}$$

可知：

$$\frac{1}{2\sigma^2}=\frac{n}{2}\times\frac{1}{t_r^2} \tag{11-30}$$

所以 $\sigma^2=\frac{t_r^2}{n}$ 或者 $n=\left(\frac{t_r}{\sigma}\right)^2$。

根据 $W_b=4\sigma$，$W_{1/2}=2\sigma\sqrt{2\ln 2}$，所以求得 n 与保留时间 t_r、半峰宽 $W_{1/2}$、峰底宽 W 的关系：

$$n=5.54\left(\frac{t_r}{W_{1/2}}\right)^2=16\left(\frac{t_r}{W}\right)^2 \tag{11-31}$$

从而求得理论塔板高度 H，即：

$$H=\frac{L}{n} \tag{11-32}$$

式中，L 为色谱柱的长度。

把扣除死时间的有效理论塔板数 n_{eff} 和有效塔板高度 H_{eff} 作为柱效能指标：

$$n_{eff}=5.54\left(\frac{t_r'}{W_{1/2}}\right)^2=16\left(\frac{t_r'}{W}\right)^2 \tag{11-33}$$

$$H_{eff}=L/n_{eff} \tag{11-34}$$

塔板理论的贡献：是一个半经验公式，它用热力学的观点定量说明了溶质在色谱柱中移动的速率，成功解释了流出曲线的形状和峰值的位置；提出以理论塔板数、理论塔板高度、有效塔板数和有效塔板高度作为计算和评价柱效高低的参数。

塔板理论的局限性：色谱过程不仅受热力学因素的影响，还与分子的扩散、传质等动力学因素有关，因此塔板理论只是定性地给出了塔板高度的概念，却无法解释板高的影响因素。由于它的某些基本假设并未完全符合柱内实际发生的分离过程，忽略了纵向扩散，排除了一个重要的因素——流动相的速度，因此塔板理论无法解释板高受哪些因素影响这个本质的问题，也不能说明为什么不同流速下可以测定不同的理论塔板数这一实验事实。还未深入说明柱结构参数、色谱操作参数与理论塔板数的关系。因此，无法指出影响柱效的因素及提高柱效的途径，在应用上受到一定的限制。

二、速率理论

1956年，荷兰学者范蒂姆特（van Deemter）等人在研究气液色谱时，提出了色谱过程的动力学理论——速率理论。该理论吸收了塔板理论中的塔板高度的概念，并同时考虑色谱过程中影响塔板高度的动力学因素，指出填充柱受分子扩散、传质阻力和载气流速等因素的控制，从而较好地解释了影响板高的各种因素。后来美国学者 J. Calvin Giddings 提出了随机行走的紊流理论模型，并对速率方程提出补充，进一步提出了液相色谱速率理论方程。van Deemter 方程的数学简化式为：

$$H = A + \frac{B}{u} + Cu \tag{11-35}$$

式中，H 为塔板高度；u 为流动相的线速；A 为涡流扩散项系数；B 为分子扩散项系数；C 为传质阻力项系数。在一定条件下，A、B、C 为常数。

1. 涡流扩散项 *A*

在填充色谱柱中，当组分随流动相向柱出口迁移时，流动相由于受到固定相颗粒障碍，不断改变流动方向使组分分子在前进中形成紊乱的类似“涡流”的流动，故称涡流扩散，如图 11-6 所示。

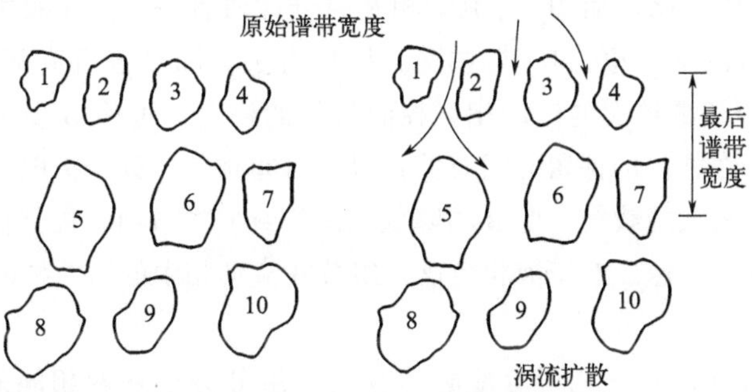

图 11-6　色谱柱中的涡流扩散

涡流扩散项用以下公式表示：

$$A = 2\lambda d_p \tag{11-36}$$

式中，d_p 为填充物颗粒直径，cm；λ 为填充的不均匀因子。

A 与填料的粒度、均匀性及色谱柱的均匀填充程度有关，与流动相的性质、线速度和组分的性质无关。减小涡流扩散项，提高柱效，可以使用适当细颗粒固定相尽量填充均匀。固定相粒径越小，H 越小，u 也越小，柱效越高，因此，对于液相色谱来说，柱压比较高，需要高压技术。对于空心毛细管，不存在涡流扩散，因此 A＝0。

2. 分子扩散项 *B/u*（纵向扩散项）

纵向分子扩散是由浓度梯度造成的。当样品组分被流动相带入色谱柱后，以“塞子”的形式存在于柱的很小一段空间中。由于存在纵向的浓度梯度，因而就会发生纵向的扩散，引起色谱峰展宽，如图 11-7 所示。

分子扩散项系数为：

$$B=2\gamma D_g \tag{11-37}$$

式中，γ 为载体填充在柱内从而引起气体扩散路径弯曲的因数（弯曲因子<1，反映了固定相颗粒的几何形状对自由分子扩散的阻碍情况）；D_g 为组分在流动相中的扩散系数，cm^2/s。

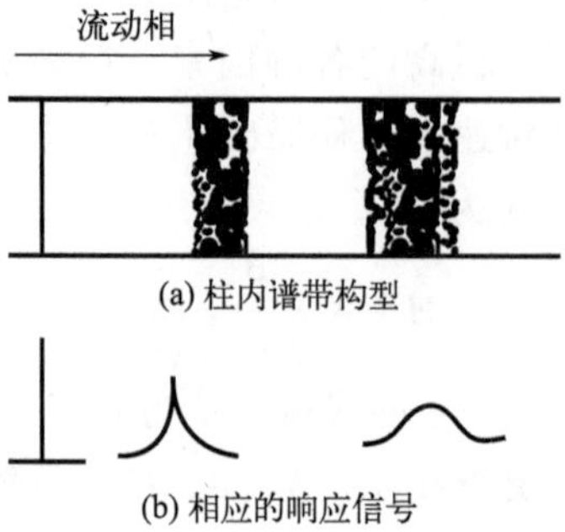

图 11-7　纵向分子扩散使峰展宽

弯曲因子与填充物性质有关，由于在填充柱内有固定相颗粒存在，分子自由扩散受到阻碍，扩散程度降低。而在空心柱中，扩散不受阻碍，$\gamma=1$。分子扩散项与组分在流动相中的扩散系数 D_g 成正比，而 D_g 与流动相及组分性质有关。分子量大的组分 D_g 小，D_g 反比于流动相分子量的平方根。D_g 与柱温、柱压有关，随柱温升高而增大，随柱压增大而减小，所以采用分子量较大的流动相，控制较低的柱温，可使 B 项降低。

纵向扩散与组分在柱内的保留时间有关，保留时间越长，分子扩散项对色谱峰展宽的影响就越显著。分子量较大的载气可使 B 项降低。减小纵向扩散项，提高柱效途径：采用分子量较大的载气和较高的流速。对于液相色谱，组分在流动相中的纵向扩散可以忽略。

3. 传质阻力项 *Cu*

组分在固定相和流动相之间的分配必然有一个组分分子在两相间的交换、扩散过程，这个过程称为质量传递，简称传质。当组分进入色谱柱后，由于它对固定液的亲和力，组分分子首先从气相向气液界面移动，进而向液相扩散分布，最后再从液相中扩散出来进入气相，这个过程叫作传质过程。传质过程需要时间，而且在流动状态下，不能瞬间达到分配平衡。当一部分组分返回气相时，必然落后于随流动相前进的组分，从而引起色谱峰变宽。由于气相色谱以气体为流动相，液相色谱以液体为流动相，它们的传质过程不完全相同，现分别讨论之。

（1）气相色谱　对于气液色谱，传质阻力系数 C 包括气相传质阻力系数 C_g 和液相传质阻力系数 C_l 两项，即：

$$C=C_g+C_l \tag{11-38}$$

气相传质过程是试样组分从气相移动到固定相表面的过程。这一过程中试样组分将在两相间进行浓度分配。有的分子还来不及进入两相界面，就被气相带走，有的则进入两相界面来不及返回气相。这样，就使得试样在两相界面上不能瞬间达到分配平衡，引起滞后现象，从而使谱带变宽。对于填充柱，气相传质阻力系数 C_g 为：

$$C_g=\frac{0.01k^2}{(1+k)^2}\times\frac{d_p^2}{D_g} \tag{11-39}$$

式中，k 为容量因子；d_p 为填充物粒度；D_g 为组分在载气流中的扩散系数。

由式(11-39) 可以看出，气相传质阻力系数与填充物粒度 d_p 的平方成正比，与组分在载气流中的扩散系数 D_g 成反比。因此，采用粒度小的填充物和分子量小的气体（如氢气）作载气，可使 C_g 减小，提高柱效。

液相传质过程是指试样组分从固定相的气液界面移动到液相内部，并发生质量交换，达到分配平衡后再返回相界面的传质过程。这个过程也需要一定的时间，此时，气相中组分的其他分子仍随载气不断向柱出口运动，于是造成峰形展宽。液相传质阻力系数 C_l 为：

$$C_l=\frac{2}{3}\times\frac{k}{(1+k)^2}\times\frac{d_f^2}{D_l} \tag{11-40}$$

式中，k 为容量因子；D_l 为组分在液相中的扩散系数；d_f 为固定相的液膜厚度。

固定相液膜薄 d_f 小，组分在液相的扩散系数 D_l 大，则液相传质阻力系数较小。降低液膜厚度 d_f，但同时也会减小 k，又会使 C_l 增大。所以可采用增大比表面积的方法（减小粒度）来减小 C_l。但比表面积太大，又会造成拖尾峰。一般可通过控制适宜的柱温来减小 C_l。

将式(11-36)、式(11-37)、式(11-39) 和式(11-40) 分别代入式(11-35) 中，即可得 van Deemter 的气液色谱板高方程：

$$H=2\lambda d_p+\frac{2\gamma D_g}{u}+\left[\frac{0.01k^2}{(1+k)^2}\times\frac{d_p^2}{D_g}+\frac{2}{3}\times\frac{k}{(1+k)^2}\times\frac{d_f^2}{D_l}\right]u \tag{11-41}$$

这一方程对选择色谱分离条件具有实际指导意义，它指出了色谱柱填充的均匀程度、填料颗粒度的大小、流动相的种类及流速、固定相的液膜厚度等对柱效的影响。

(2) 液相色谱　对于液液分配色谱，传质阻力系数（C）包含流动相传质阻力系数（C_m）和固定相传质阻力系数（C_s），即：

$$C=C_m+C_s \tag{11-42}$$

其中 C_m 又包含流动的流动相中的传质阻力和滞留的流动相中的传质阻力，即：

$$C_m=\frac{w_m d_p^2}{D_m}+\frac{w_{sm} d_p^2}{D_m} \tag{11-43}$$

等式右边第一项为流动的流动相中的传质阻力，右边第二项为滞留的流动相中的传质阻力。

液液色谱中固定相传质阻力系数（C_s）可用下式表示：

$$C_s=\frac{w_s d_f^2}{D_s} \tag{11-44}$$

式(11-44) 说明试样分子从流动相进入固定液内进行质量交换的传质过程与液膜厚度 d_f 的平方成正比，与试样分子在固定液中的扩散系数 D_s 成反比。式中 w_s 是与容量因子 k 有关的系数。

综上所述，液液色谱的 van Deemter 方程式可表达为：

$$H=2\lambda d_p+\frac{2\gamma D_m}{u}+\left[\frac{w_m d_p^2}{D_m}+\frac{w_{sm} d_p^2}{D_m}+\frac{w_s d_f^2}{D_s}\right]u \tag{11-45}$$

式(11-45) 与气液色谱速率方程式（11-41）的形式基本一致，主要区别在于液液色谱中纵向扩散项可忽略不计，影响柱效的主要因素是传质阻力项。

三、H-u 曲线和最佳流速

由于流速对分子扩散项和传质阻力项完全相反的作用，流速对柱效的总影响存在着一个最佳流速值（图 11-8），即速率方程式中塔板高度对流速的一阶导数有一极小值。

$$H=A+\frac{B}{u}+Cu \tag{11-46}$$

$$\frac{dH}{du}=-\frac{B}{u^2}+C=0 \tag{11-47}$$

$$u_{最佳}=\sqrt{\frac{B}{C}} \tag{11-48}$$

$$H_{最小}=A+2\sqrt{BC} \tag{11-49}$$

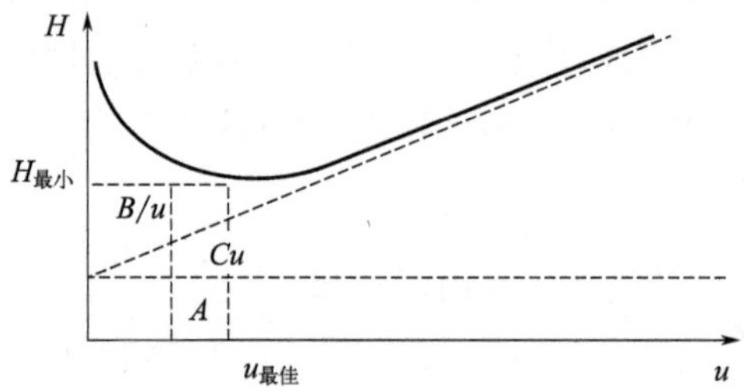

图 11-8　柱高与流速的关系

A 项与线速度无关，对板高的影响为一常数；B 项与线速度成反比，当线速度小时，B 项成为影响板高的主要因素；C 项与线速度成正比，当线速度大时，C 项对板高起控制作用。

四、分离度

塔板理论和速率理论都难以描述难分离物质对的实际分离程度，无法确定柱效多大时，相邻两组分能被完全分离。色谱柱的选择性反映了色谱柱对物质保留值的差别，柱效率反映了峰扩展程度，但都不能表示色谱柱的总分离效能。一个混合物能否为色谱柱所分离，取决于固定相与混合物中各组分子间的相互作用大小是否有区别，但各种操作条件的选择是否合适，对于实现分离的可能也有很大影响。

难分离物质对的分离条件：两峰间的距离要大，两组分保留时间有足够大的差值，色谱峰要窄，如图 11-9 所示。图 11-9(a) 两色谱峰距离近并且峰形宽，两峰严重相叠，这表示选择性和柱效都很差。图 11-9(b) 虽然两峰距离拉开了，但峰形仍很宽，说明选择性好，但柱效低。图 11-9(c) 分离最理想，说明选择性好，柱效也高。由此可见，单独用柱效或选择性不能真实反映组分在色谱柱中的分离情况，故需引入一个综合性指标——分离度 R。分离度是既能反映柱效率又能反映选择性的指标，称为总分离效能指标。

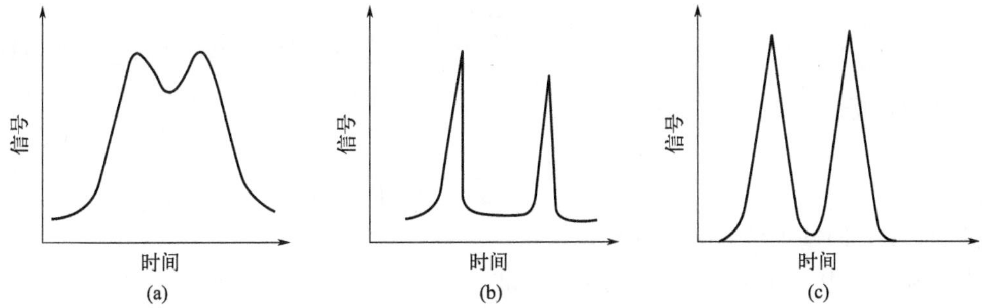

图 11-9　色谱分离的 3 种情况

分离度又叫分辨率，为相邻两组分色谱峰保留值之差与两组分色谱峰底宽总和之半的比值，即：

$$R=\frac{t_{r2}-t_{r1}}{(W_1+W_2)/2}=\frac{2(t_{r2}-t_{r1})}{W_1+W_2} \tag{11-50}$$

其中，保留值之差反映了色谱过程的热力学因素，区域宽度反映了色谱过程的动力学因素。R 越大，表明相邻两组分分离越好。一般来说，当 $R<1$ 时，两峰有部分重叠；当 $R=1.0$ 时，分离程度可达 98%；当 $R=1.5$ 时，分离程度可达 99.7%。通常用 $R=1.5$ 作为相邻两组分已完全分离的标志。图 11-10 为不同分离度时色谱峰分离的情况。

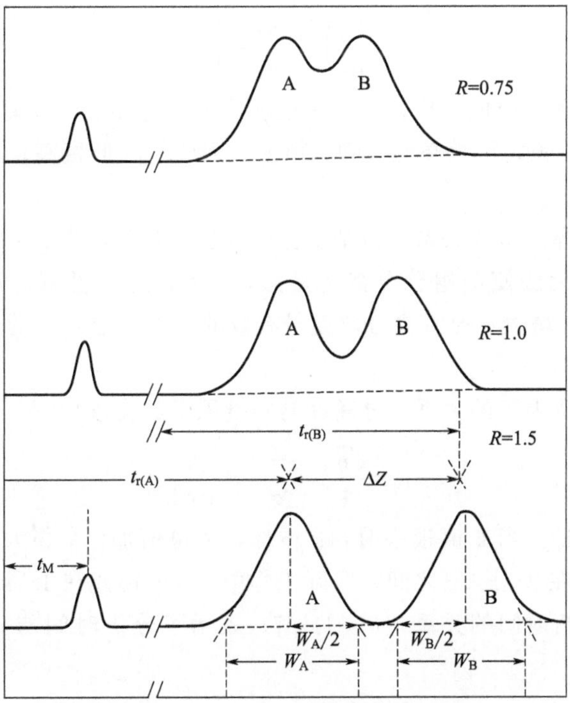

图 11-10　不同分离度时色谱峰分离的情况

实际上，分离度受柱效（n）、选择因子（α）和容量因子（k）三个参数的控制。对于难分离物质对，由于它们的分配系数差别小，可合理地假设 $k_1 \approx k_2 = k$，$W_1 = W_2 = W$。由式(11-31）得：

$$\frac{1}{W} = \frac{\sqrt{n}}{4} \times \frac{1}{t_r} \tag{11-51}$$

整理后，得：

$$R = \frac{\sqrt{n}}{4} \times \frac{\alpha - 1}{\alpha} \times \frac{k}{1+k} \tag{11-52}$$

式(11-52）即基本色谱分离方程式。

在实际应用中，往往用 n_{eff} 代替 n，可得：

$$n = \left(\frac{1+k}{k}\right)^2 n_{eff} \tag{11-53}$$

将式(11-53）代入式(11-52）中，则可得基本色谱分离方程式的又一表达式，即：

$$R = \frac{\sqrt{n_{eff}}}{4} \times \frac{\alpha - 1}{\alpha} \tag{11-54}$$

（1）分离度与柱效的关系　由式(11-54）可以看出，具有一定相对保留值的物质对，分离度直接和有效塔板数有关，说明有效塔板数能正确地代表柱效能。而式(11-52）说明分离度与理论塔板数的关系还受热力学性质的影响。当固定相确定，被分离物质的 α 确定后，分离度将取决于 n。这时，对于一定理论板高的柱子，分离度的平方与柱长成正比，即：

$$\left(\frac{R_1}{R_2}\right)^2 = \frac{n_1}{n_2} = \frac{L_1}{L_2} \tag{11-55}$$

分离度与柱效的平方根成正比；对于一定理论板高的柱子，分离度的平方与柱长成正比；α 一定时，增加柱长，可提高柱效和分离度。因此，降低板高，提高柱效，是提高分离度的最好方法。

（2）分离度与选择因子的关系　由基本色谱方程式判断，当 $\alpha = 1.0$ 时，$R = 0$。这时，无论怎样提高柱效也无法使两组分分离。显然，α 大，选择性好。R 与（$\alpha - 1/\alpha$）成正比，α 越大，R 越大，增大 α 是提高分离度最有效的方法，增大 α 的最有效方法是选择合适的固定相或固定液。

（3）分离度与容量因子的关系　分离度与容量因子的关系如下：

$$R = \frac{\sqrt{n}}{4} \times \frac{\alpha - 1}{\alpha} \times \frac{k}{1+k} \tag{11-56}$$

R 正比于 $k/(k+1)$。当 k 值很小时，k 增加，R 也增加；k 很大时，k 增加，R 变化不大。最佳 k 值应选在 $2 \leqslant k \leqslant 5$ 之间；实际工作中，k 值选择在 $1 \leqslant k \leqslant 10$ 之间。

（4）分离度与分析时间的关系　式(11-57）表示了分析时间与分离度及其他因素的关系：

$$t_r = \frac{16R^2H}{u} \times \left(\frac{\alpha}{\alpha - 1}\right)^2 \times \frac{(1+k)^3}{k^2} \tag{11-57}$$

设

$$Q'=\frac{16R^2H}{u}\times\left(\frac{\alpha}{\alpha-1}\right)^2 \tag{11-58}$$

则

$$t_r=Q'\frac{(1+k)^3}{k^2} \tag{11-59}$$

(5) 分离度的应用　组分 A 和 B 在某色谱柱上的保留时间为 12.5min 和 12.8min，死时间为 1min，有效塔板数对组分 A 和 B 均为 4096，求：

① 组分 A 和 B 能分离到什么程度？

② 假定组分 A 和 B 的保留时间不变，两组分刚好完全分离，则需要多少有效塔板数？

$$t'_{r(A)}=12.5-1=11.5(\text{min})$$

$$t'_{r(B)}=12.8-1=11.8(\text{min})$$

$$n_{eff}=16\left[\frac{t'_{r(A)}}{Y_A}\right]^2\Rightarrow n_{eff}=16\left(\frac{11.5}{Y_A}\right)^2\Rightarrow Y_A=0.72$$

$$n_{eff}=16\left[\frac{t'_{r(B)}}{Y_B}\right]^2\Rightarrow n_{eff}=16\left(\frac{11.8}{Y_B}\right)^2\Rightarrow Y_B=0.74$$

$$R_1=\frac{t'_{r(A)}-t'_{r(B)}}{1/2(Y_A+Y_B)}=\frac{11.8-11.5}{1/2\times(0.72+0.74)}=0.41$$

$$\left(\frac{R_1}{R_2}\right)^2=\frac{n_1}{n_2}\Rightarrow\left(\frac{0.41}{1.5}\right)^2=\frac{4096}{n_2}=5.4\times10^4$$

第四节　色谱法在环境分析中的应用

一、离子色谱法测定环境空气颗粒物中的水溶性阳离子（Li^+、Na^+、NH_4^+、K^+、Ca^{2+}、Mg^{2+}）

1. 方法原理

采集的环境空气颗粒物样品，以去离子水超声提取、阳离子色谱柱交换分离后，用抑制型或非抑制型电导检测器检测。根据保留时间定性，峰高或峰面积定量。

2. 干扰及消除

对保留时间相近的 2 种阳离子，当其浓度相差较大从而影响低浓度离子的测定时，可通过稀释、调节流速、改变淋洗液配比等方式消除干扰。

3. 试剂和材料

实验用水为电阻率≥18MΩ·cm（25℃），并经过 0.45μm 微孔滤膜过滤的去离子水。

浓硝酸（HNO_3），优级纯，$\rho=1.42$g/mL。

硝酸锂（$LiNO_3$），优级纯，使用前应于 105℃±5℃下干燥恒重后，置于干燥器中保存。

硝酸钠（$NaNO_3$），优级纯，使用前应于 105℃±5℃下干燥恒重后，置于干燥器中保存。

氯化铵（NH_4Cl），优级纯，使用前应于 105℃±5℃下干燥恒重后，置于干燥器中保存。

硝酸钾（KNO_3），优级纯，使用前应于 105℃±5℃下干燥恒重后，置于干燥器中保存。

硝酸钙［$Ca(NO_3)_2 \cdot 4H_2O$］，优级纯，使用前应置于干燥器中平衡 24h。

硝酸镁［$Mg(NO_3)_2 \cdot 6H_2O$］，优级纯，使用前应置于干燥器中平衡 24h。

甲烷磺酸，$w(CH_3SO_3H) \geqslant 99\%$。

硝酸溶液，$C(HNO_3)=1mol/L$。移取 68.26mL 浓硝酸缓慢加入水中，用水稀释至 1000mL，混匀。

锂离子标准贮备液：$\rho(Li^+)=1000mg/L$。称取 9.9337g 硝酸锂溶于适量水中，全量转入 1000mL 容量瓶中，用水稀释定容至标线，混匀。转移至聚乙烯瓶中，于 4℃以下冷藏、避光和密封可保存 6 个月。

钠离子标准贮备液：$\rho(Na^+)=1000mg/L$。称取 3.6977g 硝酸钠溶于适量水中，全量转入 1000mL 容量瓶中，用水稀释定容至标线，混匀。转移至聚乙烯瓶中，于 4℃以下冷藏、避光和密封可保存 6 个月。

铵离子标准贮备液：$\rho(NH_4^+)=1000mg/L$。称取 2.9654g 氯化铵溶于适量水中，全量转入 1000mL 容量瓶中，用水稀释定容至标线，混匀。转移至聚乙烯瓶中，于 4℃以下冷藏、避光和密封可保存 6 个月。

钾离子标准贮备液：$\rho(K^+)=1000mg/L$。称取 2.5857g 硝酸钾溶于适量水中，全量转入 1000mL 容量瓶中，用水稀释定容至标线，混匀。转移至聚乙烯瓶中，于 4℃以下冷藏、避光和密封可保存 6 个月。

钙离子标准贮备液：$\rho(Ca^{2+})=1000mg/L$。称取 5.8919g 硝酸钙溶于适量水中，全量转入 1000mL 容量瓶中，加入 1.00mL 硝酸溶液，用水稀释定容至标线，混匀。转移至聚乙烯瓶中，于 4℃以下冷藏、避光和密封可保存 6 个月。

镁离子标准贮备液：$\rho(Mg^{2+})=1000mg/L$。称取 10.5518g 硝酸镁溶于适量水中，全量转入 1000mL 容量瓶中，加入 1.00mL 硝酸溶液，用水稀释定容至标线，混匀。转移至聚乙烯瓶中，于 4℃以下冷藏、避光和密封可保存 6 个月。

混合标准使用液：分别移取 10.0mL 锂离子标准贮备液、50.0mL 钠离子标准贮备液、10.0mL 铵离子标准贮备液、50.0mL 钾离子标准贮备液、250mL 钙离子标准贮备液、50.0mL 镁离子标准贮备液于 1000mL 容量瓶中，用水稀释定容至标线，混匀。配制成含有 10.0mg/L 的 Li^+、50.0mg/L 的 Na^+、10.0mg/L 的 NH_4^+、50.0mg/L 的 K^+、250mg/L 的 Ca^{2+} 和 50.0mg/L 的 Mg^{2+} 的混合标准使用液。

淋洗液：根据仪器型号及色谱柱说明书使用条件进行配制。以下给出的淋洗液条件供参考。

甲磺酸淋洗贮备液：$C(CH_3SO_3H)=1mol/L$。移取 65.58mL 甲烷磺酸溶于适量水中，全量转入 1000mL 容量瓶中，用水稀释定容至标线，混匀。该溶液贮存于玻璃试剂瓶中，常温下可保存 3 个月。

甲磺酸淋洗使用液：$C(CH_3SO_3H)=0.02mol/L$。移取 40.00mL 甲磺酸淋洗贮备液

（1mol/L）于 2000mL 容量瓶中，用水稀释定容至标线，混匀。

硝酸淋洗使用液：$C(HNO_3)=7.25mmol/L$。移取 14.50mL 硝酸溶液（1mol/L）于 2000mL 容量瓶中，用水稀释定容至标线，混匀。

4. 仪器和设备

环境空气颗粒物采样器：采样装置由采样头、采样泵和流量计组成。采样头配备不同切割器，可采集 TSP（总悬浮颗粒物）、PM_{10} 和 $PM_{2.5}$ 颗粒物；流量计为中流量，量程 60～125L/min；流量示值误差≤2%。配备环境空气降尘样品集尘缸。

采样滤膜：选用优质的空白值较低的玻璃纤维、石英或其他材质的滤膜，并能满足颗粒物采样技术要求。

离子色谱仪：由离子色谱仪、操作软件及所需附件组成的分析系统。

色谱柱：阳离子分离柱（聚二乙烯基苯/乙基乙烯苯，具有羧酸或磷酸功能团、高容量色谱柱）和阳离子保护柱。一次进样可测定本方法规定的 6 种阳离子，峰的分离度不低于 1.5。同时配备了阳离子抑制器（选配）、电导检测器。

滤膜盒：聚四氟乙烯（PTFE）或聚苯乙烯（PS）材质。

样品瓶：硬质玻璃或聚乙烯材质，容积≥100mL，带螺旋盖。

超声波清洗器：频率 40～60kHz。

抽气过滤装置：配有孔径≤0.45μm 的醋酸纤维或聚乙烯滤膜。

样品管：聚丙烯（PP）或聚四氟乙烯（PTFE）材质，具螺旋盖。

一次性水系微孔滤膜针筒过滤器：孔径 0.45μm。

一次性注射器：1～10mL。

此外，还有一般实验室常用仪器和设备。

5. 样品

采样流量 100L/min，采样时间 24h±1h。

环境空气颗粒物降尘样品的采集：采样前不能在集尘缸内加入硫酸铜、防冻液等化学试剂，采样时间 30d±2d。

样品的运输和保存：环境空气颗粒物滤膜样品，在运输和保存时应存放于滤膜盒中，避免折叠或挤压；在无刺激性气体、避免阳光照射的常温环境条件下，置于干燥器内密封保存，7d 内完成测定。

环境空气降尘样品：置于样品瓶中，在干燥器内保存，30d 内完成测定。

颗粒物滤膜试样的制备：小心剪取 1/4～1 张颗粒物滤膜样品，放入样品瓶，加入 100.0mL 实验用水浸没滤膜，加盖浸泡 30min 后，置于超声波清洗器中超声提取 20min。提取液经抽气过滤装置过滤后，倾入样品管通过离子色谱仪的自动进样器直接进样测定。也可用带有水系微孔滤膜针筒过滤器的一次性注射器手动进样测定。

降尘试样的制备：准确称取 0.1000g 降尘样品，全量转入样品瓶中，加水至总量为 100.0mL。将其置于超声波清洗器内超声提取 20min。提取液经抽气过滤装置过滤后，制备成环境空气降尘试样，待测。当降尘样品不足 0.1000g 时可酌量称取。

实验室空白试样的制备：颗粒物滤膜实验室空白试样，使用与样品采集同批次的空白滤膜，按照与颗粒物滤膜试样制备相同的步骤制备；降尘实验室空白试样，不称取降尘样品，按照与降尘试样制备相同的步骤制备。

全程序空白试样的制备：将与样品采集同批次的空白滤膜带至采样现场，不采集颗粒物样品，按照样品的运输和保存要求，与样品一起带回实验室，按照与颗粒物滤膜试样制备相同的步骤制备。

6. 分析步骤

（1）离子色谱分析参考条件　根据仪器使用说明书优化测量条件或参数，可按照实际样品的基体及组成优化淋洗液浓度。

（2）标准曲线的绘制　分别准确移取 0.00、1.00mL、2.00mL、5.00mL、10.0mL、20.0mL 混合标准使用液置于一组 100mL 容量瓶中，用水定容至标线，混匀。配制成 6 个不同浓度的混合标准系列，标准系列中各离子的质量浓度见表 11-3。可根据被测样品的浓度确定合适的标准系列浓度范围。按其浓度由低到高的顺序依次注入离子色谱仪，记录峰面积（或峰高）。以各离子的质量浓度为横坐标，以峰面积（或峰高）为纵坐标，绘制标准曲线。

表 11-3　阳离子标准系列浓度

阳离子名称	标准系列浓度/(mg/L)					
Li^+	0.00	0.10	0.20	0.50	1.00	2.00
Na^+	0.00	0.50	1.00	2.50	5.00	10.0
NH_4^+	0.00	0.10	0.20	0.50	1.00	2.00
K^+	0.00	0.50	1.00	2.50	5.00	10.0
Ca^{2+}	0.00	2.50	5.00	12.5	25.0	50.0
Mg^{2+}	0.00	0.10	0.20	0.50	1.00	2.00

（3）试样的测定　按照与绘制标准曲线相同的色谱条件和步骤，将试样注入离子色谱仪测定阳离子浓度，以保留时间定性，以仪器响应值定量。

（4）实验室空白试样的测定　按照与绘制标准曲线相同的色谱条件和步骤，将实验室空白试样注入离子色谱仪测定阳离子浓度，以保留时间定性，以仪器响应值定量。

（5）全程序空白试样的测定　按照与绘制标准曲线相同的色谱条件和步骤，将全程序空白试样注入离子色谱仪测定阳离子浓度，以保留时间定性，以仪器响应值定量。

7. 结果计算与表示

（1）环境空气颗粒物（滤膜样品）中水溶性阳离子含量计算　滤膜颗粒物样品中阳离子（Li^+、Na^+、NH_4^+、K^+、Ca^{2+}、Mg^{2+}）的质量浓度（ρ，$\mu g/m^3$）按照式(11-60)计算：

$$\rho=\frac{(\rho_1-\rho_0)VND}{V_{nd}} \tag{11-60}$$

式中，ρ 为滤膜样品中阳离子的质量浓度，$\mu g/m^3$；ρ_1 为试样中阳离子的质量浓度，mg/L；ρ_0 为滤膜实验室空白试样中阳离子质量浓度平均值，mg/L；V 为提取液体积，100.0mL；N 为滤膜切取份数，取整张滤膜超声提取则 $N=1$，取 1/4 张滤膜则 $N=4$；D 为试样稀释倍数；V_{nd} 为标准状态（101.325kPa，273K）下采样总体积，m^3。

（2）环境空气颗粒物（降尘样品）中水溶性阳离子含量计算　降尘样品中水溶性阳离

子（Li^{+}、Na^{+}、NH_4^{+}、K^{+}、Ca^{2+}、Mg^{2+}）的质量分数（w，mg/g）按照式(11-61)计算：

$$w=\frac{(w_1-w_0)\times V\times 10^{-3}\times D}{m} \tag{11-61}$$

式中，w 为降尘样品中阳离子的质量分数，mg/g；w_1 为试样中阳离子的质量浓度，mg/L；w_0 为降尘实验室空白试样中阳离子质量浓度平均值，mg/L；V 为提取液体积，100.0mL；D 为试样稀释倍数；m 为称取降尘样品的质量，g。

二、离子色谱法测定水中的无机阴离子（氟化物、氯化物、硝酸盐和硫酸盐）

1. 试剂和耗材

① 市售有证标准溶液。

② KOH 淋洗液发生罐。

③ 抽气过滤装置：配有孔径≤0.45μm 醋酸纤维或聚乙烯滤膜。

④ 一次性水系微孔滤膜针筒过滤器：孔径 0.45μm。

⑤ 一次性注射进样器：1～10mL。

2. 仪器

离子色谱仪（型号：AQUION RFIC）。仪器参数：色谱柱 AS16；抑制器 ADRS 6004mm；流速 1.00mL/min；进样量 25μL。

3. 样品

（1）样品的采集　样品不需加固定剂，采集的样品应尽快分析。若不能及时测定，应经抽气过滤装置过滤，于 4℃以下冷藏、避光保存。不同待测离子的保存时间和容器材质要求见表 11-4。

表 11-4　不同待测离子的保存时间和容器材质要求

离子名称	盛放容器的材质	保存时间/d
F^-	聚乙烯瓶	14
Cl^-	硬质玻璃瓶或聚乙烯瓶	30
NO_3^-	硬质玻璃瓶或聚乙烯瓶	7
SO_4^{2-}	硬质玻璃瓶或聚乙烯瓶	30

（2）样品的处理　对于不含疏水性化合物、重金属或过渡金属离子等干扰物质的清洁水样，经抽气过滤装置过滤后或经带有水系微孔滤膜针筒过滤器的一次性注射器过滤后的水样装入 1.5mL 样品瓶中。

4. 分析步骤

① 开启离子色谱仪进样器及主机电源，打开软件进行联机；

② 控制软件，依次打开泵、抑制器、淋洗液发生器的开关；

③ 待仪器检测器背景电导下降至 1μS 并保持稳定后将样品放入进样器内；

④ 编辑样品序列后进行样品测定，以保留时间定性，以仪器响应值定量。

课后习题

一、选择题

1. 利用组分在吸附剂上吸附能力不同而得以分离的色谱分析法称为（　　）。

A. 吸附色谱法　B. 分配色谱法　C. 离子交换色谱法　D. 分子排阻色谱法

2. 利用组分在固定相与流动相中分配系数（或溶解度）不同而达到分离的色谱分析法称为（　　）。

A. 吸附色谱法　B. 分配色谱法　C. 离子交换色谱法　D. 分子排阻色谱法

3. 利用大小不同的分子在多孔固定相中的选择渗透而达到分离的色谱分析法称为（　　）。

A. 吸附色谱法　B. 分配色谱法　C. 离子交换色谱法　D. 分子排阻色谱法

4. 利用不同组分与固定相（固定化分子）的高专属性亲和力而达到分离的色谱分析方法称为（　　）。

A. 吸附色谱法　B. 分配色谱法　C. 离子交换色谱法　D. 亲和色谱法

5. 色谱分析法中的定性参数是（　　）。

A. 保留值　B. 基线宽度　C. 峰面积　D. 半峰宽

6. 在色谱过程中，组分在固定相中停留的时间为（　　）。

A. 死时间　B. 保留时间　C. 调整保留时间　D. 保留指数

7. 在色谱过程中，组分在流动相中停留的时间为（　　）。

A. t_0　B. t_8　C. t_r'　D. k

8. 根据色谱峰的个数，可以判断试样中所含组分的（　　）。

A. 个数　B. 最少个数　C. 最多个数　D. 性质

9. 现有四个组分 a、b、c 和 d，其 k 分别为 0.5、0.8、1.2 和 1.1，当用洗脱剂洗脱时，最后被洗出柱的是（　　）。

A. a 组分　B. b 组分　C. c 组分　D. d 组分

10. 用分配色谱法分离 A、B、C 三组分的混合样品，已知它们的分配系数 $K_A > K_B > K_C$，则其保留时间的大小顺序为（　　）。

A. A＜C＜B　B. B＜A＜C　C. C＜B＜A　D. A＜B＜C

11. van Deemeter 方程式主要阐述了（　　）。

A. 色谱流出曲线的形状　B. 组分在两相间的分配情况

C. 色谱峰展宽及柱效降低的动力学因素　D. 塔板高度的计算

12. 速率理论常用于（　　）。

A. 计算塔板数　B. 解释色谱流出曲线形状

C. 计算塔板高度　D. 解释柱效与动力学因素有关

二、计算题

1. 已知物质 A 和 B 在一根 30.0cm 色谱柱上的保留时间分别是 16.40min 和 17.63min，不被保留的组分通过该柱的时间为 1.30min，峰宽为 1.11min 和 1.21min，计算：

① 柱分辨能力（即分离度 R）；

② 柱的平均理论塔板数和塔板高度 H；

③ 达到基线分离时所需的色谱柱长度。

2. 用 15. 00cm 长的色谱柱分离两个组分，已知柱效 $n=28400$，$t_0=1.31\text{min}$，$t_{r1}=4.10\text{min}$，$t_{r2}=4.45\text{min}$，试求：

① 容量因子 k_1、k_2；

② 分离度 R；

③ 要使两组分达到基线分离，那么色谱柱长 L 至少应为多少？

3. 化合物 A 和 B 在色谱柱（$n=8100$）上的保留时间 $t_{rA}=800\text{s}$，$t_{rB}=815\text{s}$，试计算：

① A 和 B 在此色谱柱上的分离度 R；

② 若使 A、B 两组分完全分离，则理论塔板数至少应为多大？

4. 某一液液色谱柱长 22. 6cm，流动相速度为 0. 287mL/min，流动相和固定相体积分别为 1. 26mL 和 0. 148mL，测得组分 A、B、C、D 的保留值和峰宽如下：

组分	保留时间/min	峰宽/min
非滞留组分	4. 2	—
A	6. 4	0. 45
B	14. 4	1. 07
C	15. 4	1. 16
D	20. 7	1. 45

计算：

① 各组分的容量因子及分配系数；

② 各组分的理论塔板数；

③ B、C 两组分的分离度；

④ B、C 两组分达到基线分离时所需要的色谱柱柱长。

第十二章

气相色谱法

气相色谱法是以气体作为流动相的一种色谱法，是利用物质的沸点、极性及吸附性质的差异来实现混合物的分离。气相色谱法中被分析的样品是气体或可被气化的组分。该样品在气体流动相的带动下通过填充或键合有固定相的色谱柱，被分析的组分与气体流动相之间没有作用力而与固定相之间有不同的作用力，从而实现了样品组分的分离与分析。根据固定相的物态分类，气相色谱法可分为气固色谱法和气液色谱法，其中气固色谱法是以固体吸附剂为固定相，气液色谱法是以固定液涂覆在载体上作为固定相；按照分离机制分类，气相色谱法可分为吸附色谱法和分配色谱法；按柱径和填充分类，气相色谱法可分为填充柱色谱法和毛细管柱色谱法。此外，气相色谱法与其他近代分析仪器联用，如气相色谱与质谱联用（GC-MS）、气相色谱与 Fourier 红外光谱联用（GC-FTIR）、气相色谱与原子发射光谱联用（GC-AES）等，已逐渐成为结构分析的有力工具。

气相色谱法的特点：

① 分离效率高，可分离同位素、同分异构体、手性异构体及复杂混合物；

② 灵敏度高，灵敏度可达 μg/g 或 ng/g；

③ 分析速度快，一般几分钟或十几分钟可完成一次分离检测；

④ 应用范围广，一般适用于沸点低于 400℃的有机或无机化合物。

第一节　气相色谱仪

一、气相色谱仪的分析流程

气相色谱仪的一般流程见图 12-1。载气由高压气瓶（载气钢瓶）供给，经减压阀降压后，由气体调节阀调节到所需流速，经净化干燥管净化后得到稳定流量的载气，载气流经气化室，将气化的样品带入色谱柱进行分离，分离后的各组分先后流入检测器，检测器将物质的浓度或质量的变化转变为一定的响应信号，经放大后在记录仪上记录下来，得到色谱流出曲线。从流出曲线上可得每个峰出现的时间，进行定性分析；根据峰面积或峰高的大小进行定量分析。

二、气相色谱仪的结构

气相色谱仪一般由气路系统、进样系统、分离系统、控制温度系统以及检测和放大记录系统五大系统组成。

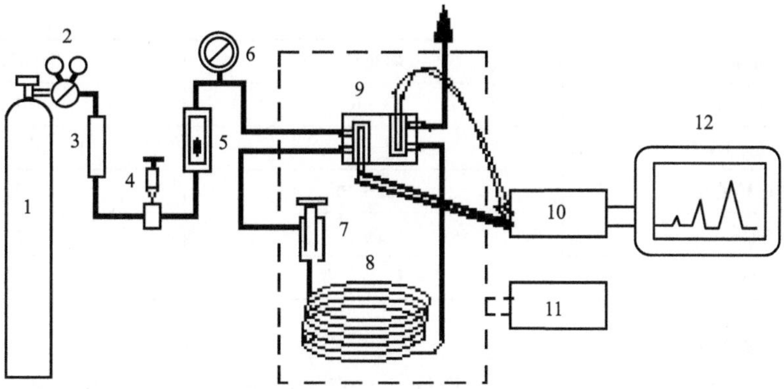

图 12-1　气相色谱仪的一般流程示意图

1—载气钢瓶；2—减压阀；3—净化干燥管；4—针形阀；5—流量计；6—压力表；7—进样口；8—色谱柱；9—恒温箱；10—检测器；11—温度控制计；12—记录仪

1. 气路系统

包括气源、净化干燥管和载气流速控制系统，要求：具有气密性，载气流速的稳定性，流量测量的稳定性。净化干燥管的作用是去除载气中的水、有机物等杂质（依次通过分子筛、活性炭等)。载气流速控制系统包括压力表、流量计、针形稳压阀，控制载气流速恒定。载气一般由氮气、氢气、氦气、氩气、空气等组成，载气进入色谱柱前需净化处理，因为微量水会使聚酯类固定液解聚，氧在高温下易使某些极性固定液氧化。燃气一般采用氢气，助燃气一般采用空气。

2. 进样系统

(1) 进样系统　包括样品导入系统、气化室、微量注射器三部分。进样系统的作用是将液体或固体试样，在进入色谱柱之前瞬间气化，然后快速定量地转入色谱柱中。进样量的大小、进样时间的长短、试样的气化速度等都会影响色谱的分离效果以及分析结果的准确性和重现性。气体进样一般采用六通阀进样器，液体进样一般采用隔膜进样器，毛细管柱样品进样一般采用分流进样器。

(2) 气化室要求　密封性好，体积小，一般由电加热的金属块构成；热容量大，无催化效应，使样品瞬间气化但不分解，死体积应尽可能小。

(3) 进样要求　“塞子”式进样，一般柱分离进样体积在 0.1～20μL，毛细管柱分离进样体积为 1～3μL，应采用分流进样装置来实现。体积过大或进样过慢将导致分离变差（拖尾)。

3. 分离系统

分离系统由色谱柱组成，它是色谱仪的核心部件，其作用是分离样品。色谱柱主要有填充柱和毛细管柱两类。两者的特点如表 12-1 所列。

表 12-1　填充柱和毛细管柱的区别

名称	填充柱	毛细管柱
材质	玻璃或不锈钢	玻璃或石英
柱长/m	1～3	30～300

续表

名称	填充柱	毛细管柱
内径/mm	3～6	0.01～1
柱效(n)/m	5×10^2～1×10^3	1×10^3～4×10^5
允许进样量/μg	0.01～10^3	0.01～1
柱压	高	低
分析对象	一般混合物	复杂组分分析

4. 控制温度系统

在气相色谱测定中，温度是重要的指标，它直接影响色谱柱的选择分离、检测器的灵敏度和稳定性。控制温度主要指对色谱柱炉、气化室和检测器三处的温度进行控制。气化室温度通常选择试样的沸点或稍高于沸点，气化温度一般较柱温高 30～70℃，防止气化温度太高造成试样分解；检测室温度需高于柱温数十摄氏度。色谱柱的温度控制方式有恒温和程序升温两种。对于沸点范围很宽的混合物，往往采用程序升温法进行分析。程序升温指在一个分析周期内柱温随时间由低温向高温作线性或非线性变化，以达到用最短时间获得最佳分离的目的。图 12-2 是程序升温的设置方式和分离效果对比图。

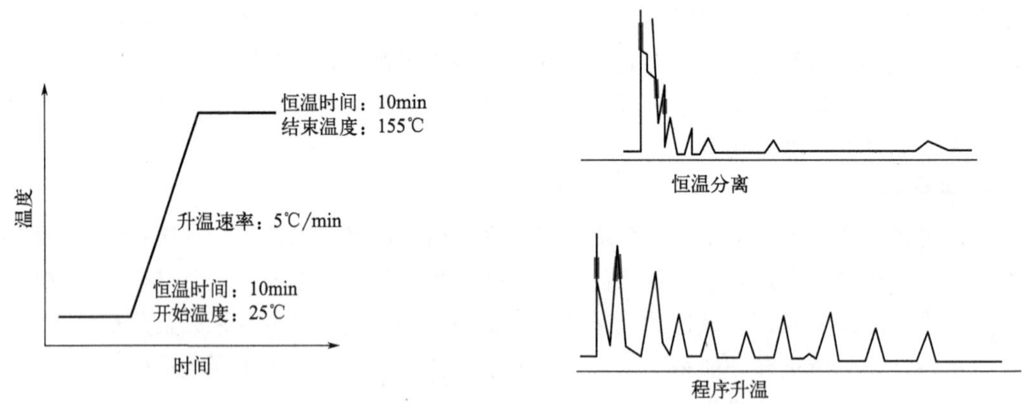

(a) 设置方式　　(b) 分离效果对比

图 12-2　程序升温的设置方式和分离效果对比图

5. 检测和放大记录系统

该系统是指样品经色谱柱分离后，各成分按保留时间不同，按顺序依次随载气进入检测器，检测器把进入的组分按时间及其浓度或质量的变化，转化成易于测量的响应信号，经过必要的放大传递给记录仪，最后记录得到该混合样品的色谱流出曲线。根据检测原理不同，检测器可分为浓度型检测器和质量型检测器。浓度型检测器测量的是载气中某组分浓度瞬间的变化，即检测器的响应值和组分的浓度成正比，如热导检测器和电子捕获检测器。质量型检测器测量的是载气中某组分进入检测器的速度变化，即检测器的响应值和单位时间内进入检测器某组分的量成正比，如氢火焰离子化检测器和火焰光度检测器。

(1) 热导检测器（TCD）　检测原理是根据不同物质具有不同的热导率。特点：几乎对所有的物质都有响应，通用性好，而且线性范围宽，价格便宜，是应用最广、最成熟的一种检测器；主要缺点是灵敏度低。

（2）氢火焰离子化检测器（FID）　检测原理是化学电离过程。特点：只能用于有机物的分析，不能用于永久性气体、水、一氧化碳、二氧化碳、四氯化碳、氮氧化物、硫化氢等的分析；灵敏度高，比热导检测器的灵敏度高约 10^3 倍；检出限低，可达 10^{-12}g/s。

（3）电子捕获检测器　是一种放射性离子化检测器，也是一种高选择性检测器，对含有电负性原子或基团的化合物具有很高的灵敏度，如卤素、硫、磷、氰的有机化合物及甾族化合物。它是目前分析痕量电负性有机物最有效的检测器。

（4）火焰光度检测器　又称硫、磷检测器，它是一种对含硫、磷有机化合物具有高选择性和高灵敏度的质量型检测器，检出限可达 10^{-12}g/s（对 P）或 10^{-11}g/s（对 S）。

第二节　气相色谱固定相

气相色谱固定相有固体固定相和液体固定相（固定液＋载体）。固体固定相用于吸附色谱；液体固定相是将固定液涂渍于载体表面而成，用于分配色谱。

一、气固色谱固定相

气固色谱的固定相主要是固体吸附剂。常用的固体吸附剂有如下几种。

1. 活性炭

一种非极性固体吸附剂。吸附活性大，比表面积达 300～500m^2/g，最高使用温度在300℃以下。常用来分析永久性气体和低分子烃类化合物。

2. 硅胶

脱水硅酸，结构为 $SiO_2 \cdot xH_2O$，这是一种氢键型强极性吸附剂，比表面积 500～700m^2/g，孔径 10～70Å（1Å＝10^{-10}m）。一般用来分析 C_1～C_4 烷烃，以及 N_2O、SO_2、H_2S、SF_6、CF_2Cl_2 等。由于在常温下，硅胶对 CO_2 是可逆吸附，可用来分离 CO_2 和 C_2H_6、C_2H_4、C_2H_2 等。

3. 氧化铝

一种中等极性的吸附剂，比表面积 100～300m^2/g，使用前在 200～1000℃下活化，一般用来分离 C_1～C_4 烃类。

4. 分子筛

分子筛是一种具有特殊吸附活性的吸附剂，是合成硅铝酸钠盐或钙盐。其结构如下。

A 型：［$Na_2O(CaO)$、Al_2O_3、$2SiO_2$］，分为 3A、4A、5A 型。

X 型：（Na_2O、Al_2O_3、$3SiO_2$），分为 10X、13X 型。

分子筛一般用于分离惰性气体，对 CO_2 是不可逆吸附，因而不能分离 CO_2；很容易吸水失去活性，因此，分子筛在使用时要注意防止水汽进入柱内。

5. 高分子的多孔微球

高分子多孔微球一般是人工合成的吸附剂，有非极性和极性两种，非极性多孔微球由苯乙烯、二乙烯苯共聚而成，极性多孔微球在苯乙烯、二乙烯苯共聚物中引入极性官能团。

6. 新型固体吸附剂

近年来，随着科学技术的发展，新型固体吸附剂不断被研究，例如，金属有机框架材料（MOFs）是一类新型固体吸附剂，它是一种具有多孔网络结构的有机-无机杂化材料，由金属离子或金属簇与有机配体通过氢键或配位键自组装而成。MOFs的种类、结构复杂多样，这与其合成过程使用的金属和有机配体有关，通过改变金属和有机配体种类，可以合成不同结构类型的MOFs。MOFs具有可控多样的拓扑结构，这与构成MOFs的金属活性中心和有机配体有关，无论是主族金属、过渡金属还是稀土金属，都可以作为拓扑结构的金属活性中心，而且多种多样的有机配体进一步丰富了MOFs的结构类型。因此，可控的结构也赋予了MOFs不同的特性，如多孔性、孔道规则、密度低、比表面积高、稳定性和吸附性强，在固体吸附剂领域有广阔的应用前景。到目前为止，研究报道最多的MOFs为UIO系列（图12-3，书后另见彩图）和ZIF系列（图12-4，书后另见彩图）。

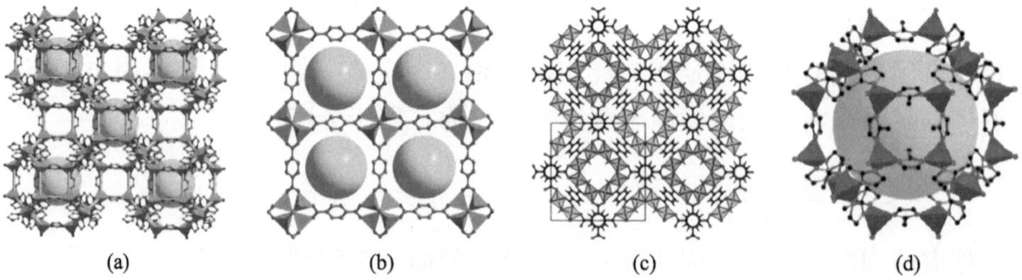

图 12-3　UIO 系列的结构

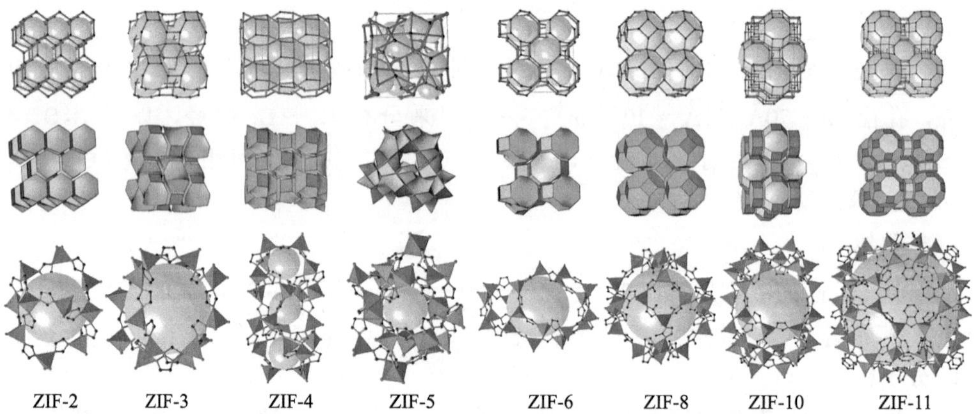

图 12-4　ZIF 系列的结构

二、气液色谱固定相

气液色谱固定相由载体（担体）和固定液构成，载体为固定液提供一个大的惰性表面，以承担固定液，使它能在表面展成薄而均匀的液膜。固定液在常温下不一定为液体，但在使用温度下一定呈液体状态。固定液的种类繁多，选择余地大，应用范围不断扩大。

1. 载体（担体）

载体（担体）：化学惰性的多孔性固体颗粒，具有较大的比表面积。对于载体的要求是具有足够大的表面积和良好的空穴结构，表面呈化学惰性，热稳定性好，具有一定的机械强度。

载体大致可分为硅藻土和非硅藻土两类。硅藻土载体是目前气相色谱中常用的一种载体，它是由被称为硅藻的单细胞海藻骨架组成，主要成分是二氧化硅和少量无机盐。根据制造方法不同，载体又分为红色载体和白色载体。

红色载体的特点是表面孔穴密集、孔径较小、比表面积较大，它是天然硅藻土经煅烧而成，对强极性化合物的吸附性和催化性较强，如烃类、醇、胺、酸等极性化合物会因吸附而产生严重拖尾现象。因此，它适用于分析非极性或弱极性物质。

白色载体是天然硅藻土煅烧前于硅藻土原料中加入少量助熔剂碳酸钠形成的。它呈白色，比表面积较小，吸附性和催化性弱，适用于分析各种极性化合物。

为了消除载体表面吸附，减少色谱峰拖尾，载体在使用前需进行前处理。处理方法有酸洗、碱洗、硅烷化以及添加减尾剂等。

① 酸洗　用 3～6mol/L 盐酸浸煮载体，过滤，水洗至中性。用甲醇淋洗，脱水烘干。可除去无机盐以及 Fe、Al 等金属氧化物。适用于分析酸性物质。

② 碱洗　用 5% 或 10% NaOH 的甲醇溶液回流或浸泡，然后用水、甲醇洗至中性，除去氧化铝。用于分析碱性物质。

③ 硅烷化　用硅烷化试剂与载体表面硅醇基反应，生成硅烷醚，以除去表面氢键作用力（图 12-5）。常用的硅烷化试剂有二甲基二氯硅烷（DMCS）、六甲基二硅烷（HMDS）等。

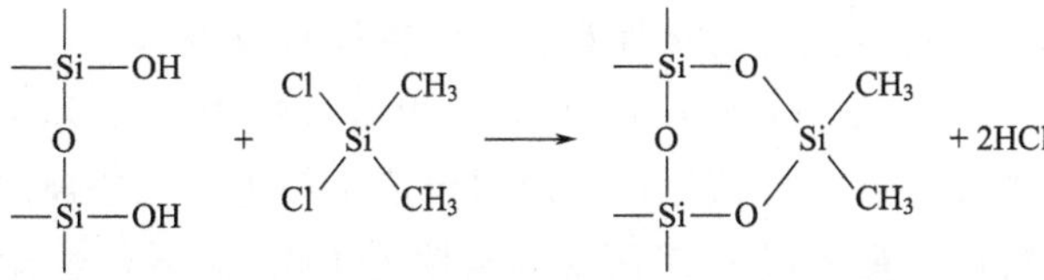

图 12-5　硅烷化试剂与载体表面反应方程式

2. 固定液

固定液一般为高沸点有机物，均匀地涂在载体表面，呈液膜状态。固定液应满足以下要求：

① 选择性好　固定液的选择性可用相对调整保留值 a 来衡量。对于填充柱，一般要求 a＞1.15；对于毛细管柱，要求 a＞1.08。

② 良好的热稳定性和化学稳定性。

③ 对试样各组分有适当的溶解能力。

④ 在操作温度下有较低蒸气压，在操作温度下不分解。

(1) 固定液与分子间的作用力　在气相色谱中，流动相载气是惰性的，且组分在气相中浓度很低，组分分子间作用力很小，可忽略。在固定相中，由于组分浓度低，组分间的作用力也可忽略。固定相里主要存在的作用力是组分与固定液分子间的作用力，这种作用力反映了组分在固定液中的热力学性质。作用力大的组分，由于溶解度大，分配系数大。

这种分子间作用力是一种较弱的分子间的吸引力，主要包括定向力、诱导力、色散力和氢键作用力四种。前三种统称范德瓦尔斯力，都是由电场作用引起的。而氢键作用力则与它们有所不同，是一种特殊的范德瓦尔斯力。此外，固定液与被分离组分间还可能存在形成化合物或配合物等的键合力。

① 定向力　由于极性分子的永久偶极间存在静电作用而引起的。在极性固定液上分离极性试样时，分子间的作用力主要就是定向力，主要用于极性分子间的分离分析。

② 诱导力　极性分子和非极性分子共存时，由于在极性分子永久偶极电场作用下，非极性分子极化而产生诱导偶极，它们之间的作用力就叫诱导力。在分离具有非极性分子和可极化分子的混合物时，可用极性固定液的诱导效应来分离它们。用于极性不同的分子或者极性分子与非极性分子之间的分离分析。

③ 色散力　非极性分子间虽没有定向力和诱导力，但具有瞬间偶极矩，由于电子运动，原子核在零点间的振动而形成的这种瞬间偶极矩带有一个同步电场，能使周围分子极化，被极化的分子又反过来加剧瞬间偶极矩变化的幅度，产生色散力。用于非极性分子间的分离分析。

④ 氢键作用力　当分子中一个氢原子和一个电负性很大的原子 X（如 F、O、N 等）构成共价键时，它同时又能与另一个电负性很大的原子 Y 形成强的静电吸引力，叫氢键作用力，用 X—H…Y 表示。X、Y 的电负性越大，则氢键作用力越强。氢键类型和键强的次序为：

$$F-H\cdots F>O-H\cdots F>O-H\cdots N>N-H\cdots N>N\equiv C-N\cdots N$$

(2) 固定液的特性　固定液的特性主要是指它的极性或选择性，用它可描述和区别固定液的分离特征。目前大都采用相对极性和固定液特征常数表示。

① 相对极性　1959 年，Rohrschneider 提出用相对极性 P 来表示固定液的分离特征。相对极性主要根据某些物质在固定液上的相对保留值来确定。此法规定非极性固定液角鲨烷的极性为 0，强极性固定液 β,β'-氧二丙腈的极性为 100，然后，选择一对物质（如正丁烷-丁二烯或环己烷-苯）来进行试验，分别测定它们在 β,β'-氧二丙腈、角鲨烷及欲测固定液的色谱柱上的相对保留值，将其取对数后，得到：

$$q=\lg\left[\frac{t'_r(\text{丁二烯})}{t'_r(\text{正丁烷})}\right] \tag{12-1}$$

被测固定液的相对极性为：

$$P_x=100-\frac{100(q_1-q_x)}{q_1-q_2} \tag{12-2}$$

式中，下标 1、2 和 x 分别为 β,β'-氧二丙腈、角鲨烷及被测固定液。

由此测得的各种固定液的相对极性均在 0～100 之间。一般将其分为五级，每 20 单位为一级。0～+1 为非极性，+2 级为弱极性，+3 级为中等极性，+4～+5 为强极性。非极性亦可用“—”表示。

② 固定液特征常数　通常用 Rohrschneider（罗氏）常数和 McReynolds（麦氏）常数来表示。由于用相对极性并不能全面反映组分和固定液分子间的全部作用力，1966 年罗氏

提出用保留指数差值 ΔI 表示固定液的相对极性，ΔI 越大，表示固定液和分子间作用力越大，固定液的选择性越高。罗氏选用5种标准物质来表征固定液的特性，每种标准物质代表与固定液之间不同类型的作用力。这5种标准物质是：苯（电子给予体），代表易极化物质；乙醇（质子给予体），代表氢键型化合物；甲乙酮（质子接受体），代表接受氢键能力强的化合物；硝基甲烷（质子接受体），代表特殊氢键化合物；吡啶（质子接受体），代表氮杂环上可形成大键的物质，也是易极化物。

若分别测定这5种标准物质在被测固定液和参比固定液（角鲨烷）上的保留指数，可得5种标准物的保留指数差值，其表示通式为：

$$\Delta I = I_p - I_s \tag{12-3}$$

式中，ΔI 为任一标准物质保留指数差值；I_p 和 I_s 分别为任一标准物质在被测固定液和参比固定液上的保留指数。

罗氏常数用 $\Delta I/100$ 表示。表12-2列出一些常用固定液的 Rohrschneider 常数。

麦氏常数是在罗氏方法的基础上，1970年由 McReynolds 提出的改进方案。选用苯、正丁醇、2-戊酮、1-硝基丙烷、吡啶、2-甲基-2-戊醇、碘丁烷、2-辛炔、二氧六环和顺八氢化茚10种物质，在柱温120℃下分别测定它们在226种固定液和角鲨烷上的 ΔI。归纳后发现，前5种物质已足以表达固定液的相对极性，把该五项之和称为总极性。

表12-2 一些常用固定液的 Rohrschneider 常数

固定液	$\Delta I/100$				
	苯	乙醇	甲乙酮	硝基甲烷	吡啶
角鲨烷	0.00	0.00	0.00	0.00	0.00
SE-30	0.16	0.20	0.50	0.85	0.48
OV-3	0.40	0.81	0.85	1.52	0.89
OV-7	0.70	1.12	1.19	1.98	1.34
DC-710	1.05	1.50	1.61	2.51	1.90
OV-17	1.30	1.66	1.79	2.83	2.47
OV-22	1.58	1.80	2.04	3.27	2.59
QF-1	1.41	2.13	3.55	4.73	3.04
XE-60	2.08	3.85	3.62	5.33	3.45
PEG-4000	3.22	5.46	3.86	7.15	5.17
DEGS	4.93	7.58	6.14	9.50	8.37
TCEP	6.00	8.71	7.94	11.53	9.40

注：柱温100℃，载体 Chromosorber W(A W)，固定液与载体配比20%，0.1% Alkaterge T 减尾。

（3）固定液的分类　气液色谱的固定液有多种类型，目前按照极性和化学类型分类，如表12-3所列。

表 12-3 固定液按化学结构的分类

固定液的结构类型	极性	固定液类型	分离对象
烃类	最弱极性	角鲨烷、石蜡油	非极性化合物
硅氧烷类	极性极广，从弱极性到强极性	甲基硅氧烷、苯基硅氧烷、氟基硅氧烷、氰基硅氧烷	不同极性化合物
醇类和醚类	强极性	聚乙二醇	强极性化合物
酯类和聚酯	中强极性	苯甲酸二壬酯	应用较广
腈和腈醚	强极性	氧二丙腈、苯乙腈	极性化合物
有机皂土			芳香异构体

(4) 固定液的选择 对固定液的选择并没有规律可循。一般可按“相似相溶”原则来选择。在应用时应按实际情况而定。

① 分离非极性物质 一般选用非极性固定液，这时试样中各组分按沸点次序流出，沸点低的先流出，沸点高的后流出。

② 分离极性物质 选用极性固定液，试样中各组分按极性次序分离，极性小的先流出，极性大的后流出。

③ 分离非极性和极性混合物 一般选用极性固定液，这时非极性组分先流出，极性组分后流出。

④ 分离能形成氢键的试样 一般选用极性或氢键型固定液。试样中各组分按与固定液分子间形成氢键能力的大小先后流出，不易形成氢键的先流出，最易形成氢键的最后流出。

⑤ 分离复杂的难分离物质 可选用两种或两种以上的混合固定液。

气液色谱的固定相由于分离效率高，可应用于手性化合物的分离分析。例如：

① 氢键型手性固定相 主要用于分离氨基酸、羟基酸、羧酸、醇、胺、内酯、内酰胺等化合物的对映体。

② 含肽或蛋白质的手性固定相 把蛋白质、酶和抗体等生物大分子键合到硅胶上是HPLC（高效液相色谱法）手性固定相常用的方法。这种手性固定相常用于生物、医学、临床等方面的对映体的分离中。

③ 金属配体交换手性固定相 这种固定相是以一个金属离子与一个配体分子和一个对映体溶质分子结合成可逆的非对映体而实现分离的。将手性配体与硅胶键合，可形成集亲水性、高选择性、高强度等优点于一体的固定相。这种配体有氨基酸、β-羟基氨基酸等。

④ 含碳水化合物的手性固定相 这类固定相包括醋酸纤维素、其他纤维素和直链淀粉等，它们都具有很强的手性识别能力。

⑤ 形成包合物的手性固定相 主要是环糊精的烷基化或酰基化的衍生物。这些化合物具有许多手性中心和特殊的笼状结构，能与分析对象形成包合物，可分离一些氢键型键合相所不能分离的对映体，如非极性和弱极性的烃类、卤代烃类和环氧类化合物的对映体，因而在近年来备受人们青睐，发展极为迅速。

第三节　定性及定量分析

一、分离条件的选择

气相色谱进行分离分析应用时，应进行分析条件的选择，包括色谱柱（固定相和柱长）的选择、载气及流速的选择、柱温的选择等，下面分别进行介绍。

1. 色谱柱的选择

（1）固定相的选择　固定液极性采用“相似相溶”原则，载体与固定液的配比与样品沸点相关联，样品沸点、柱温均不得超过固定相的最高使用温度。固定液用量也有一个适当值。固定液含量太高会使载体颗粒之间阻力增加，柱效下降，一般不超过载体的 30%。但含量太低时，又不能把载体表面覆盖住。一般对低挥发性化合物，最好用低含量固定液，挥发性大的样品用高含量固定液。

（2）柱长的选择　增加柱长可使理论塔板数增大，但同时使峰宽加大，分析时间延长，总分离效能也不一定高，故柱长要选择适当。一般情况下，柱长选择以使组分能完全分离，分离度达到期望值为准。分离度与柱长的关系如下：

$$(R_1/R_2)^2 = L_1/L_2 \tag{12-4}$$

2. 载气及流速的选择

根据速率理论（范式方程），对一定的色谱柱和试样，有一个最佳的载气流速，此时柱效最高。根据范式方程，用在不同流速下测得的柱高度 H 对流速 u 作图，得 H-u 曲线图，如图 12-6 所示。在曲线的最低点，柱高度 H 最小，此时柱效最高，该点所对应的流速即为最佳流速。在实际工作中，为了缩短分析时间，往往使流速稍高于最佳流速。

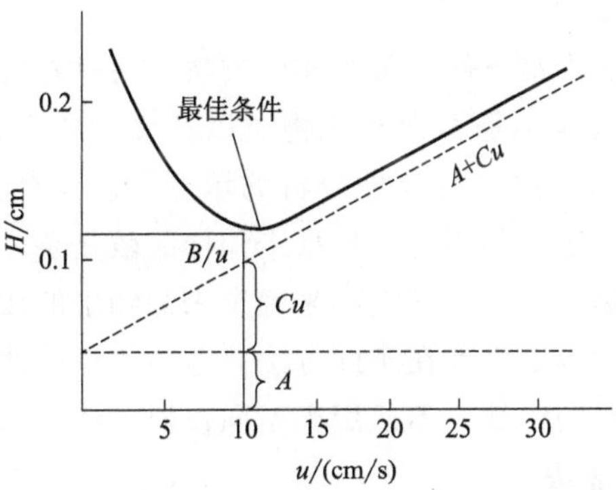

图 12-6　柱高度与流速的关系

3. 柱温的选择

一般原则是：在使最难分离的组分有尽可能好的分离效果的条件下，采取适当低的柱温，但以保留时间适宜，峰形不拖尾为度。具体操作条件的选择应根据实际情况而定。柱温不能高于固定液的最高使用温度，否则固定液挥发流失，对分离不利。气化室的温度一般高于样品沸点 50℃以上。检测室的温度高于柱温 30～50℃或等于气化室温度。对于宽沸程的多组分混合物，采用程序升温法，在分析过程中按一定速度提高柱温，在程序开始时，柱温较低，低沸点的组分得到分离，中等沸点的组分移动很慢，高沸点的组分还停留于柱进口附近，随着温度上升，组分由低沸点到高沸点依次分离出来，从而使分离效果得到改善，时间缩短，峰形理想。

4. 载体粒度及筛分范围的选择

载体的粒度越小，填装越均匀，柱效就越高。但粒度也不能太小，要求颗粒大小均匀，使 λ（填充的不均匀因子）下降，H 变小。一般粒度直径以柱内径的 1/25～1/20 为宜。在高效液相色谱中，可采用极细粒度，直径在微米数量级。

5. 进样量的选择

在实际分析中，最大允许进样量应控制在使半峰宽基本不变，而峰高与进样量成线性关系。如果超过最大允许进样量，就偏离线性关系。一般说来，色谱柱越粗、越长，固定液含量越高，允许进样量越大。对于填充柱，气体样品以 0.1～1mL 为宜，液体样品应小于 4μL(TCD) 或小于 2μL(FID)；毛细管柱需用分流器进样，分流后的进样量为填充柱的 1/100～1/10。

二、定性分析

气相色谱法是一种高效、快速的分离分析技术，它可以在很短时间内分离几十种甚至上百种组分的混合物，这是其他方法无法比拟的。但是，气相色谱法进行定性分析，却不如其他分析方法。这主要是指不能直接从色谱图得出定性结果。色谱定性分析就是要确定各色谱峰所代表的化合物，由于各种物质在一定的色谱条件下均有确定的保留值，因此保留值可作为一种定性指标。而气相色谱法中，不同物质在同一色谱条件下可能具有相似或相同的保留值，即保留值并非专属的，因此仅根据保留值对一个完全未知的样品定性是困难的。需要与已知物对照，利用色谱文献数据或其他分析方法才能给出定性结果。

1. 用已知纯物质对照定性

这是气相色谱定性分析中最方便、最可靠的方法。通过对比试样中具有与纯物质相同保留值的色谱峰，来确定试样中是否含有该物质以及该物质在色谱图中的位置。图 12-7 是用已知纯物质与未知样品对照进行定性分析的示意图。这个方法基于在一定操作条件下，各组分的保留时间是一定值的原理。如果未知样品较复杂，可采用在未知混合物中加入已知物，通过观察未知物中哪个峰增大，来确定未知物中的成分。

采用已知纯物质定性的不足之处在于此方法只适用于组分性质已有所了解，组成比较简单，且为纯物质的未知物的定性，不适用于不同仪器上获得的数据之间的对比。

2. 加入纯物质峰高增加法

将纯物质加入试样中，观察各组分色谱峰的相对变化，峰高增加的组分即可能为未知物中的成分。当未知样品中组分较多，所得色谱峰过密，用保留时间对照定性不易辨认时，可用此法。

3. 利用文献保留值定性

(1) 相对保留值定性　在柱温保持不变的条件下，利用相对保留值定性比用保留值定性更为方便、可靠。常用的基准物质如苯、正丁烷、环己烷等，基准物的保留值尽量接近待测样品组分的保留值。

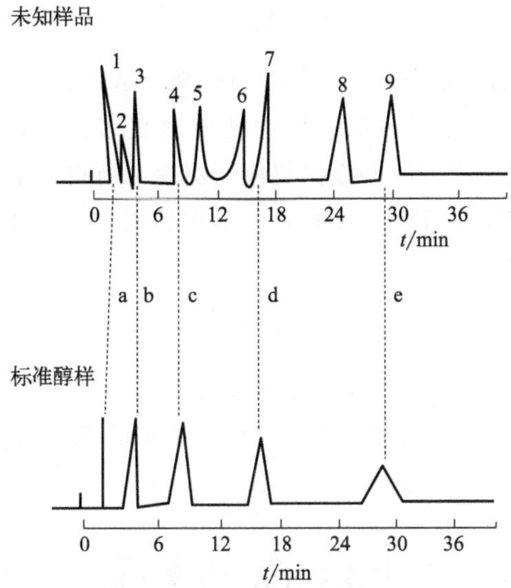

图 12-7　用已知纯物质与未知样品对照进行定性分析

1～9—未知物的色谱峰；a—甲醇峰；b—乙醇峰；c—正丙醇峰；d—正丁醇峰；e—正戊醇峰

(2) 根据保留指数定性　保留指数又称 Kovats 指数，是一种重现性较其他保留数据都好的定性参数，可根据所用固定相和柱温直接与文献值对照，而不需标准样品。

保留指数 I 是把物质的保留行为用两个紧靠近它的标准物质（一般是两个正构烷烃）来标定，并以均一标度来表示。人为规定正构烷烃的保留指数为其碳数乘以 100，如正己烷和正辛烷的保留指数分别为 600 和 800。至于其他物质的保留指数，则可采用两个相邻正构烷烃的保留指数进行标定。测定时，将碳数为 n 和 $n+1$ 的正构烷烃加于样品 x 中进行分析，若测得它们的调整保留时间分别为 $t'_r(C_n)$ 和 $t'_r(C_{n+1})$ 和 $t'_r(x)$ 且 $t'_r(C_n) < t'_r(x) < t'_r(C_{n+1})$ 时，则组分 x 的保留指数可按下式计算：

$$I_x = 100 \times \left[n + \frac{\lg t'_r(x) - \lg t'_r(C_n)}{\lg t'_r(C_{n+1}) - \lg t'_r(C_n)} \right] \tag{12-5}$$

同系物组分的保留指数之差一般应为 100 的整数倍。一般说来，除正构烷烃外，其他物质保留指数的 1/100 并不等于该化合物的含碳数。利用式(12-5) 求出未知物的保留指数，然后与文献值对照，即可实现未知物的定性。

保留指数的特点：在同一色谱柱上，在较小的温度范围内，保留指数与柱温成线性关系。利用这个规律可用内插法求出不同柱温上的保留指数。通常温度改变 1℃，保留指数变化约为 0.05%。同系物的保留指数成线性关系，分子中增加一个次甲基，保留指数增加 100，与色谱柱的性质无关。在不同极性色谱柱上，非极性组分的保留指数无明显变化，而极性组分的保留指数变化很大。保留指数的有效数字为三位，测定准确度和重复性都很好，误差在 1% 以内。因此，只要固定液相同，就可利用文献保留值指数定性。

4. 利用保留值经验规律定性

(1) 碳数规律　人们通过大量实验得出规律，在一定温度下，同系物的调整保留时间的对数与分子中碳原子数成线性关系，即：

$$\lg t_r' = A_1 n + C_1 \tag{12-6}$$

式中，A_1 和 C_1 为常数；n 为分子中的碳原子数（$n \geqslant 3$）。

式(12-6) 说明，如果已知某一同系物中两个或更多组分的调整保留值，就可根据式(12-6) 推知同系物中其他组分的调整保留值，最后和所得色谱图对照进行定性。

(2) 沸点规律　同系物或同族化合物的调整保留时间的对数和它们的沸点成线性关系，即：

$$\lg t_r' = A_2 T_b + C_2 \tag{12-7}$$

式中，A_2 和 C_2 均为常数；T_b 为组分的沸点，K。

根据这个规律，可按同族化合物沸点求其保留值或根据保留值求出沸点，从而对各组分定性。

5. 其他定性方法

对于复杂样品的分析，采用双柱或多柱法使原来一根柱子上可能出现相同保留值的两种组分，在另一根柱子上可能出现不同的保留值。另外，气相色谱与质谱、Fourier 红外光谱、原子发射光谱等仪器联用，是目前解决复杂样品定性分析最有效的工具之一。

三、定量分析

1. 峰面积测量方法

峰面积是色谱图提供的基本定量数据。峰面积是色谱图曲线所包围的面积。对于不同峰形的色谱峰，采用不同的测量方法。峰面积测量的准确度直接影响定量结果。下面介绍几种峰面积的定量方法。

(1) 对称形峰面积的测量——峰高乘半峰宽法　根据等腰三角形的计算方法，可以近似认为峰的面积等于峰高乘以半峰宽：

$$A = hW_{1/2} \tag{12-8}$$

这样测得的峰面积为实际峰面积的 0.94 倍，实际上峰面积为：

$$A = 1.065hW_{1/2} \tag{12-9}$$

显然，在做绝对测量（如测灵敏度）时应乘以 1.065，但在相对计算时 1.065 可约去。

(2) 不对称峰面积的测量——峰高乘平均峰宽法　对于不对称峰的测量如仍用峰高乘半峰宽法，误差就较大，因此采用峰高乘平均峰宽法。所谓平均峰宽是指在峰高 0.15～0.85 倍处分别测峰高，然后取其平均值。

$$A = \frac{1}{2}h(W_{0.15} + W_{0.85}) \tag{12-10}$$

式中，$W_{0.15}$ 和 $W_{0.85}$ 分别为峰高 0.15 倍和 0.85 倍处的峰宽。

2. 定量校正因子

(1) 定量校正因子的定义　色谱定量分析是基于峰面积与组分的量成正比关系。不同组分有不同的响应值。同一含量的不同组分，由于物理、化学性质的差别而在同一检测器上产生的信号大小不同，因此需要校正。色谱定量分析的依据是被测组分的量与其峰面积成正比，但是峰面积的大小不仅取决于组分的质量，而且还与它的性质有关。当两个质量相同的不同组分在相同条件下使用同一检测器进行测定时，所得的峰面积不同。为了使检测器产生的响应值能够真实地反映出物质的含量，就要对响应值进行校正，从而引入定量校正因子，将组分的面积转换成相应物质的量，即：

$$W_i = f_i' A_i \quad 或者 \quad W_i = f_i' h \tag{12-11}$$

式中，W_i 为组分 i 的量，它可以是质量，也可以是物质的量或体积（对气体）；A_i 为峰面积；f_i'为换算系数，称为定量校正因子。

定量校正因子定义为单位峰面积的组分的量，它可表示为：

$$f_i' = \frac{W_i}{A_i} \tag{12-12}$$

由式(12-12) 可知，在定量分析中需要：a. 准确测定峰面积和峰高；b. 准确求出定量校正因子；c. 正确选用定量计算方法。

校正因子表示方法主要有校正因子 f_i 和响应值 S_i 两种。

f_i 的物理意义是单位峰面积所代表的被测组分的量：

$$f_i = \frac{W_i}{A_i} \tag{12-13}$$

S_i 的物理意义是单位重量的物质所相当的峰面积：

$$S_i = \frac{A_i}{W_i} \tag{12-14}$$

(2) 相对定量校正因子　由于 f_i'主要由仪器的灵敏度所决定，它既不易准确测定，也无法直接应用。在实际工作中，以相对定量校正因子 f_i 代替定量校正因子 f_i'。我们平常所指的校正因子都是相对校正因子。常用的标准物质，一般来说，热导检测器标准物用苯，火焰离子检测器用正庚烷。相对定量校正因子指某物质与一标准取值的绝对校正因子之比，用下式表示：

$$f_i(m) = \frac{f_i'(m)}{f_s'(m)} = \frac{A_s m_i}{A_i m_s} \tag{12-15}$$

式中，m 和 A 分别代表质量和面积，下标 i 和 s 分别代表待测组分和标准物；$f_i(m)$ 表示相对质量校正因子。由于进入检测器的物质的量也可以用摩尔质量或体积表示，因此也可用相对摩尔校正因子 $f_i(M)$ 和相对体积校正因子 $f_i(V)$ 表示。

$$f_i(M) = \frac{f_i'(M)}{f_s'(M)} = \frac{m_i/(M_i A_i)}{m_s/(M_s A_s)} = \frac{A_s m_i M_s}{A_i m_s M_i} = f_i(m)\frac{M_s}{M_i} \tag{12-16}$$

$$f_i(V) = \frac{f_i'(V)}{f_s'(V)} = \frac{22.4 m_i/(M_i A_i)}{22.4 m_s/(M_s A_s)} = \frac{A_s m_i M_s}{A_i m_s M_i} = f_i(M) \tag{12-17}$$

式中，M_i 和 M_s 分别为待测组分和标准物的摩尔质量。

(3) 相对校正因子的测量　欲求 $W_i = f_i A_i$，需要知道 f_i。引入另一标准物质，可称取一定量的被测组分的纯物质 W_i 和标准组分的纯物质 W_s 混合后，注入色谱仪，出峰后测出 A_i 和 A_s，根据以下公式，即可求出相对校正因子。

$$W_i=f_iA_i \quad f_i=\frac{W_i}{A_i} \tag{12-18}$$

$$W_s=f_sA_s \quad f_s=\frac{W_s}{A_s} \tag{12-19}$$

$$f_i'=\frac{f_i}{f_s}=\frac{W_iA_s}{W_sA_i} \tag{12-20}$$

由此可见，相对校正因子与进样体积无关，与操作条件无关，只与被测物、标准物、载气性质、检测器类型有关。

3. 几种常用的定量计算方法

(1) 归一化法　归一化法是色谱中常用的一种定量方法。适用对象是样品中所有组分均能从色谱柱洗出并都有相应的峰，同时已知组分的相对校正因子，则可求出各组分的百分含量。当测量参数为峰面积时归一化的计算公式为：

$$x_i=\frac{A_if_i}{A_1f_1+A_2f_2+\cdots+A_nf_n}\times100\% \tag{12-21}$$

式中，A_i 为组分 i 的峰面积；f_i 为组分 i 的定量校正因子。f_i 分别为摩尔校正因子、体积校正因子、质量校正因子时，x_i 则相应为摩尔分数、体积分数和质量分数。

归一化法的优点是简便、准确，操作条件如进样量、载气流速等的变化对结果的影响较小，适用于对多组分试样中各组分含量进行分析。缺点是样品中所有组分都必须出峰，某些不需要定量的组分也要测出其校正因子和峰面积。因此，该法在使用中受到一定限制。

(2) 外标法　标准曲线法的计算方法。取样品中含有的组分的纯物质，配制一系列不同浓度的标准样，分别取一定体积注入色谱仪，得到色谱图，测出峰面积，作出峰面积与浓度的关系曲线，即标准曲线。然后在同样操作条件下，进入同样体积的样品，从色谱图上测出被测组分的面积，由标准曲线查出被测组分的浓度。

外标法的特点是不使用校正因子，准确性较高；操作条件的变化对结果准确性影响较大；对进样量的准确性控制要求较高，适用于大批量试样的快速分析。

(3) 内标法　当只要求测定试样中某几个组分或者试样中所有组分不能全部出峰时，可用此法。以一定量的纯物质作内标物，加入准确称取的试样中，根据内标物和被测组分的峰面积来计算被测组分的含量。准确称取一定量的试样 W，加入一定量内标物 m_s，测定组分 i 和内标物的峰面积 A_i 和 A_s。内标法的校准曲线（图 12-8）是用 A_i/A_s 对 x_i 作图，通过原点的直线可表示为：

$$x_i(\%)=K_i\frac{A_i}{A_s}\times100\% \tag{12-22}$$

式中，K_i 为相应于组分 i 的比例常数，它与校正因子的关系是：

$$K_i=\frac{f_i'}{f_s'}\times\frac{m_s}{m_i}=f_i\frac{m_s}{m_i} \tag{12-23}$$

试样 W 中物质的百分含量：

$$c_i(\%)=\frac{m_i}{W}\times100\%=\frac{m_i\dfrac{f'_iA_i}{f'_sA_s}}{W}\times100\%=\frac{m_i}{W}\times\frac{f'_iA_i}{f'_sA_s}\times100\% \tag{12-24}$$

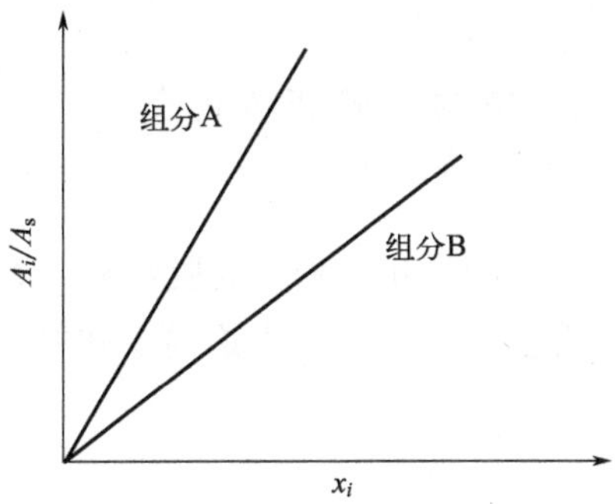

图 12-8　内标法校准曲线

对内标物的要求是：试样中不含有该物质；与试样中各组分的色谱峰能完全分离；与被测组分性质比较接近；不与试样发生化学反应；出峰位置应位于被测组分附近，且无组分峰影响。

内标法与外标法的比较与选择：

① 内标法以一定量的纯物质作内标物，加入准确称量的试样中，根据被测试样和内标物的质量比及其相应的色谱峰面积之比，来计算被测组分的含量。

② 内标法的优点是测定的结果较为准确，在一定程度上消除了操作条件等变化引起的误差。

③ 内标法的缺点是操作程序较为麻烦，每次分析时内标物和试样都要准确称量，有时寻找合适的内标物也有困难。

④ 外标法简便，但进样量要求十分准确，要严格控制在与标准物相同的操作条件下，否则造成分析误差，得不到准确的测量结果。

⑤ 内标法和外标法都是定量的一种方法，各有优缺点。

⑥ 用外标法能够满足要求，首选外标法。对精密度要求比较高，对结果准确度要求高时选择内标法是必要的。

为了更好地选择定量分析方法，表 12-4 列出几种定量分析方法的比较。

表 12-4　定量分析方法比较

定量方法	计算式	优缺点
外标法	$x_1=E_1\times\frac{A_1}{A_s}$	不用校正因子；严格控制操作条件；试样、标样的进样量需相等
内标法	$x_i=\frac{m_sA_if_i}{mA_sf_s}\times100\%$	操作条件、进样量不要求严格控制；m、m_s 需称量确定；寻求内标物要经过试验
归一化法	$x_i=\frac{A_if_i}{\sum(f_iA_i)}\times100\%$	操作条件、进样量不要求严格控制；必须保证试样中各个组分全部出峰

注：E_1 表示组分 1 在标准样品中的质量分数；A_1 表示试样组分 1 的峰面积；A_s 表示标样中组分 1 的峰面积。

第四节　气相色谱法在环境分析中的应用

一、气相色谱法测定水质中的亚硝胺类化合物

1. 方法原理

用二氯甲烷萃取样品中的亚硝胺类化合物，经脱水和浓缩，再用弗罗里硅土柱或碱性氧化铝柱净化后定容。用毛细管柱分离，用氢火焰离子化检测器（FID）测定。以保留时间定性，以外标法定量。

2. 试剂和材料

分析时均使用符合国家标准的分析纯化学试剂。

实验用水为新制备的去离子水或蒸馏水。

二氯甲烷（CH_2Cl_2），农残级。

甲醇（CH_3OH），农残级。

丙酮（C_3H_6O），农残级。

戊烷（C_5H_{12}），农残级。

乙醚［$(C_2H_5)_2O$］，农残级。

硫代硫酸钠（$Na_2S_2O_3$），优级纯。

无水硫酸钠（Na_2SO_4），优级纯。使用前，应在马弗炉中于450℃下灼烧4h，冷却后装入磨口玻璃瓶中密封，置于干燥器中保存。

氯化钠（NaCl），优级纯。使用前，应在马弗炉中于350℃下灼烧4h，冷却后装入磨口玻璃瓶中密封，置于干燥器中保存。

硫酸：$\rho(H_2SO_4)=1.84$g/mL，优级纯。

硫酸溶液：1＋4（体积比）。

氢氧化钠（NaOH），优级纯。

氢氧化钠溶液：$C(NaOH)=2$mol/L。

弗罗里硅土（Florisil），60～100目。在马弗炉中于650℃下灼烧5h，冷却后贮存于具玻璃塞或内衬铝箔螺旋盖的棕色玻璃容器内。使用前，取适量灼烧后的弗罗里硅土，在内衬铝箔螺旋盖的玻璃容器中于130℃下活化16h，加入2mL水，振摇充分混合10min，静置至少2h后使用。

碱性氧化铝（Alumina），100～200目。称取100.0g氧化铝于500mL具玻璃塞或内衬铝箔螺旋盖的棕色玻璃容器中，加入2mL水，振摇充分混合10min，静置至少2h后使用。

混合标准贮备液：$\rho=2000$mg/L。分别称取0.200g（精确至0.0001g）N-亚硝基二甲胺、N-亚硝基二乙胺、N-亚硝基二正丙胺和N-亚硝基二苯胺，溶于适量二氯甲烷中，全量转入10mL容量瓶中，用二氯甲烷定容至标线，混匀，于4℃以下冷藏、避光和密封可保存6个月。亦可直接购买市售有证标准溶液。

混合标准使用液：$\rho=200$mg/L。准确移取1.00mL混合标准贮备液于10mL容量瓶中，用二氯甲烷定容至标线，混匀，于4℃以下冷藏、避光和密封可保存2个月。

玻璃棉：市售经过硅烷化处理的玻璃棉。

氮气：纯度≥99.999%。

氢气：纯度≥99.99%。

助燃气：无油压缩空气，经5Å分子筛净化。

3. 仪器和设备

气相色谱仪，氢火焰离子化检测器（FID），具分流/不分流进样口，柱箱可程序升温。色谱柱Ⅰ，石英毛细管色谱柱，柱长30m×内径0.25mm，膜厚0.25μm，固定相为5%二苯基-95%二甲基聚硅氧烷，或其他等效色谱柱。色谱柱Ⅱ，石英毛细管色谱柱，柱长30m×内径0.25mm，膜厚0.25μm，固定相为35%二苯基-65%二甲基聚硅氧烷，或其他等效色谱柱。

浓缩装置：旋转蒸发仪（或具有相同功能的浓缩装置）和氮吹浓缩仪。色谱柱Ⅲ，约长400m×内径22mm，用于弗罗里硅土柱净化法。色谱柱Ⅳ，约长300m×内径10mm，用于碱性氧化铝柱净化法。

分液漏斗，500mL，具聚四氟乙烯塞。

4. 样品

（1）样品的采集和保存　用硬质磨口玻璃瓶或具聚四氟乙烯材质盖垫的螺纹口玻璃瓶采集样品，样品应充满样品瓶并加盖密封，于4℃以下冷藏、避光保存和运输。采样后应在7d内对样品进行萃取，萃取后若不能及时测定，应于4℃以下冷藏、避光和密封保存，30d内完成分析测定。

（2）试样的制备

1）萃取　量取250mL样品于500mL分液漏斗中，用硫酸溶液或氢氧化钠溶液调节样品的pH值为6～9，加入50mL二氯甲烷，振荡萃取2min，静置10min，两相分层，收集有机相，重复萃取2～3次。合并有机相于锥形瓶中，加入无水硫酸钠脱水干燥。

2）浓缩　不需净化的样品，使用浓缩装置将萃取液浓缩至1mL，待测。需要净化的样品，使用浓缩装置将萃取液浓缩至5mL，待净化。

3）净化　对于成分复杂的地表水、工业废水和生活污水，萃取后使用弗罗里硅土柱或碱性氧化铝柱进行净化。

①弗罗里硅土柱净化　在层析柱Ⅲ底部放入约0.5cm厚的玻璃棉，再放入22.0g已活化的弗罗里硅土，轻敲柱子使其内容物向下沉实，在弗罗里硅土层上端加入约0.5cm厚的无水硫酸钠。用40mL乙醚/戊烷淋洗柱子，弃去淋洗液，当无水硫酸钠层恰好暴露于空气之前，加入浓缩后的5mL萃取液。用90mL乙醚/戊烷进行第一次洗脱，然后用100mL丙酮/乙醚进行第二次洗脱，收集合并两次洗脱液。使用浓缩装置将收集的洗脱液浓缩至1.0mL，待测。

②碱性氧化铝柱净化　在层析柱Ⅳ底部放入约0.5cm厚的玻璃棉，再放入12.0g准备好的碱性氧化铝，轻敲柱子使其内容物向下沉实，在碱性氧化铝层上端加入约1cm厚的无水硫酸钠。用10mL乙醚/戊烷淋洗柱子，弃去淋洗液，当无水硫酸钠层恰好暴露于空气之前，加入浓缩后的5mL萃取液。用10mL乙醚/戊烷进行第一次洗脱，然后用60mL乙醚/戊烷进行第二次洗脱，收集合并两次洗脱液。使用浓缩装置将收集的洗脱液浓缩至1.0mL，待测。

4）空白试样的制备　量取250mL同批次实验用水代替样品，按照与试样制备相同的步骤制备空白试样。

5. 分析步骤

（1）仪器参考条件　不同型号气相色谱仪的最佳工作条件不同，应按照仪器说明书进行操作。本方法给出的仪器参考条件如下：

① 进样口温度：250℃。

② 进样方式：分流进样，分流比为5∶1。

③ 柱箱温度：初始温度50℃，保持2.5min，以30℃/min的速率升至220℃，保持4min。

④ 柱流量：氮气1.2mL/min。

⑤ 进样体积：1.0μL。

⑥ 检测器温度：300℃。

⑦ 燃气：氢气，流量30mL/min。

⑧ 助燃气：空气，流量400mL/min。

（2）校准曲线的绘制　取6个5mL的容量瓶，分别加入适量二氯甲烷，分别加入25.0μL、50.0μL、100.0μL、150.0μL、200.0μL、250.0μL混合标准使用液，用二氯甲烷定容，摇匀，配制成4种亚硝胺类化合物质量浓度分别为1.00mg/L、2.00mg/L、4.00mg/L、6.00mg/L、8.00mg/L和10.0mg/L的混合标准系列。按照仪器参考条件，由低浓度到高浓度依次进行测定。以亚硝胺类化合物的质量浓度（mg/L）为横坐标，以峰面积或峰高为纵坐标，绘制校准曲线。

（3）试样的测定　准确移取1.00μL制备好的试样，按照与绘制校准曲线相同的仪器参考条件和步骤进行测定。

（4）空白试验　准确移取1.00μL制备好的空白试样，按照与试样测定相同的仪器参考条件和步骤进行测定。

6. 结果计算

（1）定性分析　根据组分保留时间对目标化合物进行定性。在本方法参考的色谱条件下，4种亚硝胺类化合物的标准色谱图见图12-9。当存在干扰峰时可用色谱柱Ⅱ做辅助定性。

（2）定量分析　用外标标准曲线法，按照下列公式计算样品中目标化合物的质量浓度（μg/L）：

$$\rho_i=\frac{\rho_{x_i}V_1}{V}\times 10^3 \tag{12-25}$$

式中，ρ_i 为样品中目标化合物i的质量浓度，μg/L；ρ_{x_i} 为从校准曲线上查得的目标化合物i的浓度，mg/L；V_1 为萃取液浓缩定容体积或净化浓缩定容体积，mL；V为样品取样体积，mL。

二、气相色谱法测定空气中的非甲烷总烃

1. 定义

非甲烷总烃是指除甲烷以外的所有烃类化合物。

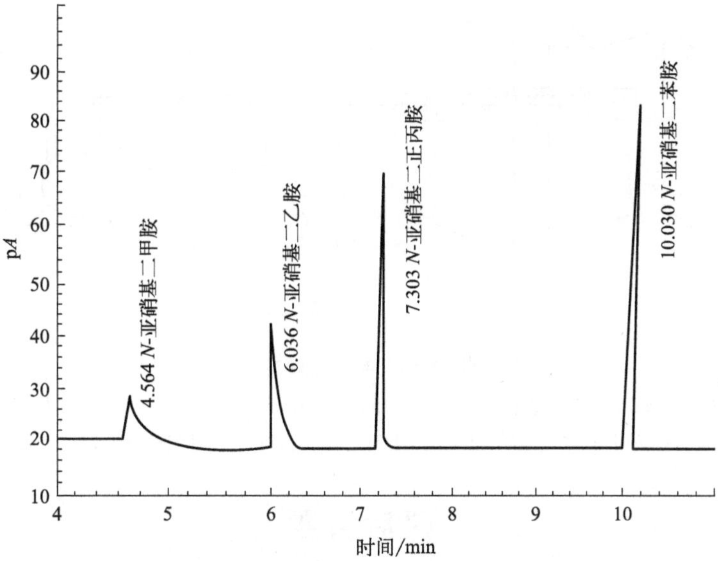

图 12-9　4 种亚硝胺类化合物的标准样品色谱图（色谱柱Ⅰ）

2. 试剂

氮气：纯度≥99.999%。

空气：纯度≥99.999%。

标气：CH_4、C_3H_8、N_2。

除烃空气：含烃总量（含氧峰）≤0.40mg/m^3（以甲烷计）；或在甲烷柱上测定，除氧峰外无其他峰。

3. 仪器和设备

仪器和设备：气相色谱仪（安捷伦 7890A）；高纯氢气发生器；进样器（吉伟 7032A-LB）；采气袋，容量 1L，特氟龙材质。

设备参数：

① 色谱柱：甲烷柱，2m×1/8 不锈钢柱，内填 GDX-502（60～80 目）；总烃柱，2m×1/8 不锈钢柱，内填硅烷化玻璃微珠（80～100 目）。

② 检测器：氢火焰离子化检测器；进样口温度 120℃；进样方式为自动。

③ 柱温 120℃；检测器温度 250℃。

④ N_2（载气）流量 37mL/min；H_2（燃烧气）流量 50mL/min；空气（助燃气）流量 400mL/min。

4. 样品

(1) 样品采集　按照图 12-10 连接采样装置。环境空气的采样容器经现场空气清洗至少 3 次后采样，固定污染源废气采样时需开启加热采样管电源，将采样管加热并保持在 120℃±5℃（有防爆安全要求的除外）。以气袋采集样品的，用真空气体采集箱将空气样品引入气袋，至最大体积的 80% 左右，立刻密封。

(2) 样品保存　样品常温避光保存，采样后尽快完成分析。气袋保存的样品，放置时间不超过 48h，如仅测定甲烷应在 7d 内完成。

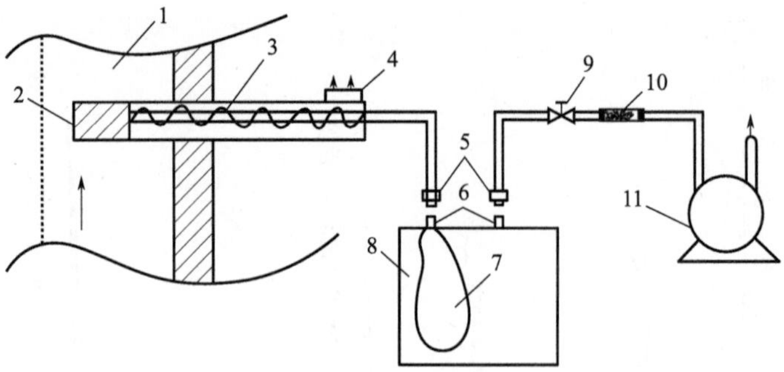

图 12-10 气袋采样系统

1—排气管道；2—玻璃棉过滤头；3—Teflon 连接管；4—加热套管；5—快速接头阳头；6—快速接头阴头；7—气袋；8—真空箱；9—阀门；10—活性炭过滤器；11—抽气泵

课后习题

一、选择题

1. 两组分能在气液色谱柱上分离的主要原因（　　）。

A. 在载气中的溶解度不同　　B. 在固定液中的溶解度不同

C. 相对校正因子不等　　D. 浓度不同

2. 在气液色谱系统中，被分离组分与固定液分子的类型越相似，它们之间（　　）。

A. 作用力越小，保留值越小　　B. 作用力越小，保留值越大

C. 作用力越大，保留值越小　　D. 作用力越大，保留值越大

3. 色谱柱升高的结果是（　　）。

A. 组分在固定液中的溶解度增大　　B. 两组分的相对保留值不变

C. 组分的保留体积减小　　D. 易形成前延峰

4. 提高热导检测器灵敏度的方法是（　　）。

A. 增大载气流速　　B. 升高检测器温度

C. 适当提高桥电流　　D. 升高气化室温度

5. 影响两组分相对保留值的因素是（　　）。

A. 载气流速　　B. 柱温和固定液性质

C. 柱长　　D. 检测器类型

6. 对某一组分来说，在一定柱长下，色谱峰的宽或窄主要取决于组分在色谱柱中的（　　）。

A. 保留值　　B. 扩散速度　　C. 分配系数比　　D. 理论塔板数

7. 使用热导检测器时，载气流速略有波动，为使定量更准确，应采用的定量参数是（　　）。

A. 峰面积　　B. 峰高　　C. 峰面积和峰高　　D. 保留时间

8. 在气相色谱中，填料为涂有角鲨烷的红色担体，载气为氮气，先流出色谱柱的组分是（　　）。

A. 甲烷　　B. 乙烷　　C. 丙烷　　D. 丁烷

9. 当载气线速较小，速率方程中的分子扩散项起主要作用时，为提高柱效可采用的载气是（　　）。

A. 氮气　　B. 氢气　　C. 二氧化碳　　D. 氦气

10. 在气相色谱中，对某一组分来说，在一定的柱长下，与组分的保留时间无关的是（　　）。

A. 保留比　　B. 分配系数　　C. 扩散速度　　D. 分配比

二、简答题

1. 试简述气相色谱分析的基本原理。
2. 请简述气相色谱仪的基本组成部分及各自的作用。
3. 试简述在实际分析中应如何选择流动相的流速。
4. 请简述在气相色谱中柱温对色谱分析的影响以及选择柱温的原则。
5. 何为分离度？应如何提高分离度？
6. 试简述色谱定性的依据以及主要的定性方法。
7. 试简述气相色谱法中常用的色谱定量方法及其各自的优缺点和使用范围。

第十三章

高效液相色谱法

高效液相色谱法（HPLC）是20世纪60年代末至70年代初发展起来的一种高压、高速、高效、高灵敏度、高自动化的分离分析技术，随着不断改进与发展，目前它已成为应用极为广泛的化学分离分析的重要手段。HPLC是在经典液相色谱基础上，引入了气相色谱的理论，在技术上采用了高压泵、高效固定相和高灵敏度检测器，具有以下优点：

① 速度快，通常分析一个样品需15～30min，有些样品甚至在5min内即可完成；

② 分辨率高，可选择固定相和流动相以达到最佳分离效果；

③ 灵敏度高，紫外检测器可达0.01ng，荧光和电化学检测器可达0.1pg；

④ 柱子可反复使用，用一根色谱柱可分离不同的化合物；

⑤ 样品量少，容易回收，且样品经过色谱柱后不被破坏，可以收集单一组分。

高效液相色谱的高压、高速、高效和高灵敏度体现在：

① 高压：HPLC配备了高压输液设备，流动相和进样压力一般可高达30MPa，甚至可高达50MPa以上。

② 高速：由于流动相流动速度较快，流速最高可达10mL/min，一般样品的分析可在1h内完成。

③ 高效：HPLC应用了颗粒极细（直径几微米至几十微米）、规则、均匀的固定相，传质阻力小，分离效率高。

④ 高灵敏度：配备高灵敏度检测器，使其分析灵敏度比经典色谱有较大提高。

与气相色谱法相比，高效液相色谱法有以下相同点和不同点：

（1）相同点

① 气相色谱的理论基本上适用于HPLC，如塔板理论、保留值、分配系数、分配比、速率理论等均可应用于液相色谱；

② 定性、定量分析方法完全一样，高效液相色谱法也是根据保留值定性，根据峰高和峰面积定量；

③ 可与其他仪器联用，用以研究复杂的混合物。

（2）不同点

① 气相色谱法只限于分析气体或沸点较低的化合物，它们仅占有机物总数的20%。对于占有机物总数近80%的沸点高、热稳定性差、摩尔质量大的物质，均可用HPLC进行分析。

② 气相色谱采用的流动相是惰性气体，它对组分没有亲和力，即不产生作用力，仅起到载气作用。而HPLC的流动相可选用不同极性的液体，对组分产生作用力，流动相对分离起很大作用。

③ 气相色谱的固定相多是一般固体吸附剂和以硅藻土为担体的高沸点有机液体，成本较低。HPLC 的固定相大都是新型吸附剂，化学键合固定相，粒度小，成本较高，样品容量也较高。

④ 气相色谱一般都是在高温下进行，HPLC 则经常在室温条件下操作。

⑤ 仪器原理及结构也有所差别，高效液相色谱仪具有高压输液泵，检测器的原理和结构与气相色谱也不同，检测器结构更复杂，灵敏度更低。

⑥ 由于流动相性质的差别（气体和液体），液相色谱的速率理论使用的参数与气相色谱不完全相同。

第一节　高效液相色谱法的分类及原理

根据分离机制的不同，高效液相色谱法可分为液液分配色谱法、液固吸附色谱法、化学键合相色谱法、离子交换色谱法、尺寸排阻色谱法和亲和色谱法等几种类型。

一、液液分配色谱法

在液液分配色谱法中，流动相和固定相均为液体，作为固定相的液体是涂在很细的惰性载体上。固定相和流动相互不相溶。它的分离原理是根据各组分在固定相与流动相中的相对溶解度的差异进行分离。不同物质在两种互不相溶的液体中的溶解度不同，具有不同的分配系数。样品溶于流动相，并在其携带下通过色谱柱，样品组分分子穿过两相界面进入固定液中，进而很快达到分配平衡（图 13-1）。由于各组分在两相中的溶解度、分配系数不同，各组分获得分离，分配系数大的组分保留值大，最后流出色谱柱。

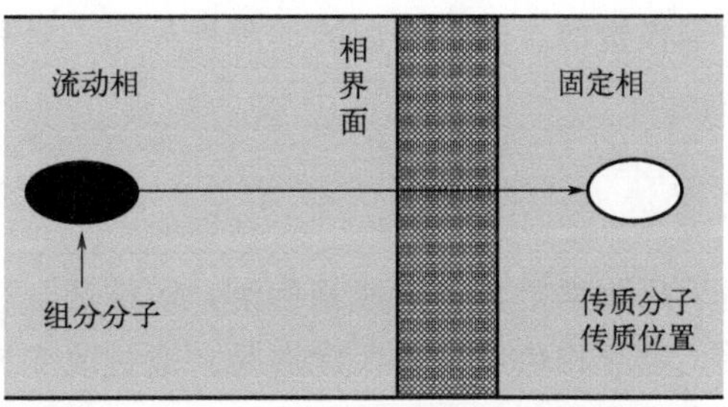

图 13-1　液液分配色谱分离模型

根据所用固定液与流动相液体极性的差异，液液分配色谱可分为正相色谱和反相色谱。在正相色谱中，固定相的极性大于流动相的极性，对于亲水性的固定液，采用疏水性流动相，组分在柱内的洗脱顺序按极性从小到大流出，极性小的组分先流出色谱柱。在反相色谱中，固定相的极性小于流动相的极性，对于疏水性固定液，采用亲水性流动相，组分的洗脱顺序和正相色谱相反，极性大的组分先流出。液液分配色谱法适用于各种类型样品的分离和分析，如极性和非极性的、水溶性和油溶性的、离子型和非离子型的化合物。

二、液固吸附色谱法

液固吸附色谱法，固定相是吸附剂，流动相是以非极性烃类为主的溶剂。是根据组分在固定相吸附剂上的吸附与解吸，根据物质在固定相上的吸附作用不同来进行分离。当混合物在流动相携带下流经固定相时，固定相表面对组分分子和流动相分子的吸附能力不同，有的被吸附，有的被脱附，产生一个竞争吸附，这样导致各组分在固定相上的保留值不同从而实现最终分离。液固吸附色谱竞争吸附可用图 13-2 表示。

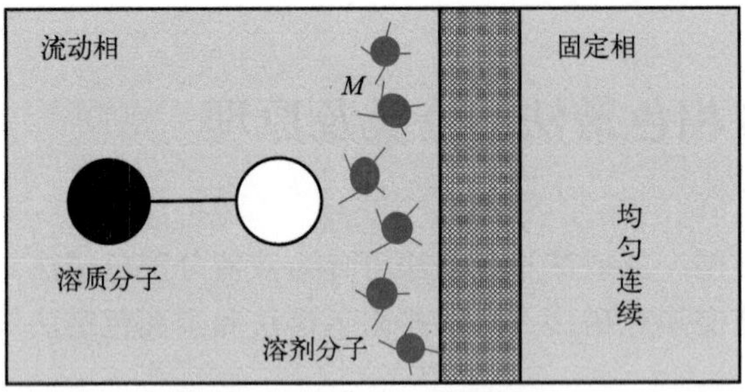

图 13-2　液固吸附色谱竞争吸附

组分与吸附剂性质相近时，易被吸附，具有高保留值。吸附剂表面具有刚性结构，组分分子构型与吸附剂表面活性中心的刚性几何结构相适应，易于吸附，有高的保留值。在吸附色谱中如果采用极性吸附剂，则极性分子对吸附剂作用能力较强。由此可知，固定相中对组分起吸附作用的主要是官能团。官能团差别大的组分，在液固吸附色谱上可得到良好的选择性分离，液固吸附色谱对同系物的选择性分离能力弱。液固色谱法具有传质快、分离速度快、分离效率高、易自动化等优点，适用于分离分子量中等（＜1000）、挥发性小的化合物和非极性或中等极性的、非离子型的油溶性样品，对具有不同官能团的化合物和异构体有较高的选择性。

三、化学键合相色谱法

化学键合相色谱法是采用化学键合相的液相色谱，简称键合相色谱法，分为反相键合相色谱和正相键合相色谱。键合相色谱的最大优点是：通过改变流动相的组成和种类，可有效地分离各种类型的化合物（非极性、极性和离子型）。此外，由于键合载体上的基团不易流失，特别适用于梯度淋洗。此法的主要缺点是不能用于酸、碱度过大或存在氧化剂的缓冲溶液作流动相的体系。化学键合相色谱法可分为以下 3 种。

1. 反相键合相色谱法

反相键合相色谱法是指固定相极性小于流动相极性的液相色谱法，此法的固定相采用极性较小的键合固定相，如硅胶-$C_{18}H_{37}$、硅胶-苯基等；流动相采用极性较强的溶剂，如甲醇-水、乙腈-水、水和无机盐的缓冲溶液等。它的分离原理是根据物质在两相间溶解能力的不同进行分离。可用疏溶剂作用理论解释，具体为：把非极性烷基键合相看作一层键合在硅胶表面上的十八烷基的“分子毛”，这种“分子毛”有较强的疏水特性。当用极性溶剂作为流动相来分离含有极性官能团的有机化合物时，一方面，分子中的非极性部分与固定相表面上的疏水烷基产生缔合作用，使它保留在固定相中；而另一方面，被分离物的极性部分受到极性流动相的作用，促使它离开固定相，并减小其保留作用（图 13-3）。显然，两种作用力之差决定了被测分子在色谱中的保留行为。

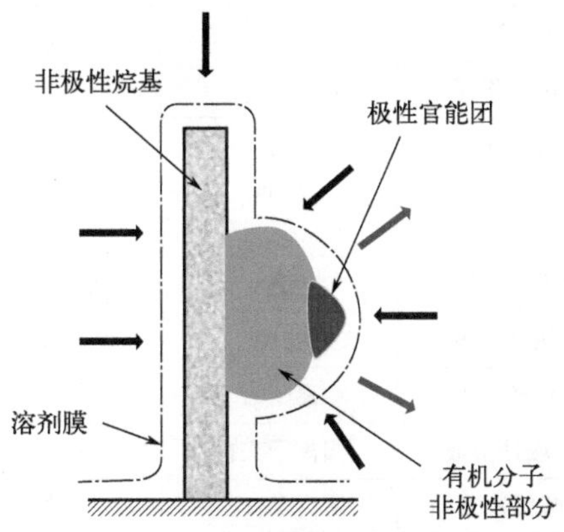

图 13-3　有机分子在烷基键合相上的分离机制

在高效液相色谱领域中，反相键合相色谱法也称为反相高效液相色谱法，它已成为通用型液相色谱的方法，被广泛用于极性、非极性和离子型化合物的分离中。据统计，在高效液相色谱的工作中，约有 85% 以上是在反相高效液相色谱法中进行的，它多用于分离多环芳烃等低极性化合物。若采用含一定比例的甲醇或乙腈的水溶液作流动相，也可用于分离极性化合物；若采用水和无机盐的缓冲液作流动相，则可分离一些易离解的样品，如有机酸、有机碱、酚类等。反相键合相色谱法具有柱效高，能获得无拖尾色谱峰的优点。

2. 正相键合相色谱法

正相键合相色谱法是指固定相极性大于流动相极性的液相色谱法，此法是以极性的有机基团，如—CN、—NH_2、双羟基等键合在硅胶表面作为固定相，而以非极性或极性小的溶剂（如烃类）中加入适量的极性溶剂（如氯仿、醇、乙腈等）作为流动相，分离极性化合物。此时，组分的分配比随其极性的增加而增大，但随流动相极性的增加而降低。这种色谱方法主要用于分离异构体、极性不同的化合物，特别适用于分离不同类型的化合物。

3. 离子型键合相色谱法

当以薄壳型或全多孔微粒型硅胶为基质，化学键合各种交换基团，如—SO_3H、—CH_2NH_2、—COOH、—$CH_2N(CH_3)_3Cl$ 等时，就形成了离子型键合相色谱法的固定相。流动相一般采用缓冲溶液，其分离原理与离子交换色谱类同。

表 13-1 列出了多种类型的化学键合相色谱法。

表 13-1　化学键合相色谱法的多种类型

样品种类	键合基团	流动相	色谱类型	实例
低极性，溶解于烃类	—C_{14}	甲醇・水	反相	多环芳烃
		乙腈・水		甘油三酯，类酯，脂溶性维生素
		乙腈-四氢呋喃		甾族化合物，氢醌

续表

样品种类	键合基团	流动相	色谱类型	实例
中等极性，可溶于醇	—CN	乙腈，正己烷	正相	脂溶性维生素，甾族，芳香醇，胺类止痛药
		氯仿		
	$—NH_2$	正己烷		芳香胺，酯，氯化农药，苯二甲酸
		异丙醇		
高极性，可溶于水	$—C_{18}$ $—C_8$ —CN	甲醇，水	反相	甾族，可溶于醇的天然产物，维生素，芳香酸，黄嘌呤
		乙腈		
	$—C_8$ —CN $—C_{18}$ $—SO_3^{2-}$ $—NR_3^+$	甲醇，乙腈	反相	水溶性维生素，胺，芳醇，抗微生物类药，止痛药
		水，缓冲溶液	反相	
		水，甲醇，乙腈	离子对	酸，磺酸类染料，儿茶酚胺
		水和缓冲溶液	阳离子交换	无机阳离子，氨基酸
		磷酸缓冲液	阴离子交换	核苷酸，糖，无机阴离子，有机酸

四、离子交换色谱法

离子交换色谱法是利用被分离组分对离子交换剂离子交换能力（或选择性系数）的差别实现分离的色谱分析方法，主要用于离子型化合物的分离分析。凡在溶液中能够电离的物质，通常都可用离子交换色谱法进行分离。它不仅适用于无机离子混合物的分离，亦可用于有机物的分离，例如氨基酸、核酸、蛋白质等生物大分子。

离子交换色谱法的固定相采用离子交换树脂，分离阳离子采用阳离子交换树脂，分离阴离子采用阴离子交换树脂。树脂上分布有固定的带电荷基团和游离的平衡离子，当被分析物质电离后，产生的离子可与树脂上可游离的平衡离子进行可逆交换。阳离子交换树脂作固定相，采用碱性水溶液作流动相；阴离子交换树脂作固定相，采用酸性水溶液作流动相。组分在固定相上发生反复的离子交换反应；组分与离子交换剂之间亲和力的大小与离子半径、电荷、存在形式等有关。亲和力大，保留时间长。其交换反应式如下：

阳离子交换：

$$R—SO_3^- H^+ + M^+ \rightleftharpoons R—SO_3^- M^+ + H^+ \tag{13-1}$$

阴离子交换：

$$R—NR_3^+ Cl^- + X^- \rightleftharpoons R—NR_3^+ X^- + Cl^- \tag{13-2}$$

一般形式：

$$R—A + B \rightleftharpoons R—B + A$$

对于典型的磺酸型阳离子交换树脂，一价离子的 $K_{B/A}$ 有以下顺序：

$$Cs^+ > Rb^+ > K^+ > NH_4^+ > Na^+ > H^+ > Li^+ \tag{13-3}$$

二价离子的顺序为：

$$Ba^{2+} > Pb^{2+} > Sr^{2+} > Ca^{2+} > Cd^{2+} > Cu^{2+}, Zn^{2+} > Mg^{2+} \tag{13-4}$$

$K_{B/A}$ 为离子交换反应的选择性系数，表示试样离子 B 对 A 型树脂亲和力的大小，$K_{B/A}$ 越大，说明 B 离子的交换能力越大，越易保留而难以洗脱。一般来说，B 离子电荷越大，水合离子半径越小，$K_{B/A}$ 就越大。

对于季铵型强碱性阴离子交换树脂，各阴离子的选择性顺序为：

$$ClO_4^- > I^- > HSO_4^- > SCN^- > NO_3^- > Br^- > NO_2^- > CN^- > Cl^- > BrO_3^- > OH^- >$$
$$HCO_3^- > H_2PO_4^- > IO_3^- > CH_3COO^- > F^- \tag{13-5}$$

五、离子色谱法

离子色谱法是由离子交换色谱法派生出来的一种分离方法。离子交换色谱法在无机离子的分析和应用中受到限制，例如，对于那些不能采用紫外检测器的被测离子，如果采用电导检测器，因被测离子的电导信号被强电解质流动相的高背景电导信号淹没而无法检测。为了解决这一问题，1975 年 Small 等提出一种能同时测定多种无机和有机离子的新技术。他们在离子交换分离柱后加一根抑制柱，抑制柱中装填与分离柱电荷相反的离子交换树脂。通过分离柱后的样品再经过抑制柱，使具有高背景电导的流动相转变成低背景电导的流动相，从而用电导检测器可直接检测各种离子的含量。这种色谱技术称为离子色谱法。若样品为阳离子，用无机酸作流动相，抑制柱为高容量的强碱性阴离子交换剂。当试样经阳离子交换剂分离柱后，随流动相进入抑制柱，在抑制柱中发生两个重要反应：

$$R^+{-}OH + H^+Cl^- \longrightarrow R^+{-}Cl^- + H_2O \tag{13-6}$$

$$R^+{-}OH^- + M^+Cl^- \longrightarrow M^+OH^- + R^+{-}Cl^- \tag{13-7}$$

由以上反应式可见：经抑制柱后，大量酸转变为电导很小的水，消除了流动相本底电导的影响。同时，样品阳离子 M^+ 转变成相应的碱。由于 OH^- 的淌度为 Cl^- 的 2.6 倍，提高了所测阳离子电导的检测灵敏度。对于阴离子样品，也有相似的作用机理。在分离柱后加一个抑制柱的离子色谱被称为抑制型离子色谱或双柱离子色谱。由于抑制柱要定期再生，而且谱带在通过抑制柱后会加宽，降低了分离度。

六、离子对色谱法

离子对色谱法是分离分析强极性有机酸和有机碱的极好方法。它是离子对萃取技术与色谱法相结合的产物。在 20 世纪 70 年代中期，Schill 等首先提出离子对色谱法，后来，这种方法得到十分迅速的发展。离子对色谱法是将一种（或数种）与溶质离子的电荷相反的离子（称作对离子或反离子）加入流动相或固定相中，使其与溶质离子结合形成离子对，从而控制溶质离子保留行为的一种色谱法。关于离子对色谱法的机理，已提出离子对形成机理、离子交换机理、离子相互作用机理三种机理。

现以离子对形成机理说明：假如有一离子对色谱体系，其固定相为非极性键合相，流动相为水溶液，并在其中加入一种电荷与组分离子 A^- 相反的离子 B^+，B^+ 由于静电引力与带负电的 A^- 组分离子生成离子对化合物 A^-B^+。离子对生成反应式如下：

$$A^-_{水相} + B^+_{水相} \xrightleftharpoons{K_{AB}} A^-B^+_{有机相} \tag{13-8}$$

式中，K_{AB} 为平衡常数。

由于离子对化合物 A^-B^+ 具有疏水性，因而被非极性固定相（有机相）提取。由于组分离子的性质不同、反离子形成离子对的能力不同以及形成离子对疏水性质的不同，各组分离子在固定相中滞留时间不同，因而出峰时间不同。这就是离子对色谱法分离的基本原理。

七、尺寸排阻色谱法

尺寸排阻色谱法（SEC）又称凝胶色谱法，主要用于较大分子的分离。它是基于试样分子的尺寸和形状不同来实现分离的（图 13-4）。按分子大小分离，小分子可以扩散到凝胶空隙，由其中通过，出峰最慢；中等分子只能通过部分凝胶空隙，中速通过；而大分子被排斥在外，出峰最快；溶剂分子小，故在最后出峰。它可对分子量在 $7\times10^2\sim1.5\times10^8$ 范围内的化合物按质量分离。

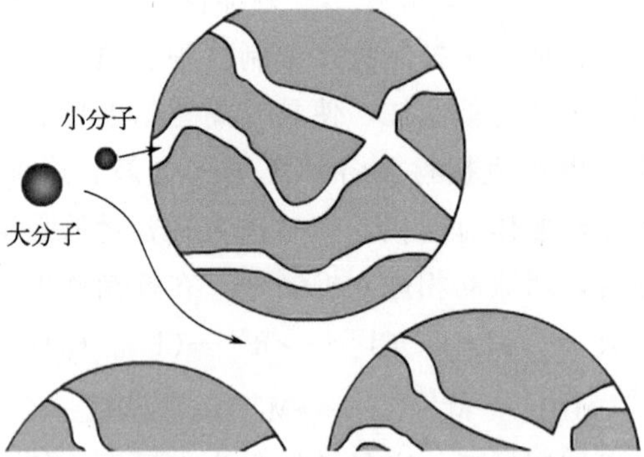

图 13-4　尺寸排阻色谱凝胶球

在尺寸排阻色谱分离中，试样分子量与洗脱体积的关系如图 13-5 所示。图 13-5(a) 表示洗脱体积和聚合物分子大小之间的关系，图 13-5(b) 为各有关聚合物的洗脱曲线。图 13-5(a) 中 A 点表示：比 A 点相应的分子量大的分子，均被排斥在所有的凝胶孔穴之外，称为排斥极限点。这些物质将以一个单一的谱带 C 出现，在保留体积 V_0 时一起被洗脱。很明显，V_0 表示柱中凝胶颗粒之间的体积。另外，凝胶还有一个全渗透极限点 B，凡比 B 点相应的分子量小的分子都可以完全渗入凝胶孔穴中。当然，这些化合物也将以一个单一的谱带 F 出现，以保留体积 V_1 被洗脱。对于分子量介于上述两个极限点之间的化合物，它们将根据分子尺寸大小，部分进入孔穴，部分被排斥在孔穴外，进行选择渗透。这样，试样物质将按分子量降低的次序被洗脱。

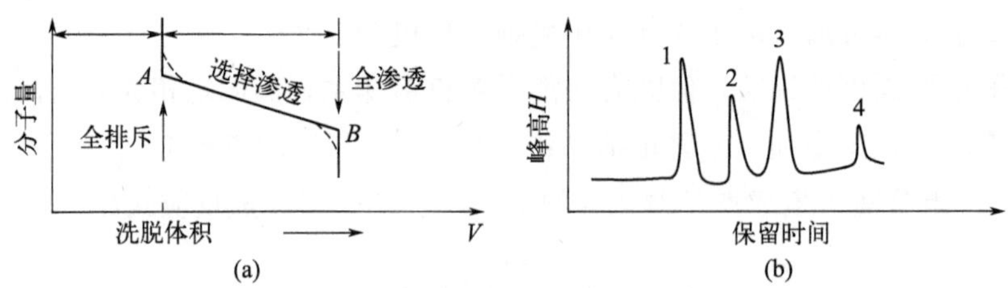

图 13-5　尺寸排阻色谱分离过程图

SEC 被广泛应用于大分子的分级，即用来分析大分子物质分子量的分布。它的特点是：

① 保留时间是分子尺寸的函数，有可能提供某些分子结构信息；

② 保留时间短，谱峰窄，易检测，可采用灵敏度较低的检测器；

③ 固定相与分子间作用力极小，趋于零，且由于柱子不能很强地保留分子，柱寿命长；

④ 不能分辨分子大小相近的化合物，分子量差别必须大于 10% 才能实现分离。

八、亲和色谱法

亲和色谱法是利用生物大分子和固定相表面存在某种特异性亲和力，进行选择性分离的一种方法。它通常是先在载体表面键合上一种具有一般反应性能的所谓间隔臂（环氧、联胺等），再连接上配基（酶、抗原等），这种固载化的配基将只能和具有亲和力特性的生物大分子作用而被保留，没有这种作用的分子不被保留。图 13-6 为亲和色谱法的原理示意图。

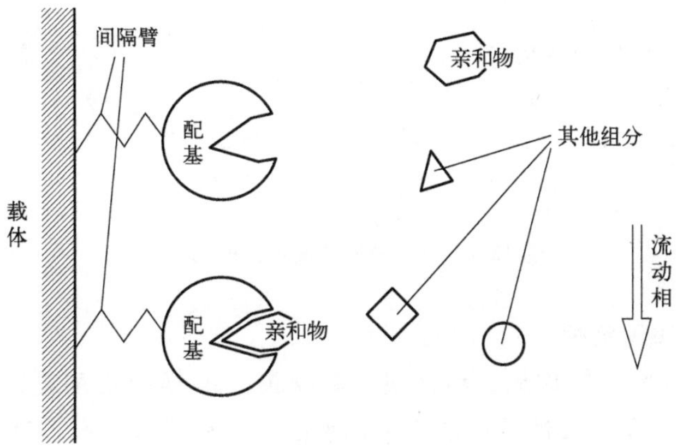

图 13-6　亲和色谱法示意图

生物中许多大分子化合物具有这种亲和特性，例如酶与底物、抗原与抗体、激素和受体，RNA 与互补的 DNA 等。当含有亲和物的复杂混合试样随流动相经过固定相时，亲和物与配基先结合，而与其他组分分离。此时，其他组分先流出色谱柱；然后通过改变流动相的 pH 和组成，以降低亲和物与配基的结合力，将保留在柱上的大分子以纯品形态洗脱下来。亲和色谱也可以认为是一种选择性过滤，它的选择性强，纯化效率高，往往可以一步获得纯品，是当前解决生物大分子分离和分析难题的重要手段。

第二节　高效液相色谱固定相和流动相

一、高效液相色谱固定相

高效液相色谱法对固定相的要求一般有：固体固定相的颗粒应尽量小、均匀、紧密，柱压适中；固定液要求热稳定性好，化学稳定性高，选择性好，黏度和凝固点低，液膜厚度小，以降低传质阻力；为保证色谱渗透性好，防止高压下颗粒变形或粉碎，填充剂机械稳定性要好；载体具有足够的表面积，寿命长，热稳定性好，不与样品起化学反应，具有一定的机械强度。

1. 液液分配色谱固定相

由于液液色谱中流动相参与选择竞争，因此对固定相的选择较简单。只需使用几种极性不同的固定液即可解决分离问题。常用的极性固定液有强极性的 β,β-氧二丙腈，中等极性的聚乙二醇，非极性的角鲨烷（图 13-7，书后另见彩图）。

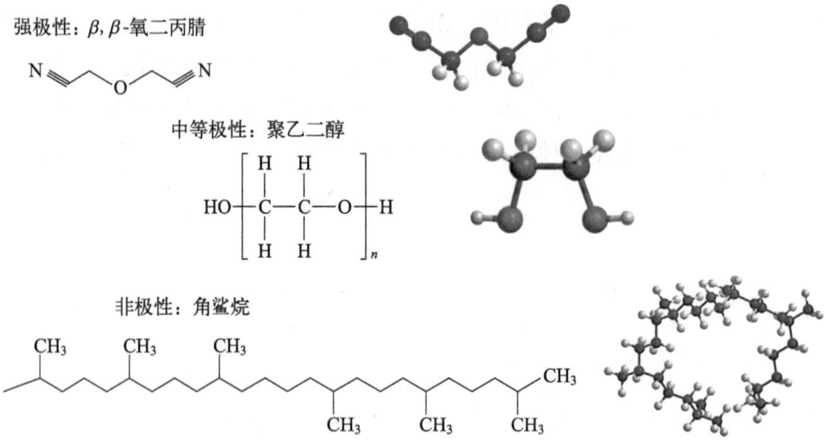

图 13-7　常用液液分配色谱的固定相

2. 液固吸附色谱固定相

固体吸附剂如硅胶、氧化铝、活性炭、聚酰胺、硅-镁吸附剂等，较常使用的是 5～10μm 的硅胶吸附剂。在高效液相色谱法中，表面多孔型或全多孔型硅胶吸附剂都可作吸附色谱中的固定相，它们具有填料均匀、粒度小、孔穴浅等优点，能极大地提高柱效。但表面多孔型填料由于试样容量较小，目前最广泛使用的还是全多孔型微粒填料。具体类型如下：

（1）全多孔硅株　由有机硅水解制备得到的多孔小株体，是用油相成球、气相成球以及有机硅水解等方法制备。具有粒度大，易于装柱，表面积大，柱容量大，允许较大进样量，制作工艺简单，成本低等特点。缺点是装填密度小，孔径深，传质阻力大，因而柱效不够高。

（2）表面多孔硅株　它是用 100μm 以下的球形实心玻璃珠作基料，用有机高聚物作黏结剂，将纳米级的细硅胶或氧化铝粉黏在表面上，经高温烧结，形成一多孔薄层。又称薄壳型硅株，粒度比较大，易装柱，传质阻力小，柱效高，分离速度快。缺点是比表面积小，柱的负荷低。

（3）堆积硅株　它是将毫微米二氧化硅凝积成 5～10μm 的“堆积硅株”。这种硅株粒度很小，不存在大颗粒的深孔，传质快，具有高速、高效能。

3. 化学键合相色谱固定相

化学键合相色谱的固定相是利用化学反应的方法通过化学键把有机分子结合到担体表面。一般采用硅胶作为担体，键合的基团分为以下几种：

① 疏水基团　如不同链长的烷烃（C_8 和 C_{18}）和苯基等。

② 极性基团　如氨丙基、氰乙基、醚和醇等。

③ 离子交换基团　如作为离子交换基团的氨基、季铵盐，作为阳离子交换基团的磺酸等。

根据硅胶表面（具有 $\equiv$Si—OH 基团）的化学反应不同，键合固定相可分为以下3种：

① 硅酯型键合相（ $\equiv$Si—O—C$\equiv$ ）　硅球表面羟基（即硅醇基）具有一定的酸性，可与醇类发生酯化反应，生成硅酯型键合相，其反应为：

$$\equiv Si—OH + R—OH \longrightarrow \equiv Si—OR + H_2O \qquad (13\text{-}9)$$

特点：该固定相易水解，受热不稳定，适用于不含水或醇的流动相。

② $\equiv$Si—C 或 $\equiv$Si—N 共价键合固定相　利用格氏反应使硅球上硅与 R—基直接键合：

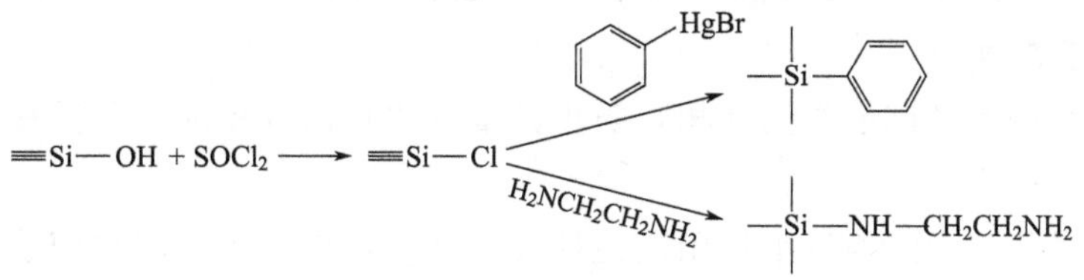

(13-10)

特点：该固定相热稳定性好，不易吸水，耐有机溶剂，使用水溶液时，必须限制 pH 值在 4～8 范围内。

③ 硅烷化（ $\equiv$Si—O—Si—C ）键合固定相　硅胶、玻璃微球与硅烷化试剂发生二氯有机硅烷反应：

$$\equiv Si—OH + ClSiR_3 \longrightarrow —\underset{|}{\overset{|}{Si}}—SiR_3 + HCl \qquad (13\text{-}11)$$

特点：热稳定性好，不易吸水，耐有机溶剂，能在 70℃ 以下，pH＝2～8 范围内正常工作，应用较广泛。

4. 离子交换色谱固定相

离子交换色谱的固定相为离子交换树脂，分为阳离子交换树脂和阴离子交换树脂。阳离子交换树脂是指树脂上具有与样品中阳离子交换的基团，按解离常数分为强酸性与弱酸性两种。强酸性阳离子交换树脂所带的基团为磺酸基（$—SO_3^- H^+$），能从强酸盐、弱酸盐以及强碱和弱碱中吸附阳离子。弱酸性阳离子交换树脂所带的基团为羧基（$—COO^- H^+$），仅能从强碱中交换阳离子。

阴离子交换树脂是指树脂上具有与样品中阴离子交换的基团，按其解离常数分为强碱性及弱碱性两种。强碱性阴离子交换树脂所带的基团为季铵盐型基团（$—CH_2NR_3^+ Cl^-$），能从强酸和弱酸或强碱盐和弱碱盐中交换阴离子。弱碱性阴离子交换树脂所带的基团为氨基（$—NH_3Cl^-$），仅能从强酸中交换阴离子。

5. 尺寸排阻色谱固定相

尺寸排阻色谱法所用的固定相为凝胶，是含有大量液体（一般是水）的柔软而富有弹性的物质，是一种经过交联而具有立体网状结构的多聚体，根据交联程度和含水量的不同，分为软胶、半硬胶及硬胶三种。表 13-2 列举了几种尺寸排阻色谱固定相。

表 13-2　尺寸排阻色谱固定相

类型	材料	型号	流动相
软性凝胶	葡聚糖	Sephadax	水
	聚苯乙烯	Bio-Bead-S	有机溶剂
半硬性凝胶	聚苯乙烯	Styragel	有机溶剂(丙酮和醇除外)
	交联聚乙烯醋酸酯	EMgel type OR	有机溶剂
硬性凝胶	玻璃珠	CPG-10	有机溶剂和水
	硅胶	Porasil	有机溶剂和水

二、液相色谱流动相

液相色谱的流动相又称为淋洗液和洗脱剂，也称载液。

1. 流动相基本要求

① 尽量使用高纯度试剂作流动相，防止微量杂质长期累积损坏色谱柱以及使检测器噪声增加。

② 避免流动相与固定相发生作用而使柱效下降或损坏柱子，不与固定相起化学反应以免固定相流失，不改变固体吸附剂的吸附活性，不与吸附剂起不可逆吸附。

③ 试样在流动相中应有适宜的溶解度，防止产生沉淀并在柱中沉积，能很好地溶解分析试样。

④ 流动相同时还应满足检测器的要求，当使用紫外检测器时，流动相不应有紫外吸收。

⑤ 溶剂黏度小，扩散系数大，以减小传质阻力。

2. 流动相的性质和类型

① 按流动相组成分为单组分和多组分。

② 按极性分为极性、弱极性、非极性。

③ 按使用方式分为固定组成淋洗和梯度淋洗。

常用流动相有已烷、四氯化碳、甲苯、乙酸乙酯、乙醇、乙腈、水。也可采用二元或多元组合溶剂作为流动相，可以灵活调节流动相的极性或增加选择性，以改进分离或调整出峰时间。

在选择溶剂时，溶剂的极性是选择的重要依据。采用正相液液分配分离技术时：首先选择中等极性溶剂，若组分的保留时间太短，降低溶剂极性，反之增加。也可在低极性溶剂中，逐渐增加其中的极性溶剂，使保留时间缩短。

常用溶剂的极性顺序：水（最大）＞甲酰胺＞乙腈＞甲醇＞乙醇＞丙醇＞丙酮＞二氧六环＞四氢呋喃＞甲乙酮＞正丁醇＞乙酸乙酯＞乙醚＞异丙醚＞二氯甲烷＞氯仿＞溴乙烷＞苯＞四氯化碳＞二硫化碳＞环已烷＞已烷＞煤油（最小）。

高效液相色谱中，为了提高柱效和分析速度，特别是缩短强保留化合物的保留时间，改善洗出峰形，常采用梯度淋洗技术。梯度淋洗，亦称为溶剂程序改变，就是在色谱分析过程中改变流动相的化学成分，从而改变流动相的极性或离子强度等。梯度淋洗包括内梯度（高压梯度装置）和外梯度（低压梯度）。内梯度是将两种溶剂分别用泵增加后，按电器部件设定的程序，用两台泵分别把两种极性不同的溶剂注入梯度混合室混合，再输至色谱柱。外梯度是溶剂在常温、常压下混合，用高压泵，通过比例调节阀，将两种或多种不同极性的溶剂按一定的比例抽入高压泵中混合。梯度淋洗的优点是：

① 缩短总的分析时间，可提高分析速度数十倍；

② 提高分离度；

③ 改善色谱峰形状，拖尾少；

④ 提高柱效，降低最低检出量；

⑤ 针对极性范围比较宽的样品。

梯度淋洗适合于极性范围较宽的混合样品。对溶剂组分变化产生响应的检测器，不适合采用梯度淋洗。在具体操作上，以一种溶剂为主，然后以一定流量和速度加入另一种溶剂，使流动相极性改变，淋洗能力逐渐增强。

第三节　高效液相色谱仪及其应用

高效液相色谱仪一般可分为高压输液系统、进样系统、分离系统和检测系统四个主要部分（图 13-8）。此外，还配有辅助装置，如梯度淋洗、自动进样及数据处理等装置。其工作过程如下；首先是高压输液泵将储液器中的流动相溶剂经过进样器带入色谱柱，然后从控制器的出口流出。当注入欲分离的样品时，流入进样器的流动相再将样品同时带入色谱柱进行分离，然后按先后顺序进入检测器，记录仪将检测器送出的信号记录下来，由此得到液相色谱图。

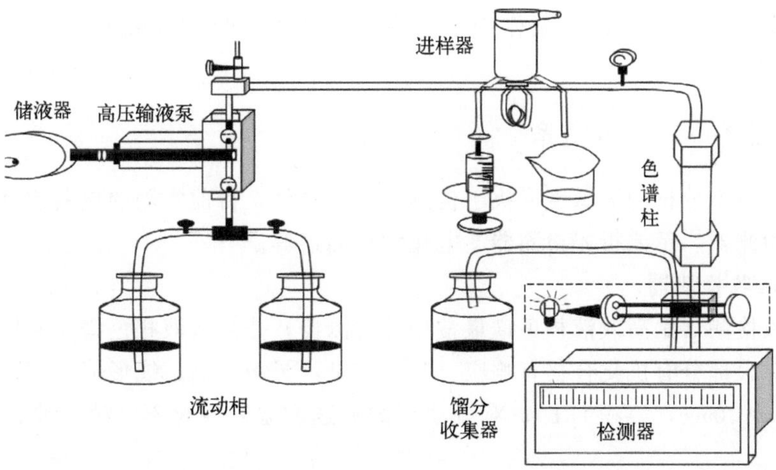

图 13-8　高效液相色谱仪结构示意图

一、高压输液系统

高压输液系统是高效液相色谱仪最重要的部件，一般由储液器、高压输液泵、过滤器、压力脉动阻力器等组成。高压输液泵是核心部件，它可以使流动相较快流动，满足高效液相色谱所用的固定相颗粒极细、流动相阻力大的条件。目前使用比较多的输液泵分为恒流泵和恒压泵两种。恒流泵在一定操作条件下输出流量保持恒定，而与色谱柱引起的阻力变化无关；恒压泵在一定操作条件下能保持输出压力恒定，但其流量则随色谱系统的阻力而变化。恒流泵又称机械泵，它又分为机械注射泵和机械往复泵两种，应用最多的是机械往复泵。高压输液泵应具备的基本要求是：密封性好，输出流量恒定，压力平稳，可调范围宽，便于迅速更换溶剂，耐腐蚀等。

二、进样系统

高效液相色谱进样方式主要有：

① 注射器隔膜进样　这种进样方式与气相色谱相同，是目前常用的进样方式。这种进样可用于 7000～15000kPa 载液压力范围。

② 注射器隔断式停流进样　为了防止高液压时进样，样品从穿刺孔外泄，进样口装有金属隔板，进样时暂停载液加压，开启隔板，用注射器进样。这种进样可用于 15000kPa 以上载液的色谱条件。

③ 进样阀进样　这种进样阀类似气相色谱中的六通进样阀，可直接向加压色谱系统加入样品，而不需停止载液流动。

三、分离系统——色谱柱

色谱柱是高效液相色谱的心脏部件，它包括柱管与固定相两部分。一般色谱柱长 5～30cm，内径为 4～5mm；凝胶色谱柱内径 3～12mm，制备柱内径较大，可达 25mm 以上。柱管材料有玻璃、不锈钢、铝、铜及内衬光滑的聚合材料的其他金属。柱子装填好坏对柱效影响很大。对于细粒度（<20μm）的填料，一般采用匀浆填充法装柱，先将填料调成匀浆，然后在高压泵作用下，快速将其压入装有洗脱液的色谱柱内，经冲洗后即可备用。

四、检测系统——检测器

高效液相色谱分析的灵敏度取决于检测器的灵敏度，目前常用的检测器有紫外吸收检测器、荧光检测器、示差折光检测器、电化学检测器等。

1. 紫外吸收检测器

紫外吸收检测器是高效液相色谱最常用的检测器，是高效液相色谱仪的标准配置。它应用最广，对大部分有机化合物有响应。其特点是：灵敏度高；线形范围宽；流通池可做得很小（1mm×10mm，容积 8μL）；对流动相的流速和温度变化不敏感；波长可选，易于操作。

紫外吸收检测器定量分析的依据就是朗伯-比尔定律。它的最重要特征是对流动相的流速（脉冲）和温度变化不敏感，可用于梯度洗脱。固定波长——汞灯 254nm、280nm，可变波长——氘灯 200～450nm，光路长 5～10mm。缺点：对无紫外吸收的组分不响应，而对紫外吸收较大的溶剂（如苯）不能作流动相使用。

2. 荧光检测器

荧光检测器（FLD）是目前各种检测器中灵敏度最高的检测器之一，它是利用某些试样具有荧光特性来检测的。许多有机化合物具有天然荧光活性，其中带有芳香基团的化合物具有的荧光活性很强。在一定条件下，荧光强度与物质浓度成正比。荧光检测器是一种选择性很强的检测器，它的特点是灵敏度高、选择性高。对多环芳烃、维生素B、黄曲霉素、卟啉类化合物、农药、氨基酸、甾类化合物等有响应。检出限可达$10^{-13}\sim10^{-12}$g/mL，比紫外检测器高出2～3个数量级，也可用于梯度淋洗。缺点是适用范围有一定局限性。另外，尽管FLD的灵敏度很高，但其线性范围却较窄，通常在$10^3\sim10^4$。

3. 示差折光检测器

示差折光检测器又称折光检测器，原理是通过连续检测参比池和样品池中流动相之间的折射率之差值来测定样品浓度（折射率差值与浓度成正比）。按工作原理，可分为偏转式和反射式两种。现以偏传式为例：它是基于折射率随介质中的成分变化而变化，如入射角不变，则光束的偏转角是流动相（介质）中成分变化的函数。因此，测量折射角偏转值的大小便可得到试样的浓度。它是一种通用型检测器（每种物质具有不同的折射率），灵敏度低，对温度敏感，不能用于梯度洗脱。

4. 电化学检测器

电化学检测器是根据电化学分析方法而设计的。根据溶液的导电性质，通过测定离子溶液电导率的大小来测量离子浓度。它适用于水溶性流动相中离子型化合物的检测，也是一种选择性检测器。根据化合物在电解池中工作电极上所发生的氧化还原反应，通过电位、电流、电量等测量，确定化合物在溶液中的浓度。

五、高效液相色谱在环境分析中的应用

1. 方法原理

采用高效液相色谱法测定土壤和沉积物中的多环芳烃，土壤和沉积物样品中的多环芳烃用合适的萃取方法提取，根据样品基体干扰情况采取合适的净化方法对萃取液进行净化、浓缩、定容，用配备紫外/荧光检测器的高效液相色谱仪分离检测，以保留时间定性，以外标法定量。

2. 试剂和材料

分析时均使用符合国家标准的分析纯试剂和实验用水。

乙腈（CH_3CN），HPLC级。

正己烷（C_6H_{14}），HPLC级。

二氯甲烷（CH_2Cl_2），HPLC级。

丙酮（CH_3COCH_3），HPLC级。

丙酮-正己烷混合溶液，用丙酮和正己烷按1∶1的体积比混合。

二氯甲烷-正己烷混合溶液（2∶3），用二氯甲烷和正己烷按2∶3的体积比混合。

二氯甲烷-正己烷混合溶液（1∶1），用二氯甲烷和正己烷按1∶1的体积比混合。

多环芳烃标准贮备液：$\rho=100\sim2000$mg/L，购买市售有证标准溶液，于4℃下冷藏、避光保存，或参照标准溶液证书进行保存。使用时应恢复至室温并摇匀。

多环芳烃标准使用液，$\rho=10.0\sim200$mg/L。移取1.0mL多环芳烃标准贮备液于10mL棕色容量瓶中，用乙腈稀释并定容至刻度，摇匀，转移至密实瓶中于4℃下冷藏、避光保存。

十氟联苯（$C_{12}F_{10}$），纯度为 99%。

十氟联苯贮备溶液：ρ=1000mg/L。称取十氟联苯 0.025g（精确到 0.001g），用乙腈溶解并定容至 25mL 棕色容量瓶中，摇匀，转移至密实瓶中于 4℃下冷藏、避光保存。或购买市售有证标准溶液。

十氟联苯使用液：ρ=40μg/mL。移取 1.0mL 十氟联苯贮备溶液于 25mL 棕色容量瓶中，用乙腈稀释并定容至刻度，摇匀，转移至密实瓶中于 4℃下冷藏、避光保存。

干燥剂：无水硫酸钠（Na_2SO_4）或粒状硅藻土，置于马弗炉中于 400℃下烘 4h，冷却后置于磨口玻璃瓶中密封保存。

硅胶：粒径 75～150μm（200～100 目）。使用前，应置于平底托盘中，以铝箔松覆，于 130℃下活化至少 16h。

玻璃色谱柱：内径约 20mm，长 10～20cm，带聚四氟乙烯活塞。

硅胶固相萃取柱：1000mg/6mL。

硅酸镁固相萃取柱：1000mg/6mL。

石英砂：粒径 150～830μm（100～20 目），使用前必须检验，确认无干扰。

玻璃棉或玻璃纤维滤膜：在马弗炉中于 400℃下烘 1h，冷却后置于磨口玻璃瓶中密封保存。

氮气：纯度≥99.999%。

3. 仪器和设备

高效液相色谱仪：配备紫外检测器或荧光检测器，具有梯度洗脱功能。

色谱柱：填料为 ODS（十八烷基硅烷键合硅胶），粒径 5μm，柱长 250mm，内径 4.6mm 的反相色谱柱或其他性能相近的色谱柱。

提取装置：索氏提取器或其他同等性能的设备。

浓缩装置：氮吹浓缩仪或其他同等性能的设备。

此外，还应配备固相萃取装置。

4. 样品

（1）样品贮存　样品应于洁净的棕色磨口玻璃瓶中保存，运输过程中应避光、密封、冷藏。如不能及时分析，应于 4℃以下冷藏、避光和密封保存，保存时间为 7d。

（2）试样的制备　除去样品中的枝棒、叶片、石子等异物，称取样品 10g（精确到 0.01g），加入适量无水硫酸钠，研磨均化成流沙状。如果使用加压流体提取，则用粒状硅藻土脱水。

（3）提取　将制备好的试样放入玻璃套管或纸质套管内，加入 50.0μL 十氟联苯使用液，将套管放入索氏提取器中。加入 100mL 丙酮-正己烷混合溶液，以每小时不少于 4 次的回流速度提取 16～18h。

（4）过滤和脱水　在玻璃漏斗上垫一层玻璃棉或玻璃纤维滤膜，加入约 5g 无水硫酸钠，将提取液过滤到浓缩器皿中。用适量丙酮-正己烷混合溶液洗涤提取容器 3 次，再用适量丙酮-正己烷混合溶液冲洗漏斗，洗液并入浓缩器皿。

（5）氮吹浓缩　开启氮气至溶剂表面有气流波动（避免形成气涡），用正己烷多次洗涤氮吹过程中已经露出的浓缩器壁，将过滤和脱水后的提取液浓缩至约 1mL。如不需净化，加入约 3mL 乙腈，再浓缩至约 1mL，将溶剂完全转化为乙腈。如需净化，加入约 5mL

正己烷并浓缩至约 1mL，重复此浓缩过程 3 次，将溶剂完全转化为正己烷，再浓缩至约 1mL，待净化。也可采用旋转蒸发浓缩或其他浓缩方式。

(6) 净化

① 硅胶色谱柱净化 在玻璃色谱柱的底部加入玻璃棉，加入 10mm 厚的无水硫酸钠，用少量二氯甲烷进行冲洗。玻璃色谱柱上置一玻璃漏斗，加入二氯甲烷直至充满色谱柱，漏斗内存留部分二氯甲烷，称取约 10g 硅胶经漏斗加入色谱柱，以玻璃棒轻敲色谱柱，除去气泡，使硅胶填实。放出二氯甲烷，在色谱柱上部加入 10mm 厚的无水硫酸钠。色谱柱示意见图 13-9。

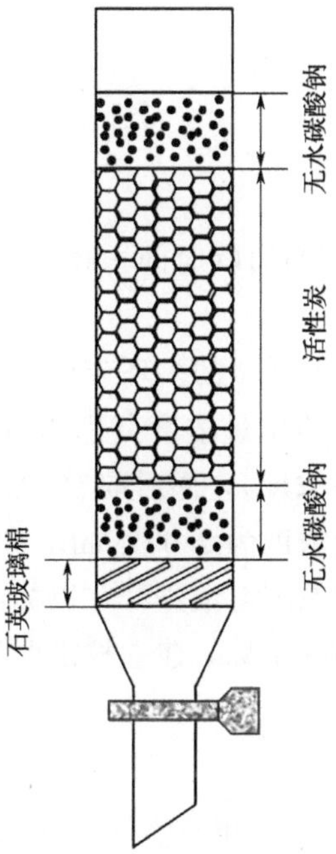

图 13-9 色谱柱示意图

用 40mL 正己烷预淋洗色谱柱，淋洗速度控制在 2mL/min，在顶端无水硫酸钠暴露于空气之前，关闭色谱柱底端聚四氟乙烯活塞，弃去流出液。将浓缩后的约 1mL 提取液移入色谱柱，用 2mL 正己烷分 3 次洗涤浓缩器皿，洗液全部移入色谱柱，在顶端无水硫酸钠暴露于空气之前，加入 25mL 正己烷继续淋洗，弃去流出液。用 25mL 二氯甲烷-正己烷混合溶液洗脱，洗脱液收集于浓缩器皿中，用氮吹浓缩法（或其他浓缩方式）将洗脱液浓缩至约 1mL，加入约 3mL 乙腈，再浓缩至 1mL 以下，将溶剂完全转换为乙腈，并准确定容至 1.0mL 待测。净化后的待测试样如不能及时分析，应于 4℃下冷藏、避光、密封保存，30d 内完成分析。

② 固相萃取柱净化（填料为硅胶或硅酸镁） 用固相萃取柱作为净化柱，将其固定在固相萃取装置上。用 4mL 二氯甲烷冲洗净化柱，再用 10mL 正己烷平衡净化柱，待柱充满后关闭流速控制阀，浸润 5min，打开控制阀，弃去流出液。在溶剂流干之前，将浓缩后的约 1mL 提取液移入柱内，用 3mL 正己烷分 3 次洗涤浓缩器皿，洗液全部移入柱内，用 10mL 二氯甲烷-正己烷混合溶液进行洗脱，待洗脱液浸满净化柱后关闭流速控制阀，浸润

5min，再打开控制阀，接收洗脱液至完全流出。用氮吹浓缩法（或其他浓缩方式）将洗脱液浓缩至约 1mL，加入约 3mL 乙腈，再浓缩至 1mL 以下，将溶剂完全转换为乙腈，并准确定容至 1.0mL 待测。净化后的待测试样如不能及时分析，应于 4℃下冷藏、避光、密封保存，30d 内完成分析。

（7）空白试样制备　用石英砂代替实际样品，按照与试样制备相同的步骤制备空白试样。

5. 分析步骤

（1）仪器参考条件

① 进样量：10μL。

② 柱温：35℃。

③ 流速：1.0mL/min。

④ 流动相 A：乙腈。

⑤ 流动相 B：水。

⑥ 检测波长：根据不同待测物的出峰时间选择其紫外检测波长、最佳激发波长和最佳发射波长，编制波长变换程序。

（2）校准曲线的绘制　分别量取适量的多环芳烃标准使用液，用乙腈稀释，制备至少 5 个浓度点的标准系列，多环芳烃的质量浓度分别为 0.04μg/mL、0.10μg/mL、0.50μg/mL、1.00μg/mL 和 5.00μg/mL（此为参考浓度），同时取 50.0μL 十氟联苯使用液，加入至标准系列中任一浓度点，十氟联苯的质量浓度为 2.00μg/mL，贮存于棕色进样瓶中，待测。

由低浓度到高浓度依次对标准系列溶液进样，以标准系列溶液中目标组分浓度为横坐标，以其对应的峰面积（峰高）为纵坐标，建立校准曲线。校准曲线的相关系数≥0.995，否则重新绘制校准曲线。

（3）测定

① 试样测定　按照与绘制校准曲线相同的仪器分析条件进行测定。

② 空白试样测定　按照与试样测定相同的仪器分析条件进行空白试样的测定。

6. 定性分析与结果计算

（1）目标化合物的定性分析　以目标化合物的保留时间定性，必要时可采用标准样品添加法、不同波长下的吸收比、紫外谱图扫描等方法辅助定性。

（2）结果计算

① 土壤样品中多环芳烃的含量（μg/kg）按照式(13-12) 进行计算：

$$w_i=\frac{\rho_i V}{m W_{dm}} \tag{13-12}$$

式中，ρ_i 为样品中组分 i 的含量，μg/kg；w_i 为由校准曲线计算所得组分 i 的浓度，μg/mL；V 为定容体积，mL；m 为样品量（湿重），kg；W_{dm} 为土壤样品干物质含量，%。

② 沉积物样品中多环芳烃的含量（μg/kg）按照式(13-13) 进行计算：

$$w_i=\frac{\rho_i V}{m(1-W)} \tag{13-13}$$

式中，ρ_i 为样品中组分 i 的含量，μg/kg；w_i 为由校准曲线计算所得组分 i 的浓度，μg/mL；V 为定容体积，mL；m 为样品量（湿重），kg；W 为沉积物样品含水率，%。

③ 十氟联苯的回收率（%）按照式(13-14)进行计算：

$$P=\frac{A_1\rho_2V_2}{A_2\rho_1V_1\times10^{-3}}\times100\% \tag{13-14}$$

式中，P 为十氟联苯的回收率，%；A_1 为试样中十氟联苯的峰面积；A_2 为标准系列中十氟联苯的峰面积；ρ_1 为十氟联苯使用液的质量浓度，40μg/mL；ρ_2 为标准系列中十氟联苯的质量浓度，2μg/mL；V_1 为试样中加入十氟联苯使用液的体积，50.0μL；V_2 为试样定容体积，mL。

第四节　毛细管电泳

电泳是电解质中带电粒子在电场力作用下，以不同的速度向电荷相反方向迁移的现象，利用这种现象对化学和生物化学组分进行分离的技术称为电泳技术。从20世纪30～40年代起，相继发展了多种基于抗对流介质的电泳技术（如纸电泳、凝胶电泳等）。传统的电泳技术由于受到焦耳热的限制，只能在低电场强度下进行电泳操作，分离时间长，效率低。20世纪80年代初，细径毛细管被用于电泳，由此产生了一种新型的分析技术——毛细管电泳。毛细管电泳（CE）是指离子或带电粒子以毛细管为分离室，以高压直流电场为驱动力，依据样品中各组分之间淌度和分配行为上的差异实现分离的液相分离分析技术。

1937年，瑞典学者Tiselius将蛋白质混合液放在两段缓冲溶液之间，两端施以电压进行自由溶液电泳，第一次从人血清提取的蛋白质混合液中分离出白蛋白和α、β、γ球蛋白，发现样品的迁移速度和方向由其电荷和淌度决定，并研制了第一台电泳仪，于1948年获诺贝尔化学奖。1981年，Jorgenson和Lukás用75μm内径石英毛细管进行电泳分析，柱效高达40万块/m，促进电泳技术发生了根本性的变革，迅速发展成为可与GC、HPLC相媲美的崭新的分离分析技术——高效毛细管电泳。高效毛细管电泳在技术上采取了两项重要改进：一是采用了0.05mm内径的毛细管；二是采用了高达数千伏的电压。毛细管的采用使产生的热量能够较快散发，大大减小了温度效应，使电场电压可以很高。电压升高，电场推动力大，又可进一步使柱径变小，柱长增加，高效毛细管电泳的柱效远高于高效液相色谱，理论塔板数高达几十万块/m，特殊柱子可以达到数百万。根据不同的分类标准，毛细管电泳可分为以下几种：按形状可分为U形管电泳、柱状电泳、板电泳；按载体可分为滤纸电泳、琼脂电泳、聚丙烯酰胺电泳、自由电泳。

CE刚开始主要用于蛋白质、多肽的分析，之后逐渐被广泛应用于生物、化学、医药、环保等领域。它具有分离效率高，分析速度快，样品及试剂用量少，洁净无污染等特点，和HPLC（高效液相色谱法）成为分析化学中互补的技术。随着生命科学技术的发展，毛细管电泳技术也有了广阔的发展空间。目前，不同分离模式的毛细管电泳技术正成为最重要的生物样品分离分析手段。

一、毛细管电泳的基本原理

毛细管电泳以高压电场为驱动力，以毛细管为分离通道，依据样品中各组分之间淌度和分配行为上的差异实现分离。分离后的组分，可用紫外检测器、荧光检测器、电化学检测器等进行检测。

各种粒子的分离原理如下：电解质溶液中，带电粒子在电场作用下，以不同的速度向所带电荷相反方向迁移的现象，称为电泳。在毛细管电泳所用石英毛细管柱内，其内表面和溶液接触时形成一双电层。在高电压作用下，双电层中的水合阳离子引起流体整体地朝负极方向移动的现象，称为电渗流。粒子在毛细管内的电解质中的迁移速度等于电泳和电渗流（EOF）两种速度的矢量和。正离子与两种效应的运动方向一致，在负极最先流出；中性粒子无电泳现象，受电渗流影响，在阳离子后流出；阴离子与两种效应的运动方向相反。$v_{电渗流}>v_{电泳}$时，阴离子在负极最后流出，在这种情况下，不但可以按类分离，而且除中性粒子外，同种类离子由于受到的电场力大小不一样也同时被相互分离（图 13-10）。

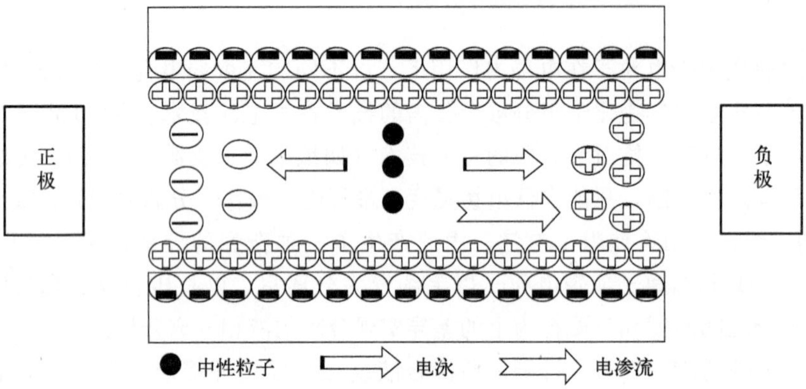

图 13-10 毛细管电泳分离示意图

二、毛细管电泳的迁移时间

毛细管的两端分别浸在含有电解质的储液槽中，管内也充满同样的电解质，其中一端与检测器相连。当样品被引入后，便开始施加电压，样品中各组分向检测器方向移动，溶质的迁移时间为：

$$t_m = L_t^2/(UV) \tag{13-15}$$

$$U = U_e/U_{eo} \tag{13-16}$$

式中，L_t 为有效长度；V 为施加电压；U 为溶质总流速；U_e 为电泳速度；U_{eo} 为电渗流速度。

可见，在毛细管长度一定，某时刻电压相同的条件下迁移时间取决于电泳速度 U_e 和电渗流速度 U_{eo}，而两者均随组分的荷质比不同而异，因此基于荷质比的差异就可以实现组分的分离。

三、毛细管电泳仪

毛细管电泳仪的基本结构一般包括进样系统、分离系统、检测系统和数据处理系统，如图 13-11 所示。

毛细管电泳仪的进样系统包括静压力进样和电动进样，进样体积一般在纳升级，进样长度必须控制在毛细管总长度的 1% ～2%，否则将影响分离效率。分离系统（毛细管）

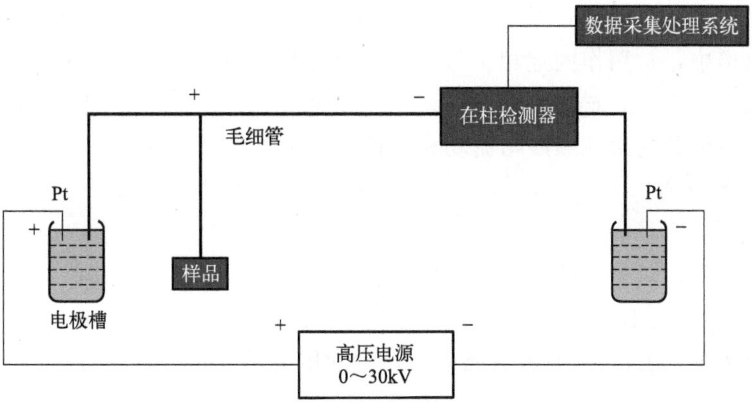

图 13-11　毛细管电泳仪基本结构示意图

就是毛细管电泳仪的核心部件。毛细管由熔融石英制成，内径通常为 25～75μm，外径为 350～400μm，有效长度为 80～100cm。高压电源要求电流 0～300μA，电压 0～30kV，电压稳定性在±0.1%。毛细管电泳仪常用的检测器是紫外-可见光吸收检测器。检测器位于距样品盘毛细管总长 2/3～4/5 处，对毛细管壁内部分进行光聚焦。此外，荧光、激光诱导荧光、质谱等检测方法也被应用于毛细管电泳仪中。

毛细管电泳技术可检测多种样品，如血清、血浆、尿样、脑脊液、红细胞、体液或组织及动物活体，且可分离分析多种组分，如核酸/核苷酸、蛋白质/多肽/氨基酸、糖类/糖蛋白、酶、碱氨基酸、微量元素、小的生物活性分子等。毛细管电泳技术不仅在基础科学中得到广泛应用，而且在临床医学等领域也有较多应用，如临床疾病诊断、临床蛋白分析、临床药物监测、代谢研究、病理研究、同工酶分析、PCR 产物分析、DNA 片段及序列分析等。随着科技的进步，对于痕量和超痕量物质的检测，毛细管电泳技术将发挥更大的作用。

课后习题

一、选择题

1. 高效液相色谱中，属于通用型检测器的是（　　）。

A. 紫外检测器　　B. 荧光检测器

C. 示差折光检测器　　D. 电导检测器

2. 下述四种色谱分析方法中，最适宜分离异构体的是（　　）。

A. 吸附色谱　　B. 反离子色谱　　C. 亲和色谱　　D. 尺寸排阻色谱

3. 高效液相色谱中，梯度洗脱适用于分离（　　）。

A. 异构体　　B. 沸点相近，官能团相同的化合物

C. 沸点相差大的试样　　D. 极性变化范围宽的试样

4. 高效液相色谱法中，常用的流动相有水、乙腈、甲醇及正己烷，其极性大小顺序为（　　）。

A. 乙腈＞水＞甲醇＞正己烷　　B. 乙腈＞甲醇＞水＞正己烷

C. 水＞乙腈＞甲醇＞正己烷　　D. 水＞甲醇＞乙腈＞正己烷

5. 液相色谱中，常用作固定相又可用作键合相基体的物质是（　　）。

A. 分子筛　　B. 硅胶　　C. 氧化铝　　D. 活性炭

6. 样品中各组分的出柱顺序与流动相的性质无关的色谱是（　　）。

A. 离子交换色谱　　B. 环糊精色谱

C. 亲和色谱　　D. 凝胶色谱

7. 正相色谱中，对于极性成分，当增大流动相的极性时，可使其保留值（　　）。

A. 不变　　B. 增大　　C. 减小　　D. 不一定

8. 反相色谱中，若以甲醇-水为流动相，增加甲醇的比例时，组分的容量因子 k 与保留时间 t_r 的变化为（　　）。

A. k 与 t_r 均增大　　B. k 与 t_r 均减小

C. k 与 t_r 均不变　　D. k 增大，t_r 减小

9. 高效液相色谱法分离不同组分的先决条件是（　　）。

A. 色谱柱要长　　B. 流动相流速要大

C. 各组分的分配系数不等　　D. 理论塔板数要多

10. 高效液相色谱中，属于专属型检测器的是（　　）。

A. 紫外检测器　　B. 蒸发光散射检测器

C. 示差折光检测器　　D. 电导检测器

11. 正相色谱中，增加流动相中极性溶剂的比例时，组分容量因子 k 与保留时间 t_r 的变化为（　　）。

A. k 与 t_r 均增大　　B. k 与 t_r 均减小

C. k 与 t_r 均不变　　D. k 增大，t_r 减小

12. 流动相的黏度影响高效液相色谱柱柱效，黏度越小，柱效越（　　）。

A. 高　　B. 低　　C. 不变　　D. 以上均不对

13. 高效液相色谱法中使用最多的固定相为化学键合相，它是用化学反应的方法将（　　）键合在载体表面而形成的。

A. 固定相　　B. 流动相

C. 固定液的官能团　　D. 流动相的官能团

14. 液相色谱中，特别适用于分离异构体的色谱是（　　）。

A. 离子交换色谱　　B. 吸附色谱

C. 亲和色谱　　D. 分配色谱

15. 高效液相色谱中，依据朗伯-比尔定律检测的检测器是（　　）。

A. 紫外检测器　　B. 蒸发光散射检测器

C. 示差折光检测器　　D. 电导检测器

二、计算题

1. 在 25cm 长的柱上分离 A、B 混合物，A 物质保留时间为 15.20min，峰底宽 1.11min；B 物质保留时间为 16.63min，峰底宽 1.21min；不保留物 1.30min 流出色谱柱。计算：

① A、B 两峰的分离度。

② 平均塔板数及理论塔板高度。

③ 分离度如要达到 1.5，柱长应为多少？

2. 用 15cm 长的 ODS（十八烷基硅烷键合硅胶）柱分离两组分。柱效 $n=4.29\times10^3$ 块/m；测得 $t_0=1.31$min；组分的 $t_{r1}=4.10$min；$t_{r2}=4.45$min。求：

① k_1、k_2、α、R 值。

② 若增加柱长至 30cm，分离度 R 可否达到 1.5?

第十四章 核磁共振波谱法

核磁共振波谱是化学和生化领域研究化合物结构最有效的分析工具之一，是指当一定的分子（有核自旋）处于强磁场中并受到无线电波（射频）照射时，核自旋能级之间发生跃迁，并伴随能量吸收的现象，因此核磁共振波谱是一种吸收波谱。

早在 1924 年，由于原子光谱的超精细结构，Pauli 预测有核磁矩的存在，有些原子核同时具有自旋和磁量子数，这些核在磁场中会发生能级分裂。1930 年，应用 Stern-Gerlach 实验，Estermann 和 Stern 发现核磁矩。1939 年，Rabi 应用改进的 Stern-Gerlach 实验观察到分子束核磁共振，于 1944 年获得诺贝尔物理学奖。1946 年，斯坦福大学的 Bloch 和哈佛大学的 Purcell 在各自的实验中观察到核磁共振现象，于 1949 年观察到化学位移现象，为此他们分享了 1952 年诺贝尔物理学奖。当时正在 Bloch 实验室工作的 Varian 预见到这一现象广泛应用的可能性，建议 Bloch 申请专利并使其将专利权转让，从而迅速地开始了商用仪器的开发。随后，Knight 第一次发现了化学环境对核磁共振信号的影响，并发现这些信号与化合物的结构有一定关系。1956 年，Varian 公司制造出第一台高分辨率核磁共振商品仪器。1966 年，Ernst 和 Anderson 首次把傅里叶变换技术引入核磁共振，于 1991 年获得诺贝尔化学奖。随后有关核磁共振的研究迅速扩展，核磁共振逐步应用到有机化学、无机化学及生物化学等领域中。20 世纪 80 年代，Kurt Wuthrich 使用核磁共振确定溶液中大分子结构，2002 年获得诺贝尔化学奖。20 世纪 90 年代，核磁共振的不断发展使蛋白质大分子结构（约 50kDa）的测定成为可能。Paul C. Lauterbur 和 Sir Peter Mansfield 使核磁共振成像技术成为医疗检测的重要手段，2003 年获得诺贝尔医学奖。目前常用的核磁共振谱仪分为连续波核磁共振谱仪及脉冲核磁共振谱仪两大类。后者亦称为 Fourier（傅里叶）变换核磁共振谱仪（Fourier transform nuclear magnetic resonance，FT-NMR），是 20 世纪 70 年代快速 Fourier 变换方法和计算机技术发展后开始产生的。现在大部分 NMR 都是 FT-NMR，但连续波 NMR 亦有应用。

第一节 核磁共振的基本原理

一、原子核的自旋运动

不同的原子具有不同的原子核。每种原子核的电荷取决于核中质子的数目，核的质量则取决于核中质子数目和中子数目之和。原子核围绕某个轴自身做旋转运动，这种自身旋转运动称为自旋。因为，原子核是带电粒子，原子核自旋运动也会产生磁场，因而具有磁偶极矩，简称磁矩。带电的粒子自旋时产生磁场，所以，自旋的核被视为一个小磁铁。原子核的自旋运动与自旋量子数 I 相关。$I=0$，原子核没有自旋运动，没有磁性；$I>0$ 的原子核才有自旋运动，有磁性。当原子核中的质子和中子都是偶数时，总的自旋为零，也就是说自旋量子数 $I=0$。只有当质子或（和）中子是奇数时，$I\neq 0$，核自旋产生磁矩，自旋的能级数为 $2I+1$。I 表示某种原子核所固有的特征，不同的原子核有不同的 I 值。I 值只能取零、半整数、整数，而不能取其他的数值。也就是说各种原子核 I 值的变化是不连续的，因此 I 称为量子数。

原子核按 I 的数值可分为三类，见表 14-1。

表 14-1　原子核按 I 的数值的分类

质量数	原子序数	I	NMR 信号	电荷分布
偶数	偶数	0	无	均匀
偶数	奇数	1,2,3	有	不均匀
奇数	奇数或偶数	1/2	有	均匀
		3/2,5/2……	有	不均匀

实验证明，原子核的自旋量子数 I（简称自旋）与核的质子数和中子数有关。若用 A 表示原子核的质量数，N_n 表示原子核的中子数，Z 表示原子核的质子数。则 $A=N_n+Z$。如果原子核的质子数 Z 与中子数 N_n 都为偶数，那么它的质量数 A 也为偶数。这种原子核的自旋量子数等于零，没有自旋现象。如果 $A=Z+N_n$ 当中有一个是奇数，那么这种原子核的自旋量子数 I 不等于零，这种原子核就具有自旋运动。如果 $A=Z+N_n$ 是奇数的核，自旋量子数为半整数，如 1/2、3/2、5/2 等，自旋量子数不等于零，这种原子核也具有自旋运动，有磁性。表 14-2 是一些常见核的自旋量子数。由表 14-2 可知，^{12}H、^{16}O 等核没有自旋现象；^{14}N、^{2}H 的核自旋量子数 $I=1$，有自旋现象；$^{1}H$$^{13}C$、$^{17}O$、$^{19}F$ 自旋量子数为半整数，有自旋现象。另外，^{35}Cl、^{37}Cl、^{79}Br、^{84}Br 等核，自旋量子数也是半整数，也有自旋现象。

表 14-2　一些常见核的自旋量子数

项目	元素							
	^{1}H	^{2}H	^{12}H	^{13}C	^{14}N	^{16}O	^{17}O	^{19}F
核自旋量子数 I	1/2	1	0	1/2	1	0	5/2	1/2
核自旋能级数	2	3	0	2	3	0	6	2

二、原子核自旋的取向和能级

当原子核自旋量子数 $I>0$ 时，原子核具有自旋运动，产生自旋角动量，用符号 P 表示。核的自旋角动量是一个矢量，它的方向与旋转轴重合。根据量子力学的计算，原子核自旋角动量的绝对值由下式决定：

$$P=\frac{h}{2\pi}\sqrt{I(I+1)} \tag{14-1}$$

式中，h 为普朗克常量，$6.626\times10^{-34}J\cdot s$；I 为自旋量子数，核自旋角动量的大小取决于核自旋量子数 I。

由前所述可知，凡是自旋量子数不为零的原子核都会产生一个磁场，也就是说它们像一个小磁铁一样具有磁性质。自旋核产生的磁场称为磁偶极，核磁偶极的大小用磁矩 μ 来描述。磁矩 μ 正比于角动量，用以下公式表示：

$$\mu=\gamma P=\gamma \frac{h}{2\pi}\sqrt{I(I+1)} \tag{14-2}$$

式中，γ 为核的磁旋比，是核的特征常数，每种核都有其特定值。

当氢核置于外磁场 H_0 中，对应于外磁场作用下核自旋的取向或能级（图 14-1），其值等于（$2I+1$）个值，它对于外磁场有两种取向：一种与外磁场平行，以磁量子数 $m=+1/2$ 表征，此时能量较低；另一种与外磁场逆平行，以 $m=-1/2$ 表征，此时能量较高。在外加磁场 H_0 中处于不同自旋状态的核具有不同的磁矩 μ 和能量 E。当核磁矩的方向和磁场方向一致时，核处于低能级，$E_1=-\mu H_0$，当核磁矩的方向和磁场方向相反时，核处于高能级 $E_2=\mu H_0$。

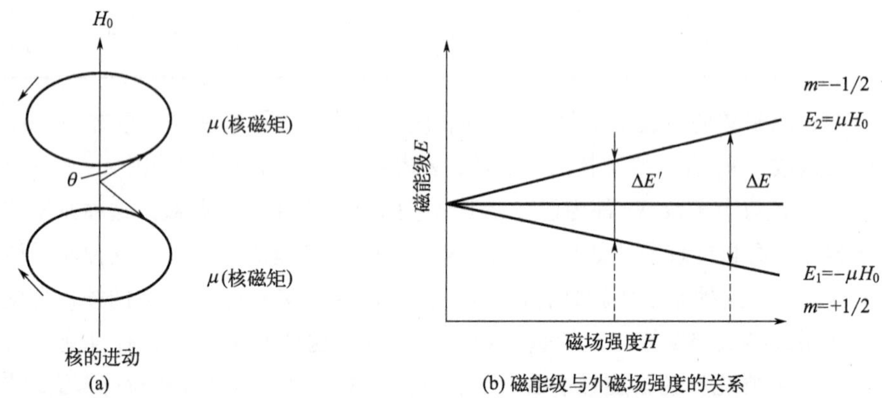

图 14-1　自旋核在外磁场中的两种取向（a）和核自旋能级分裂示意图（b）

在外加磁场的作用下，磁矩与外磁场作用产生能级分裂。能级 E 与核的磁旋比和外加磁场磁感性程度成正比。能级分裂由磁量子数 m 所决定。自旋量子数 $I=1/2$ 等能级分裂示意如图 14-2 所示。

由图 14-2 可知，如氢核，$I=1/2$ 且 $\gamma>0$，当磁量子数 $m=+1/2$ 时，核处于低能级；当磁量子数 $m=-1/2$ 时，核处于高能级。它们之间的能级差为：

$$\Delta E=\frac{\gamma h}{2\pi}H_0=h\nu \tag{14-3}$$

对于特定的原子核（即 γ 一定时），ΔE 只与外加磁场 H_0 有关；外加磁场增大时 ΔE 也增大；当 H_0 为零时 $\Delta E=0$，即当外磁场消失时便不再有能级分裂。当原子核置于磁场中，外界电磁波提供的能量正好等于相邻能级间的能差时，原子核就可以吸收这部分能量从低能态向高能态跃迁，这种跃迁就称为核磁共振：

$$\nu=\frac{\gamma}{2\pi}H_0 \tag{14-4}$$

原子核的运动状态除自旋外，还围绕磁场方向发生回旋，称为拉摩尔进动，回旋轴线或与外磁场方向一致，或与外磁场方向相反。进动频率（拉摩尔频率）ν_0 与外加磁场强

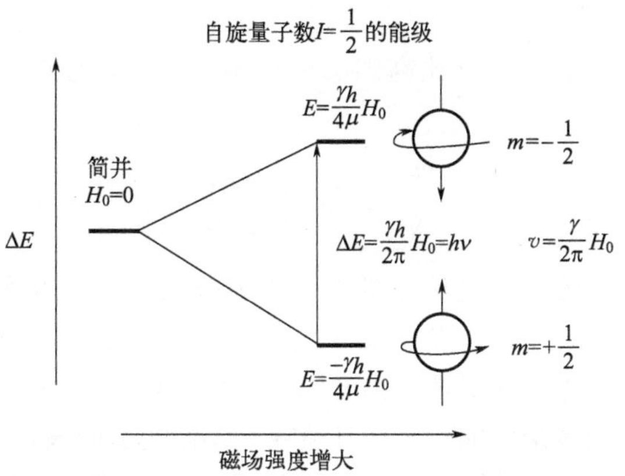

图 14-2　外加磁场下自旋量子数的能级分裂示意图

度 H_0 的关系可用拉摩尔公式表示：

$$\omega_0=2\pi\nu_0=\gamma H_0 \tag{14-5}$$

这是发生核磁共振的条件，即发生共振时射电频率 ν 或进动频率 ω 与磁感性强度 H_0 之间的关系。同时也说明，对于不同的原子核，由于 γ（磁旋比）不同，发生共振的条件不同。若固定 H_0，则共振频率 ν 不同。例如：$H_0=1.4092\mathrm{T}$，$\nu_{\mathrm{H}}^{1}=60.0\mathrm{MHz}$，$\nu_{\mathrm{C}}^{13}=15.1\mathrm{MHz}$。对于同一种原子核，$\gamma$ 一定，共振频率 ν 随外加磁场 H_0 的变化而改变。例如：^{1}H 核，$H_0=1.4092\mathrm{T}$ 时，$\nu_{\mathrm{H}}^{1}=60\mathrm{MHz}$；$H_0=14.09\mathrm{T}$ 时，$\nu_{\mathrm{H}}^{1}=600\mathrm{MHz}$。表 14-3 是一些重要的核自旋量子数为 1/2 的核的物理性质。

表 14-3　一些重要的核自旋量子数为 1/2 的核的物理性质

核	磁旋比	同位素丰度/%	相对灵敏度	吸收频率/MHz
^{1}H	2.6752×10^8	99.98	1.00	200.00
^{13}C	6.7283×10^7	1.11	0.016	50.30
^{19}F	2.5181×10^8	100.00	0.83	188.25
^{31}P	1.0841×10^8	100.00	0.066	81.05

三、原子核的自旋弛豫

核磁共振的信号很弱，当没有外磁场存在时，氢核的两种自旋状态的分布概率是相等的。但是，当磁场存在时，核就倾向处于 $m=+1/2$ 的低能态。而室温时热能比核磁能级差要高几个数量级，因此，热运动要破坏这种倾向。当达到热平衡时，处于高低两个自旋能级的氢核数量比遵循玻尔兹曼分布：

$$\frac{N_{m=-\frac{1}{2}}}{N_{m=+\frac{1}{2}}}=e^{\frac{-\Delta E}{kT}} \tag{14-6}$$

$$\frac{N_{m=-\frac{1}{2}}}{N_{m=+\frac{1}{2}}}\approx1-\frac{\Delta E}{kT}=1-\frac{\gamma hH_0}{2\pi kT} \tag{14-7}$$

式中，$N_{m=-\frac{1}{2}}$ 和 $N_{m=+\frac{1}{2}}$ 分别代表处于高能态和低能态的氢核数；k 为玻尔兹曼常量；

T 为热力学温度。

通常情况下，处于低能态的核比高能态的核稍多一些，如 $T=298\text{K}$ 时，磁场强度为 4.69T，氢核的数量比：

$$\frac{N_{m=-\frac{1}{2}}}{N_{m=+\frac{1}{2}}}=\frac{1000033}{1000000} \tag{14-8}$$

即在室温下，处于低能态的核比高能态的核多百万分之 33。发生核磁共振时，核从低能态向高能态跃迁。若高能态的核不能或来不及通过一定途径释放能量回到低能态，处于两种状态的核数目就趋于相等，即所谓“饱和”，这时将观测不到核磁共振信号。高能态的核自旋通过外辐射途径把多余的能量给予环境或其他低能态的核，这个过程称为“弛豫”。

在核磁共振中，弛豫过程分为两类：一类是自旋-晶格弛豫；另一类是自旋-自旋弛豫。

（1）自旋-晶格弛豫　弛豫过程中，一些核由高能态回到低能态，其能量转移到周围粒子中去，核与环境进行能量交换，体系能量降低而逐渐趋于平衡。如在固体样品中传递给晶格，在液体样品中传递给周围分子或溶剂分子等，此过程也称为纵向弛豫。自旋-晶格弛豫过程所需的时间用半衰期 T_1 表示，速率为 $1/T_1$，其数值与核的种类、样品状态和温度有关。气体、液体的 T_1 一般为 $10^{-2}\sim100\text{s}$，固体和高黏度的液体则较大，有时可达几小时或更长。

（2）自旋-自旋弛豫　自旋能量的转移在核群内部进行，自旋体系内部、核与核之间能量平均及消散。高、低能态上的核总数并未改变，但对某一特定的核来说能量可能降低了，这种过程也称为横向弛豫。横向弛豫过程所需的时间用半衰期 T_2 表征。固体和黏稠液体内核的相对位置比较固定，有利于核之间能量的转移，T_2 一般较小，气体或一般液体样品 T_2 为 1s 左右。

实际采样过程中，两次采样间隔之间必须保证有一个充分的时间，让核自旋从高能态通过弛豫返回到低能态，否则将会达到 NMR 信号的饱和，信号强度将不再累加，这就是核自旋弛豫的意义。

弛豫过程决定了自旋核处于高能态的寿命，而 NMR 信号峰的自然宽度与其寿命直接相关。根据测不准原理，激发态能量（ΔE）与体系处在激发态的平均时间（Δt）成反比，即：

$$\Delta E\cdot\Delta t\approx h \tag{14-9}$$

能量差 ΔE 与谱线宽度 Δv 存在以下关系：

$$\Delta E=h\cdot\Delta v$$

所以：

$$\Delta v=\frac{1}{\Delta t} \tag{14-10}$$

弛豫时间对谱线宽度的影响很大。弛豫时间长，相当于停留在激发态的平均时间长，核磁共振信号的谱线窄；反之，谱线宽。

在一般液体或溶液中，T_1、T_2 大致相当，一般在 0.5～50s 之间，由相对短的弛豫控制。由其他自旋高能态寿命造成的谱线展宽是谱线的自然宽度，无法通过仪器性能改善而缩小。不过一些可能导致谱线展宽的因素，如磁场漂移、不均匀等，可以通过场频连锁、高速旋转样品匀场等方式来改善和弥补。

第二节 核磁共振的关键参数

一、化学位移

如果在一个给定磁场中，所有的氢核吸收的能量都一样，那么核磁共振就不会给出太多的结构信息。氢核吸收的能量极大地受它的化学环境的影响——也就是说受它周围的电子和原子核的影响。实际上，氢核受周围不断运动着的电子的影响。电子云包裹氢核，绕核旋转的电子在外加磁场作用下会产生一个诱导磁场，方向相反。所以，氢核感受的有效磁场通常都比外加磁场略小，这种对抗磁场的作用称为屏蔽作用，如图 14-3 所示。由于屏蔽作用，原子核实际受到的磁场作用减小，为了使氢核发生共振，必须增大外加磁场的磁场强度，以抵消电子云的屏蔽作用。

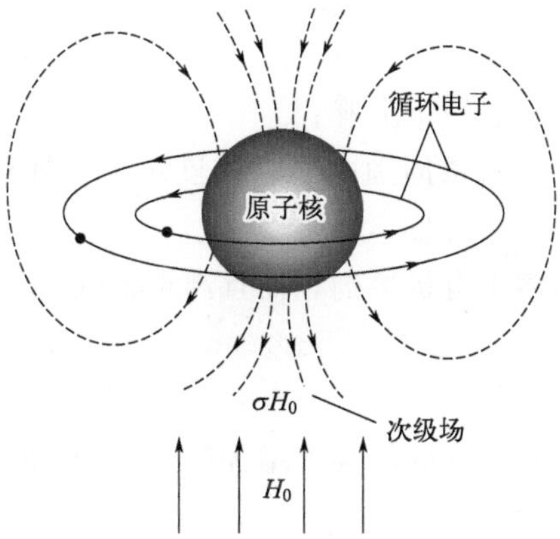

图 14-3 电子对核的屏蔽作用

屏蔽磁场的磁场强度与外加磁场的磁场强度成正比，即 H_e 为：

$$H_e = H_0\sigma \tag{14-11}$$

式中，σ 是原子核的屏蔽常数（其数值为 10^{-5} 数量级）。因此，核实际受到的磁场强度为：

$$H = (1-\sigma)H_0 \tag{14-12}$$

则共振频率为：

$$\nu = \frac{\gamma H_0(1-\sigma)}{2\pi} \tag{14-13}$$

由式(14-13) 可知，具有不同 σ 值的氢核会分别在对应的场强（或频率）处产生共振。由于屏蔽作用的存在，氢核产生共振需要更大的外磁场强度（相对于裸露的氢核）来抵消屏蔽的影响。质子周围的电子云密度越高，屏蔽效应越大，即在较高的磁场强度处发生核磁共振；反之，屏蔽效应越小，即在较低的磁场强度处发生核磁共振。

在化合物中，各种氢核周围的电子云密度不同（化学环境不同）导致共振频率有差异，即引起共振吸收峰的位移，这种现象称为化学位移。化学位移的数值很小，一般在 10^{-5} 范围以内。而且由于没有完全裸露的氢核进行核磁共振以供测定，因此化学位移没有一个绝对的标准。为了提高化学位移的准确性，化学位移采用相对值，用位移常数 δ 表示。δ 是量纲为 1 的物理量，表示相对位移。

一般采用四甲基硅烷 $Si(CH_3)_4$（TMS）作为内标，即在试样中加入少许 TMS，以 TMS 中氢核共振时磁场强度作为标准，人为地把它的位移常数定为零。由于 TMS 共振时的磁场强度最高，因而一般有机化合物中氢核的位移常数 δ 都是负值。为了方便起见，负号都不加。凡是 δ 值较大的氢核，就称为低场，位于图谱的左边；δ 较小的氢核都是高场，位于图谱的右边，而 TMS 峰位于图谱的最右边。

氢核化学位移的表达式为：

$$\delta=\frac{\nu_{试样}-\nu_{TMS}}{\nu_{TMS}} \tag{14-14}$$

δ 值的数量级仅为百分之几到百万分之十几，因此一般用以下公式表示：

$$\delta=\frac{\nu_{试样}-\nu_{TMS}}{\nu_{TMS}}\times 10^6\,\text{ppm} \tag{14-15}$$

选用 TMS 作为内标，原因如下：

① TMS 的氢全部等价，只有一个尖峰；

② 由于硅的电负性很小，氢核周围电子云密度很大，屏蔽常数很大，比绝大多数氢核都大，不易与其他峰重叠；

③ TMS 化学惰性大，易溶于有机溶剂，而且沸点很低，只有 27℃，很易除去。

化学位移的特点：

① δ 因为是比值，没有单位；

② 与仪器的参数无关，当外加磁场强度增加时，$\Delta\nu$ 增加，但化学位移常数 δ 不变。

图 14-4 是常见基团的化学位移。

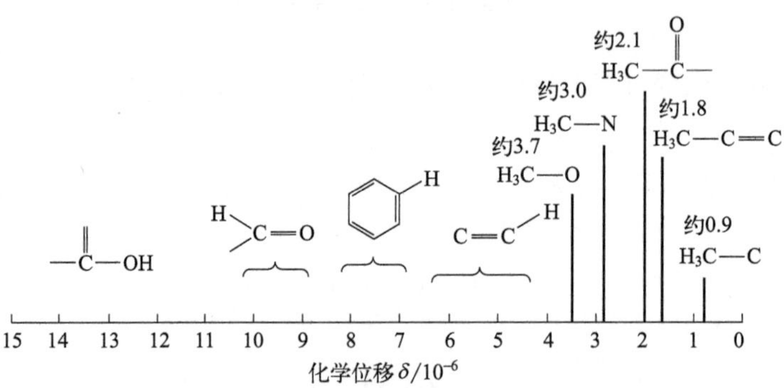

图 14-4　常见基团的化学位移

二、影响化学位移的因素

化学位移与核外电子云密度有关，因此影响电子云密度的各种因素都将影响化学位移，包括诱导效应、共轭效应、磁各向异性效应、溶剂效应及氢键作用等。

1. 诱导效应

与H核相邻的原子或基团的电负性越大，其吸电子能力越强，H核周围的电子云密度越小（屏蔽作用越小），核外电子云产生的诱导磁场强度 H_1 越小，H核实际感受的磁场强度 H_N 越大，共振频率 ν 越大，需要NMR仪提供的磁场 H_0 越小，所有共振峰出现在低场，δ 越大，反之亦然。而且，诱导效应随着电负性原子数目的增多而增强（见表14-4）。

表14-4　甲烷中质子的化学位移与取代元素电负性的关系

化合物 CH_3X	CH_3F	CH_3OH	CH_3Cl	CH_3Br	CH_3I	CH_4	$(CH_3)_4Si$
取代元素	F	O	Cl	Br	I	H	Si
电负性	4.0	3.5	3.1	2.8	2.5	2.1	1.8
化学位移 δ	4.26	3.40	3.05	2.68	2.16	0.23	0

2. 共轭效应

与诱导效应一样，共轭效应亦可使电子云密度发生变化，从而使化学位移向高场或低场变化。

3. 磁各向异性效应

如果在外磁场的作用下，一个基团中的电子环流取决于它相对于磁场的取向，则该基团具有磁各向异性效应。而电子环流将会产生一个次级磁场，这个附加磁场与外加磁场共同作用，使相应质子的化学位移发生变化。如果苯环上的质子是去屏蔽的（图14-5），则它们在仅比基于电子云密度分布所预料的磁场低得多的磁场处共振。当苯环的取向与外磁场平行时，则很少有感应电子环流产生，也就不会对质子产生去屏蔽作用。在溶液中苯磁增强下层电子云环的取向是随机的，而各种取向都介于这两个极端之间。分子运动平均化所产生的总效应，使得苯环有很大的去屏蔽作用。同理，具有 π 电子云的乙炔分子、乙烯分子、醛基分子都会产生电子环流从而导致次级磁场产生，分别产生屏蔽作用［图14-5(b)］和去屏蔽作用［图14-5(a)］。

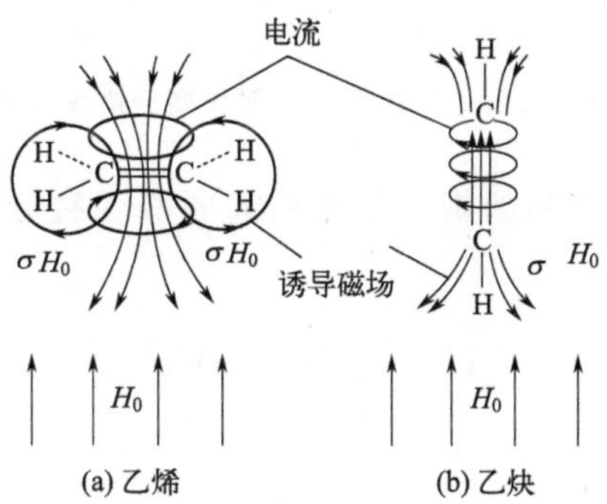

图14-5　环流电子所引起的次级磁场

4. 氢键作用

分子形成氢键后，氢核周围的电子云密度降低，产生去屏蔽效应，化学位移移向低场，δ 增大。一般认为是由于形成氢键时，质子周围的电子云密度降低。对于分子间形成的氢键，化学位移的改变与溶剂的性质及浓度有关。而分子内氢键，其化学位移的变化与浓度无关，只与其自身结构有关。

5. 溶剂效应

采用不同的溶剂，化学位移也会发生变化，强极性溶剂的作用更加明显。溶质与溶剂间相互作用（如形成氢键）。此外，温度、pH 值、同位素效应等因素也会影响化学位移的改变。总之，化学位移这一现象使化学家们可以获得关于电负性、键的各向异性及其他一些基本信息，对确定化合物结构起了很大作用。

三、自旋耦合及自旋分裂

如前所述 $I\neq0$ 的核在磁场中有不同自旋取向。以 $I=1/2$ 的氢核为例，在磁场中有两个自旋取向，这些自旋取向会产生局部磁场从而对邻近核产生干扰。两种核的自旋之间产生的相互干扰称为自旋-自旋耦合，简称为自旋耦合。相互干扰的大小用耦合常数表示。由自旋耦合所引起的谱线分裂的现象称为自旋-自旋分裂，简称自旋分裂。一般认为自旋耦合的相互干扰作用是通过成键电子传递的。谱线由于自旋-自旋耦合而增多，导致 NMR 吸收谱带包含了几条窄的共振谱线，通常在高分辨率仪器上可以分辨开。

例如：乙醇分子中由于氢核处于不同化学环境，在 NMR 图上不同位置出现吸收（图 14-6），而在高分辨率的 NMR 上可以发现—CH_2—、CH_3—峰显示出分裂现象（亦称"精细结构"或二级裂分），这是由氢核之间相互作用所致。

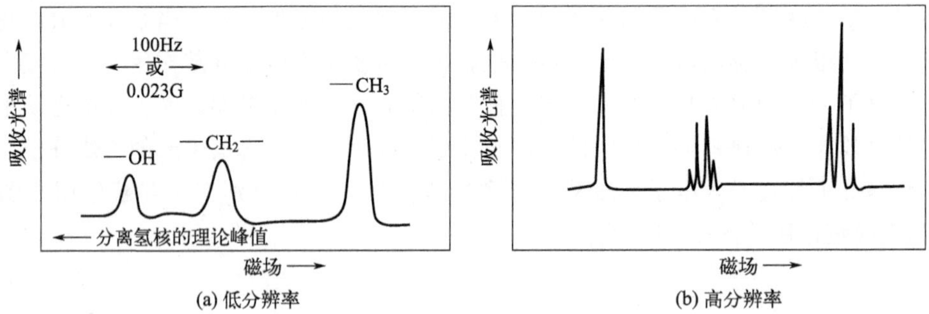

图 14-6　乙醇分子的低分辨率和高分辨率 H NMR 图

现以氢谱为例讨论氢核之间的耦合作用引起的峰的裂分。当没有相邻质子干扰时，H_a 的共振条件：

$$\nu_0=\left(\frac{\gamma}{2\pi}\right)(1-\sigma)H_0 \tag{14-16}$$

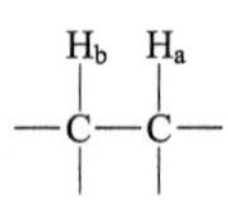

图 14-7　甲基受邻近氢核的影响示意图（1 个 H_b）

但 H_a 将会受到相邻质子 H_b 的影响。H_b 在外磁场中有两个取向，因而产生两个不同方向的自旋磁场（图 14-7）。与 H_0 方向相同：$H=H_0+\Delta H$；与 H_0 方向相反：$H=H_0-\Delta H$。

H_a 核受邻近 H_b 核的自旋干扰作用，吸收峰裂分为双重峰，峰强度比为 1∶1。

共振频率分别为：

$$\nu_1=\left(\frac{\gamma}{2\pi}\right)[(1-\sigma)H_0+\Delta H] \tag{14-17}$$

$$\nu_2=\left(\frac{\gamma}{2\pi}\right)[(1-\sigma)H_0-\Delta H] \tag{14-18}$$

另外，H_a 核受到 2 个 H_b 核的影响时，将有三种不同的取向（图 14-8）。其核磁矩大体和外磁场方向相同者标“＋”，它对 H_a 产生的附加磁场为＋H；反之，核磁矩大体和外磁场方向相反者标“－”，它对 H_a 产生的附加磁场为－H。第一种是两个氢核皆平行于外磁场方向；第二种是两个皆反平行方向；第三种是一个平行另一个反平行。这三种不同的取向，将使耦合的质子出现三重裂分。

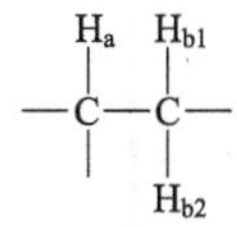

图 14-8　甲基受邻近氢核的影响示意图（2 个 H_b）

同理，当质子周围存在 3 个氢核时，类似于甲基对邻近氢核的影响（图 14-9）。由于甲基可以自由旋转，甲基中任何一个氢原子和 H_a 的耦合作用相同。甲基中的每一个氢有两种取向，即大体和磁场平行或大体和磁场反平行。粗略来讲，这两种取向的概率是相等的，三个氢就有八种可能的取向（$2^3=8$），其中任何一种出现的概率都为 1/8。考虑甲基上三个氢的总效果，有八种取向，可归纳为表 14-5 中的四种分布情况。

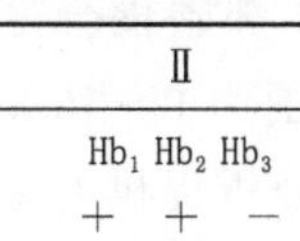

图 14-9　甲基受邻近氢核的影响示意图（3 个 H_b）

表 14-5　甲基三个氢对邻碳氢产生的附加磁场

项目	Ⅰ	Ⅱ	Ⅲ	Ⅳ
甲基中三个氢原子的取向	Hb_1 Hb_2 Hb_3 ＋ ＋ ＋	Hb_1 Hb_2 Hb_3 ＋ ＋ － ＋ － ＋ － ＋ ＋	Hb_1 Hb_2 Hb_3 ＋ － － － ＋ － － － ＋	Hb_1 Hb_2 Hb_3 － － －
甲基产生的总附加磁场	$3H'$	H'	$-H'$	$-3H'$
出现概率	1/8	3/8	3/8	1/8

由上面的讨论可以归纳出下列结论：受耦合作用而产生的氢核峰的裂分数目为 n＋1，n 为邻近碳上氢的数目；峰的强度是 $(a+b)^n$ 二项式展开式的系数，裂分峰的面积总和为裂分前的单峰的面积之和，峰位对称分布在未裂分单峰左右两侧，裂分峰的中心位置即化学位移。但是，n＋1 规则也有特例，因为对称而等价的质子通常不会显示出相互裂分，

在同一基团中的质子通常不显示出相互裂分峰。

四、耦合常数

每组吸收峰内各峰之间的距离称为耦合常数，以 J_{ab} 表示，如图 14-10 所示，下标 ab 表示相互耦合的磁不等性 H 核的种类，J_{ab} 表示 H_a 共振峰因 H_b 自旋干扰产生的裂分峰间的距离；J_{ba} 表示 H_b 共振峰因 H_a 自旋干扰产生的分裂峰间的距离。耦合常数的单位用 Hz 表示。耦合常数 J 反映了两个核之间作用的强弱，耦合常数的大小与外加磁场强度、使用仪器的频率无关。耦合常数的大小和两个核在分子中相隔化学键的数目密切相关，故在 J 的左上方标以两核相距的化学键数目（图 14-11）。J 定量表达了构成多重峰的两组质子间的相互作用程度。2、3 代表两个 H 之间的化学键数目。

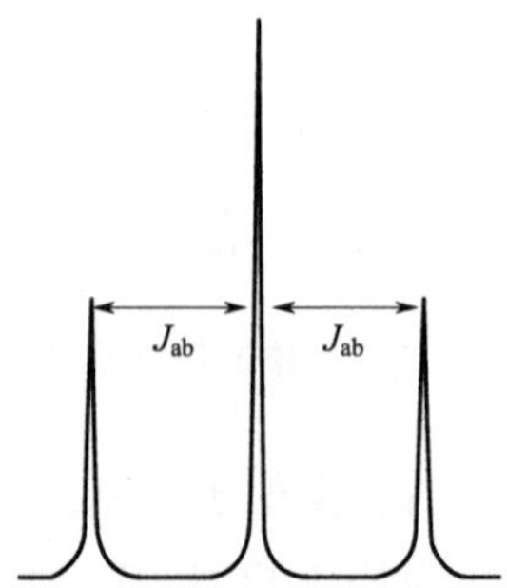

图 14-10　每组吸收峰内各峰之间的距离示意图

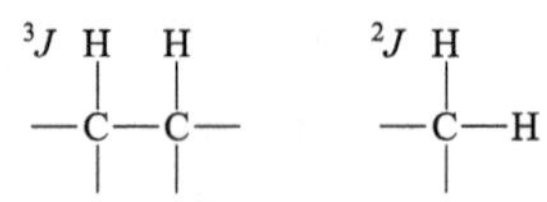

图 14-11　耦合常数的表达方式

对于氢核来说，可根据相互耦合的核之间相隔的键数分为同碳（偕碳）耦合、邻碳耦合及远程耦合三类。同碳耦合常数变化范围非常大，其值与结构密切相关。如乙烯中同碳耦合 J＝2.3Hz，而在甲醛中高达 42Hz。邻碳耦合是相邻位碳上的氢产生的耦合，在饱和体系中耦合可通过 3 个单键进行，^3J 范围为 0～16Hz。邻碳耦合是进行立体化学研究最有效的信息之一，这也是 NMR 能为结构分析提供有效信息的根源之一。相隔 4 个或 4 个以上键之间的相互耦合称为远程耦合，远程耦合常数一般较小（＜1Hz），如椅形六元环中 1、3 位同为平展的氢之间的 $^4J \approx 0.5$Hz。在复杂图谱分析中，正确理解分子中各个质子的相互关系十分重要。

相互耦合的所有核组成的自旋系统称为自旋耦合系统。如甲烷中的 4 个质子的化学环境是完全相同的，且这 4 个质子化学位移完全相同，称为“化学等价”。例如：若两个或两个以上分子在单键快速旋转过程中位置可对应互换时，则为快速旋转化学等价。如乙醇中 CH_3 的 3 个质子为化学等价。分子构型中存在对称性（点、线、面），通过某种对称操作后，分子中可以互换位置的质子则为对称性化学等价。分子中有一组自旋的核，其 δ 值相同，并且它们中每一个核对分子中其他组中（化学等价）每一个核的 J 也相同，称它们磁等价。既化学等价又磁等价的核称为“磁全同”的核。它们在 NMR 谱图中只出现一个单峰，即一组化学等价的磁性核，内部的耦合作用不会在 NMR 图谱中表现出来。化学等价的核并不一定是磁等价的，但磁等价的核一定是化学等价的。如二氟乙烯中 H_a 和 H_b 是化学等价的，但由于 H_a、H_b 与 F_a、F_b 的耦合不同，故二氟乙烯 H_a、H_b 不是磁等价的（图 14-12）。

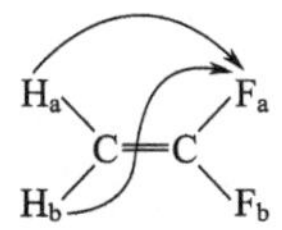

图 14-12　二氟乙烯分子结构图

通常，按 $\Delta\nu/J$ 来对自旋耦合体系进行分类：$(\Delta\nu/J)>10$ 的体系称为弱耦合，所得图谱属于一级图谱；而 $(\Delta\nu/J)<10$ 的体系称为强耦合，其图谱属于高级图谱。根据耦合强弱，对共振谱进行分类，其基本规则如下：对强耦合体系，其核以 ABC 或 KLM 等相连英文字母表示，称之为 ABC……多旋体系；弱耦合的体系，其核以 AMX……不相连的字母表示，称之为 AMX……多旋体系。磁等价的核用相同字母，如 A_2 或 B_3 表示；化学等价而磁不等价的核，如以 AA′表示。对于一级图谱，自旋-自旋分裂图谱的解析十分简单方便。严格的一级行为要求 $(\Delta\nu/J)>20$，但在用一级技术对图谱进行分析时，对 $(\Delta\nu/J)<10$ 的体系有时亦可进行。

综上所述，^{1}H NMR 谱所提供的信息总结如下：

① 每个不同类型的 H 给出一个峰或峰群（多重峰）；

② 通过化学位移（δ，ppm）能够判断出所对应质子或基团的类型（如烷烃、烯烃、苯环、醛等）；

③ 积分强度给出了各类型质子的相对数量关系；

④ 通过自旋-自旋分裂可以判断相邻 C 上 H 原子数目；

⑤ 耦合常数 J 也提供了原子间排列的结构关系信息；

⑥ 结合一些辅助手段提供的信息（如重氢交换、自旋弛豫等）解析物质的分子结构。

第三节　核磁共振波谱仪

一、核磁共振波谱仪基本构成

如前所述，核磁共振波谱产生需 4 个条件：

① 原子核，即能产生自旋的样品；

② 外加磁场；

③ 射频发生器；

④ 检测共振信号的检测器。

按工作方式，可将高分辨率核磁共振波谱仪分为两大类，即连续波核磁共振波谱仪及脉冲 Fourier 变换核磁共振波谱仪。连续波可以用固定磁场扫描电磁波的频率来获得核磁共振信号，称为扫频；但更常见的是固定射频频率，通过改变电磁铁的电流扫描磁场来获得核磁共振信号，称为扫场。

按产生磁场的设备分类，分为电磁铁、永久磁铁和超导磁铁；按研究对象分类，分为高分辨率核磁共振波谱仪和宽谱线核磁共振波谱仪；按用途分类，可分为常规分析仪器和研究专用仪器。

连续波 NMR 谱仪主要由磁铁、探头、扫描线圈、射频源、信号检测及记录处理系统主要部件组成（图 14-13）。

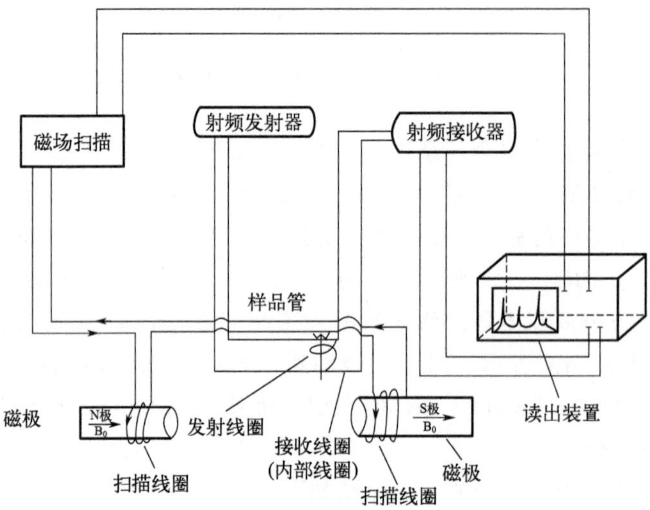

图 14-13 连续波 NMR 谱仪框图

1. 磁铁

磁铁是 NMR 谱仪中最重要的部分。NMR 常用的磁铁有永久磁铁、电磁铁和超导磁铁三种。NMR 的灵敏度和分辨率主要取决于磁铁的质量和强度。在 NMR 中通常用对应的质子共振频率来描述不同场强。永久磁铁一般可提供 0.7046T 或 1.4092T 的磁场，对应质子共振频率为 30MHz 和 60MHz。超导磁铁可以提供场强更高的磁场，共振频率最高可达到 800MHz。而电磁铁可提供对应共振频率为 60MHz、90MHz、100MHz 的磁场。

在 NMR 谱仪中要求测量的化学位移，其精度一般要达到 10^{-8} 数量级。这就要求磁场的稳定性至少要达到 10^{-9} 数量级。为了有效地消除温度等环境影响，在 NMR 谱仪中都采用了频率锁定系统，即对一个参比核连续地以对应于磁场的共振极大的频率进行照射和监控，通过反馈线路保证 H/ν 不变而控制住磁场。常采用的有外锁定系统（以样品池外某一种核作参比）和内锁定系统（以样品池内某一种核作参比）来进行场频连锁，分别可以将磁场漂移控制在 10^{-9} 及 10^{-10} 数量级。

为了使样品处在一个均匀的磁场中，在磁场的不同平面还会加入一些匀场线圈以消除磁场的不均匀性，同时利用一个气动轮转子使样品在磁场内以几十赫兹的速率旋转，使磁场的不均匀性平均化，以此来提高灵敏度和分辨率。

2. 探头

样品探头是一种用来使样品管保持在磁场中某一固定位置的器件，探头中不仅包含样品管，而且包括扫描线圈和接收线圈，以保证测量条件的一致性。为了避免扫描线圈与接收线圈相互干扰，两线圈垂直放置并采取措施防止磁场的干扰。

3. 扫描线圈

在连续波 NMR 谱仪中，扫描方式最先采用扫场方式，通过在扫描线圈内加上一定电流，产生 10^{-5} 数量级的磁场变化来进行核磁共振扫描。相对于 NMR 的均匀磁场来说，这样变化不会影响其均匀性。相对扫场方式来说，扫频方式工作起来比较复杂，但目前大多数装置都配用扫频工作方式。

4. 射频源

NMR 谱仪通常采用恒温下石英晶体振荡器产生基频，经过倍频、调谐及功率放大后馈入与磁场成 90°角的线圈中。为了获得高分辨率，频率的波动必须小于 10^{-8}，输出功率＜1W，且在扫描时间内波动＜1%。

5. 信号检测及记录处理系统

共振核产生的射频信号通过探头上的接收线圈加以检测，产生的电信号通常要放大 10^5 倍后才能记录。NMR 记录仪的横轴驱动与扫描同步，纵轴为共振信号。现代 NMR 仪常都配有一套积分装置，可以在 NMR 波谱上以阶梯的形式显示出积分数据。由于积分信号不像峰高那样易受多种条件影响，可以通过它来估计各类核的相对数目及含量，有助于定量分析。

随着计算机技术的发展，一些连续波 NMR 仪配有多次重复扫描并将信号进行累加的功能，从而有效地提高仪器的灵敏度。但由于一般仪器的稳定性影响，一般累加次数以 100 次左右为宜。

二、Fourier 变换 NMR 谱仪

Fourier 变换 NMR 谱仪，亦称脉冲 Fourier 变换 NMR（Pulsed Fourier Transform NMR，PFT-NMR）谱仪，它是另一类获取 NMR 信号的仪器。在 PFT-NMR 中，不是通过扫描频率（或磁场）的方法找到共振条件，而是在恒定的磁场中，在整个频率范围内施加具有一定能量的脉冲，使自旋取向发生改变并跃迁至高能态，高能态的核经一段时间后又重新返回低能态，通过收集这个过程产生的感应电流，即可获得时间域上的波谱图。一种化合物具有多种吸收频率时，所得图谱十分复杂，称为自由感应衰减（free induction decay，FID），自由感应衰减信号产生于激发态的弛豫过程。FID 信号经快速 Fourier 变换后即可获得频域上的波谱图，即常见的 NMR 谱图。

其中脉冲射频通过一个线圈照射到样品上，随之该线圈作为接收线圈收集自由感应衰减信号。这一过程通常可在数秒内完成，与连续波相比大大提高了分析速度。在连续波 NMR 一次扫描的时间内，PFT-NMR 谱仪可以进行约 100 次扫描，大大提高了 NMR 的灵敏度。正是由于 PFT-NMR 谱仪在 20 世纪 70 年代开始使用，才使得 ^{13}C NMR 成为一种常规分析手段。

第四节　核磁共振波谱法的应用

前已述及，NMR的应用主要集中在有机物和生物化学分子结构分析及结构鉴定中，但在某些情况下亦可用于定量测定。还用在生物系统的代谢研究，溶液中生物分析结构的测定以及高分子结构分析等中。

NMR图谱可以提供的主要参数有化学位移、质子的分裂峰数、耦合常数及各组分相对峰面积。与红外光谱一样，对于简单的分子，仅根据其本身的图谱，即可进行鉴定。对于复杂的化合物，则需在已知化学式（质谱或元素分析结果）及红外光谱提供的部分信息基础上进一步分析鉴定。未知化合物^{1}H NMR谱图解析需要以下几个步骤：

① 根据分子式计算不饱和度；

② 测量积分曲线，确定各峰组对应的质子数；

③ 根据化学位移、质子数目及分裂峰数推测对应的结构单元；

④ 计算剩余的结构单元及不饱和度；

⑤ 将结构单元组合成可能的结构式；

⑥ 对确认的结构式进行指认和验证，排除不合理的结构式。

对于已知化学式的分子，不饱和度的计算公式如下：

$$\Omega=1+n_4+\frac{1}{2}(n_3-n_1) \tag{14-19}$$

式中，n_1、n_3、n_4分别为化学式中一价、三价和四价原子的数目。

二价原子（如O或S）不影响不饱和度，不必代入公式；一般来说，链烷烃Ω为0，双键及饱和环结构为1，三键为2，苯环为4。

【例14-1】 某一化学式为$C_4H_8O_2$的化合物在CCl_4溶液中的^{1}H NMR谱如图14-14所示，试推测其结构。

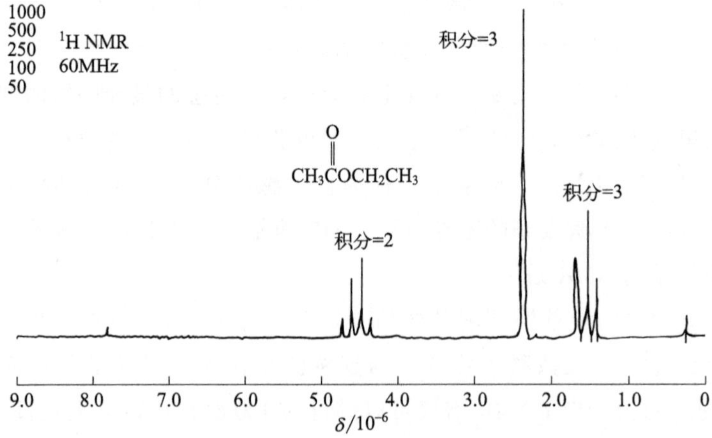

图14-14　化合物$C_4H_8O_2$在CCl_4溶液中的^{1}H NMR谱图

解：该化合物的不饱和度为

$$\Omega=1+5+\frac{0-10}{2}=1$$

由图 14-14 可知，计算不饱和度为 1，可能含有双键；根据 O 的存在，可能含有 C═O 双键（突破口）；含有两个氧，可能含有 C═O 或 C—O，推测含有酯；酯基有两个非常特征的位移，2.0 或 4.0，谱图中 2.1 和 4.1 分别出现两组峰，判断它很有可能含有酯基；一个四重峰和一个三重峰，很显然这是乙基的典型裂分模式，得到化学结构式乙酸乙酯的结构。

【例 14-2】 图 14-15 所示是某化合物 C_9H_{12} 在 CCl_4 溶液中的 ^1H NMR 谱图，且 IR 指示其为酯类化合物，试推断其结构。

解：不饱和度 $\Omega=1+9+\frac{1}{2}(-12)=4$

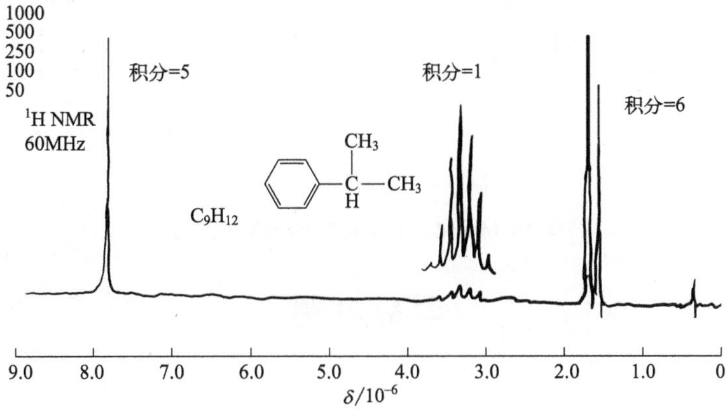

图 14-15　化合物 C_9H_{12} 在 CCl_4 溶液中的 ^1H NMR 谱图

图谱解析：首先计算不饱和度为 4，推测含有苯环；谱图中 7.2 左右有一个大的单峰，积分面积大约为 5，表示确实存在苯环，而且是单取代的情况，5 个氢重叠在一起；剩余一个七重峰，一个双峰，强度比满足 1∶6，这是一个典型的异丙基的裂分模式，推测该化合物为含有苯环的异丙基取代的化合物。

【例 14-3】 某化合物 $C_8H_8O_2$，根据如下 ^1H NMR 谱图（图 14-16）推断其结构。

解：首先计算不饱和度为 5，结构推测过程如下表所示。

$$\Omega=1+8+\frac{1}{2}(-8)=5$$

不饱和度	$\Omega=1+8+1/2(0-8)=5$				可能含有苯环(4)和 C═O、C═C 或环(1)	
谱峰归属	峰号	δ	积分	归属	归属	推断
	(a)	3.8	3H	单封	CH_3	3 个氢，CH_3 峰，单峰，没有与之耦合的质子，和电负性基团(—O)相连向低场位移；
	(b)	7.2	2H	双峰	Ar-H	2 个氢，苯环上氢峰，(b)和(c)的 4 个峰为苯环对位取代特征值；
	(c)	7.8	2H	双峰	Ar-H	
	(d)	9.8	1H	单峰	—CHO	1 个氢，苯环上氢峰低场信号，为醛基质子特征峰

续表

不饱和度	$\Omega=1+8+1/2(0-8)=5$	可能含有苯环(4)和 C=O、C=C 或环(1)
确定结构	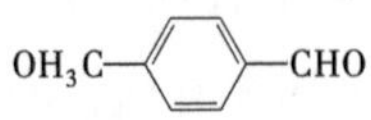	—CHO 化学位移查表得 $\delta=9\sim10$；Ar-O-CH_3 化学位移查表得 $\delta=3.61\sim3.86$。 本例中—CHO 质子化学位移 $\delta=9.8$；Ar-O-CH_3 质子化学位移 $\delta=3.8$，故结构正确
结构验证	其不饱和度与计算结果相符，并与标准谱图对照结构正确	

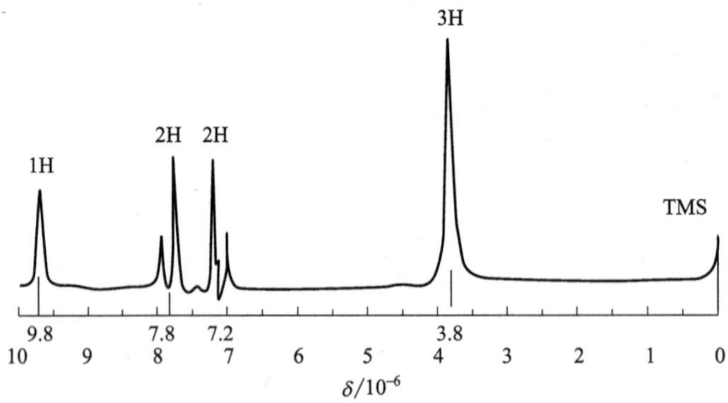

图 14-16 化合物 $C_8H_8O_2$ 的 ^1H NMR 谱图

课后习题

一、选择题

1. 若外加磁场的强度 H_0 逐渐加大，则使原子核自旋能力的低能态跃迁到高能态所需的能量（　　）。

A. 不变　　B. 逐渐变大　　C. 逐渐变小　　D. 随原核而变

2. 以下不能用来确定碳类型的核磁共振去耦技术为（　　）。

A. 质子宽带去耦　　B. 无畸变极化转移技术

C. 偏共振去耦　　D. 以上技术均不能

3. 下列不适合应用核磁共振测定的核种是（　　）。

A. ^{12}C　　B. ^{15}N　　C. ^{19}F　　D. ^{31}P

4. 下列各组原子核，不产生核磁共振信号的是（　　）。

A. ^{2}H、^{14}N　　B. ^{19}F、^{12}C　　C. ^{12}C、^{1}H　　D. ^{12}C、^{16}O

5. 关于 ^1H NMR 谱，下面叙述错误的是（　　）。

A. ^1H NMR 谱可以给出质子的类型和化学环境

B. ^1H NMR 谱可以给出质子的分布

C. ^1H NMR 谱可以给出质子间的相互关系

D. ^1H NMR 谱可以鉴别化学环境相似的烷烃

6. 关于磁等价核，下列叙述错误的是（　　）。

A. 组内核的化学位移相等

B. 与组外核耦合时耦合常数相等

C. 无组外核干扰时，组内核因不相互耦合，峰不裂分

D. 无组外核干扰时，组内核相互耦合，但不裂分

7. 核磁共振的弛豫过程是（　　）。

A. 自旋核加热过程

B. 高能态自旋核将多余能量以非辐射途径释放而返回低能态的过程

C. 高能态自旋核将多余能量以电磁辐射形式发射出去的过程

D. 自旋核以低能态向高能态跃迁的过程

8. 核磁共振波谱法中，当绕核电子云密度增加时，核实受磁场强度会（　　）。

A. 增加　　B. 减小　　C. 稍有增加　　D. 没变化

9. 以下对质子化学位移值大小无影响的因素是（　　）。

A. 质子周围电子云密度增大

B. 质子周围电子云密度降低

C. 在待研究质子所连接的碳上引入吸电基

D. 外磁场强度 H_0

10. 在核磁共振波谱中下列情况能产生化学位移的是（　　）。

A. 核外电子云的屏蔽作用　　B. 自旋分裂

C. 自旋耦合　　D. 弛豫过程

二、简答题

1. 哪些核种具有核磁共振现象？

2. 采用核磁共振仪测定某物质的^{1}H NMR 谱，氢核的进动频率随着外磁场强度 H_0 的增大而增大，但其化学位移值 δ 不变化，为什么？

3. 为什么用 δ 值表示化学位移值而不用共振频率的绝对值表示？

4. 化学位移是如何产生的？

5. 化学等价质子与磁等价质子之间符合怎样的逻辑关系？请举几个化学等价但磁不等价质子的例子。

6. 从^{1}H NMR 谱图中可得到哪些信息？

7. 在^{1}H NMR 谱图中，如何区分内标 TMS 及测定用溶剂的共振信号？

第十五章

质谱法

质谱法是测量原子、分子、分子碎片质量的分析方法，是通过将样品转化为运动的气态离子并按质荷比（m/z）大小进行分离记录的分析方法，所得结果即为质谱图（亦称质谱）。被分析的样品首先要离子化，然后利用不同离子在电场或磁场中的运动行为不同，把离子按质荷比（m/z）分开而得到质谱，通过样品的质谱和相关信息，可以得到样品的定性、定量结果。

早期质谱法最重要的工作是发现非放射性同位素，科学家 J. J. Thomson 建造质谱的雏形以测量电子的质荷比，他由于发现电子和气体导电方面的工作而获得 1906 年的诺贝尔物理学奖。1913 年，J. J. Thomson 报道了氖气是由 ^{20}Ne 和 ^{22}Ne 两种同位素组成。物理学家 Francis W. Aston 于 1919 年发明原子质谱，借此发现 281 个天然同位素中的 212 个，于 1922 年获得诺贝尔化学奖。到 20 世纪 30 年代中叶，质谱法已经鉴定了大多数稳定同位素，精确地测定了原子质量，建立了原子质量不是整数的概念，大大促进了核化学的发展。但直到 1942 年，才出现了用于石油分析的第一台商品质谱仪。从 20 世纪 60 年代开始，质谱法更加普遍地应用到有机化学和生物化学领域。化学家们认识到由于质谱法独特的离子化过程及分离方式，从中获得的信息是具有化学本性、直接与其结构相关的，可以用它来阐明各种物质的分子结构。正是由于这些因素，质谱仪成为许多研究室及分析实验室的标准仪器之一。

质谱分析法的特点：

① 灵敏度高，样品用量少，有机质谱仪的绝对灵敏度可达 50pg；

② 分析速度快，并可实现多组分同时检测，既可进行定性分析又可进行定量分析；

③ 可以提供有机物精确的分子量、元素组成及结构信息。

第一节 质谱仪

一、质谱仪的工作原理

质谱仪是利用电磁学原理，使带电的样品离子按质荷比进行分离的装置。典型的方式是将样品分子离子化后经加速进入磁场中，其动能与加速电压及电荷 z 有关，即：

$$zeU=\frac{1}{2}mv^2 \tag{15-1}$$

式中，z 为电荷数；e 为元电荷（$e=1.60\times10^{-19}C$）；U 为加速电压；m 为离子的质量；v 为离子被加速后的运动速率。

具有速率 v 的带电粒子进入质量分析器的电磁场中，根据所选择的分离方式，最终实现各种离子按 m/z 分离。

二、质谱仪的分类

根据质量分析器的工作原理，可以将质谱仪分为动态仪器和静态仪器两大类。静态仪器采用稳定的电场或（和）磁场，按空间位置将 m/z 不同的离子分开，如单聚焦和双聚焦质谱仪。动态仪器采用变化的电磁场，按时间不同来区分 m/z 不同的离子，如飞行时间和四极滤质器式的质谱仪。根据分析对象的不同分为有机质谱仪和无机质谱仪。有机质谱仪分为气相色谱-质谱联用仪和液相色谱-质谱联用仪。无机质谱仪为等离子体色谱-质谱联用仪。根据样品离子化方式分为原子质谱和分子质谱，其中原子质谱是指将样品原子化，然后将这些原子尽可能多地离子化（通常为正一价），然后按质荷比将这些离子分开，最后计算各种离子的数量。分子质谱是指将样品用各种方法离子化后，按质荷比将这些离子分开，最后计算各种离子的数量。

三、质谱仪的基本构成

质谱仪的基本构成包括进样系统、离子化系统、质量分析器和检测系统。为了获得离子的良好分析结果，必须避免离子损失，因此凡有样品、分子及离子存在和通过的地方，必须处于真空状态。因此，进行系统、离子化系统和质量分析器处于真空系统中。图 15-1 所示为质谱仪基本构造图。质谱分析的基本流程：通过合适的进样装置将样品引入并进行气化，气化后的样品引入离子源进行离子化，然后离子经过适当的加速后进入质量分析器，按不同的 m/z 进行分离，最后到达检测器，产生不同的信号从而进行分析。

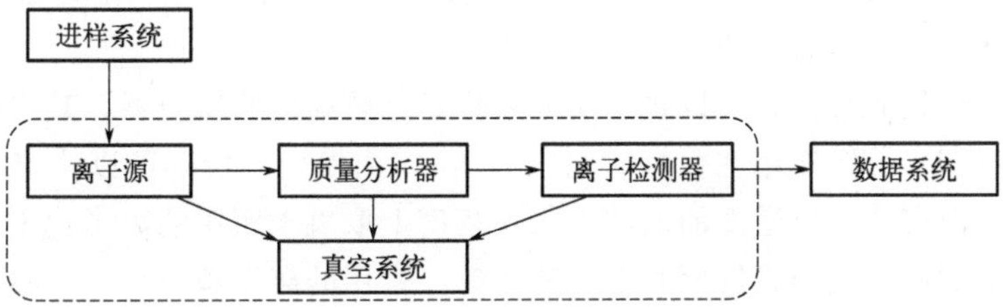

图 15-1　质谱仪的基本构造图

1. 真空系统

质谱仪中离子产生及经过的系统必须处于高真空状态，如果真空度过低，则可能造成离子源灯丝损坏、本底增高、副反应过多，从而出现谱图复杂化、干扰离子源的调节、加速电极放电等问题。一般质谱仪都采用机械泵预抽真空后，再用高效率扩散泵连续地运行以保持真空。其中离子源真空度应达到 $1.3\times10^{-6}\sim1.3\times10^{-4}$Pa，质量分析器中应达 1.3×10^{-6}Pa。

2. 进样系统

进样系统的作用是高效重复地将样品引入离子源中并且不能造成真空度的降低。目前常用的进样装置有间歇式进样系统、直接探针进样系统及色谱进样系统三种类型。一般质谱仪都配有前两种进样系统以适应不同的样品需要。表 15-1 列出了质谱仪进样系统的方式及特点。

表 15-1 质谱仪进样系统的方式及特点

进样系统	适用对象	进样方式	进样特点
间歇式进样系统	气体、液体和中等蒸气压的固体样品	通过可拆卸式的试样管将少量(10～100μg)固体和液体试样引入试样储存器中，由于进样系统的低压强及储存器的加热装置，试样保持气态。实际上试样最好在操作温度下具有 0.13～1.3Pa 的蒸气	由于进样系统的压强比离子源的压强要大，样品离子可以通过分子漏隙(通常是带有一个小针孔的玻璃或金属膜)以分子流的形式渗透进高真空的离子源中
直接探针进样系统	在间歇式进样系统的条件下无法变成气体的固体、热敏性固体及非挥发性液体试样	通常将试样放入小杯中，通过真空闭锁装置将其引入离子源，可以对样品杯进行冷却或加热处理。用这种技术不必使样品蒸气充满整个储存器，故可以引入样品量较小(可达 1ng)和蒸气压较低的物质	直接进样法使质谱法的应用范围迅速扩大，使许多少量且复杂的有机化合物和有机金属化合物得以进行有效的分析，如甾族化合物、糖、双核苷酸和低摩尔质量聚合物等，都可以获得质谱
气相色谱进样系统	容易气化的样品(样品蒸气压＞10^{-2}Pa)	由电子轰击电离源和化学电离源接口相连	不能汽化的样品不能分析
液相色谱进样系统	产生的离子可以带多电荷，尤其是生物大分子如蛋白质；适用于强极性、大分子量样品的分析，如肽、蛋白质、糖等	电喷雾电离源和大气压化学电离源接口相连	适用的流速较低，0.2～0.3mL/min；高盐浓度容易产生离子抑制；结构信息较少

3. 离子源

离子源的功能是将进样系统引入的气态样品分子转化成离子。由于离子化所需要的能量随分子不同差异很大，因此对于不同的分子应选择不同的离子化方法。通常称能给样品较大能量的离子化方法为硬离子化方法，而给样品较小能量的离子化方法为软离子化方法，后一种方法适用于易破裂或易离子化的样品。

离子源是质谱仪的心脏，可以将离子源看作是比较高级的反应器，其中样品发生一系列的特征降解反应，分解作用在很短时间（约 1μs）内发生，所以可以快速获得质谱。对一个给定的分子而言，其质谱图的面貌在很大程度上取决于所用的离子化方法。离子源的性能将直接影响到质谱仪的灵敏度和分辨能力等。常用的离子源包括：电感耦合等离子体源；电子轰击电离源；化学电离源；电喷雾源；大气压化学电离源；基质辅助激光解吸电离源等。

（1）电子轰击电离源（EI） 电子轰击法是通用的离子化法，是使用高能电子束从试样分子中撞出一个电子而产生正离子，即：

$$M+e^- \longrightarrow M^+ + 2e^- \tag{15-2}$$

式中，M 为待测分子；M^+ 为分子离子或母体离子。

电子束产生各种能态的 M^+。若产生的分子离子带有较大的内能（转动能、振动能和电子跃迁能），可以通过碎裂反应而消去，如：

$$M^+ \begin{cases} \nearrow M_1^+ \rightarrow M_3^+ \cdots\cdots \\ \searrow M_2^+ \rightarrow M_4^+ \cdots\cdots \end{cases} \tag{15-3}$$

式中，M_1^+、M_2^+……为较低质量的离子。

而有些分子离子由于形成时获能不足，难以发生碎裂作用，可能以分子离子的形态被检测到。图 15-2 是电子轰击电离源的原理图。电子轰击电离源的结构由电离盒、灯丝、磁铁组成，基本原理为气化样品分子在低压下被引入电离室，受到热钨丝或铼丝发射的电子束的轰击。若轰击电子的能量大于试样分子的电离能，分子将失去一个电子而发生电离。M 分子失去一个电子形成分子离子，若再提高电子能量，将引起分子中某些化学键的断裂，生成各种碎片离子和中性自由基，提供丰富的分子结构信息。

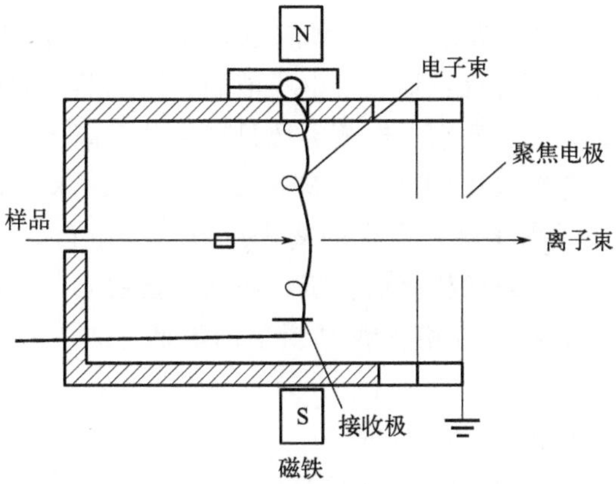

图 15-2 电子轰击电离源的原理图

电子轰击电离源的特点是：

① 电离电压高达 70eV；

② 碎片离子多，结构信息丰富，已积累了 20 多万个标准化合物质谱库，是快速鉴定化合物的手段；

③ 样品在气态下电离，不能汽化的样品不能分析（样品蒸气压＞10^{-2}Pa），主要用于气质联用仪；

④ 由于电离源比较大，有些样品得不到分子离子。

（2）化学电离源（CI） 在质谱中可以获得的样品的主要信息之一是其分子量。但经电子轰击产生的 M^+ 峰，往往不存在或其强度很低。必须采用比较温和的离子化方法，其中之一就是化学离子化法。化学离子化法是通过离子-分子反应来进行离子化，而不是用强电子束进行离子化。离子（为区别于其他离子，称为试剂离子）与试样分子按下列方式进行反应，转移一个质子给试样或由试样移去一个 H^+ 或电子，试样则变成带＋1 电荷的离子。化学离子化源一般在 $1.3\times10^2\sim1.3\times10^3$Pa 压强下工作（现已发展出大气压下化学离子化技术）。电子首先电离反应气，然后通过分子-离子反应使化合物电离。如果反应气是甲烷，反应式如下：

$$CH_4 + e^- \longrightarrow CH_4^+ + CH_3^+ + CH_2^+ + CH^+ + C^+ \tag{15-4}$$

$$CH_4^+ + CH_4 \longrightarrow CH_5^+ + CH_3$$

$$CH_3^+ + CH_4 \longrightarrow C_2H_5 + H_2$$

$$CH_5^+ + XH \longrightarrow XH_2 + CH_4$$

$$C_2H_5^+ + XH \longrightarrow X^+ + C_2H_6$$

化学电离源的结构与电子轰击电离源近似，只是在电子束中有试剂分子，可以有正离子模式和负离子模式，例如：

正离子模式：
$$GH^{+}+M \longrightarrow [M+H]^{+}+G \tag{15-5}$$

负离子模式：
$$[G\text{-}H]^{-}+M \longrightarrow [M+H]^{+}+G \tag{15-6}$$

式中，G为离子化的试剂气体分子，如 CH_4、CH_3 等；M为被分析物。

化学电离源可以大大简化质谱。若采用酸性比 CH_5^+ 更弱的 $C_4H_9^+$（由异丁烷获得）、NH_4^+（由氨获得）、H_3O^+（由水获得）等试剂离子，则可更进一步简化。

(3) 电喷雾源（ESI） 电喷雾是另外一种软电离技术，结构由喷嘴、雾化气、干燥气组成。电喷雾离子化分为三个过程：形成带电小液滴，溶剂蒸发和静电斥力使小液滴进一步碎裂，最终形成气相离子进入质谱。电喷雾源只产生分子离子，控制参数可以不产生碎片离子。通常在正模式下产生 $(M+H)^+$、$(M+Na)^+$ 或 $(M+K)^+$ 准分子离子峰，在负模式下产生 $(M\text{-}H)^-$ 等准分子离子峰；产生的离子可以带多电荷，尤其是生物大分子如蛋白质；适用于强极性、大分子量的样品的分析，如肽、蛋白质、糖等；灵敏度高；主要用于液相色谱-质谱联用仪，弥补了气相色谱-质谱仪的不足。

电喷雾源的特点是：

① 适用的流速较低，0.2～0.3mL/min；

② 高盐浓度容易产生离子抑制；结构信息较少。

(4) 大气压化学电离源（APCI） 大气压化学电离的结构与电喷雾源大致相同，不同之处在于 APCI 喷嘴的下游放置一个针状放电电极，通过放电电极的高压放电，使空气中某些中性分子电离，产生 H_3O^+、N_3^+、O_2^+、O^+ 等离子，溶剂分子也会电离，这些离子与分析物分子进行离子-分子反应，使分析物分子离子化，这些反应过程包括由质子转移和电荷交换产生正离子，质子脱离和电子捕获产生负离子等。使用对象：样品极性不是很强，电喷雾电离效果不好，分子量也比较大的样品。

大气压化学电离源的特点是：

① 一般只生成单电荷离子，得到的质谱很少有碎片离子，主要是准分子离子；

② 所分析的化合物分子量一般小于 1000；

③ 基质影响较小，一般不受缓冲盐影响；

④ 热不稳定样品可能分解。

(5) 基质辅助激光解吸电离源（MALDI） 基质辅助激光解吸电离源由脉冲激光器和样品靶组成。基本原理为用激光照射样品与基质形成晶体，基质从激光中吸收能量传递给生物分子，而电离过程中将质子转移到生物分子或从生物分子得到质子，从而使生物分子电离。特点是：MALDI 属于软电离技术，它比较适用于生物大分子，如肽、蛋白质、核酸等。得到的质谱主要是分子离子、准分子离子。常用的基质有 2,5-二羟基苯甲酸、芥子酸、烟酸、肉桂酸等。

4. 质量分析器

质量分析器的作用是将离子源产生的离子按 m/z 顺序分开并排列成谱。依据方式不同，质量分析器的主要类型有磁质量分析器（Magnetic Analyzer）、飞行时间分析器（Time of Flight，TOF）、四极杆分析器（Quadrupole Analyzer）、离子阱分析器（Ion Trap Analyzer）和离子回旋共振分析器（Ion Cyclotron Resonance Analyzer）等。随着微电子技术的发展，也可以采用这些分析器的变型。

（1）磁质量分析器　最常用的分析器类型之一就是扇形磁质量分析器。离子束经加速后飞入磁极间的弯曲区，由于磁场作用，飞行轨道发生弯曲，见图 15-3。离子进入磁场并在磁场作用下做圆周运动，离子在磁场中的轨道半径 R 与离子的质荷比的关系如下：

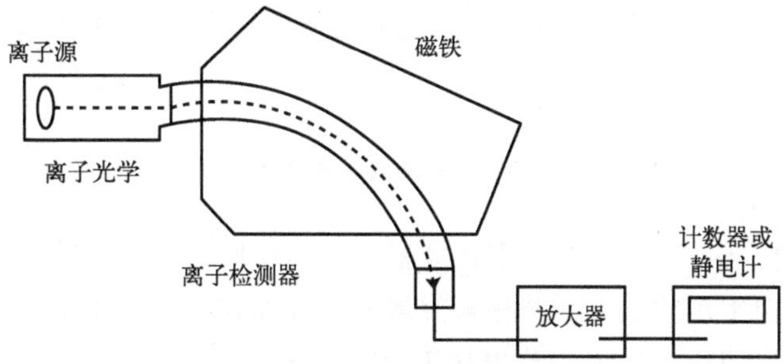

图 15-3　磁质量分析器示意图

$$\frac{mv^2}{R}=Hzv \tag{15-7}$$

$$R=\frac{1}{H}\sqrt{2U\frac{m}{z}} \tag{15-8}$$

$$\frac{m}{z}=\frac{H^2R^2}{2U} \tag{15-9}$$

若 H 和 U 固定不变，则离子的 m/z 越大，运动半径越大；m/z 不同，运动半径不同，各种离子按 m/z 的大小顺序分开。若固定加速电压 U，连续改变磁场强度 H，称为磁场扫描，m/z 与 H^2 成正比；若固定磁场强度 H，连续改变加速电压 U，称为电场扫描，m/z 与 $1/U$ 成正比。常用的是磁场扫描。

仅用一个扇形磁场进行质量分析的质谱仪称为单聚焦质谱仪。设计良好的单聚焦质谱仪的分辨率可达 5000。单聚焦质谱仪的结构简单，操作方便，但其分辨率很低，原因在于离子源产生的离子在进入加速电场前，其初始能量并不相同，经过磁场后其偏转半径也不同，以能量大小顺序分开，最后不能全部聚焦在检测器上，故仪器分辨率低。使用双聚焦质量分析器可解决离子能量分散的问题。

单聚焦质谱仪中影响分辨率的两个主要因素是离子束离开离子枪时的角分散和动能分散，因为各种离子是在离子源不同区域形成的。若要求分辨率大于 5000，则需要使用双聚焦质谱仪。为了消除离子能量分散对分辨率的影响，通常在扇形磁场前加一扇形电场，扇形电场是一个能量分析器，不起质量分离作用。质量相同而能量不同的离子经过静电电场后会彼此分开，即静电场有能量分散作用。如果设法使静电场的能量分散作用和磁场的能量分散作用大小相等而方向相反，就可以消除能量分散对分辨率的影响。质量相同的离子经过电场和磁场后可以聚在一起，其他质量的离子会聚在另一点。这种利用电场和磁场共同实现质量分离的分析器，同时具有方向聚焦和能量聚焦作用，叫作双聚焦质量分析器（图 15-4）。一般商品化双聚焦质谱仪的分辨率可达 150000，质量测定准确度可达 0. 03μg/g，即对于分子量为 600 的化合物可测至误差±0. 0002u。

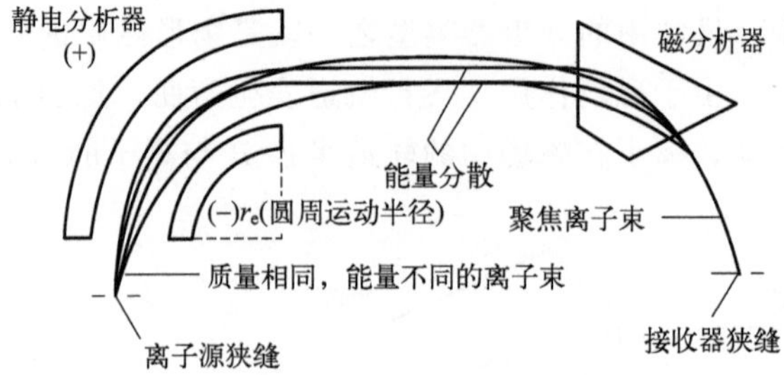

图 15-4　双聚焦质量分析器

（2）四极杆分析器　四极杆分析器由 4 根平行的金属杆组成，其排布见图 15-5。理想的四杆为双曲线，但常用的是 4 根圆柱形金属杆，被加速的离子束对准穿过 4 根极杆之间的准直小孔。通过在四极上加上直流电压 U 和射频电压 $V\cos(\omega t)$，在极间形成一个射频场，正电极电压为 $U+V\cos(\omega t)$，负电极电压为 $-[U+V\cos(\omega t)]$。离子进入此射频场后，会受到电场力作用，只有 m/z 合适的离子才会通过稳定的振荡进入检测器。只要改变 U 和 V 并保持 U/V 值恒定，就可以实现不同 m/z 离子的检测。

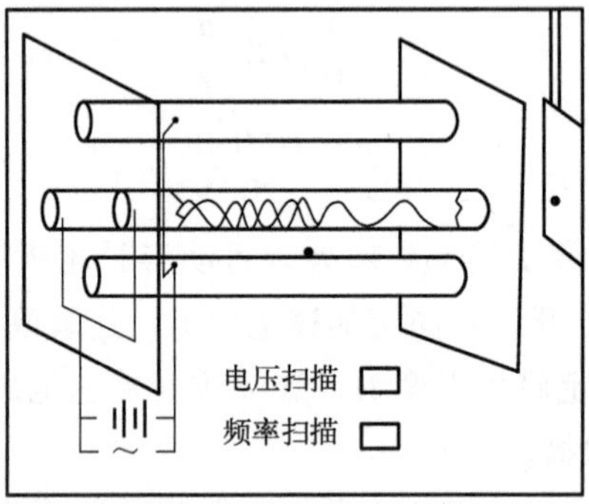

图 15-5　四级杆分析器示意图

四极杆分析器的分辨率和 m/z 范围与磁分析器大体相同，其极限分辨率可达 2000，典型的约为 700。其特点为：可获得经典的质谱图；重现性好，传输效率高，入射离子的动能或角发散影响不大；体积较小，造价较低，可以快速扫描，制作工艺简单，仪器紧凑；常应用于 GC-MS 和 LC-MS 系统中。还有串联三级四极杆质谱仪，常应用于需要快速扫描的 GC-MS 及空间卫星中。

（3）离子阱分析器　离子阱是一种通过电场或磁场将气相离子控制并储存一段时间的装置。由一环形电极再加上下各一的端罩电极构成。以端罩电极接地，在环电极上施以变化的射频电压，此时处于阱中的具有合适的 m/z 的离子将在阱中指定的轨道上稳定旋转。若增加该电压，则较重离子转至指定稳定轨道，而轻些的离子将偏出轨道并与环电极发生碰撞。当一组由离子化源（化学离子化源或电子轰击源）产生的离子由上端小孔中进入阱中后，射频电压开始扫描，陷入阱中的离子的轨道则会依次发生变化，离子从底端离开环电极腔，从而被检测器检测。这种离子阱结构简单，成本低且易于操作，已用于 GC-MS 联用装置中。

离子阱分析器可以实现时间多级串联质谱技术，而且结构紧凑。应用于台式的GC-MS、LC-MS-MS联用技术中，可用于目标化合物的筛选、气相离子化学研究和肽序列测定等。缺点是动态范围窄，不适合用于定量分析；存在空间电荷效应和离子-分子反应；多个仪器参数影响质谱中离子的分布，如活化能、捕获时间、检测条件等。

（4）飞行时间分析器　这种分析器的离子分离是以非磁方式达到的，因为从离子源飞出的离子动能基本一致，在飞出离子源后进入一长约 1m 的无场漂移管。离子加速后，其速率为：

$$v=\left(\frac{2Uze}{m}\right)^{0.5} \tag{15-10}$$

此离子到达无场漂移管另一端的时间为：

$$t=\frac{L}{v} \tag{15-11}$$

故对于具有不同 m/z 的离子，到达终点的时间差为：

$$\Delta t=L\left(\frac{1}{v_1}-\frac{1}{v_2}\right) \tag{15-12}$$

$$\Delta t=L\,\frac{\sqrt{(m/z)_1}-\sqrt{(m/z)_2}}{\sqrt{2U}} \tag{15-13}$$

由此可见，Δt 取决于 m/z 的平方根之差。

因为连续离子化和加速将导致检测器的连续输出，无法获得有用信息，所以 TOF 是以大约 10kHz 的频率进行电子脉冲轰击产生正离子，随即具有相同频率的脉冲使电场加速，被加速的粒子按不同的 m/z 经漂移管在不同时刻到达收集极上，并馈入一个水平扫描频率与电场脉冲频率一致的显示器上，从而得到质谱图。用这种仪器，每秒可以得到多达 1000 幅的质谱。从分辨能力、重现性及质量鉴定角度来说，TOF 不及上述质量分析器，但其快速扫描质谱的性能使得此类分析器可以用于研究快速反应以及与 GC 联用等，而用 TOF 质谱仪的质量检测上限没有限制，因而可用于一些高质量离子分析中。与磁场分析器相比，TOF 仪器的体积较小且易于移动与搬运，操作起来比较方便。

5. 检测系统

质谱仪常用的检测器有 Faraday 杯、电子倍增器、闪烁计数器、照相底片等。质谱信号非常丰富，现代质谱仪一般都采用较高性能的计算机对产生的信号进行快速接收与处理，同时通过计算机可以对仪器条件等进行严格的监控，从而使精密度和灵敏度都有一定程度的提高。

第二节　质谱图分析

一、质谱图相关术语

质谱图是以质荷比（m/z）为横坐标、相对强度为纵坐标构成的，一般将原始质谱图上最强的离子峰定为基峰并定为相对强度 100%，其他离子峰以对基峰的相对百分值表示。质谱法的主要应用是鉴定复杂分子并阐明其结构、确定元素的同位素质量及分布等。

质谱信号十分丰富。分子在离子源中可以产生各种离子，即同一种分子可以产生多种离子峰，其中主要的有分子离子峰、同位素离子峰、碎片离子峰、重排离子峰、亚稳离子峰等。

1. 分子离子峰

试样分子在高能电子撞击下产生正离子，即：

$$M+e^{-} \longrightarrow M^{+}+2e^{-} \tag{15-14}$$

式中，M^{+}为分子离子或母离子。

分子失去电子形成带正电荷的阳离子，成为分子离子，质谱图中相应的峰称为分子离子峰。分子离子峰是除同位素峰之外，质量数最大的质谱峰，据此可准确测定未知物的分子量。根据分子离子和相邻质荷比较小的碎片离子的关系，可以推断化合物的类型及可能含有的官能团。由分子离子峰及同位素峰的相对强度或由高分辨率质谱仪测得的精确分子量，可推导化合物的分子式。

若有机化合物产生的分子离子足够稳定，质谱中位于质荷比最高位置的峰就是分子离子峰。但有的化合物不稳定，质谱中位于质荷比最高位置的峰不是分子离子峰，因此，给分子离子峰的识别带来了困难。在纯样品质谱图中，判断分子离子峰时应注意如下问题：

① 原则上除同位素峰外它是最高质量的峰。即分子离子峰应位于质谱图的最右端，但有些分子会形成准分子离子峰 $(M+1)^{+}$或 $(M-1)^{+}$。

② 分子离子峰必须符合氮律。即在含有 C、H、N、O 等的有机化合物中，若有偶数（包括零）个氮原子存在时，其分子离子峰的 m/z 值一定是偶数；若有奇数个氮原子时，其分子离子峰的 m/z 值一定是奇数。这是因为组成有机化合物的主要元素 C、H、O、N、S、卤素中，只有氮的化合价是奇数（一般为 3）而质量数是偶数，因此出现氮律。

③ 当化合物中含有氯或溴时，可以利用 M 与 M+2 峰的比例来确认分子离子峰。通常，若分子中含有一个氯原子，则 M 和 M+2 的峰强度之比为 3∶1；若分子中含有一个溴原子，则 M 和 M+2 的峰强度之比为 1∶1。

④ 分子离子峰与邻近峰的质量差要合理，如有不合理的碎片峰，就不是分子离子峰。例如，分子离子不可能裂解出两个以上的氢原子和小于一个甲基的基团，故分子离子峰的左边不可能出现比分子离子峰质量小 3～14 个质量单位的峰；若出现质量差 15 或 18，这是由于裂解出 $\cdot CH_3$ 或一分子水，这些质量差是合理的。

⑤ 改变实验条件来检验分子离子峰。采用电子轰击源时，降低电子流的电压，增加分子离子峰的强度；采用软电离方法对那些非挥发性或热不稳定的化合物进行检测；把不稳定样品制成适当的衍生物。

2. 碎片离子峰

分子离子产生后可能具有较高的能量，将会通过进一步碎裂或重排而释放能量，碎裂后产生的离子形成的峰称为碎片离子峰。有机化合物受高能作用时会发生各种形式的分裂，一般强度最大的质谱峰相应于最稳定的碎片离子，通过各种碎片离子相对峰高的分析，有可能获得整个分子的结构信息。但由此获得的分子拼接结构并不总是合理的，因为碎片离子并不是只由 M^{+}一次碎裂产生，可能会由 M^{+}进一步断裂或重排产生，因此要准确地进行定性分析，最好与标准谱图进行比较。

3. 亚稳离子峰

若质量为 m_1 的离子在离开离子源受电场加速后，在进入质量分析器之前，由于碰撞等原因很容易进一步分裂失去中性碎片而形成质量为 m_2 的离子，即 $m_1 \longrightarrow m_2 + \Delta m$。由于一部分能量被中性碎片带走，此时的 m_2 离子比在离子源中形成的 m_2 离子能量小，故将在磁场中产生更大偏转，观察到的 m/z 较小。这种峰称为亚稳离子峰，用 $m^{\cdot}$ 表示，它的表观质量 $m^{\cdot}$ 与 m_1、m_2 的关系是：

$$m^{\cdot} = \frac{(m_2)^2}{m_1} \tag{15-15}$$

亚稳离子峰由于具有离子峰宽大（2～5 个质量单位）、相对强度低、m/z 不为整数等特点，很容易从质谱图中观察出来。通过亚稳离子峰可以获得有关裂解的信息，通过对 $m^{\cdot}$ 峰的观察和测量，可找到相关母离子的质量 m_1 与子离子的质量 m_2，从而确定裂解途径。

二、离子断裂规律

一般有机化合物的电离能为 7～13eV，质谱中常用的电离电压为 70eV，因此分子离子还可以进一步断裂，使结构裂解，产生各种“碎片”离子。不同结构类型的化合物分子在质谱中有不同的裂解规律，质谱图的解析就是通过裂解生成的碎片，按照裂解规律进行组装，推断分子的结构。离子断裂规律见图 15-6。

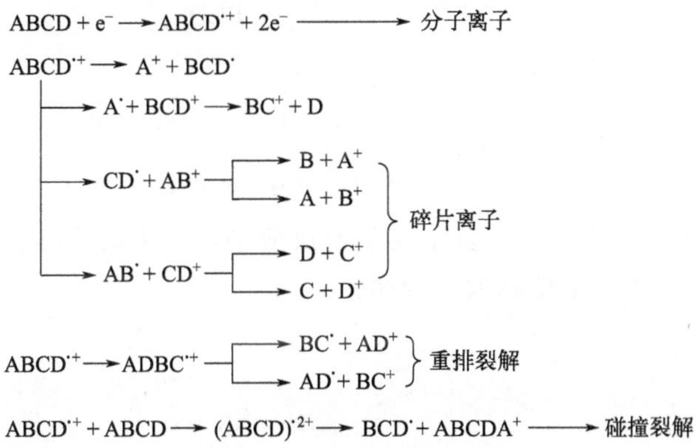

图 15-6　离子断裂规律示意图

分子离子断裂过程主要通过分子中共价键的断裂实现，主要断裂方式有均裂、异裂和半异裂三种。

1. 均裂

当一个单键（σ 键）断裂时，构成该键的两个电子回到原来提供电子的原子上，并生成自由基的裂解称为均裂。单箭头表示两个电子构成的共价键开裂后，每个碎片各留一个电子。

$$R—CH_2—\overset{+\cdot}{Y}R' \tag{15-16}$$

2. 异裂

异裂又称非均裂，σ键的两个电子向同一方向转移的断裂称为异裂。在异裂中正电荷转移的方向与电子转移的方向相反，两个电子留在同一碎片上形成阴离子，另一碎片形成阳离子。双箭头表示两个电子都留在其中一个碎片上。

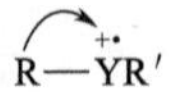

(15-17)

3. 半异裂

已电离的σ键的裂解称为半异裂，一个电子转移到碎片上成为自由基，另一碎片则成为阳离子。

$$R1—\overset{\cdot +}{S}—R2 \xrightarrow{\sigma} R1—\overset{+}{S} + \cdot R2 \quad (15\text{-}18)$$

影响离子开裂的因素有：

① 化学键的相对强度：化学键的相对强度可由键能大小反映出来，键能小的共价键优先断裂，碳-卤键最易断。

② 从热力学角度出发，在分子离子断裂过程中，能够生成稳定碎片离子的过程总是优先进行，观测到的碎片离子丰度也高。一般认为：

$$Ph\overset{+}{C}H_2 > CH_2{=}CH—\overset{+}{C}H_2 > (CH_3)_3\overset{+}{C} > (CH_3)_2\overset{+}{C}H > CH_3\overset{+}{C}H_2 > \overset{+}{C}H_3$$

③ Stevenson 规则：奇电子离子断裂过程中，自由基留在电离电位（IP）较高的碎片上，而正电荷留在 IP 较低的碎片上。电离电位高，则能量高，电子不容易丢失。例如：

$$A\underset{+}{\overset{\cdot}{:}}BCD \longrightarrow A^{+} + {}^{\cdot}BCD \quad (15\text{-}19)$$

$$A\underset{+}{\overset{\cdot}{:}}BCD \longrightarrow A^{\cdot} + {}^{+}BCD \quad (15\text{-}20)$$

由于氮的电离电位小于氧的电离电位，因此：

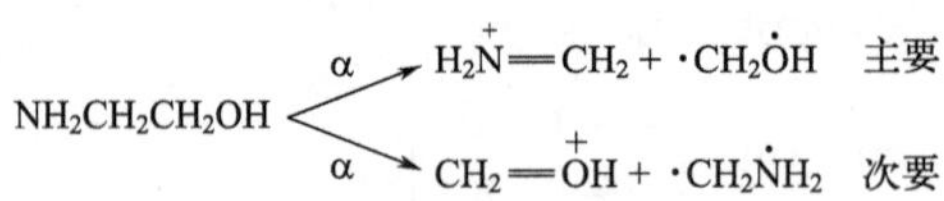

(15-21)

④ 最大烷基优先丢失规律：在多个竞争的反应中，失去的烷基游离基越大，反应越有利，因而对应的产物离子丰度越大。例如：

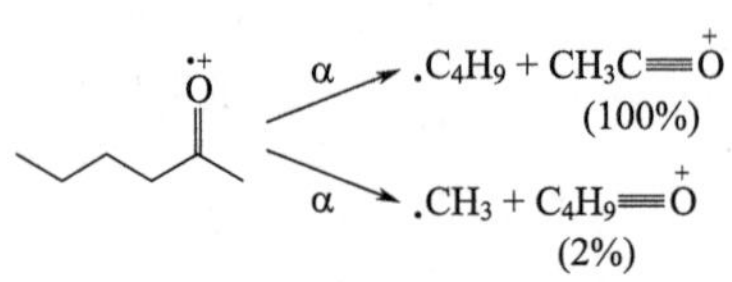

(15-22)

⑤ 产生电中性小分子的断裂优先：产生 H_2O、CO、CO_2、HCN、CH_3CN 等小分子的断裂优先——苯环邻位效应，易发生消除反应。下式中 HYZ 代表 H_2O、H_2S、NH_3、HOR、HSR、NH_2R 等。

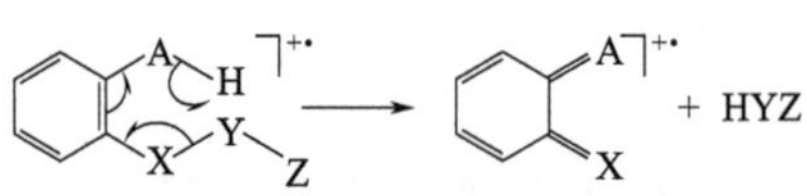

(15-23)

三、裂解反应

1. 单纯开裂

分子离子断裂一个键，失去一个自由基，形成阳离子的开裂叫简单开裂，前提离子（不涉及 N 元素）质核比如果为偶数，所产生的离子一定为奇数，即母离子和子离子的质核比的奇偶性相反。包括σ—、i—、α—、β—断裂等。用以下通式表示：

$$A\overset{+}{\cdot}B \longrightarrow A^{+} + \cdot B \tag{15-24}$$

① σ—断裂：分子中σ键在电子轰击下，失去一个电子，随后分子开裂生成碎片离子和游离基。一个电子转移到碎片上成为自由基，另一碎片成为阳离子，故又称半异裂，可表示为：

$$OE^{+}\cdot \longrightarrow EE^{+} + R\cdot \tag{15-25}$$

$$AB + CD \longrightarrow AB\cdot + CD^{+} \text{或} AB^{+} + CD\cdot \tag{15-26}$$

式中，OE^{+}代表奇电子离子或自由基阳离子；EE^{+}代表偶电子离子或阳离子。

② α—断裂：断裂的动力来自自由基强烈的电子配对倾向诱导的键断裂。由游离基提供一个奇电子与邻近原子形成的一个新建，与此同时，这个原子的另一个键断裂，这种断裂通常称为α—断裂。

$$[B-A-\dot{Z}]^{+} \longrightarrow [A=Z]^{+} + \cdot B \tag{15-27}$$

含杂原子的奇电子离子OE^{+}常常发生α—断裂（偶电子离子EE^{+}很少发生）。α—键断裂，裂成一个R·，含杂原子的碎片离子在质谱图中往往是基峰或重要的峰。

含杂原子化合物的α—断裂：

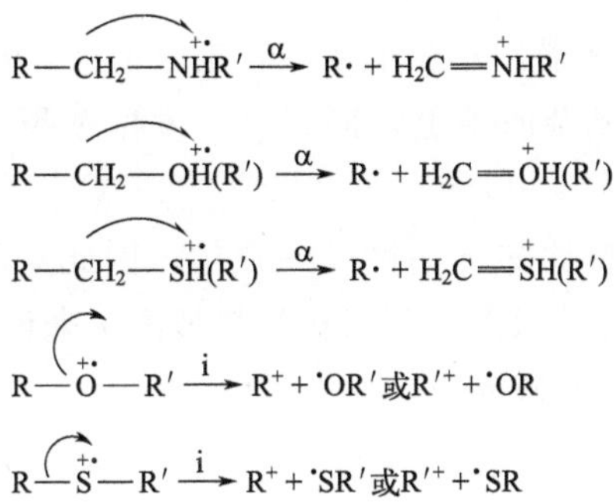

(15-28)

羰基化合物的α—断裂：

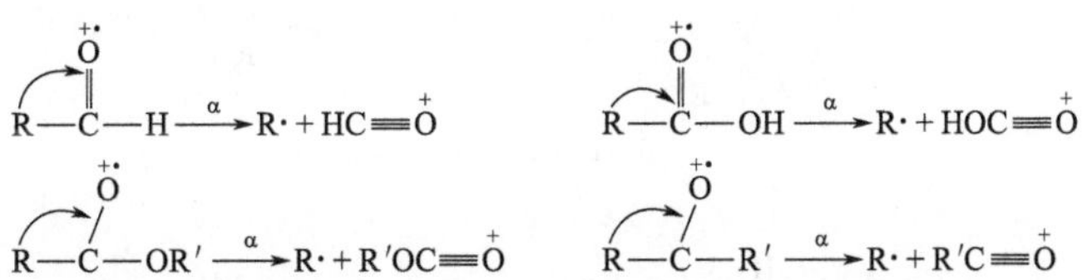

(15-29)

③ i—断裂：i—断裂反应的推动力是由于电荷中心吸引一对电子，造成单键的断裂，随着一对电子的转移，电荷中心也移到新的位置。例如：

$OE^{+}\cdot \longrightarrow EE^{+} + R\cdot$ 丢失自由基

$EE^{+} \longrightarrow EE^{+} + N$ 丢失中性分子

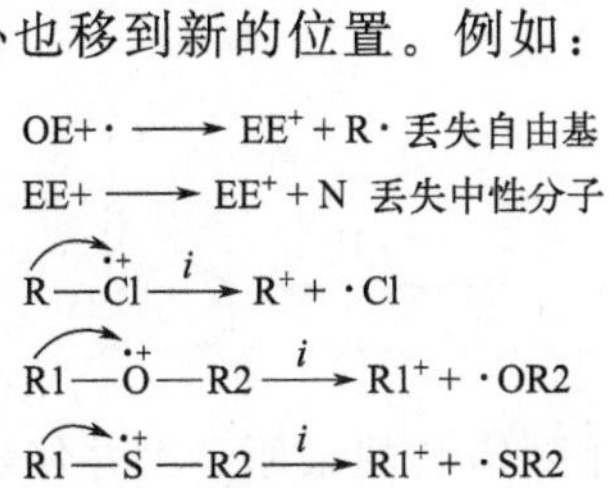

(15-30)

i—断裂与α——断裂两者是相互竞争的反应。i—断裂顺序为卤素＞O、S≫N、C，而α—断裂顺序为N＞S＞O＞Cl，因此含N的化合物一般进行α—断裂，而含卤素的化合物易发生i—断裂。当化合物不含O、N等杂原子，也没有π键时，只能发生σ—断裂。

④ β—断裂：含有双键化合物的奇电子离子（OE^{+}）容易发生β—断裂。

烯烃的β—断裂：

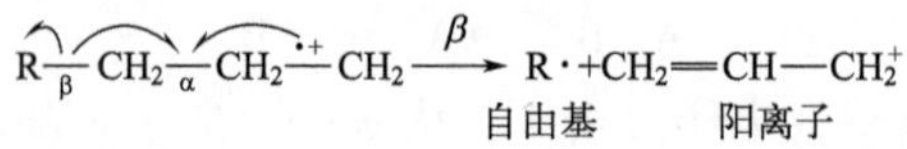

(15-31)

芳烃的β—断裂：当芳烃具有烷基侧链时，相当于芳环双键的β位容易开裂，生成苄基离子。

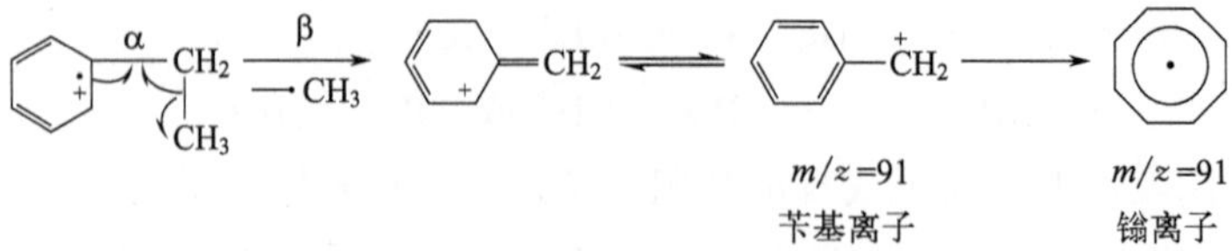

(15-32)

2. 氢重排

由自由基中心引发，自由基通过空间向分子的某个部位发动攻击，通过六元环过渡态，发生两个键的断裂，脱去中性分子同时发生氢重排的过程，称为氢重排。

(1) 麦氏（Mclafferty）重排　麦氏重排又称γ氢重排，是质谱中最重要的断裂方式之一。经过六元环过渡态，丢失中性分子的重排，是γ氢转移。凡是在化合物中有不饱和基团以及γ位置上有氢原子，都能发生麦氏重排。发生麦氏重排的条件如下：

① 含有 C═O、C═N、C═S 及碳碳双键。

② 与双键相连的链上有γ碳，并在γ碳上有氢原子（γ-H）。

③ 六圆环过渡，H 转移到杂原子上，同时β键发生断裂，生成一个中性分子和一个奇电子离子。

④ 母离子和子离子的质核比的奇偶性是一致的，因此麦氏重排得到的离子与单纯开裂得到的离子奇偶性相反，容易识别，可以作为特征离子来识别。

下面是 2 种代表性的麦氏重排反应：

① 羰基化合物：

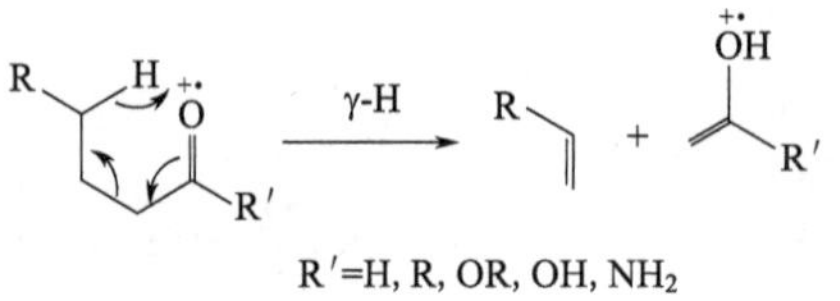

(15-33)

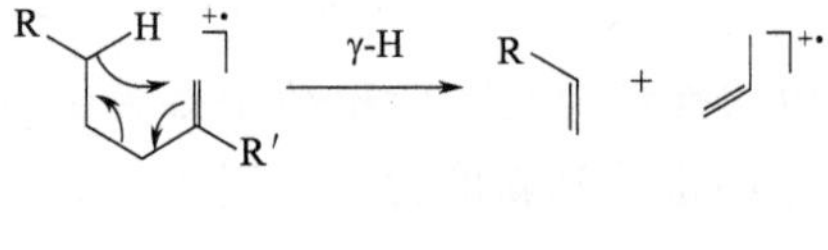

② 烷基苯：

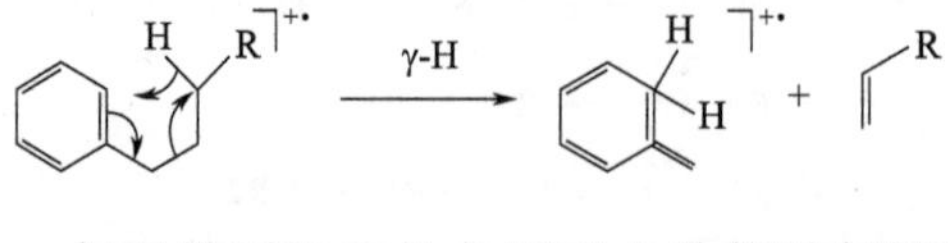

(15-34)

(2) 氢重排杂原子上　氢重排到饱和的杂原子上并伴随邻键断裂。一些含饱和官能团的化合物为醇、硫醇、卤代烷等，其氢原子可通过饱和环空间排列的过渡态转移到杂原子上，接着发生消除反应，失去稳定性较高的中性小分子。

(3) 双氢重排　双氢重排是酯和具有类似官能团化合物的特征分解反应，这种重排提供酯、硫酯、酰胺和磷酸酯的特征峰。

第三节　有机化合物的质谱断裂规律

一、重要有机化合物的断裂规律

1. 烷烃

(1) 饱和烷烃　饱和烷烃的质谱有以下特点：

① 以 σ—断裂居多。

② 饱和烷烃的质谱由一系列峰簇组成，质谱特征是具有质量相差 14 个（CH_2）单位的 C_nH_{2n+1} 系列，峰簇中的最高峰元素组成为 C_nH_{2n+1}，其余有 C_nH_{2n}、C_nH_{2n-1} 等。

③ 各峰簇的顶端形成一平滑曲线，最高点在 C_3 或 C_4，其形成原因是各个 C—C 键的断裂均有一定概率，断裂后，碎片离子 C_3 以上强度递减，因为碎片可继续分裂，最后使得 C_3 或 C_4 离子的丰度最高。但 C_3 可重排为 CH_3CHCH_3 而稳定。

④ 在断裂过程中，由于失去一分子氢，故可在各比碎片离子峰低 2 个质量单位处出现一些链烯的小峰，从而在质谱图上得到组成是 C_nH_{2n+1}（即 m/z＝27、41、55……）的另一系列峰。

⑤ 比 M 峰质量数低的下一个峰簇顶点是（$M-29$），而有甲基分支的烷烃将有（$M-15$），这是直链烷烃与带甲基分支的烷烃相区别的重要标志。

⑥ 分子离子峰的强度则随其分子量的增加而下降，但仍清晰可见，在 C_nH_{2n+1} 的系列峰中，一般 m/z 为 43、57 的峰相对强度较大。

如图 15-7 所示为正癸烷的质谱图。

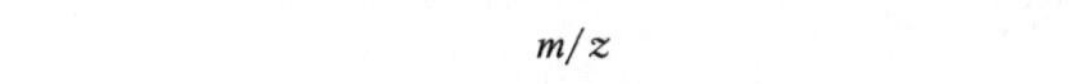

图 15-7　正癸烷的质谱图

(2) 异构烷烃（支链烷烃）　异构烷烃（支链烷烃）的断裂规律如下：

① 支链烷烃的分子离子峰强度较直链烷烃降低。

② 各峰簇顶点不再形成一平滑曲线，因在分支处易断裂，其离子强度增加。

③ 在分支处的断裂，伴随有失去单个氢原子的倾向，产生较强的 C_nH_{2n} 离子，有时它可强于相应的 C_nH_{2n+1} 离子。

④ 由于有分支甲基，因此有（$M-15$）。

甲基十五烷的裂解见图 15-8。

一般来讲，当分支烷烃的分支较多时分子离子峰消失。

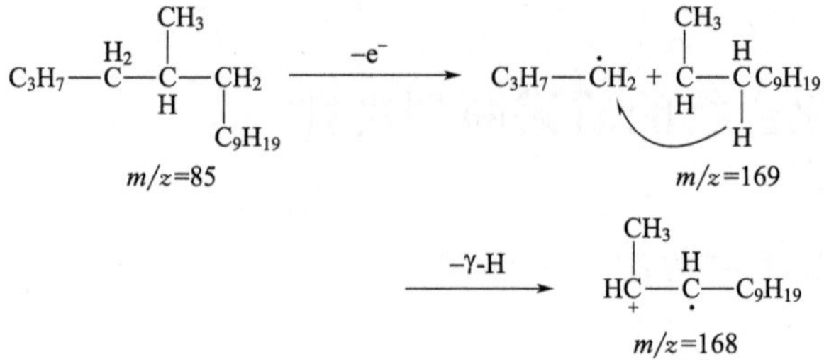

图 15-8 甲基十五烷 $C_{16}H_{34}$（M＝226）的裂解

（3）环烷烃 环烷烃的断裂规律如下：

① 由于环的存在，分子离子峰的强度相对增加。

② 通常在环的支链处断开，给出 C_nH_{2n-1} 峰，也常伴随氢原子的失去，因此 C_nH_{2n-2} 峰较强。

③ 环的碎化特征是失去 C_2H_4（也可能失去 C_2H_5）。

④ 环烷烃常给出较多的偶质量数的峰。

环己烷的质谱图见图 15-9。

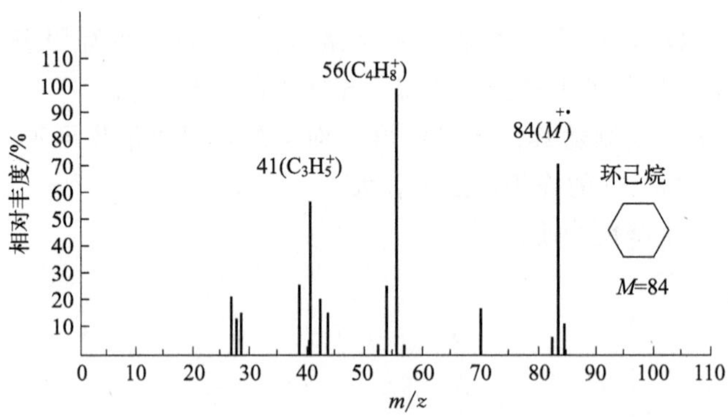

图 15-9 环己烷的质谱图

2. 烯烃

烯烃的断裂规律如下：

① 双键的引入，可增加分子离子峰的强度，分子离子峰比同碳数的烷烃稍强。

② β—键断裂（末端烯），产生 m/z 为 41 的 $CH_2=CH\text{-}CH_2^+$ 基峰或强峰。

③ 易发生 γ-H 重排，产生 m/z 为 42 的 $CH_2=CH—CH_3^+$ 基峰或强峰。

④ 会生成系列离子：C_nH_{2n-1}（主），如 m/z 为 41、55、69、83 等。

1-丁烯的质谱见图 15-10。

3. 炔烃

炔烃的断裂规律如下：

① 分子离子峰较强。

② 类似烯烃的炔丙基分裂，炔的 α—断裂产生 m/z 为 39 的偶电子离子。

③ 端位炔易脱去 H·，形成很强的（M－1）峰。

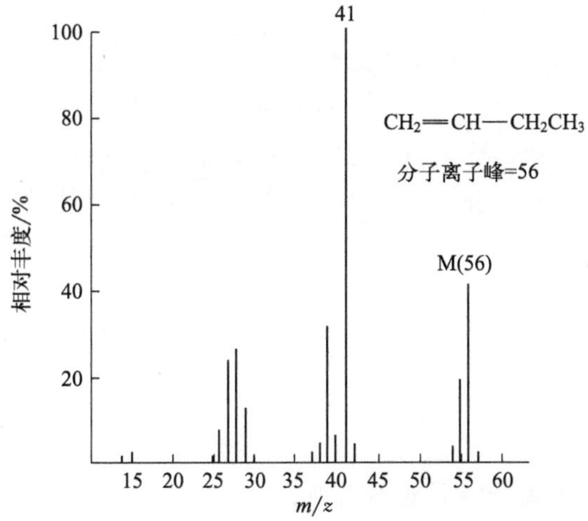

图 15-10 1-丁烯的质谱图

1-戊炔的质谱图见图 15-11。

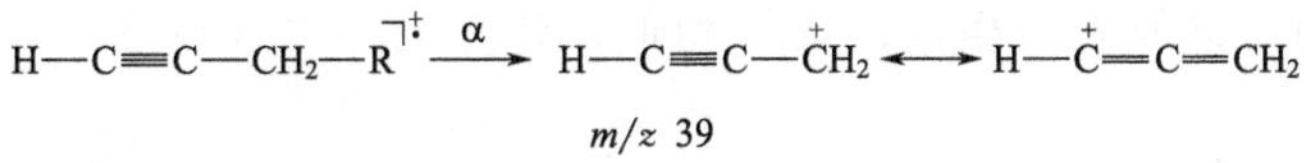

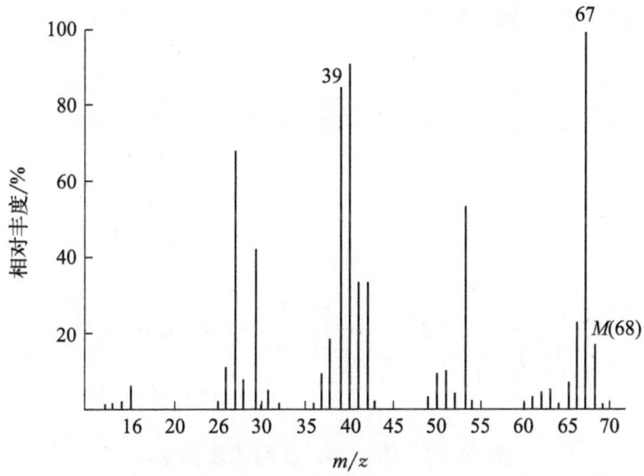

图 15-11 1-戊炔的质谱图

4. 芳香族化合物

芳香族化合物的断裂规律如下：

① 分子离子峰较强。

② 简单断裂生成苄基离子 $C_7H_7^+$，m/z 为 91 的峰一般都较强。

③ 当相对苯环存在 γ-H 时，易发生麦氏重排，m/z 为 92 的峰有相当强度。

④ 苯环碎片离子依次失去 C_2H_2，化合物含苯环时，一般可见 m/z 为 39、51、65、77 等的峰。

图 15-12 为两种芳香族化合物的质谱断裂图。

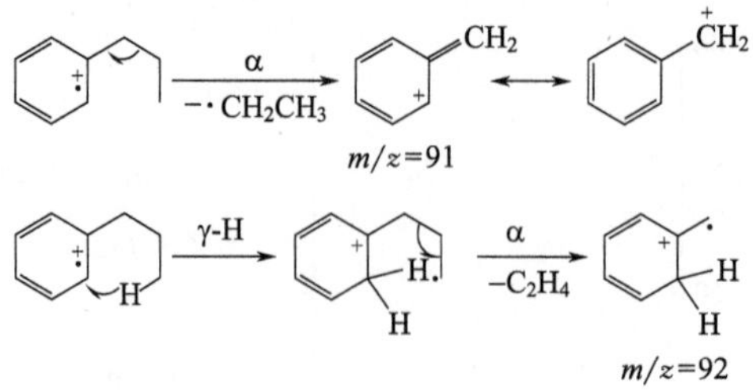

图 15-12　两种芳香族化合物的质谱断裂图

5. 醇

醇的断裂规律如下：

① 醇类化合物的分子离子峰弱或不出现。

② α—断裂后生成 31＋14n 的含氧碎片离子峰。

③ 饱和环过渡态氢重排，生成（M－18）（失水）、（M－28）（失乙烯）的奇电子离子峰及系列 C_nH_{2n+1}、C_nH_{2n-1} 碎片离子峰。

④ 小分子醇出现（M－1）（$RCH=OH^+$）峰，还可能有很弱的（M－2）、（M－3）峰。长链烷基醇的质谱外貌与相应的烯烃相似，是因为醇失水后发生一系列烯烃的裂解反应。

伯、仲、叔醇的质谱图见图 15-13。

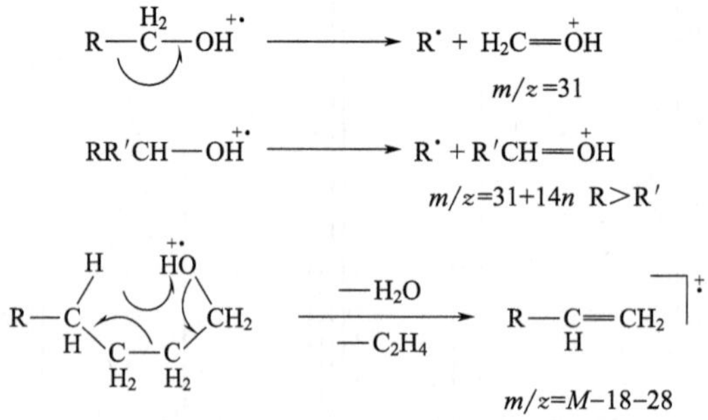

图 15-13　伯、仲、叔醇的质谱图

6. 酚

分子离子峰很强，往往是基峰。酚易失去 CO 和 CHO 形成（M－28）和（M－29）的离子峰（图 15-14）。

7. 醚

醚的断裂规律如下：

① 脂肪醚分子离子峰很弱。

② 易发生 α—断裂，优先失去较大的 R 基团，生成 m/z（31＋14n）为 31、45、59 等偶电子离子峰。

③ 也发生 i—断裂，生成一系列 m/z 为 29、43、57 等碎片离子。

④ α—断裂生成的 EE^+ 可发生四元环氢重排裂解或 i—断裂。

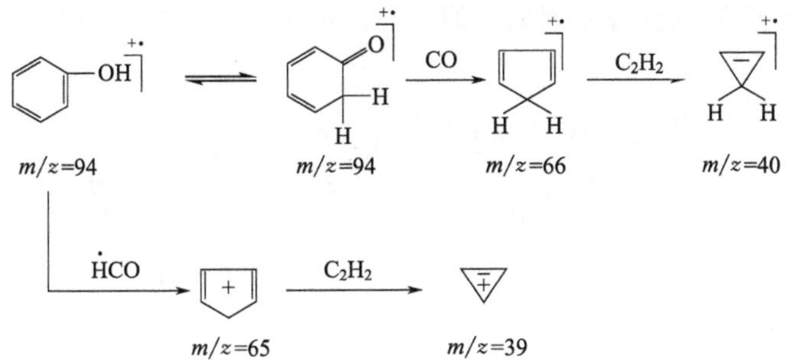

图 15-14　酚类物质的质谱图

乙基异丁基醚的裂解和质谱图见图 15-15。

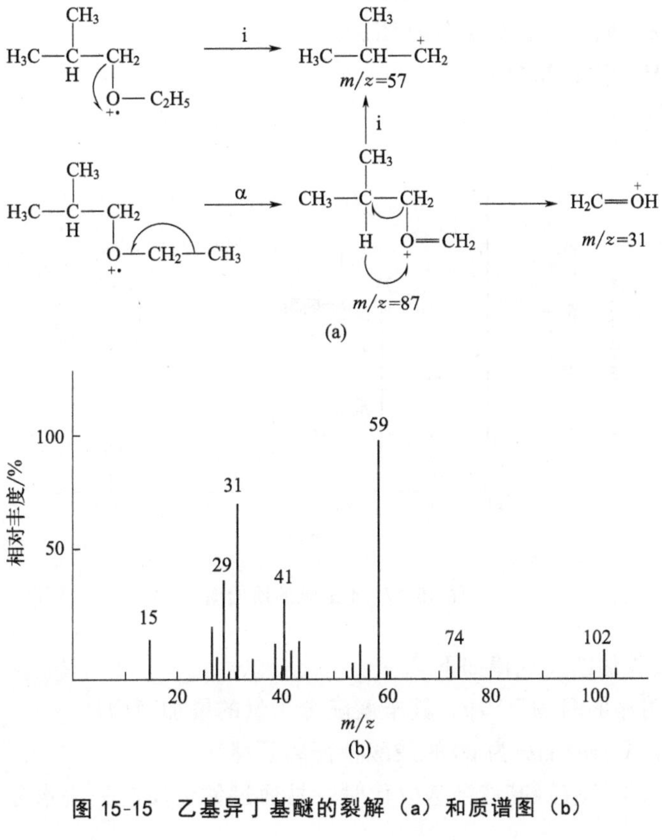

图 15-15　乙基异丁基醚的裂解（a）和质谱图（b）

8. 羰基化合物

羰基化合物的断裂特点是分子离子峰一般可见；主要发生 α—断裂，继而发生诱导断裂；常发生 McLafferty 重排反应。

（1）醛　醛的断裂规律如下：

① 脂肪醛分子离子峰弱，芳醛分子离子峰很强。

② α—断裂生成（M－1）（—H·）、（M－29）（—CHO）和强的 m/z 为 29（HCO^+）的离子峰，同时伴随有 m/z 为 43、57、71 等烃类的特征碎片峰（如正己醛，图 15-16）。

③ 发生 γ-H 重排时，生成 m/z 为 44（或 44＋14n）的奇电子离子峰。

④ 芳香醛显示明显的芳香系列离子峰，m/z 为 39、51、65、77 等。

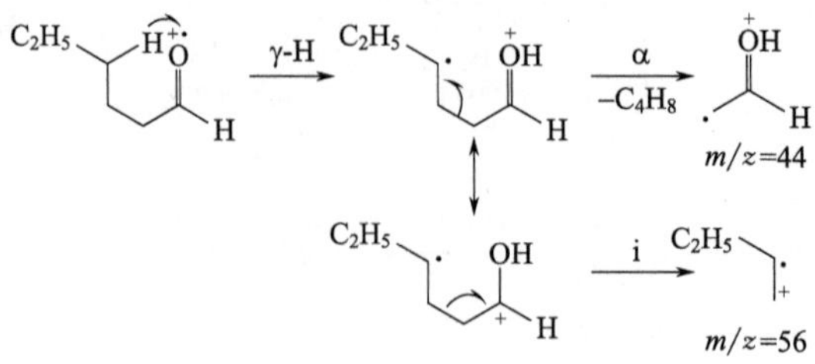

图 15-16 正己醛的断裂规律

（2）酮　酮的断裂规律如下：

① 酮化合物分子离子峰丰度一般较强。

② 主要发生 α—断裂，优先丢失基团。

③ 常发生 γ-H 的麦氏重排。

4-壬酮的质谱图见图 15-17。

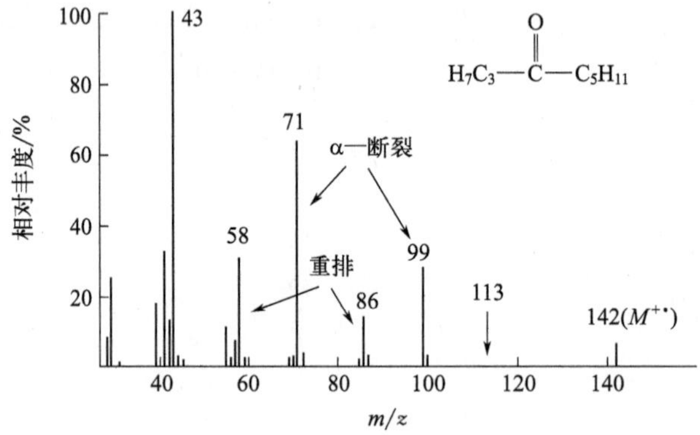

图 15-17 4-壬酮的质谱图

（3）羧酸　羧酸的断裂规律如下：

① 羧酸具有明显的弱 $M^{+\cdot}$ 峰，其丰度随分子量的增加而增加。

② γ-H 重排生成强的 m/z 为 60 的羧酸特征离子峰。

③ 芳香羧酸邻位若有羟基或羟基取代时，易通过邻位反应失去水分子生成（M－18）的奇电子离子。

（4）酯　酯的断裂规律如下：

① 酯类化合物中甲酯或乙酯的质谱图中有明显的分子离子峰。

② 分子中的羰基氧和酯基氧都可引发裂解，α—裂解生成（M－OR）或（M－R）的离子。

③ σ—断裂、β—裂分、γ-H 的重排及酯的双氢重排等裂解反应均有可能发生，碳-碳 σ 键断裂生成 $C_nH_{2n}COOR$ 系列的 m/z 为 73、87、101 等 $\Delta m=14$ 的含氧碎片峰。

④ 脂肪酸甲酯通过 γ-H 重排，形成 m/z 为 74 的碎片离子。脂肪酸乙酯通过 γ-H 重排，

形成 m/z 为 88 的碎片离子。

例如，α—断裂反应：

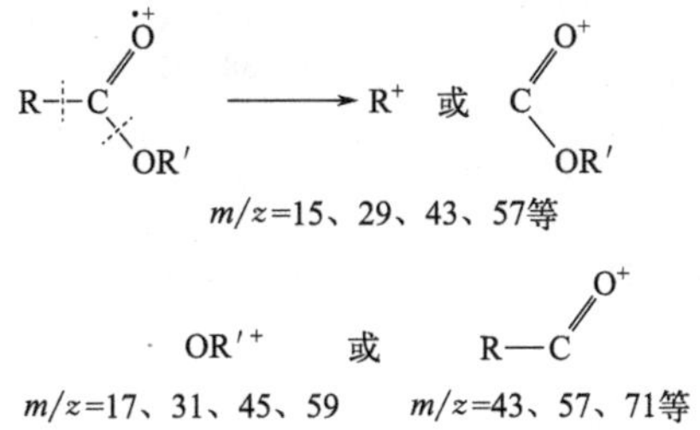

（15-35）

γ-H 重排反应：

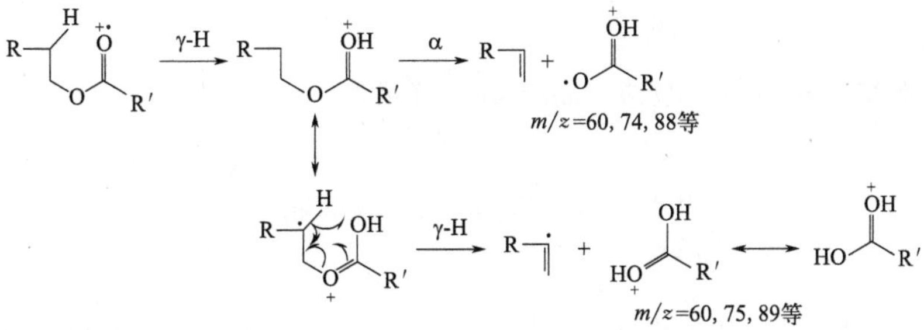

（15-36）

9. 胺

胺的断裂规律如下：

① 脂肪胺的分子离子峰很弱，芳香胺的分子离子峰相对较强。

② 易发生 α—断裂，生成 m/z(30＋14n)＝30、44、58、72 等的偶电子离子峰。

③ α—断裂生成的 EE^{+} 可发生四元环氢重排裂解或 i—断裂。

④ 长链的一级胺可发生重排反应，生成 m/z＝58、72、86、100 的系列峰。而长链醇则不发生取代重排反应。

⑤ m/z 峰强度为伯胺＞仲胺＞叔胺。

⑥ 脂肪胺的主要裂解方式如下：

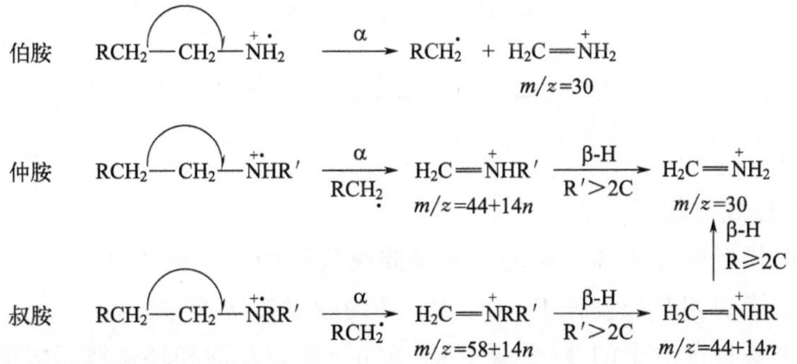

（15-37）

⑦ 芳香胺的主要裂解过程如下：

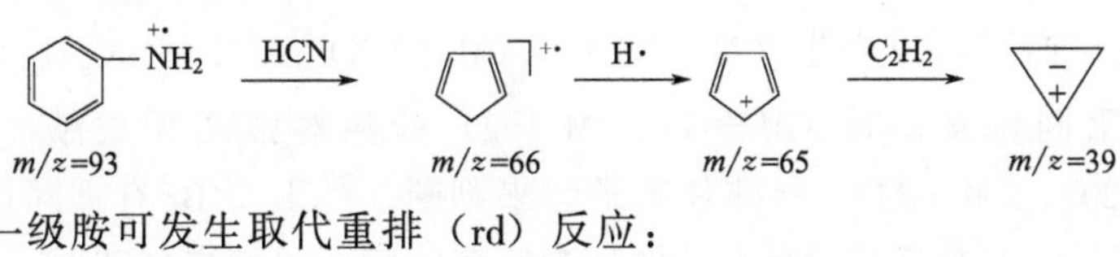

（15-38）

⑧ 长链的一级胺可发生取代重排（rd）反应：

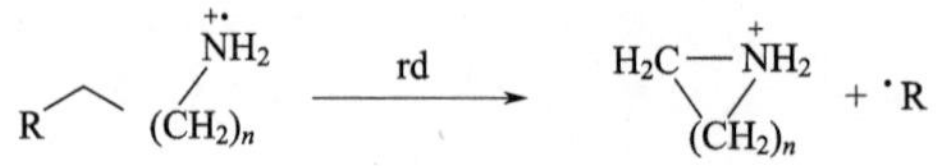

n=2、3、4、5……
m/z=58、72、86、100……

(15-39)

10. 腈类

腈类的断裂规律如下：

① 脂肪腈的分子离子峰很弱，但它容易发生分子离子反应形成 $(M-1)^+$ 峰；芳香腈 M^+ 强度较大。

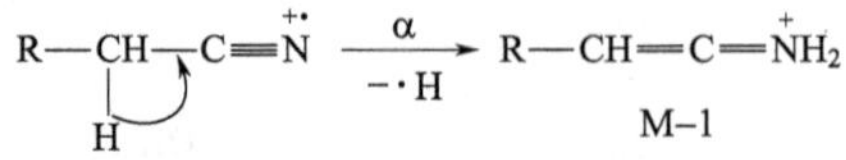

(15-40)

② 常发生 McLafferty 重排反应，m/z＝41 的峰很强。

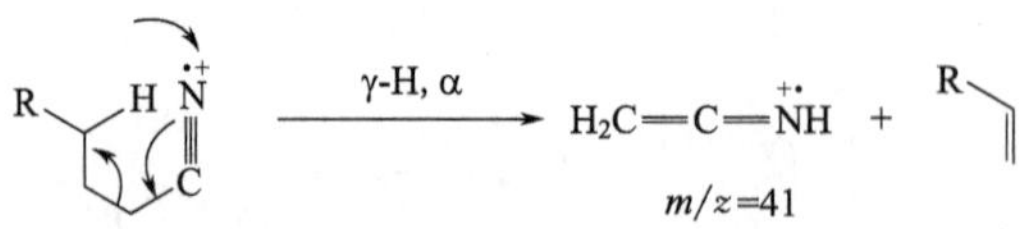

m/z=41

(15-41)

③ 发生 α—断裂或取代重排（rd）生成 m/z＝40、54、68、82 等离子峰，m/z＝110 的峰较强。

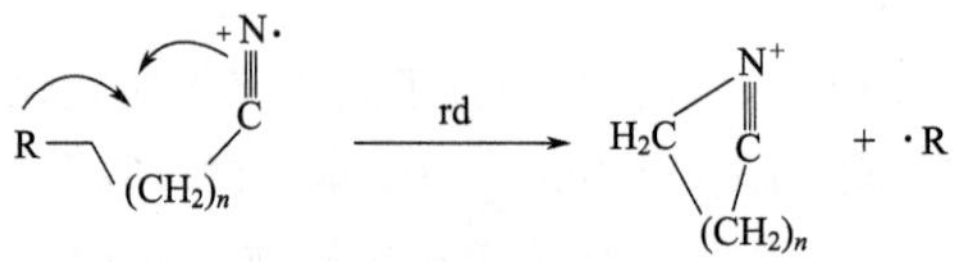

(15-42)

n=1、2、3、4、5
m/z=54、68、82、96、110

④ 长链腈六元环重排产生很强的 m/z＝97 的离子峰。

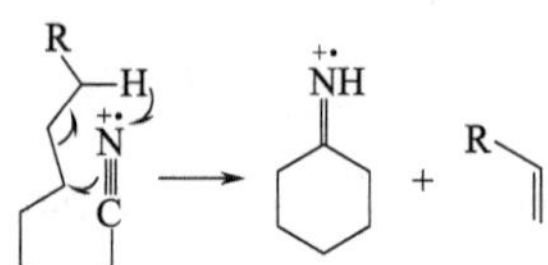

m/z=97

(15-43)

11. 卤代烃

卤代烃的断裂规律如下：

① 脂肪族卤代烃的分子离子峰弱，芳香族卤代烃的分子离子峰强。

② 分子离子峰的相对强度按 F、Cl、Br、I 的顺序依次增大。

③ 卤代烃主要有杂原子的 β—裂解、碳-卤 σ—断裂及饱和环过渡态氢的重排。氟、氯化合物容易发生 β—裂解，溴、碘化合物较难裂解。

④ 卤代烃的质谱图可以产生 $(M-X)^+$、$(M-HX)^+$、X^+ 及 C_nH_{2n}、C_nH_{2n+1} 系列峰。^{19}F、^{127}I 无重同位素，对（M＋1）、（M＋2）的相对强度无贡献，它们的存在由（M－19）、（M－20）、（M－127）等碎片离子峰来判断。^{35}Cl、^{79}Br 有重同位素存在，碎片离子中 Cl、Br 原子的存在及其数目由其同位素峰簇的相对强度来判断。

a. 氯代和溴代烷烃的重要裂解反应，失去 X 或 HX：

$$R—CH_2—CH_2—\overset{\cdot +}{X} \xrightarrow{-X} RCH_2CH_2^{+}$$

$(M\text{–}X)^+$强，X=Br、I

$$R—CH_2—CH_2—\overset{\cdot +}{X} \xrightarrow{-HX} [R—CH_2{=}CH_2]^{+\cdot}$$

$(M\text{–}HX)^+$，X=F、Cl　　(15-44)

b. α—断裂反应：

$$R—CH_2—X^{\cdot +} \xrightarrow{\alpha} R^{\cdot} + CH_2{=}X^{+}$$

（弱）　　(15-45)

c. 长链的卤代烃可发生取代重排反应，生成五元环或六元环偶电子离子：

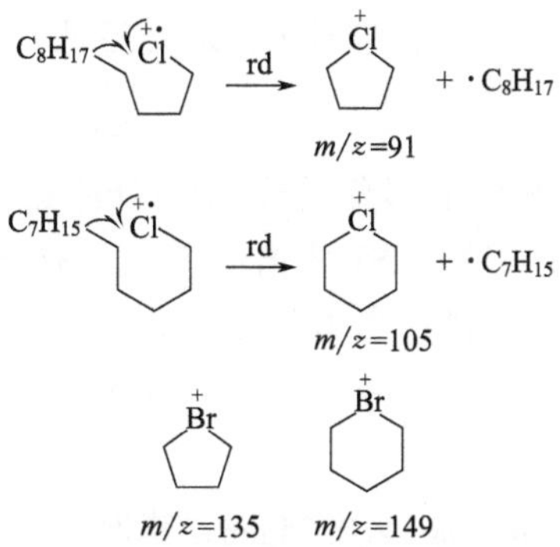

(15-46)

二、质谱图解析

解析未知样的质谱图，大致按以下程序进行。

① 标出各峰的质荷比数，尤其是注意高质荷比区的峰，识别分子离子峰。

② 分析同位素峰簇的相对强度比及峰与峰间的 Δm 值，判断化合物是否含有 Cl、Br、S、Si 等元素及 F、P、I 等无同位素的元素。如含有 Cl 元素，应该在大于分子离子峰（M＋2）处，有一个相对强度为分子离子峰 1/3 的同位素离子峰，因为 ^{35}Cl 和 ^{37}Cl 在自然界的相对丰度为 3∶1。

③ 推导分子式，计算不饱和度。不饱和度的计算方法：

$$不饱和度=四价原子数-\frac{一价原子数}{2}+\frac{三价原子数}{2}+1 \qquad (15\text{-}47)$$

不饱和度表示有机化合物不饱和的程度。所谓不饱和度是这样规定的，双键的不饱和度为 1，三键的不饱和度为 2，苯环的不饱和度为 4。计算不饱和度有助于判断化合物结构。

④ 根据分子离子峰相对强度的规律，由分子离子峰的相对强度了解分子结构的信息。由特征离子峰即丢失的中性碎片，结合分子离子的断裂规律及重排反应，确定分子的结构碎片。若有亚稳离子峰，利用关系式 $m^{+}=m_2^{\,2}/m_1$，找到 m_1 和 m_2，证实 m_1 和 m_2 的断裂过程。

⑤ 综合分析以上得到的全部信息，结合分子式及不饱和度，推导出化合物的可能结构。

⑥ 分析所推导的可能结构的裂解机理，看其是否与质谱图相符，确定其结构，并进一步解释质谱，与标准谱图比较或与其他谱（^1H NMR、^{13}C NMR、IR）配合，确证结构。

第四节　质谱法在环境分析中的应用

一、顶空/气相色谱-质谱法测定水中的挥发性有机物

（一）方法原理

在一定的温度条件下，顶空瓶内样品中挥发性组分向液上空间挥发，产生蒸气压，在气液两相达到热力学动态平衡后，气相中的挥发性有机物经气相色谱分离，用质谱仪进行检测。通过与标准物质保留时间和质谱图相比较进行定性，内标法定量。

（二）仪器和设备

（1）气相色谱-质谱仪　气相色谱部分具分流/不分流进样口，可程序升温；质谱部分具有 70eV 电子轰击离子源（EI），配 NIST 质谱图库，具有全扫描和选择离子扫描、手动/自动调谐、数据采集、定量分析及谱库检索等功能。

（2）自动顶空进样器　加热温度范围控制在室温至 120℃之间；温度控制精度为±1℃。

（3）毛细管色谱柱　60m（或 30m）×0.25mm；膜厚 1.4m（6%腈丙基苯基-94%二甲基聚硅氧烷固定液）。或其他等效毛细管色谱柱。

（4）采样瓶　40mL 棕色螺口玻璃瓶，具硅橡胶-聚四氟乙烯衬垫螺旋盖，放置于不含挥发性有机物的区域。

（5）顶空瓶　22mL 玻璃顶空瓶，具密封垫（聚四氟乙烯/硅橡胶或聚四氟乙烯/丁基橡胶材料）、密封盖（螺旋盖或一次使用的压盖），也可使用与自动顶空进样器配套的玻璃顶空瓶。

（三）样品

（1）样品采集　采集样品时，不宜用水样进行荡洗，应使水样在样品瓶中溢流且不留空间，取样时应尽量避免或减少样品在空气中暴露。所有样品均采集平行双样。

（2）样品保存　样品采集后，应立即加入适量盐酸溶液，使样品 pH≤2，拧紧瓶塞，贴上标签，立即放入冷藏箱中于 4℃以下冷藏运输。样品运回实验室后，应于 4℃以下冷藏、避光和密封保存，14d 内完成分析测定。样品存放区域应无挥发性有机物干扰，样品测定前应将水样恢复至室温。

（四）分析步骤

1. 仪器参考条件

不同型号顶空进样器、气相色谱-质谱仪的最佳工作条件不同，应按照仪器使用说明书进行设定。

2. 校准曲线的绘制

顶空瓶中预先加入 4g（精确至 0.1g）氯化钠，加入 10.0mL 实验用水，再用微量注射器分别移取一定体积的标准使用液注入其中，配制成目标化合物质量浓度分别为 10.0μg/L、40.0μg/L、100μg/L、200μg/L 和 400μg/L 的五个浓度点标准系列，同时分别在每个顶空瓶中

加入 10.0μL 的内标使用液Ⅰ，使得标准系列中的内标浓度为 200μg/L，立即密闭顶空瓶，轻振摇匀，从低浓度到高浓度依次进样分析，记录标准系列目标物和相对应内标的保留时间、定量离子的响应值。以目标化合物浓度与内标化合物浓度的比值为横坐标，以目标化合物定量离子响应值与内标化合物定量离子响应值的比值为纵坐标，绘制校准曲线。

3. 样品的测定

(1) Scan 模式　顶空瓶中预先加入 4g（精确至 0.1g）氯化钠，加入 10.0mL 水样，再加入 10.0μL 内标使用液Ⅰ，使样品中内标浓度为 200μg/L，立即密闭顶空瓶，轻振摇匀，分析测定。

(2) SIM 模式　顶空瓶中预先加入 4g（精确至 0.1g）氯化钠，加入 10.0mL 水样，再加入 10.0μL 内标使用液Ⅱ，使样品中内标浓度为 20.0μg/L，立即密闭顶空瓶，轻振摇匀，分析测定。

4. 空白试验

以 10.0mL 实验用水代替实际水样，按照与样品测定相同的条件和步骤进行空白测定。

（五）结果分析

根据样品中目标物与标准系列中目标物的保留时间和质谱图，对目标化合物进行定性。

(1) 保留时间定性　样品分析前，建立保留时间 $t \pm 3S$。其中，t 为校准时各浓度级别目标化合物的保留时间均值；S 为初次校准时各浓度级别目标化合物保留时间的标准偏差。样品分析时，目标化合物应在保留时间窗内出峰。

(2) 质谱离子信息定性

① Scan 模式　目标化合物在标准质谱图中的相对丰度高于 30% 的所有离子应在样品质谱图中存在；样品质谱图和标准质谱图中上述特征离子的相对丰度偏差要在 ±30% 之内。例如，一个离子在标准质谱图中的相对丰度为 50%，则该离子在样品质谱图中的相对丰度应在 20%～80% 之间。对于某些化合物，一些特殊的离子如分子离子峰，即使其相对丰度＜30%，也应该作为判别化合物的依据。如果实际样品存在明显的背景干扰，比较时应扣除背景影响。

② SIM 模式　目标化合物的确认离子应在样品中存在。对于保留时间窗口内的每一个化合物，样品中确认离子相对于定量离子的相对丰度与通过最近校准标准获得的相对丰度相比较，相对偏差应＜30%。

(3) 目标化合物的定量　采用平均相对响应因子或校准曲线法进行定量计算。当样品中目标化合物的定量离子有干扰时可使用辅助离子定量。

二、气相色谱-质谱法测定水中的酚类化合物

1. 方法原理

在酸性条件（pH≤1）下，用液液萃取或固相萃取法提取水样中的酚类化合物，经五氟苄基溴衍生化后用气相色谱-质谱法（GC-MS）分离检测，以色谱保留时间和质谱特征离子定性，以外标法或内标法定量。

2. 仪器和设备

① 采样瓶：磨口棕色玻璃瓶。

② 气相色谱-质谱仪：EI 源；毛细管柱 30m×0.25mm，膜厚 0.25μm（5% 苯基-甲基聚硅氧烷固定液），或其他等效毛细管柱；固相萃取柱为聚苯乙烯-二乙烯基苯-乙烯基吡咯烷酮（6mL，500mg）或等效固相萃取柱。

③ 浓缩装置：氮吹浓缩气仪、旋转蒸发仪、K-D 浓缩仪或具有相当功能的设备。

④ 玻璃分液漏斗：500mL。

3. 样品

（1）样品采集与保存　采集样品时，不能用水样预洗采样瓶。样品采集后，用硫酸溶液将水样调节至 pH≤2。水样应充满样品瓶并加盖密封，4℃下避光保存。若水样不能及时测定，应在 7d 内萃取。萃取液在 4℃下避光保存，于 20d 内完成分析。

（2）试样制备　地表水、地下水等清洁水样可不净化直接萃取分析，基体较复杂的水样应采用碱性水溶液反萃取法净化。

① 试样净化　取水样 250mL 于玻璃分液漏斗中，用氢氧化钠溶液调节水样至 pH≥12，加入 25mL 二氯甲烷-正己烷混合溶液，振荡萃取 5min，弃去有机溶剂相，待进一步样品提取。

② 萃取　量取 250mL 水样或净化后水样，如需用替代物指示全程样品回收效率，则可在水样中加入 10.0μL 的替代物标准使用液，使替代物浓度在标准曲线中间浓度点附近。

向水样中加入硫酸溶液，调节水样 pH≤1。选择液液萃取法或者固相萃取法提取目标物。

（3）空白试样制备　用实验用水代替实际样品，按上述（2）试样制备相同步骤制备空白试样。

4. 分析步骤

（1）仪器参考条件

① 气相色谱条件　进样口温度 270℃，不分流进样；柱流量 1.0mL/min（恒流）；柱箱温度 50℃，以 8℃/min 速率升温至 250℃并保持 10min；进样量 1.0μL。

② 质谱参考分析条件　四极杆温度 150℃；离子源温度 230℃；传输线温度 280℃；扫描模式为选择离子扫描（SIM），溶剂延迟时间为 5min。

（2）标准系列的配制　分别取酚类化合物标准使用液 10μL、20μL、40μL、100μL、240μL，如样品分析时采用了替代物指示全程回收效率，则在上述系列标准溶液中均应同步加入与酚类标准使用液相同体积的替代物标准使用液，再用丙酮定容至 8.0mL。此时目标酚类化合物和替代物浓度均为 12.5μg/L、25.0μg/L、50.0μg/L、125μg/L、300μg/L。

（3）标准曲线的绘制　记录各目标化合物的保留时间和定量离子质谱峰的峰面积（或峰高），按外标法绘制标准曲线或用内标法计算相对校正因子。

5. 测定

取 1.0μL 试样，注入气相色谱-质谱仪中，记录色谱峰的保留时间和定量离子质谱峰的峰面积（或峰高）。

课后习题

一、选择题

1. 质谱图中强度最大的峰，规定其相对丰度为100%，这种峰称为（　　）。

A. 分子离子峰　B. 基峰　C 亚稳离子峰　D. 准分子离子峰

2. 在通常的质谱条件下，不可能出现的碎片峰是（　　）。

A. ＋2　B. －2　C. M－8　D. M－18

3. 下列说法种，错误的是（　　）。

A. 分子离子峰的质量数一定符合“氮律”

B. 不符合“氮律”的峰，一定不是分子离子峰

C. 符合“氮律”的峰，一定是分子离子峰

D. 发生麦氏重排所产生的离子峰也符合“氮律”

4. 如果母离子和子离子质量分别为120和105，则亚稳离子 m^* 的 m/z 是（　　）。

A. 91.9　B. 99.2　C. 105　D. 120

5. 丁烷的质谱图中，M 与 M＋1 的百分相对丰度是（　　）。

A. 1∶1　B. 100∶2　C. 100∶3　D. 100∶4

6. 二溴乙烷质谱的分子离子峰 M、M＋2 与 M＋4 的相对丰度比为（　　）。

A. 1∶1∶1　B. 2∶1∶1　C. 1∶2∶1　D. 1∶1∶2

7. 丁酮质谱中 m/z 为29的碎片离子来源于（　　）。

A. α—裂解　B. i—裂解　C. 麦氏重排裂解　D. RDA 反应

8. 某化合物的质谱图上出现 m/z 为31的强峰，则该化合物不可能为（　　）。

A. 醚　B. 醇　C. 胺　D. 醚或醇

二、填空题

1. 在 MS 中，若不含有氮或含有偶数氮的碎片离子的质量数为偶数，一定含有________数电子。

2. 质谱图上出现质量数比分子量大1个或2个质量单位的峰，即 M＋1 和 M＋2 峰，其相对丰度符合________，这些峰称为________峰。

参考文献

[1] 国家环境保护总局．总悬浮颗粒物采样器技术要求及检测方法：HJ/T 374—2007［S］．北京：中国环境科学出版社，2007.

[2] 环境保护部．环境空气颗粒物（PM_{10} 和 $PM_{2.5}$）采样器技术要求及检测方法：HJ 93—2013［S］．北京：中国环境科学出版社，2013.

[3] 环境保护部．环境空气质量监测点位布设技术规范（试行）：HJ 664—2013［S］．北京：中国环境科学出版社，2013.

[4] 环境保护部．环境空气质量手工监测技术规范：HJ 194—2017［S］．北京：中国环境科学出版社，2018.

[5] 国家环境保护总局．大气污染物无组织排放监测技术导则：HJ/T 55—2000［S］．北京：中国环境科学出版社，2000.

[6] 环境保护部．空气和废气　颗粒物中金属元素的测定　电感耦合等离子体发射光谱法：HJ 777—2015［S］．北京：中国环境科学出版社，2015.

[7] 环境保护部．水质　总汞的测定　冷原子吸收分光光度法：HJ 597—2011［S］．北京：中国环境科学出版社，2011.

[8] 农业部．土壤质量　总汞、总砷、总铅的测定　原子荧光法　第1部分：土壤中总汞的测定：GB/T 22105. 1—2008［S］．北京：中国标准出版社，2008.

[9] 环境保护部．环境空气　颗粒物中无机元素的测定　能量色散X射线荧光光谱法：HJ 829—2017［S］．北京：中国环境科学出版社，2017.

[10] 环境保护部．环境空气　臭氧的测定　紫外光度法：HJ 590—2010［S］．北京：中国环境科学出版社，2010.

[11] 环境保护部．土壤　有机碳的测定　燃烧氧化-非分散红外法：HJ 695—2014［S］．北京：中国环境科学出版社，2014.

[12] 国家环境保护总局．土壤环境监测技术规范：HJ/T 166—2004［S］．北京：中国环境出版社，2004.

[13] Ryan A，Wang C J，Laurieri N，et al. Reaction mechanism of azoreductases suggests convergent evolution with quinone oxidoreductases［J］. Protein Cell，2010，1（8）：780-790.

[14] 新疆维吾尔自治区生态环境厅．水质　石油类的测定　荧光光度法：DB 65/T 4369—2021［S］．北京：中国标准出版社，2021.

[15] 环境保护部．土壤　电导率的测定　电极法：HJ 802—2016［S］．北京：中国环境科学出版社，2016.

[16] 生态环境部．环境空气　氟化物的测定　滤膜采样/氟离子选择电极法：HJ 955—2018［S］．北京：中国环境科学出版社，2018.

[17] 环境保护部．水质　溶解氧的测定　电化学探头法：HJ 506—2009［S］．北京：中国环境科学出版社，2009.

[18] 环境保护部．固定污染源废气　二氧化硫的测定　定电位电解法：HJ 57—2017［S］．北京：中国环境科学出版社，2017.

[19] 国家环境保护总局．固定污染源排气中颗粒物测定与气态污染物采样方法：GB/T 16157—1996［S］．北京：中国环境科学出版社，1996.

[20] 环境保护部．固定源废气监测技术规范：HJ/T 397—2007［S］．北京：中国环境科学出版社，2007.

[21] 环境保护部．固定污染源烟气（SO_2、NO_x、颗粒物）排放连续监测技术规范：HJ 75—2017［S］．北京：中国环境科学出版社，2017.

[22] 环境保护部．固定污染源烟气（SO_2、NO_x、颗粒物）排放连续监测系统技术要求及检测方法：HJ 76—2017［S］．北京：中国环境科学出版社，2017.

[23] 孙传经．气相色谱分析原理与技术［M］．2版．北京：化学工业出版社，1985.

[24] 傅若农．色谱分析概论［M］．北京：化学工业出版社，2000.

[25] 朱明华．仪器分析［M］．3版．北京：高等教育出版社，2000.

[26] 方惠群，于俊生，史坚．仪器分析［M］．北京：科学出版社，2000.

[27] 环境保护部．环境空气　颗粒物中水溶性阳离子（Li^+、Na^+、NH_4^+、K^+、Ca^{2+}、Mg^{2+}）的测定　离子色谱法：HJ 800—2016［S］．北京：中国环境科学出版社，2016.

[28] 环境保护部．土壤和沉积物 多环芳烃的测定 高效液相色谱法：HJ 784—2016［S］．北京：中国环境科学出版社，2016.

[29] 环境保护部．水质 挥发性有机物的测定 顶空/气相色谱-质谱法：HJ 810—2016［S］．北京：中国环境科学出版社，2016.

[30] 环境保护部．水质 酚类化合物的测定 气相色谱-质谱法：HJ 744—2015［S］．北京：中国环境科学出版社，2015.

[31] 叶曾宪，张新祥，等．仪器分析教程［M］．北京：北京大学出版社，2007.

[32] 韩长秀，毕成良，唐雪娇．环境仪器分析［M］．2版．北京：化学工业出版社，2021.

[33] 钱沙华，韦进宝．环境仪器分析［M］．北京：中国环境出版集团，2004.

[34] 付敏，程弘夏．现代仪器分析［M］．北京：化学工业出版社，2018.

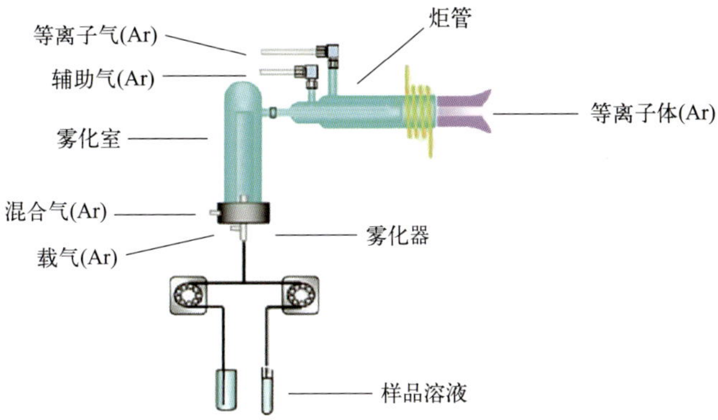

图 2-7　ICP 进样系统

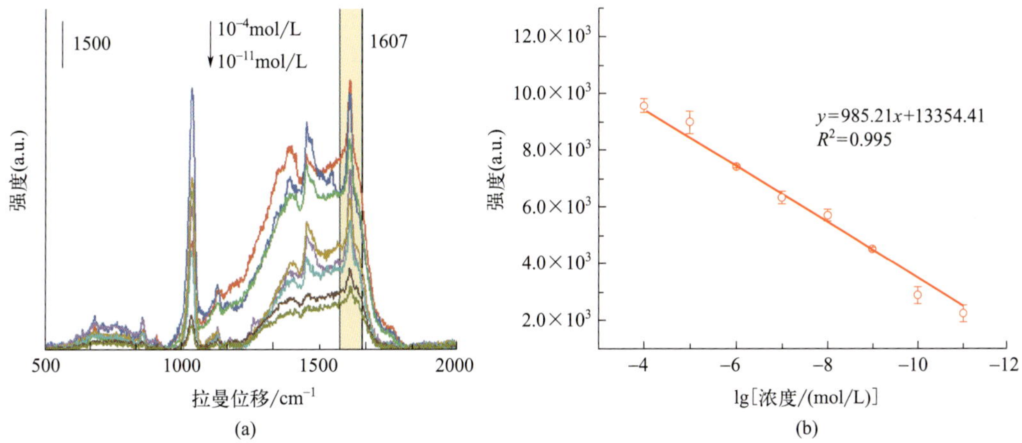

图 7-21　不同浓度 DEHP 的 SERS 图谱（a）和 SERS 峰强与 DEHP 浓度对数的关系（b）

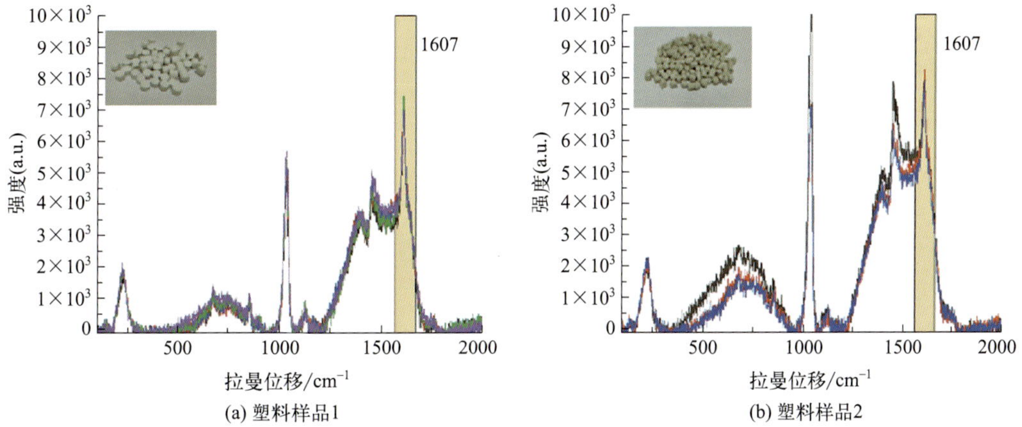

图 7-22

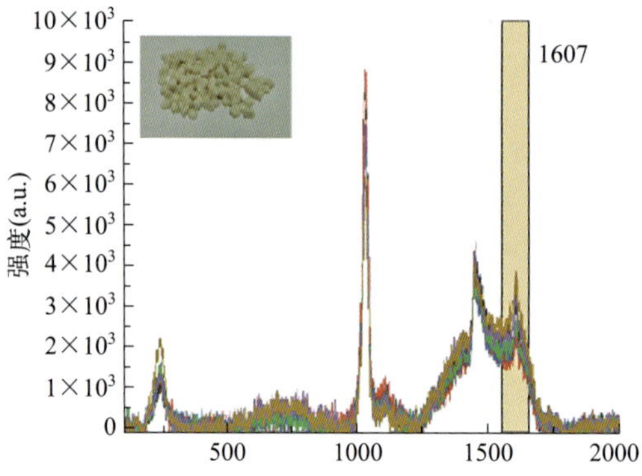

(c) 塑料样品3

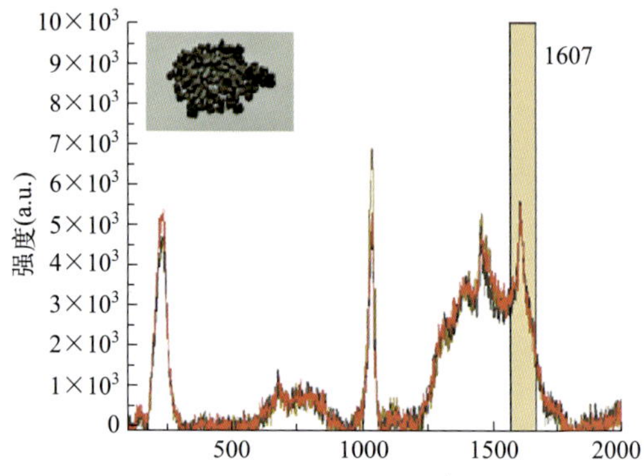

(d) 塑料样品4

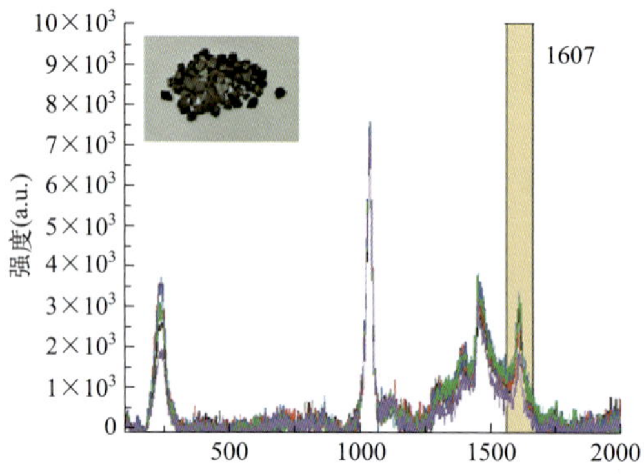

(e) 塑料样品5

图 7-22　5 种实际塑料中 DEHP 的 SERS 图

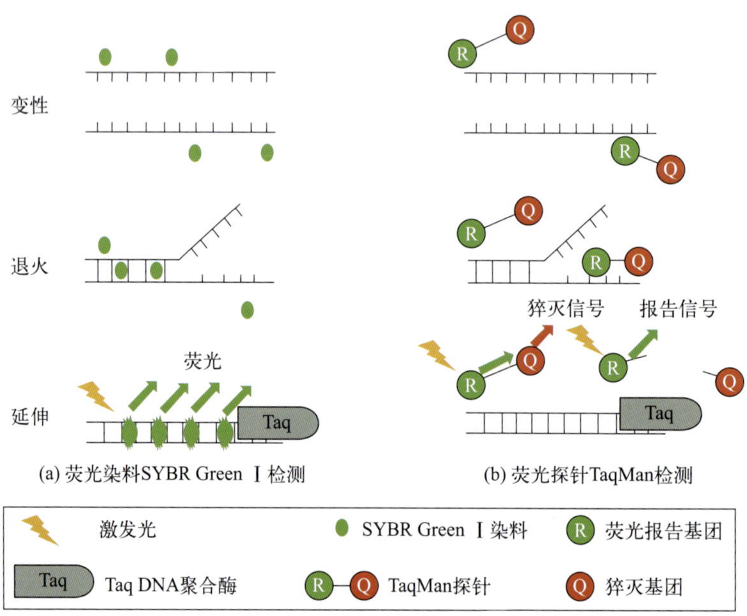

图 8-12　荧光定量 PCR 检测方法

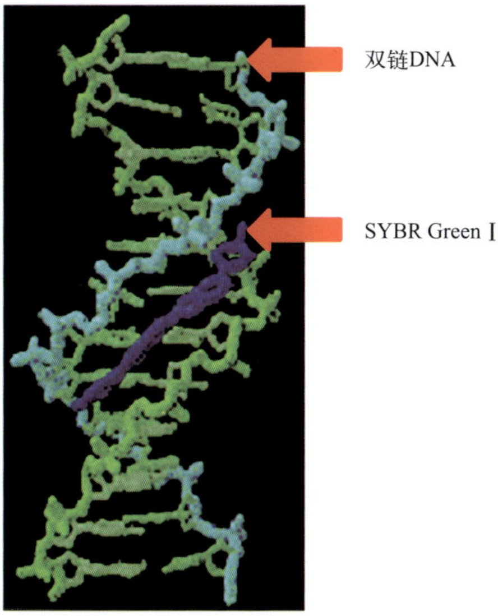

图 8-13　SYBR Green Ⅰ荧光染料与双链 DNA 分子的结合

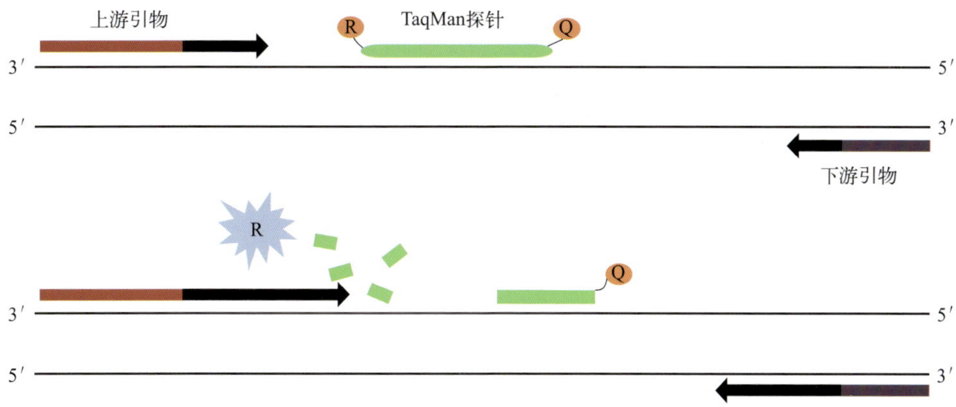

图 8-15　TaqMan 探针的荧光信号产生机制

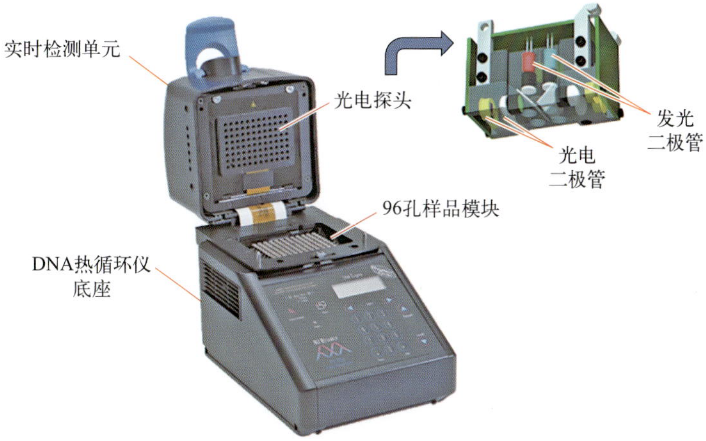

图 8-17　实时荧光定量 PCR 仪构造

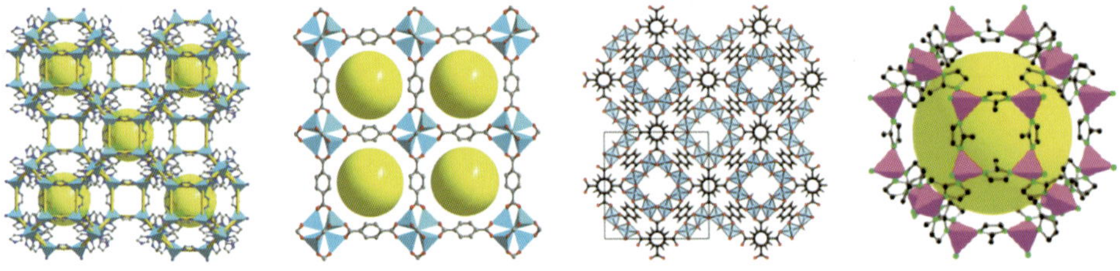

图 12-3　UIO 系列的结构

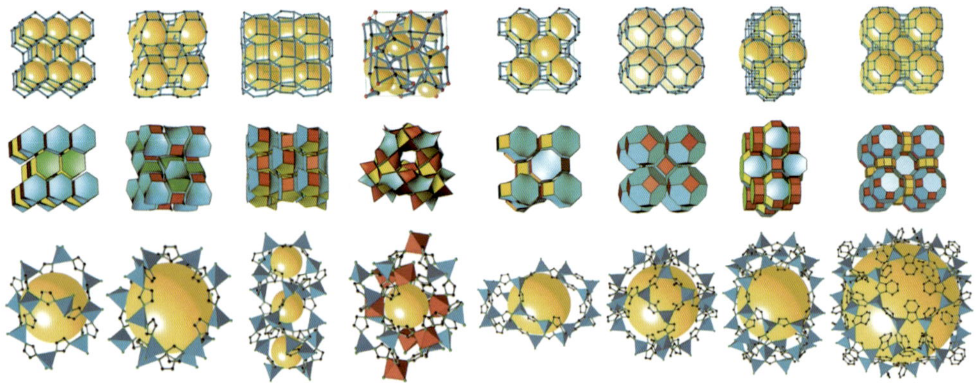

图 12-4　ZIF 系列的结构

强极性：β,β-氧二丙腈

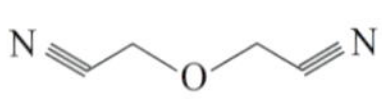
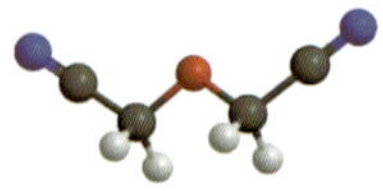

中等极性：聚乙二醇

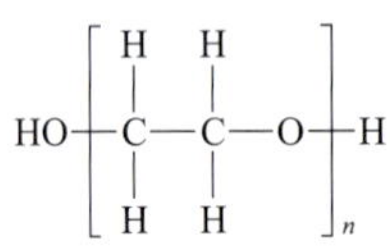
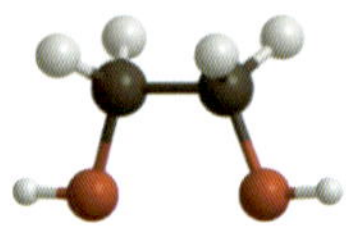

非极性：角鲨烷

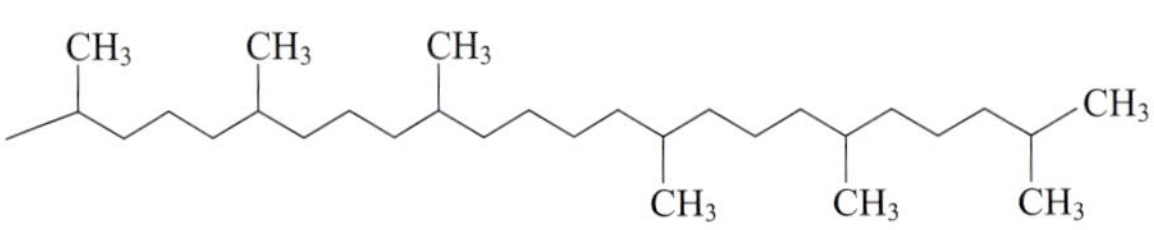
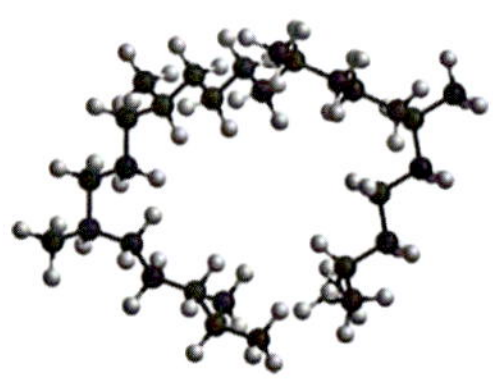

图 13-7　常用液液分配色谱的固定相